U0839707

高等院校规划教材·计算机基础教育系列

Access 数据库应用技术

潘志红　刘红涛　等编著

机械工业出版社

本书是一本 Access 数据库基础教材，具有内容丰富新颖、图文并茂、层次清楚等特点。主要介绍了 Access 2003 的开发环境、Access 2003 数据库的创建方法、Access 2003 表的设计和创建、查询的建立及应用、窗体的设计、报表的设计、Access Web 页、宏和模块、Access 2003 数据库的管理及性能优化知识。在介绍 Access 2003 数据库各方面知识和方法的基础上，突出了内容的可读性、可操作性和实用性。

本书既可作为计算机及其相关专业的教材，也可作为数据库技术的初、中级水平读者和专业技术人员的参考书籍。

图书在版编目（CIP）数据

Access 数据库应用技术 / 潘志红等编著. —北京：机械工业出版社，2011.8
高等院校规划教材・计算机基础教育系列
ISBN 978-7-111-35807-7

Ⅰ. ①A… Ⅱ. ①潘… Ⅲ. ①关系数据库系统：数据库管理系统，Access-高等学校-教材 Ⅳ. ①TP311.138

中国版本图书馆 CIP 数据核字（2011）第 183530 号

机械工业出版社（北京市百万庄大街 22 号 邮政编码 100037）
策划编辑：和庆娣
责任编辑：和庆娣
责任印制：李 妍
高等教育出版社印刷厂印刷

2011 年 10 月第 1 版・第 1 次印刷
184mm×260mm・16. 5 印张・404 千字
0001－3000 册
标准书号：ISBN 978-7-111-35807-7
定价：33.00 元

凡购本书，如有缺页、倒页、脱页，由本社发行部调换

电话服务
社服务中心：（010）88361066
销售一部：（010）68326294
销售二部：（010）88379649
读者购书热线：（010）88379203

网络服务
门户网：http://www.cmpbook.com
教材网：http://www.cmpedu.com
封面无防伪标均为盗版

前　言

Access 2003 是 Office 2003 办公自动化软件的一个重要组成部分，同时也是一个功能强大的关系数据库管理系统。它既可以用做单机或小型网络系统的数据库管理软件，也可以用做大型网络系统中的前端应用程序。

本书涵盖了数据库系统理论知识、Access 2003 的开发环境、Access 2003 数据库的创建方法、Access 2003 表的设计和创建、查询的建立及应用、窗体的设计、报表的设计、Access Web 页、宏和模块、Access 2003 数据库的管理及性能优化知识，并结合订单管理系统实例，介绍了 Access 2003 的各项功能和使用方法。

全书共分 9 章，各章主要内容如下：

第 1 章简要介绍了数据库系统的基本理论，包括数据库技术的基本概念，数据库技术的产生、发展和应用，关系型数据库设计的理论及设计维护数据库的方法。

第 2 章主要介绍了 Access 2003 数据库的常识，包括数据库窗口功能、各数据库对象及创建 Access 2003 数据库的方法。

第 3 章主要介绍了表的设计和创建、表的数据操作和修改表结构的方法。

第 4 章主要介绍了数据库的查询，包括使用向导创建查询、使用设计视图创建查询和使用 SQL 创建查询。

第 5 章主要介绍了 Access 2003 窗体的设计，包括窗体的基本概念、窗体创建的方法、窗体的设计方法及高级窗体的设计。

第 6 章主要介绍了 Access 2003 报表的设计，包括报表的基本概念、报表的创建方法、报表的设计方法及高级报表的设计。

第 7 章主要介绍了 Access 2003 数据访问页，包括数据访问页的基本概念及创建和使用的步骤。

第 8 章主要介绍了宏与模块，包括宏的基本概念、宏及宏组的创建和执行、宏的编辑和调试、模块的基本概念。

第 9 章主要介绍了数据库的安全与维护，包括数据库的安全、常用安全方法的详解和数据库优化、数据库的压缩与修复、数据库的共享，以及与其他应用程序进行数据交换。

本书内容丰富、图文并茂，读者可根据书中的实例和习题边学习边操作。在结构安排上，采用先知识点后实例的方法进行讲解，以加深读者对 Access 2003 的理解，最终达到掌握和精通 Access 2003 的目的。

本书主要由潘志红、刘洪涛编写，参与本书编写的还有刘红岩、张薇、王玲玲、李妍、庞珊娜、赵子强。由于编者水平有限，加之时间仓促，书中难免会存在各种不足与欠妥之处，恳请广大读者批评指正。本书在编写过程中，参阅了一些著作和资料，在此向其作者和编著人员表示感谢。

编　者

目 录

第1章　数据库知识导读

数据管理已经深入到信息社会的各个角落，这使得人们对数据的收集、加工、管理的方法和技术要求越来越高，所以与数据管理有关的数据库技术的应用变得日益重要。

本章从数据库基本概念开始，依次讲解数据库技术的产生与发展、数据库技术的应用、数据模型的三要素、关系数据库的特点、数据库设计的概念与方法和数据库的运行与维护，从而为下面章节的学习打下基础。

1.1　数据库简介

运用计算机对数据进行管理的系统称为计算机信息管理系统。它由计算机和人组成，能够对信息进行收集、分析、传递、存储、加工、维护和控制。数据库是计算机信息系统的核心。

【学习目标】

掌握数据库所涉及的基本知识，了解数据库技术发展的各个阶段及其特点，以及以数据库为核心、以计算机技术为工具的新型数据库系统的发展。

【知识点】

- 数据库所涉及的基本概念
- 数据库技术的发展阶段
- 新型数据库系统的发展

1.1.1　数据库的基本概念

学习数据库技术，就必须先了解数据、数据库、数据库管理系统、数据库管理员及数据库系统等概念。

1．数据

数据（Data）是描述事物的符号记录，如图形符号、数字和字母等。数据是数据库中存储的基本对象。

人们通过解释、推理、归纳、分析和综合等方法，从数据中获取有意义的内容，这些内容称为信息。数据和信息是不可分割的。信息是数据所包含的意义，数据则是信息的物理表现符号。

2．数据库

数据库（DataBase，DB）是一组数据的集合。例如，在日常生活中，人们常把同学和朋友的姓名、电话号码记录在手机通讯录里，这个手机通讯录就是简单的“数据库”，里面记录的姓名、电话号码就是“数据”，人们可以随时在手机中添加、删除或修改“数据”。

实际上，数据库是为了实现一定的目的而按一定的数据结构组织起来的数据集合，其数据结构独立于使用它的应用程序，对数据进行的添加、删除、修改和检索等操作由统一软件进行管理和控制。

3．数据库管理系统

数据库管理系统（DataBase Management System，DBMS）是一种操纵和管理数据库的大型软件，位于用户与操作系统之间，可以对数据库进行统一的管理和控制，以确保数据库的安全性和完整性。DBMS 同时具有供多用户对数据进行并发使用及对系统的恢复功能。

一般的数据库管理系统都有如下 5 个功能：

- 数据库定义功能
- 数据库存取功能
- 数据库运行与管理功能
- 数据库建立与维护功能
- 数据库通信功能

这些功能使数据库管理起来非常方便。例如，通过数据库存取功能，用户可以非常简单地实现对数据库数据的检索、插入、修改和删除等基本的操作；数据库的运行与管理功能提供了数据控制功能（即数据的安全性、完整性和并发控制等），可以对数据库运行进行有效的控制和管理，以确保数据正确、有效。

4．数据库管理员

数据库管理员（DataBase Administrator，DBA）是运用数据库知识建立和使用数据库，并维护数据的安全、稳定的人员。在工作中，DBA 的主要职责包括灾难恢复（备份和测试备份）、性能分析和优化、数据字典维护，以及数据库的设计。

5．数据库系统

数据库系统（DataBase System，DBS）是指安装和使用了数据库技术的计算机系统。它通常由硬件、软件、数据和数据库人员构成。如图 1-1 所示。

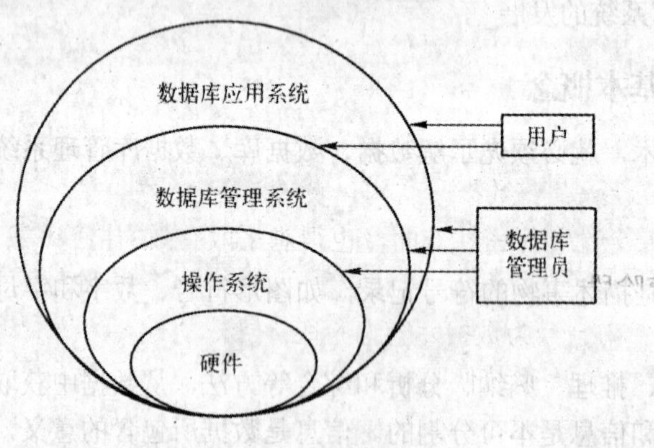

图 1-1　数据库系统概图

（1）硬件

硬件是用来存储数据库和运行数据库管理系统的硬件资源。由于数据库系统比较庞大，且要存储、传输大量的数据，因此对硬件资源的要求也就相对提高了。例如，操作系统、DBMS 的核心模块、数据缓冲区、数据备份和应用程序都需要足够大的内存和存储空间来存放；大量的数据传输需要计算机有较高的数据处理能力等。

（2）软件

数据库系统常用的软件包括操作系统、各种编程语言、实用程序及数据库管理系统。其中，DBMS 是数据库系统的核心软件。

（3）数据

数据是数据库系统工作的基本对象，所有数据库系统的建立、维护和管理都是围绕着数据进行的，可以说没有数据就没有数据库系统。

（4）数据库人员

在数据库系统中，数据库用户主要包括数据库管理员、系统分析员、应用程序员和终端使用者，他们参与分析、设计、管理、维护和使用数据库中的数据，在数据库系统的开发、维护和应用中起着重要的作用。

1.1.2 数据库技术的产生与发展

数据库技术是一门数据管理的技术，它具有管理和存储大量数据、定义数据库对象、保持数据安全性和一致性等功能。数据库技术是在人们对数据进行分类、组织、编码、存储、查询和维护等数据管理的过程中逐步产生的。

一般来说，数据库技术的发展大致经历了如下几个阶段：

1．人工管理阶段

20 世纪 50 年代初为人工管理阶段。这时的数据采用的是人工管理，没有管理格式，且依附于处理它的应用程序，这样便使数据具有不能长时间保存、不能共享等缺点，因而不能满足人们对数据管理的需要。

2．文件系统阶段

20 世纪 50 年代末至 20 世纪 60 年代末为文件管理阶段。在该阶段以文件形式长时间保存数据的文件系统（File System）出现了。

在文件系统中，数据按照其内容、结构和用途组成各种不同的文件。这些文件一般为某一个用户或者用户组所拥有，可以提供给指定的用户。用户可以通过操作系统对文件数据进行读、写等操作。

但是，这种形式的文件数据管理系统一般不支持对文件的并发访问，且数据共享性差、冗余度大、数据独立性差；在数据的结构、表示、命名、输出格式等方面，很难做到规范化、标准化；在数据的安全性和保密性方面，也很难采取有效的措施。

3．数据库系统阶段

20 世纪 60 年代末至今为数据库管理阶段。针对文件系统的上述缺点，以统一管理和共享数据为主要特征的数据库系统便逐步发展起来。

在数据库系统中，数据已不再仅仅服务于某个特定程序或用户，而是由数据库管理系统统一管理，以数据库文件组织形式长期保存数据。此时的数据共享性高、冗余度低、易于扩充、整体结构化、独立性高。

数据库管理系统的出现促使数据库技术不断发展，并被应用于不同的领域。

1.1.3 数据库技术的应用

随着计算机技术的发展，出现了许多以数据库为核心、以计算机技术为工具的新型数据库系统。

1．分布式数据库系统

分布式数据库系统是在集中式数据库系统的基础上发展起来的，是数据库技术和网络技术相结合的产物。

分布式数据库系统具有以下 3 个特点，即跨地域性分布、数据可共享及节点自治。跨地域性分布是指数据库中的数据不必集中存放，可随通信网络分布到各个网络节点，以被不同的数据库存储或管理；数据可共享是指分散存储在不同区域的数据可以被通信网络上的其他用户调用，如同那些数据存储在同一台计算机上，并和单个数据库管理系统（DBMS）管理一样；节点自治是指各个节点用户可以对自己存储在数据库中的数据进行管理和维护。

分布式数据库系统的可扩展性好，易于集成现有系统，适应分布式的管理和控制机构，但花在通信系统部分的开销比较大，数据的安全性和保密性较差。

2．面向对象的数据库系统

面向对象的数据库系统是面向对象技术与数据库技术相结合的产物。其特点是具有面向对象技术的封装性和继承性，提高了软件的可重用性。

3．多媒体数据库系统

多媒体数据库系统是数据库技术与多媒体技术相结合的产物。多媒体数据不仅包含以数字、字符为主的数据，还包含大量的图像、声音和视频等信息。将这些信息引入到数据库之后，就会给数据库的存储和管理带来较大的困难。因此，多媒体数据库的信息媒体多样化，不仅是数据的多样化，还要扩展到多媒体数据的存储、组织、使用和管理等方面。同时，系统还要对各种多媒体数据在时间和空间进行处理。

多媒体技术是当前比较流行的技术，与其相关的多媒体数据库系统也是人们关注的焦点。

4．实时数据库系统

实时数据库系统是数据库技术与实时处理技术相结合的产物。实时数据库系统是开发实时控制系统、数据采集系统、CIMS 系统等系统的支撑软件。它采集并存储与流程相关的上千点的数据，以便为企业的生产管理和调度、数据分析、决策支持及远程在线浏览提供实时数据服务功能和多种数据管理功能。实时数据库已经成为企业信息化的基础数据平台。实时数据库的核心就是数据档案管理。

此外，专家数据库、工程数据库、智能数据库等新兴研究领域的数据库系统也在不断发展。

【总结与回顾】

本节首先介绍了数据、数据库、数据库管理系统、数据库管理员及数据库系统的概念。接着介绍了数据库技术产生与发展的各个阶段，数据库发展各个阶段的特点如表 1-1 所示。

表 1-1　数据库发展各个阶段的特点

阶　段	时　间	特　点
人工管理阶段	20 世纪 50 年代初	采用人工管理，没有管理格式，且依附于处理它的应用程序，数据不能共享及不能长时间保存
文件系统阶段	20 世纪 50 年代末至 20 世纪 60 年代末	可以提供给指定的用户，但不支持对文件的并发访问。数据共享性差、冗余度大。在数据的结构、表示、命名、输出格式等方面，不能做到规范化、标准化。数据的安全性和保密性很差
数据库系统阶段	20 世纪 60 年代末至今	由数据库管理系统统一管理，且以数据库文件组织形式长期保存数据。数据的共享性高、冗余度低、易于扩充、整体结构化、独立性高

另外，本节还介绍了以数据库为核心、以计算机技术为工具的新型数据库系统，如分布式数据库、面向对象的数据库系统、多媒体数据库系统。

【拓展知识】

随着社会各个行业对信息需求的日益加剧，一些新名词，如数据挖掘、数据仓库等逐渐进入了人们的工作、学习中，那么什么是数据仓库呢？它和数据库有什么不同呢？

数据仓库（Data Warehouse，DW）是决策支持系统和联机分析应用数据源的结构化数据环境。它是一个面向主题的、集成的、相对稳定的、反映历史变化的数据集合。

它与数据库的区别如下：

- 数据库是面向事务的设计，数据仓库是面向主题的设计。
- 数据库存储在线交易数据，数据仓库存储历史数据。
- 设计数据库时，应尽量避免冗余，一般采用符合范式的规则来设计；而设计数据仓库时，则有意引入冗余，采用反范式的方式来设计。
- 数据库是为获取数据而设计的，数据仓库是为分析数据而设计的。

【复习思考题】

1. 简要说明数据库系统的组成。
2. 简述数据库技术发展的各个阶段及其特点。

1.2 数据模型及关系数据库

在日常生活中，人们常用抽象的模型来描述事物及事物运动的规律。在数据库技术中，数据模型就是人们用来抽象、表示和处理现实世界中的数据和信息的方法。

【学习目标】

了解组成数据模型的三要素、数据模型的分类、关系数据库的特点，以及几种常用的关系数据库管理系统。

【知识点】

- 组成数据模型的三要素
- 逻辑数据模型中的常用模型
- 关系数据库的由来及其发展

1.2.1 数据模型

数据模型是数据库的核心和基础，是由静态特征（数据结构）、动态特征（数据操作）和完整性约束条件组成的。

数据结构：主要描述数据的类型、内容、性质及数据间的联系等。数据结构是数据模型的基础，数据操作和数据约束都建立在数据结构的基础上。不同的数据结构具有不同的数据操作和数据约束。

数据操作：主要描述相应的数据结构上的操作类型和操作方式。

数据模型必须定义操作的确切含义、操作符号、操作规则（如优先级）及实现操作的语言。数据操作是对系统动态特性的描述。

数据约束：主要描述数据间的语法、词义联系、它们之间的制约和依存关系，以及数据动态变化的规则，以确保数据的正确、有效和相容。

数据模型按不同的应用层次可以分为概念数据模型、逻辑数据模型和物理数据模型。

1．概念数据模型

概念数据模型（Conceptual Data Model）是面向数据库用户实现世界的数据模型，主要用来描述世界的概念化结构。它使数据库的设计人员在设计的初始阶段，摆脱计算机系统及DBMS的具体技术问题，集中精力分析数据及数据之间的联系等，与具体的DBMS无关。概念数据模型必须转换成逻辑数据模型，才能在DBMS中实现。

2．逻辑数据模型

逻辑数据模型（Logical Data Model）是用户从数据库所能看到的数据模型，是DBMS所支持的数据模型，如层次数据模型、网状数据模型等。逻辑模型既要面向用户，又要面向系统。

在逻辑数据模型中，最常用的是层次数据模型、网状数据模型和关系数据模型。其中，层次数据模型和网状数据模型又称为非关系数据模型。

（1）层次数据模型

在现实世界中，很多事物是按层次组织起来的。层次数据模型是为了模拟按层次组织起来的事物而提出的。层次数据模型中最基本的数据关系是基本层次关系，它代表两个记录型之间一对多的关系，也称为双亲子女关系（PCR）。数据库中有且仅有一个记录型无双亲，称为根节点。其他记录型有且仅有一个双亲。在层次数据模型中，从一个节点到其双亲的映射是唯一的，所以（除根节点外）只需要指出记录型的双亲，就可以表示出层次数据模型的整体结构。

层次数据模型是树状的。如图 1-2 所示就是层次数据模型的基本结构。层次数据模型采用层次结构作为数据的组织方式。最典型的层次模型数据库管理系统是信息管理系统（IMS），是在1968年由IBM公司推出的。

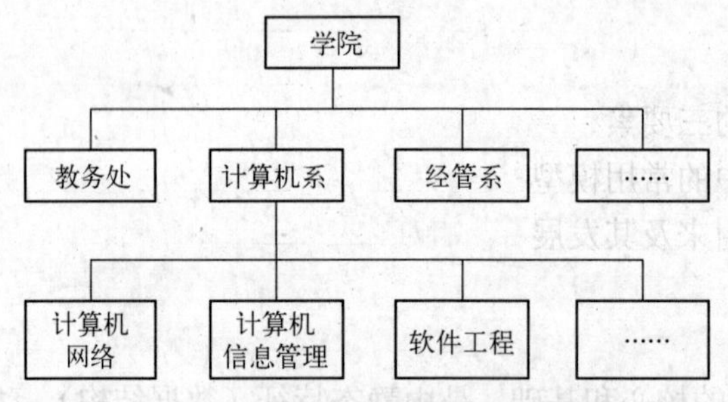

图 1-2　层次数据模型结构示意图

层次数据模型的物理存储有两种实现方法。

顺序法：按照层次顺序把所有的记录邻接存放，即通过物理空间的相邻位置来实现层次顺序。

指针法：存放各个记录时，不是按层次顺序，而是应用指针按层次顺序把它们链接起来。

层次数据模型的优点：数据模型比较简单，因此操作比较简单；各实体之间的联系比较固定。

层次数据模型的缺点：

- 不能直接表示多对多的联系。
- 树结点中任何记录的属性是不可再分的简单数据类型。
- 对插入、删除等操作的限制比较多。

（2）网状数据模型

网状数据模型允许多个节点无双亲；一个节点可以有多个双亲；两个节点之间可以有多种联系。如图 1-3 所示就是网状数据模型的基本结构。通过对比可以看出，层次数据模型中子女节点与双亲节点的联系是唯一的，而网状数据模型中的这种联系可以是不唯一的。网络数据库采用网状数据模型作为数据的组织方式。网络数据库的典型代表是 CODASYL 系统，它是在 20 世纪 70 年代由数据系统语言协会 CODASYL 下属的数据库任务组 DBTG 提出的一个系统方案报告，所以又称为 DBTG 报告。它并不是一种具体的数据库管理系统，而是一种标准。

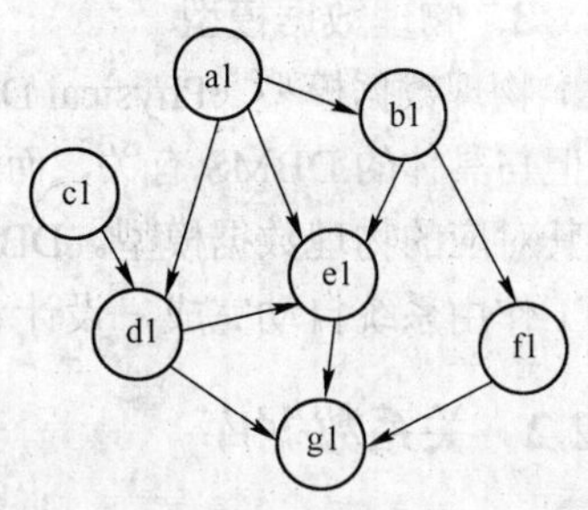

图 1-3　网状数据模型结构示意图

网状数据模型的优点：能够真实地反映客观世界，存取效率较高。

网状数据模型的缺点：数据独立性差；应用程序访问数据时需要指定存取路径；DDL 语言较复杂。

（3）关系数据模型

关系数据模型是数据库中最重要的模型。在关系数据模型中，各个实体之间的联系都是通过关系来表示的。

在用户看来，关系数据模型中数据的逻辑结构即数据结构是一张二维表，是由行和列组成的。如表 1-2 所示的学生成绩表单就是典型的二维关系表格。

表 1-2　学生成绩表单

姓　名	分　数			
	政　治	高　数	英　语	…
杨晓虎	85	77	88	…
吕微	94	65	73	…
贺帅	68	54	67	…
张启锐	77	91	46	…
⋮	⋮	⋮	⋮	⋮

关系数据模型有如下基本关系术语组成。

- 关系：通常所说的二维表。
- 元组：表中的行，每一行成为一个元组。
- 属性：表中的列，每一列成为一个属性。
- 域：属性的取值范围。
- 关系模式：对关系的描述，一般为关系名（属性 1，属性 2，属性 3……）。
- 键：表中的一个属性或一个属性组，能够唯一标识一个元组。
- 分量：元组中属性的具体值。

关系数据模型是建立在严格的数学概念基础上的，它有如下几个优点。

- 数据结构简单，清晰。
- 数据的独立性和安全性高。
- 简化了数据库的创建工作，易于实现复杂的查询。

基于以上优点，关系数据模型得到了广泛的应用。

3．物理数据模型

物理数据模型（Physical Data Model）是描述数据在存储介质上组织结构的数据模型。它不但与具体的 DBMS 有关，而且还与操作系统和硬件有关。每一种逻辑数据模型在实现时都有其对应的物理数据模型。DBMS 为了确保其独立性与可移植性，大部分物理数据模型的实现工作由系统自动完成，设计者只设计索引、聚集等特殊结构。

1.2.2 关系数据库

关系数据库是基于关系数据模型的。关系数据模型和其他非关系数据模型的最大区别在于，关系数据模型是建立在严格的数学概念基础上的，有较强的理论根据。

1．关系数据库的由来

1970 年，IBM 公司研究员 E.F.Codd 发表了题为《大型共享数据库的关系模型》的论文，提出了数据库的关系数据模型，奠定了关系数据库的理论基础。但是，在当时，关系数据模型被认为是理想化的数据模型，用来实现 DBMS 是不现实的。直到 1974 年，在一次辩论的触动下，关系数据库才最终成为现代数据库的主流产品。随后 IBM 公司在 IBM370 系列机上研制出了关系数据库实验系统 System R。1981 年，IBM 公司又研制出了具有 System R 全部特征的数据库软件新产品 SQL/DS。在 IBM 公司发布 System R 系统的同时，美国加利福尼亚州的伯克利分校也研制出了 INGRES 数据库实验系统，并由 INGRES 公司发展成为了 INGRES 数据库产品，最终使关系数据库从实验走向了市场。

基于关系数据模型的数据库管理系统，已作为商品化软件广泛应用于各行各业。它在各服务器结构的分布式多用户环境中的应用，使数据库系统的应用得到了进一步扩展。随着新型数据模型及数据管理实现技术的推进，可以预测 DBMS 软件的性能还会更加完善，应用领域也会进一步拓宽。

2．关系数据库的产品

关系数据库管理系统（RDBMS）是 DBMS 的一种，用于创建和维护关系数据库。当今流行的关系数据库管理系统，如 Oracle、Microsoft SQL Server 和 Microsoft Access 等产品均以各自特有的功能在数据库市场占有一席之地。下面简要介绍几种常用的关系数据库管理系统。

（1）Oracle

Oracle 是一种最早商品化的关系数据库管理系统，也是应用广泛、功能强大的数据库管理系统。它提供了开放的、全面的和集成的信息管理方法。每个 Server 由一个 Oracle DB 和一个 Oracle Server 实例组成。它具有场地自治性（Site Autonomy），并提供数据存储透明机制，从而实现数据存储透明性。

Oracle 作为一种通用的数据库管理系统，不仅具有完整的数据管理功能，还能支持各种分布式功能，特别是支持 Internet 应用。作为一个应用开发环境，Oracle 提供了一套界面友好、功能齐全的数据库开发工具。Oracle 使用 PL/SQL 语言执行各种操作，具有可开放性、可移植性、可伸缩性等功能。同时，Oracle 支持面向对象的功能，如可以支持类、方法、属性等，使得其产品成为一种对象/关系型数据库管理系统。Oracle 被广泛用于各个市场领域，以满足一系列的存储需求。

（2）Microsoft SQL Server

Microsoft SQL Server 是一种由微软公司开发和推广的、典型的关系数据库管理系统（DBMS），可以在很多操作系统上运行，并使用 Transact-SQL 语言完成数据操作。Microsoft SQL Server 是开放式的系统，可以与其他系统进行完好的交互操作。近年来，Microsoft SQL Server 不断更新版本，其中 SQL Server 2008 是目前最新版本，在继承了以往版本优秀特性的同时，在多个方面进行了改进和优化。Microsoft SQL Server 可以与其他工具（如 Office 办公软件）进行集成，使其功能更强大，使用更方便，界面更友好，从而为用户提供完整的数据库解决方案。

（3）Microsoft Access

Microsoft Access 是 Microsoft Office 的组件之一，是 Windows 环境中非常流行的桌面型数据库管理系统。Microsoft Access 提供了直观的可视化操作界面，使用者无须编写任何代码就可以完成大部分数据管理任务。Microsoft Access 数据库包含了很多基本对象。这些对象主要是存储信息的表、显示人机交互界面的窗体、有效检索数据的查询、信息输出载体的报表、提高应用效率的宏、功能强大的模块工具等。同时，Microsoft Access 可以通过 ODBC 与其他数据库相连，实现数据交换和共享，也可以与 Word、Excel 等办公软件进行数据交换和共享，还可以通过对象链接与嵌入技术嵌入并链接声音、图像等多媒体数据。

【总结与回顾】

数据模型是数据库的核心和基础，是由数据结构、数据操作和完整性约束条件组成的。

按不同的应用层次对数据模型进行分类，可分为概念数据模型、逻辑数据模型和物理数据模型。

逻辑数据模型包括层次数据模型、网状数据模型和关系数据模型。其中，层次数据模型和网状数据模型又称为非关系数据模型。

关系数据模型是数据库中最重要的模型。在关系数据模型中，各个实体之间的联系都是通过关系来表示的。关系数据库是基于关系数据模型发展起来的。

关系数据库管理系统（RDBMS）是 DBMS 的一种，用于创建和维护关系数据库。

【拓展知识】

目前，常用的数据库系统除前面介绍的几种外，还包括以下几种：

（1）DB2

DB2 是 IBM 公司研制的一种关系型数据库系统。DB2 主要应用于大型应用系统，具有较好的可伸缩性，可应用于 OS/2、Windows 等平台。另外，DB2 具有很好的网络支持能力，每个子系统均可以连接十几万个分布式用户，可同时激活上千个活动线程，对大型分布式应用系统尤为适用。

（2）MySQL

MySQL 是瑞典 MySQL AB 公司开发的一种小型关系型数据库管理系统。该公司在 2008 年 1 月 16 日被 Sun 公司收购。目前，MySQL 被广泛地应用在因特网中的中小型网站中。由于其体积小、速度快、总体拥有成本低，且可以开放源码，使许多中小型网站为了降低网站总体运营成本而选择了 MySQL 作为网站数据库。

（3）Sybase

Sybase 是美国 Sybase 公司研制的一种关系型数据库系统，是一种典型的 UNIX 或 Windows NT 平台上客户机/服务器环境中的大型数据库系统。Sybase 提供了一套应用程序编程接口和库，可以与非 Sybase 数据源及服务器集成，且可以在多个数据库之间复制数据，适于创建多层应用。该系统具有完备的触发器、存储过程、规则及完整性定义，支持优化查询，具有较好的数据安全性。

【复习思考题】

1. 什么是数据模型？
2. 组成关系数据模型的基本关系术语是什么？
3. 关系数据模型的优点是什么？
4. 简要叙述几种常用的数据库软件。

1.3 数据库的设计

掌握了数据库系统的基本知识后，这一小节将介绍数据库数据的基本概念和操作方法。

【学习目标】

了解数据库设计的基本概念，掌握数据库设计的过程，熟悉在数据库运行阶段的各种维护工作。

【知识点】

- 数据库设计的相关概念
- 数据库设计过程
- 数据库的运行与维护

【任务分析】

通过相关知识的学习，根据相关要求按阶段完成数据库的设计。

1.3.1 数据库设计的概念与方法

在建立数据库之前，首先要根据用户的需求及所拥有的计算机设备性能，设计并优化数据库的逻辑结构和物理结构，为用户建立优质、安全的数据库。下面以关系数据库为例介绍数据库设计的基本概念。

一般而言，当中、小型数据库所存储的信息逻辑关系简单、数据记录量小的时候，相对来说数据库的结构设计就比较容易，修改起来也比较方便；当大型数据库所存储的信息关系复杂、内容庞大的时候，数据库设计就相对困难，修改起来也不方便。如果设计不当，还可能出现数据丢失等情况。

数据库的基础是表，它包含了数据库中的所有数据信息。所以说，设计数据库的关键就在于对表的设计。

对表进行设计时，要确保同一张表中记录的唯一性，也就是说，表中不能含有两条完全相同的记录。要保证记录的唯一性，就必须为每个数据表建立主关键字。主关键字由一个或多个字段组合而成。

【任务实施】

数据库的设计过程可以分为系统规划、需求分析、概念设计、逻辑设计、物理设计、数据库的实施6个阶段，如图1-4所示。

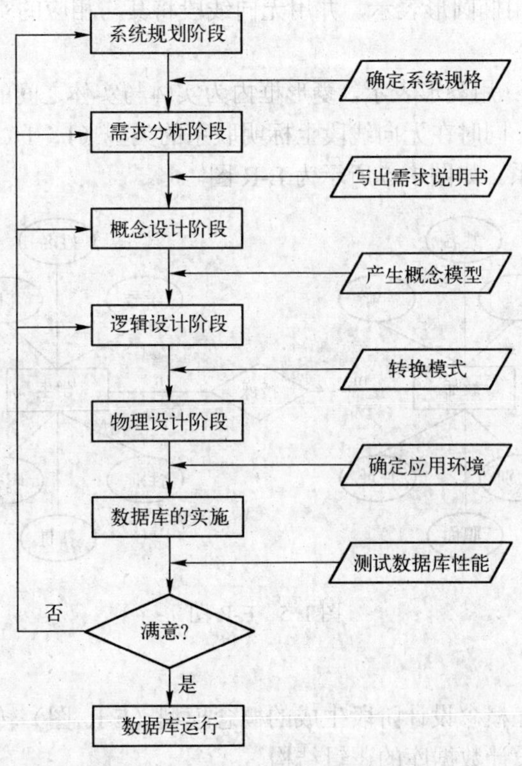

图1-4 数据库设计的流程

1. 系统规划阶段

系统规划阶段要确定的内容包括数据库系统的名称和范围、开发的目标功能和性能、开发数据库所需要的资源、系统实施计划及进度，同时还要估计系统开发的成本，分析估算系统可能达到的效益，了解系统设计的原则和技术路线等。

如果设计的是分布式数据库系统，还应该分析各个节点用户系统的环境及网络条件，以选择和建立系统的网络结构。

2. 需求分析阶段

需求分析阶段是数据库设计人员通过与用户进行细致、充分、深入的交流，获取信息，分析信息，明确用户对系统的要求（包括数据需求和围绕这些数据的业务处理需求）。同时，对部门、企业等进行详细调查，在了解现行系统概况、确定新系统功能的过程中，收集支持系统目标的基础数据及处理方法，并写成详细的用户需求说明书。

3. 概念设计阶段

概念设计阶段是根据需求分析阶段形成的需求说明书，建立反映企业各组织信息需求的数据库概念结构，即概念模型。概念模型必须简洁，易于理解，易于变动，易于向各种数据模型转换。

概念模型常用的描述工具是 E-R 图。构成 E-R 图的基本要素是实体、属性和联系，其表示方法如下。

实体（Entity）：用矩形表示，矩形框内为实体名。

属性（Attribute）：用椭圆形表示，并用无向线段将其与相应的实体连接起来，如学生的姓名、学号、性别等。

联系（Relationship）：用菱形表示，菱形框内为实体与实体之间的关系，并用无向线段分别将有关实体连接起来，同时在无向线段上标明联系的类型（1∶1、1∶n 或 m∶n），如老师与学生之间存在授课关系。如图 1-5 所示为 E-R 图。

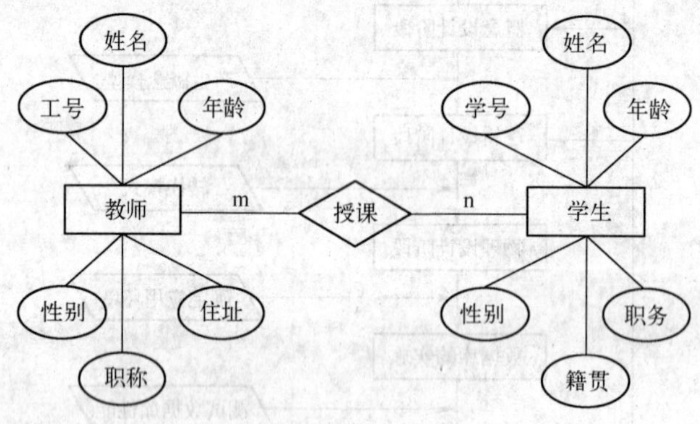

图 1-5　E-R 图

4．逻辑设计阶段

逻辑设计阶段是把在概念设计阶段生成的概念模型（E-R 图）转化成数据库管理系统支持的逻辑数据模型，即设计数据库的逻辑结构。

将 E-R 图的实体和联系类型转换成关系数据库管理系统支持的数据类型要遵循的原则如下：

- 将实体转换成关系模型时，实体对应的属性就是关系模型的属性，关键字就是关系模型的关键字。
- 在联系转换中，一般 1∶1 和 1∶m 联系不产生新的关系模式，但 m∶n 联系就要产生新的关系模式。

此外，在逻辑设计阶段，还要设计子模式，并对子模式进行评价。为了使子模式适应信息的不同表示，需要优化模式。

5．物理设计阶段

物理设计阶段的主要任务是对数据在物理设备上的存放结构和存取方法进行设计。数据库物理结构依赖于给定的计算机系统，而且与具体选用的 DBMS 密切相关。物理设计常常包括某些操作约束，如响应时间与存储要求等。设计的目标就是使事务响应速度快、吞吐率高、空间利用率高，便于维护。

6．数据库的实施

系统实施阶段主要分为建立实际的数据库结构、装入并测试数据库、装入实际数据建立实际数据库 3 个阶段。

1）建立实际的数据库结构。应用设计阶段的设计结果在数据库管理系统中创建表、索引等数据库对象，并对数据库的安全性和完整性进行定义。

2）装入并测试数据库。按照新定义的数据库要求，通过应用程序输入一批测试数据，执行对数据库的各种操作，同时也可对应用程序进行测试。

3）装入实际数据建立实际数据库。测试通过后，删除测试数据，输入新数据，完成数据库的创建工作。

此外，在数据库的设计过程中，还应注意对数据库的安全性、完整性、一致性和可恢复性等方面的考虑。

1.3.2 数据库的运行与维护

在数据库的运行阶段，由于各种软件、硬件条件的变化及数据库本身存储空间的限制，要对数据库进行经常性的维护。

1．数据库的备份和恢复

要定期对数据库和日志文件进行备份，一旦发生故障，可以利用备份文件尽快将数据库恢复到某种状态，以减少对数据库的破坏。

2．数据库的权限控制

针对数据库的安全性和完整性，数据库管理员必须根据用户的实际需要授予不同的操作权限。另外，由于应用程序的变化，数据库的完整性约束条件也会变化，也需要数据库管理员随时修正。

3．性能的监督、分析和改进

在数据库管理系统的运行过程中，数据库管理员可以利用数据库管理系统提供的工具，方便地得到系统运行过程中的一系列性能参数值，通过仔细分析，调整某些参数来进一步改进数据库的性能。

4．数据库的重组织和重构造

数据库在运行一段时间后，由于不断修改、添加数据，使数据库的物理存储环境被破坏，从而降低了数据库存储空间的利用率和数据的存取效率，使数据库的性能下降。在这种情况下，DBA 就要对数据库进行重组织或部分重组织（只对频繁添加、修改记录的表进行重组织）。

数据库的重组织可以在不改变原设计的数据逻辑结构和物理结构的情况下，按原有的设计要求重新安排存储位置，回收垃圾，减少指针链，提高系统性能。一般情况下，DBMS 会提供 DBA 重新组织数据库的实用程序。

当数据库的应用环境发生变化时，也会使实体及实体间的联系发生变化，使原有的数据库设计不能满足用户所提出的新需求，从而不得不适当调整数据库的各种模式，这就是数据库的重构造。一般情况下，DBMS 也会提供修改数据库结构的功能。

重构造数据库的程度是有限的。若数据库的应用环境变化太大，已不能通过重构数据库来满足新的需求，那么该数据库应用系统的生命周期就已经结束，应该重新设计新的数据库系统。

【总结与回顾】

数据库的设计过程包括系统规划、需求分析、概念设计、逻辑设计、物理设计和数据库的实施 6 个阶段。

描述概念模型常用的工具是 E-R 图。构成 E-R 图的基本要素是实体、属性和联系。

在数据库的运行阶段，要定期对数据库和日志文件进行备份，根据用户的实际需要授予不同的操作权限，对数据库的性能进行监督、分析和改进。当数据库的性能下降时，DBA 就要对数据库进行重组织或部分重组织。

【拓展知识】

检查数据库是否有病毒的方法如下：

- 使用恶意软件扫描器。在数据库服务器上安装反病毒软件（确保版本最新），并且每隔一定的时间执行一次全面的系统扫描，可以有效地防范病毒。
- 安装防欺诈软件。直接在 SQL Server 上安装一个可以分析并解决恶意软件（如特洛伊木马）的防欺诈软件，可以有效地保护数据服务器。
- 查看内存。可以使用 Windows 任务管理器来搜索恶意软件、占用太多内存的应用程序及占用大量 CPU 时间的应用程序。
- 查看开放的端口。可以使用 Windows 的 netstat 命令来查看哪些是连接到服务器上的开放端口。在命令行中，输入“netstat –an more”，便可以一页接一页地查看开放的和监听的 TCP 和 UDP 端口。
- 查看网络流量。判断 SQL Server 中是否有病毒的最简单办法就是看看是否进行了网络通信。可以使用 SQL Server 自身携带的分析器，也可以通过从别处连接到以太网交换器的交换端口或者镜像端口上，对网络进行分析。

【复习思考题】

1. 简要叙述数据库系统设计的各个阶段。
2. 数据库运行阶段的数据库维护工作包括什么？

【技能训练】

按照数据库的设计方法，尝试完成数据库的设计流程。

第 2 章　初识 Access 2003 数据库

Microsoft Access 是微软公司开发的 Microsoft Office 办公软件中的重要数据库工具，也是目前开发中小型数据库的首选数据库软件之一。

本章将以 Microsoft Access 2003 为例，介绍 Access 数据库的特点、功能及安装过程，并展示如何创建、打开一个数据库。

2.1　关于 Access 2003 数据库

【学习目标】

了解 Access 2003 数据库新增的各种特性及功能窗口中的对象使用方式；能正确地启动及退出 Access 2003。

【知识点】

- Access 2003 中的各种新特性
- Access 2003 窗口界面介绍
- Access 2003 数据库对象介绍

2.1.1　Access 2003 简介

Access 2003 是基于 Windows 的桌面关系数据库管理系统（RDBMS），是 Office 系列应用软件之一。它继承了之前版本的优点，并且在功能上进行了加强，不仅提供了表、查询、窗体、报表、页、宏和模块 7 种用来建立数据库系统的对象，还提供了多种向导、生成器、模板，从而使数据存储、数据查询、界面设计、报表生成等操作规范化，同时还包含了“查看对象相关信息”、“XML 支持”、“检查窗体和报表错误”、“自动更新功能”、“传播字段属性”、“智能标志”、“备份数据库和项目”、“SQL 视图中的字体增强功能和基于上下文帮助”、“安全加强”、“Windows XP 主题支持”等特性。以上这些为建立功能完善的数据库管理系统提供了方便，也使得普通用户不必编写代码就可以完成大部分的数据管理操作。因此，Access 2003 常被小型企业、大公司部门和喜爱编程的开发人员用来制作处理数据的桌面系统或用来开发简单的 Web 应用程序。

2.1.2　启动与退出 Access 2003

在安装好 Microsoft Office 2003 软件后，选择“开始”|“所有程序”|“Microsoft Office”|“Microsoft Office Access 2003”命令，启动后的界面如图 2-1 所示。

也可通过双击如图 2-2 所示的桌面快捷方式图标，启动 Access 2003。

使用完 Access 2003 软件后，如果需要退出，可以选择“文件”|“退出”命令，也可以按〈Alt+F4〉组合键，还可以单击标题栏右侧的☒按钮。无论使用哪种方式退出系统，Access

2003 都会自动保存数据。如果退出软件之前修改了数据，Access 2003 会在退出时询问是否保存这些更改。

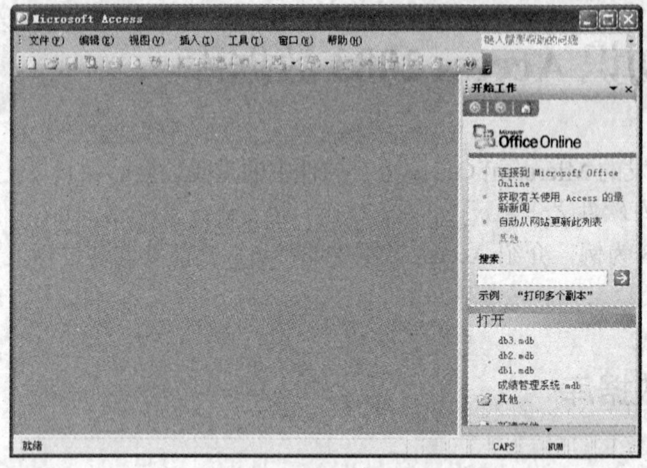

图 2-1 Access 2003 的工作界面

图 2-2 Access 2003 快捷方式图标

2.1.3 Access 2003 界面功能

要了解一个软件，首先要从认识界面开始。

下面按顺序介绍 Access 2003 界面的各个组成部分。

1. 标题栏

最左边是 Access 2003 软件的图标，然后是软件名称，即 Microsoft Access。如果打开了文件，则会在 Microsoft Access 之后显示该文件的名称。最右边是对 Access 2003 界面进行操作的 3 个按钮，其功能分别是最小化、还原/最大化和关闭界面。如图 2-3 所示为标题栏。

图 2-3 标题栏

2. 菜单栏

Access 2003 数据库的菜单栏集中了 Access 2003 的全部功能，包括了“文件”、“编辑”、“视图”、“插入”、“工具”、“窗口”和“帮助”7 个菜单项。Access 2003 中的各种操作都是通过菜单栏实现的。如图 2-4 所示是 Access 2003 数据库设计视图中的菜单栏。

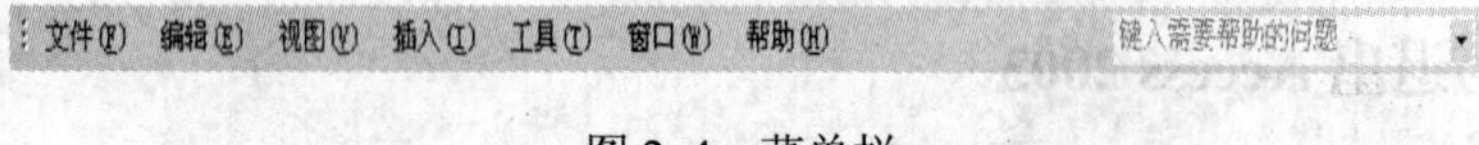

图 2-4 菜单栏

3. 工具栏

工具栏显示了菜单栏中常用的各种命令快捷按钮，如图 2-5 所示。工具栏中的按钮会随所操作对象的不同而显示不同的状态（通常情况下，按钮呈高亮状态为可用状态，呈灰色为不可用状态）。

图 2-5　常用工具栏

4. 状态栏

状态栏位于窗口的最底部，用于显示系统所处的状态和键盘的按键状态，如图 2-6 所示。

图 2-6　状态栏

5. “开始工作”窗格

启动 Access 2003 后，可以在用户界面的右侧看到如图 2-7 所示的“开始工作”窗格。该窗格从上到下依次是“Microsoft Office Online”、“搜索”、“打开”和“新建文件”4 个选项。其中，在“Microsoft Office Online”选项中，可以看到“连接到 Microsoft Office Online”、“获取有关使用 Access 的最新新闻”和“自动从网站更新此列表”等子选项；“搜索”选项可以帮助用户搜索文档的相关帮助信息；“打开”选项中显示了用户最近使用过的数据库文件，单击文件名即可打开相关的数据库文件；单击“新建文件”选项，可切换到“新建文件”窗格，在此窗格中可以新建各种数据库文件。

“开始工作”窗格是由几个窗格组合在一起的。单击窗格标题会显示如图 2-8 所示的窗格选项，从而可以在相对应的窗口间进行切换。

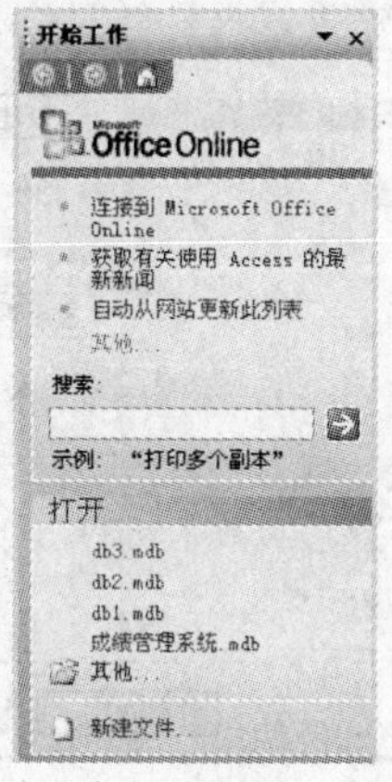

图 2-7 “开始工作”窗格

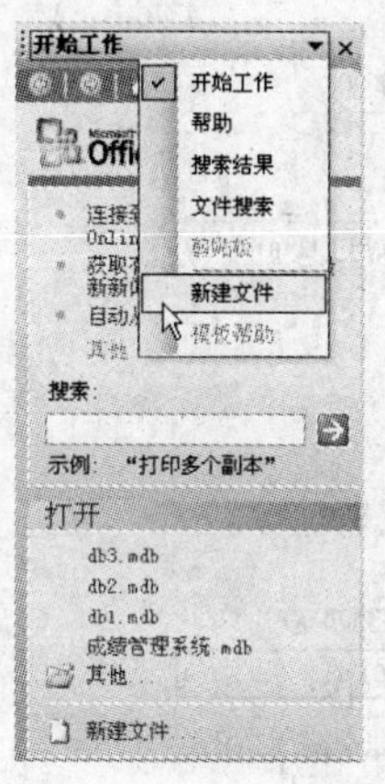

图 2-8　切换面板

6. 数据库窗口

数据库窗口是 Access 2003 中最常使用的工作窗口，如图 2-9 所示。该窗口嵌套在 Access 2003 界面中，和其他 Windows 窗口一样，也可以最大化、最小化或关闭。该窗口中的“打开”、“设计”和“新建”命令按钮会随着所选对象的不同而打开不同的页面。×用于删除创建的对象。用于显示数据库窗口中对象的显示方式。窗口的左侧包括“对象”、“组”和“收藏夹”选项，右侧用于显示所创建的对象。如图 2-9 所示的是创建表的快捷方式，它会根据所选对象的不同而发生变化，其功能将在后面进行介绍。

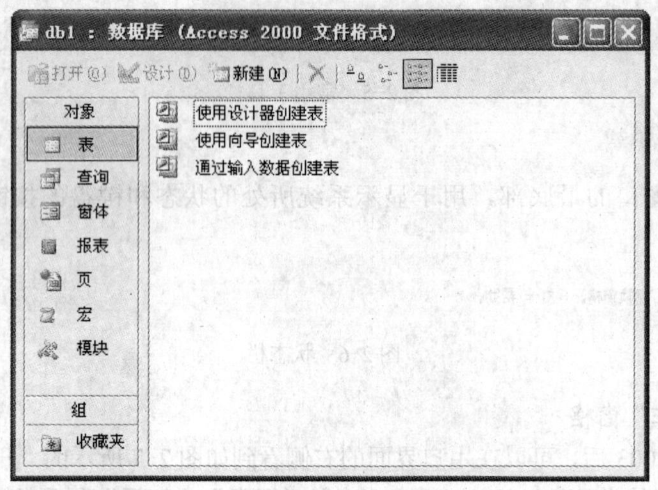

图 2-9　数据库窗口

7. 设置工作环境

细心的用户可能会发现，自己的软件界面有时会和别人的不太一样，不必担心，可以通过 Access 2003 自带的功能设置需要的界面。选择“工具”|“自定义”命令，如图 2-10 所示。此时，可打开如图 2-11 所示的“自定义”对话框。

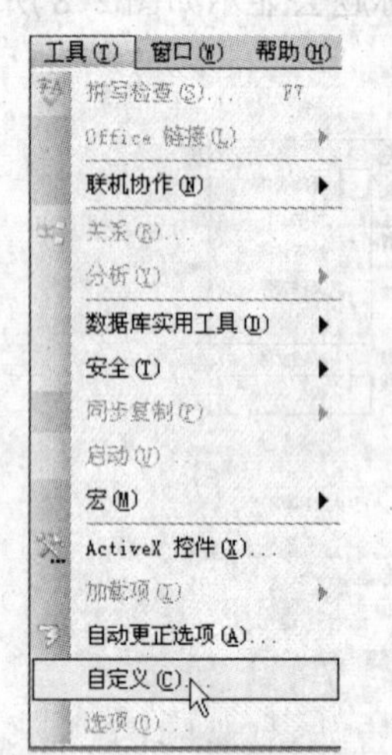

图 2-10 “自定义”命令

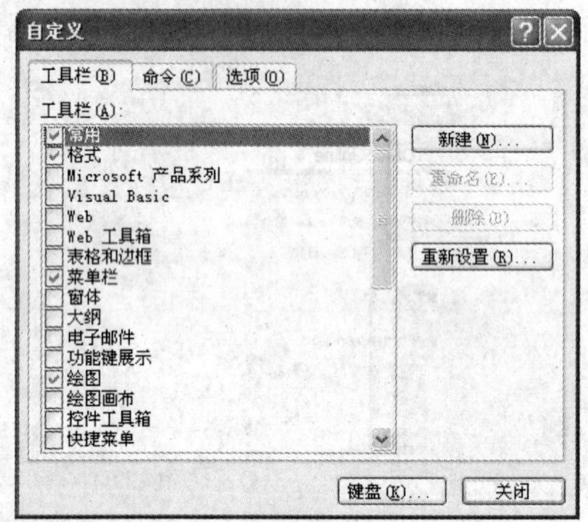

图 2-11 “自定义”对话框

在“自定义”对话框中可以看到“工具栏”、“命令”和“选项”3 个选项卡。在“工具栏”选项卡中，勾选的复选框表示显示在当前界面中的工具栏。如果要添加或删除界面中的工具栏，只要勾选或取消勾选对应命令前的复选框即可。

在如图 2-12 所示的“选项”选项卡中，可以看到“个性化菜单和工具栏”和“其他”两个选项区域，在“其他”选项区域中，各选项的意义如表 2-1 所示。在如图 2-13 所示的“命令”选项卡中，可以将其中的命令拖到通用工具栏中，以图标形式显示，因拖放方法和 Office 其他软件的拖放方法一样，这里就不详细说明了。

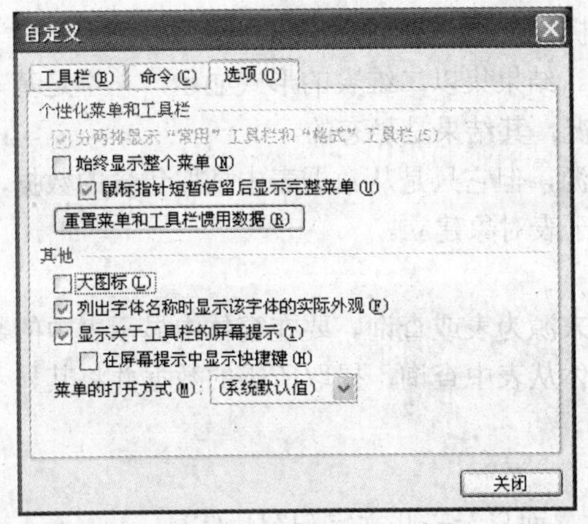

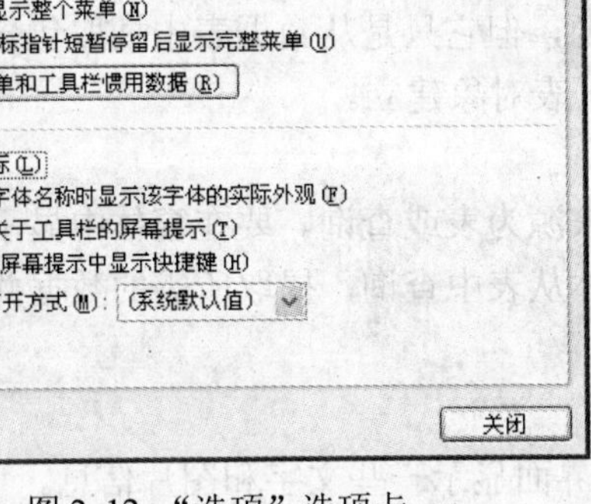

图 2-12 “选项”选项卡

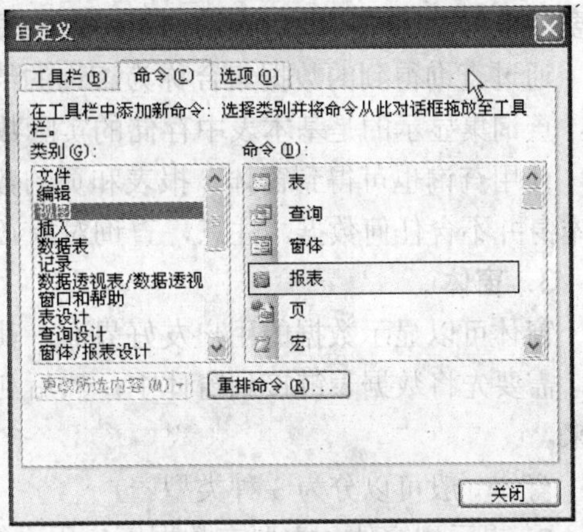

图 2-13 “命令”选项卡

表 2-1 “其他”选项区域中的各选项名称及说明

选 项 名 称	说 明
大图标	当屏幕分辨率较高时，建议勾选该复选框，选择后将影响所有 Office
列出字体名称时显示该字体的实际外观	以选择的字体显示该文字，否则该字体外观呈标准字体效果，选择后将影响所有 Office
显示关于工具栏的屏幕提示	修改选项后，当光标置于工具按钮上方不动时，会出现该工具的文字提示
在屏幕提示中显示快捷键	将光标置于工具按钮上方不动时，出现该工具的文字提示，同时显示打开该命令的快捷键
菜单的打开方式	可以设置打开菜单的方式，包括“任意”、“展开”、“滑动”和“淡出”选项

2.1.4 Access 2003 数据库对象

Access 2003 数据库提供了 7 种不同的对象，即表、查询、窗体、报表、页、宏和模块，如图 2-14 所示。不同的对象在数据库中有着不同的作用。表是数据库的核心，存放着数据库中的所有数据。报表、查询和窗体是以友好界面显示从数据库中获得的数据信息。通过窗体还可以直接或间接地调用宏和模块，并可以执行查询、打印、预览、计算和修改数据库等操作。本小节将介绍 Access 2003 数据库中的各种对象。

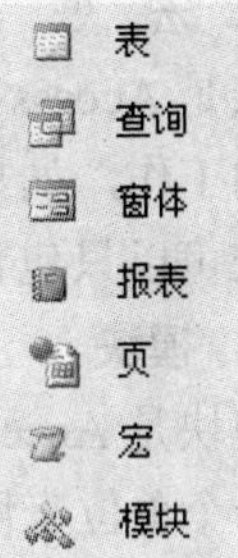

图 2-14 数据库对象

1. 表

表是 Access 2003 数据库中最基本的组件，用来保存数据，同时也是查询、窗体、报表和页的数据来源。它是由行（Row）和列（Column）组成的。列由同类的信息组成，每列称为一个字段，每列的标题称为字段名。行包括了若干列信息项。一行数据称为一个或一条记录，它表示有一定意义的信息组合。一个数据库表由一条或多条记录组成，没有记录的表称为空表。每个表中通常都有一个主关键字，用于确定唯一一条记录。

Access 2003 数据库允许在一个数据库中建立多个表。用户可以在不同的表中存储不同类型的数据，通过在表之间建立关系，将不同表中的数据联系起来，以便日后调用。

2. 查询

查询可以对数据库中表的数据进行操作。利用查询可以按照各种条件从数据库中筛选出需要的数据，用户可以对查询结果进行编辑、分析。

通过查询得到的数据集合称为查询的结果集。结果集以二维表的形式显示，并不是基本表。查询集显示的是基本表中存储的实际数据情况，其结果是静态的。

使用查询也可得到窗体、报表和页的数据来源，但它只是从数据表中抽取包含的数据，其本身并不含任何数据。注意，查询对象必须基于表对象建立。

3．窗体

窗体可以显示数据的用户友好界面，其数据来源为表或查询。要在窗体中显示表中的数据，需要先将数据表链接到窗体中，然后利用窗体从表中查询，提取所需的数据并将其显示出来。

窗体一般可以分为 3 种类型。

- 提示型窗体：主要在数据库应用系统的主界面显示一些文字和图片信息。
- 控制型窗体：设置相应的菜单和命令按钮。
- 数据型窗体：用户对数据库中数据操作的界面，是数据库系统中最常使用的。

4．报表

将用户需要的数据从数据库中提取出来，并进行分析、整理和计算，然后将其结果打印出来即可生成报表。它的数据来源可以是一个表或查询，也可以是多个表或查询。

利用报表可以创建计算，汇总数据。在报表中，可以控制显示的字段、每个对象的大小和显示方式，按所需的方式来显示相应的内容。

5．页

页是一种特殊的网页类型，是 Access 2003 为了支持数据库应用系统的 Web 访问方式而设计的，可以通过 Internet 网页直接浏览及处理数据库中的数据。

页中的数据可以是来自 Access 2003 数据库中的数据，也可以是来自其他数据源的数据，如 Microsoft Excel 等。

6．宏

宏是 Access 2003 中的高级功能之一，是一个或多个操作的集合。使用宏可以完成大量重复性的工作，如显示隐藏工具栏、预览或打印报表等。

宏可以只包含一个操作序列。也可以由若干个宏的集合组成宏组。

7．模块

模块是 Access 2003 中的高级功能之一。它是声明和程序的集合，可以将许多程序代码存储成一个单位来协助完成工作。值得强调是，Access 2003 提供了用 Visual Basic 语言编写的程序模块，使得数据库的运行效率得到很大提高。

【总结与回顾】

Access 2003 是微软公司于 2003 年 3 季度推出的基于 Windows 的桌面关系数据库管理系统（RDBMS），是 Office 系列应用软件之一。它常被小型企业、大公司部门和喜爱编程的开发人员用来制作处理数据的桌面系统或用来开发简单 Web 的应用程序。

可以选择“开始”|“所有程序”|“Microsoft Office”|“Microsoft Office Access 2003”命令，也可以双击桌面快捷方式图标，启动 Access 2003。

Access 2003 界面各个组成部分的介绍，如标题栏、菜单栏、工具栏、状态栏等的功能简介。

概括介绍了 Access 2003 数据库中的表对象、查询对象、窗体对象、报表对象、页对象、宏对象和模块对象。

窗体一般可以分为 3 种类型：

- 提示型窗体
- 控制型窗体
- 数据型窗体

【拓展知识】

基于关系数据模型的数据库管理系统已作为商业化软件广泛应用于各行各业。随着新型数据模型及数据管理实现技术的推进，可以预测 DBMS 软件的性能会将更加完善，应用领域也会将进一步拓宽。

数据库管理系统所提供的功能有以下几项：

- 数据定义功能
- 数据存取功能
- 数据库运行管理功能
- 数据库的建立与维护功能
- 数据库的传输功能

【复习思考题】

1．介绍关于 Access 的情况。

2．简单介绍 Access 2003 的工作界面。

3．简述 Access 2003 包含的 7 种数据库对象。

2.2　Access 2003 数据库的基本操作

在前面的章节中，认识了 Access 2003 数据库的工作窗口及其相关组件，下面来创建一个数据库。

【学习目标】

掌握创建及打开数据库的各种方法，并能够进行数据的导入及导出操作，从而为下面章节的学习打下基础。

【知识点】

- 创建数据库的方法
- 打开数据库的方法
- 操作外部数据

【任务分析】

通过对本节相关知识的学习，能够按照正确的步骤创建及打开数据库。

2.2.1　创建数据库

要使用数据库，就必须先设计和创建数据库。创建数据库的方法有多种，用户可根据实际需要选择适合的方法进行创建，这样才能避免重复的劳动和时间的浪费。

【任务实施】

在 Access 2003 中，用户可以直接创建数据库，也可以使用本身自带的向导功能创建数据库。

（1）直接创建数据库

1）启动 Access 2003，单击窗口右侧的“开始工作”窗格中的“新建文件”链接，如图 2-15 所示。

2）当前页面切换到“新建文件”窗格时，如图 2-16 所示。单击此窗格中的“空数据库”链接。

说明：

选择“文件”|“新建”命令或单击工具栏中的“新建”按钮也可直接打开“新建文件”窗格。

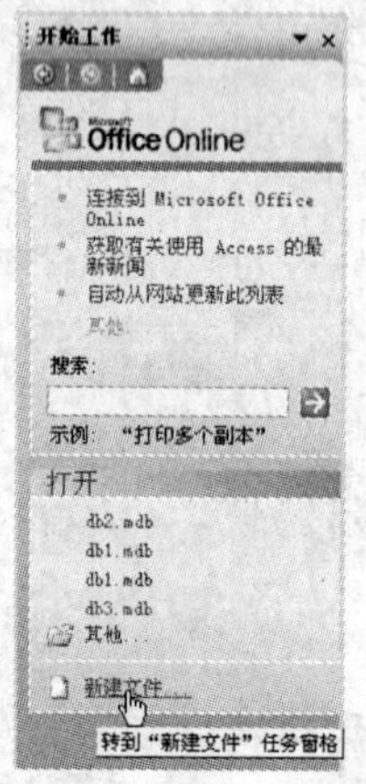
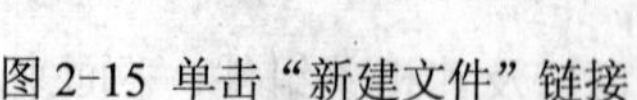

图 2-15 单击“新建文件”链接

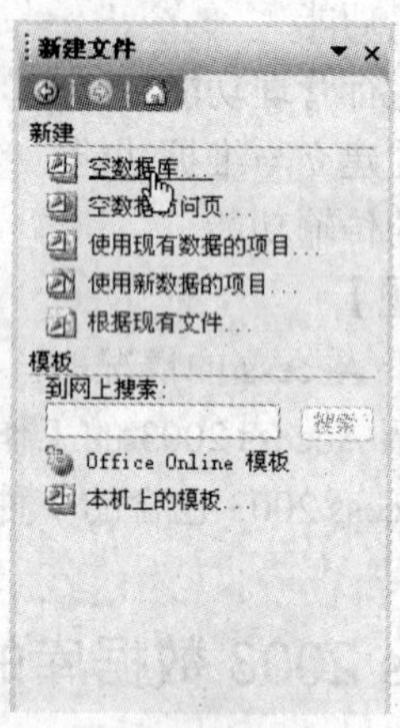

图 2-16 “新建文件”窗格

3）此时，弹出“文件新建数据库”对话框，如图 2-17 所示。选择数据库要保存的位置，并在“文件名”文本框中输入新建数据库的文件名，保存类型为系统默认的“Microsoft Office Access 数据库(*.mdb) ”。

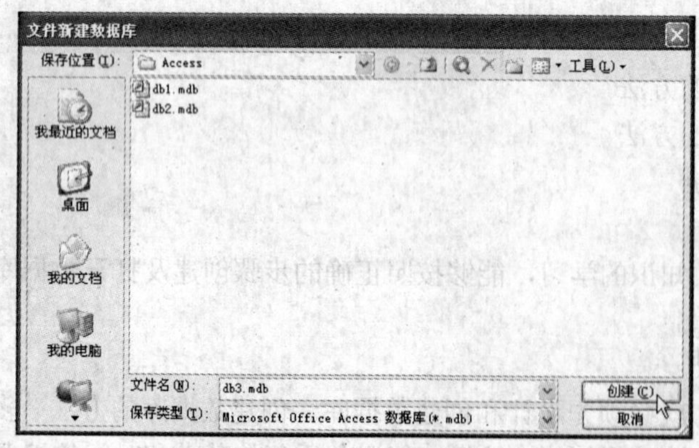

图 2-17 “文件新建数据库”对话框

4）单击“创建”按钮，即可打开一个空白数据库窗口，如图 2-18 所示。窗口标题栏中显示了当前创建的数据库文件名及文件格式。

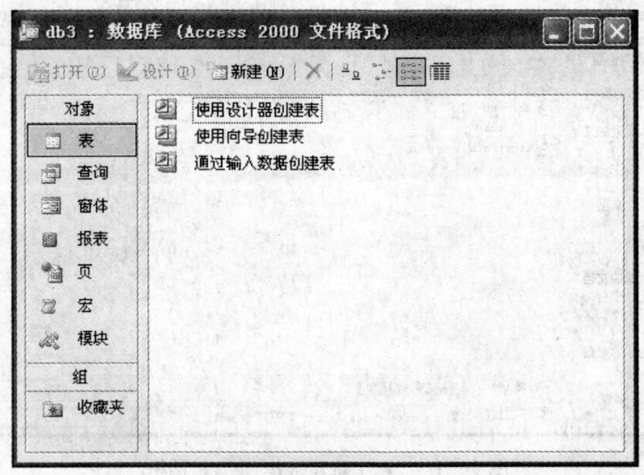

图 2-18　空白数据库窗口

说明：

数据库的文件格式可以通过选择“工具”|“数据库实用工具”|“转换数据库”命令进行转换。由于 Access 2000 文件格式的兼容性强，因此在本书中所使用的 Access 均使用 Access 2000 文件格式。

（2）使用向导创建数据库

Access 2003 提供了一些常用的、已经定制好对象的数据库模板。在使用这些模板时，只需根据向导选择需要的数据库对象即可。

使用“数据库向导”创建数据库的步骤如下：

1）在 Access 2003 界面的菜单栏中选择“文件”|“新建”命令，并在窗口右侧的“新建文件”窗格中单击“本机上的模板”链接，如图 2-19 所示。此时，打开“模板”对话框，如图 2-20 所示。单击“数据库”标签，切换到“数据库”选项卡。

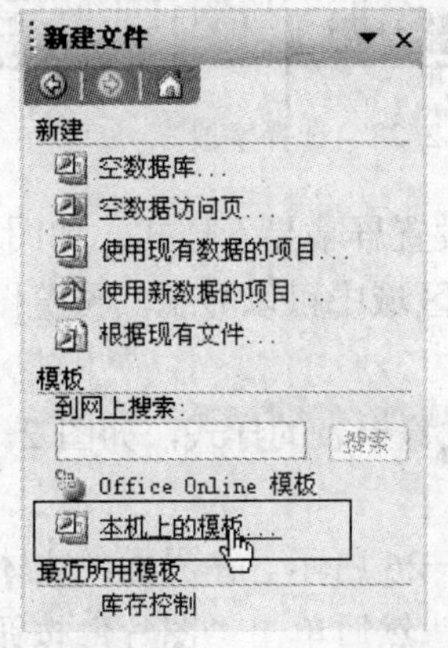

图 2-19　单击“本机上的模板”链接

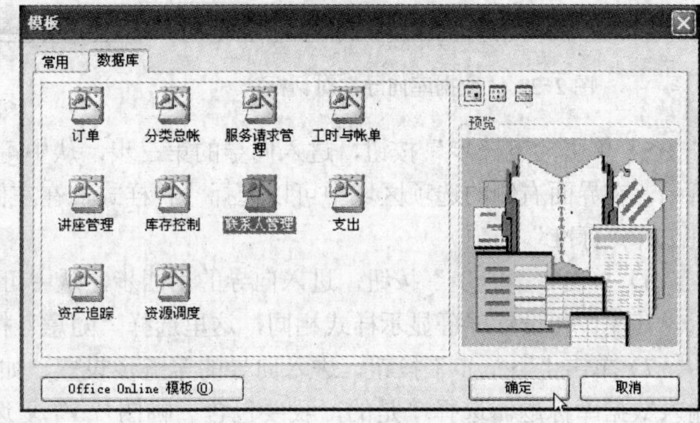

图 2-20　“模板”对话框

2）从“数据库”选项卡中选择一种合适的模板，例如选择“联系人管理”模板，然后单击“确定”按钮，即可打开“文件新建数据库”对话框，如图 2-21 所示。

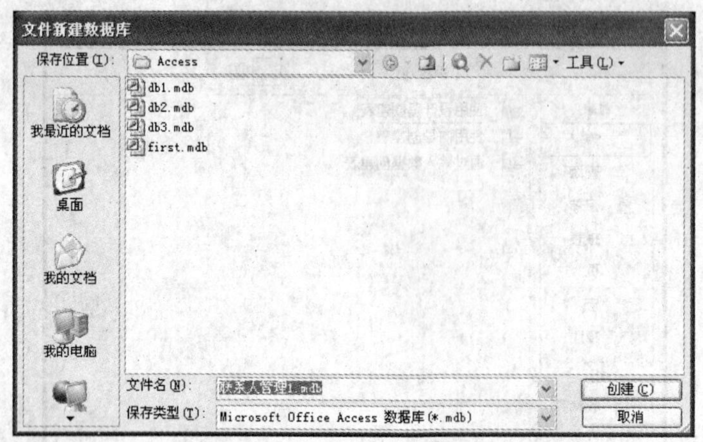

图 2-21 “文件新建数据库”对话框

3）在“文件名”文本框中输入新的文件名，单击“创建”按钮，将弹出“数据库向导”界面，如图 2-22 所示。

4）单击“下一步”按钮进入向导的第二步，从中可以设置表的字段，如图 2-23 所示。在“数据库中的表”选项区域中列出了该模板包含的所有表；在“表中的字段”选项区域中显示了对应表的字段信息，用户可以对这些字段信息进行设置。

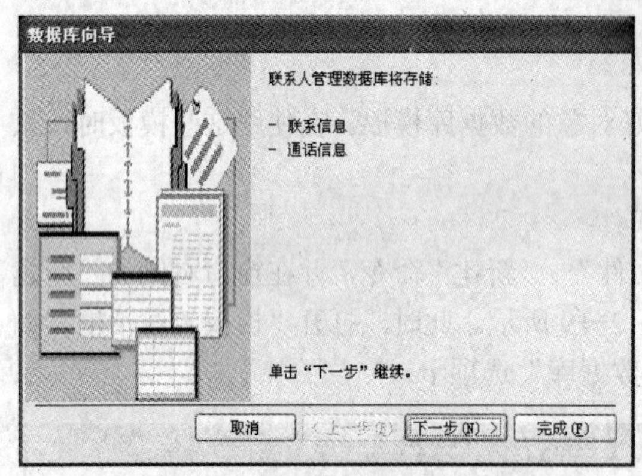

图 2-22 “数据库向导”对话框

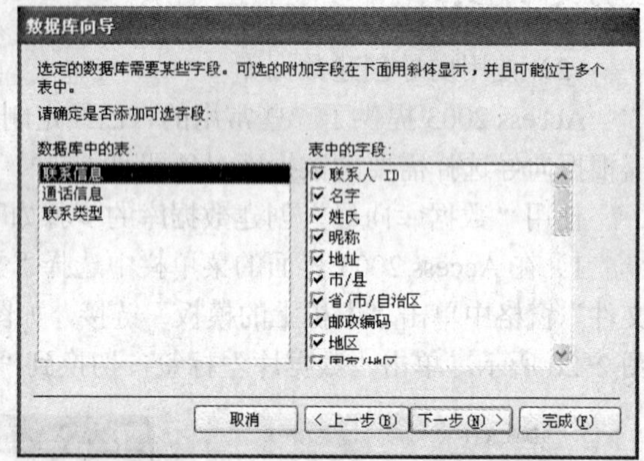

图 2-23 选择字段

5）单击“下一步”按钮，进入向导的第三步，从中可以设置屏幕显示样式，如图 2-24 所示。在界面右侧的选项区域中可以选择一种样式，在左侧的区域中可以显示其预览图。这里选择“标准”选项。

6）单击“下一步”按钮，进入向导的第四步，从中可以设置报表的样式，如图 2-25 所示。其操作和设置屏幕显示样式相同，这里选择“随意”样式。

7）单击“下一步”按钮，进入向导的第五步设置，如图 2-26 所示。在界面的文本框中输入数据库标题。选择“是的，我要包含一幅图片。”复选框，然后单击“图片”按钮，选择一幅图片。

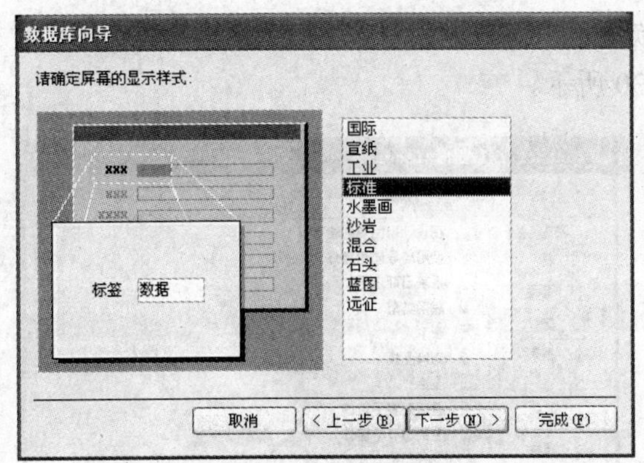

图 2-24　设置屏幕样式

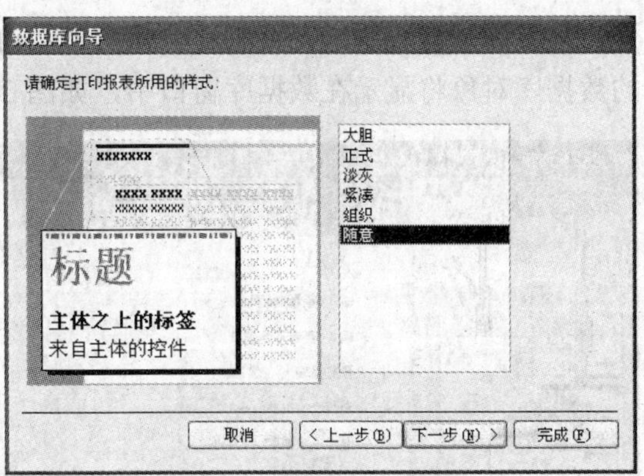

图 2-25　设置报表样式

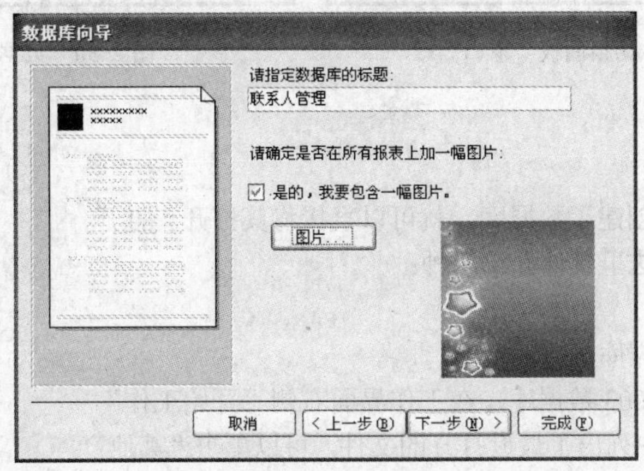

图 2-26　设置标题并添加图片

8）单击“下一步”按钮，进入向导第六步，如图 2-27 所示。在该步中，系统会询问用户完成数据库的创建工作后是否启动该数据库，如果不启动，单击“完成”按钮即可；否则选择“是的，启动该数据库”复选框，然后单击“完成”按钮创建数据库，这时将显示创建数据库进度界面，如图 2-28 所示。

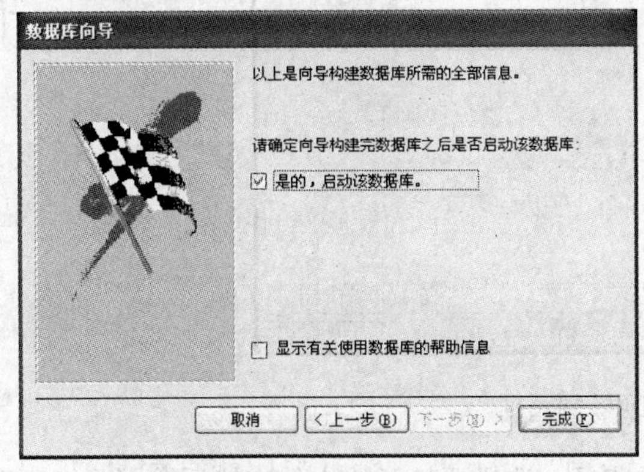

图 2-27　选择启动数据库选项

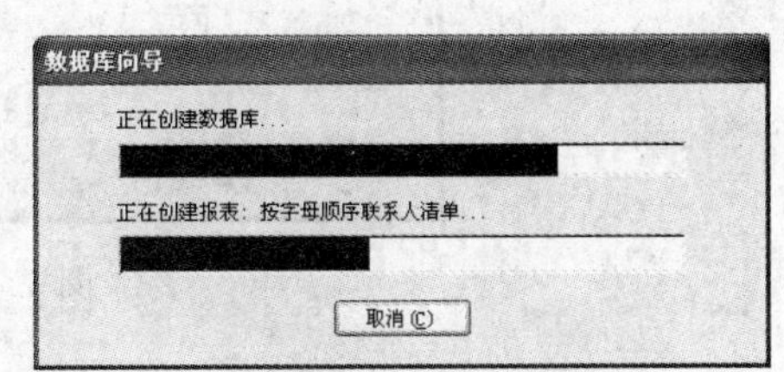

图 2-28　数据库向导进度界面

数据库创建完毕后，系统将会弹出“主切换面板”窗口，如图 2-29 所示。至此，所创建的数据库对象将显示在数据库窗口中，如图 2-30 所示。

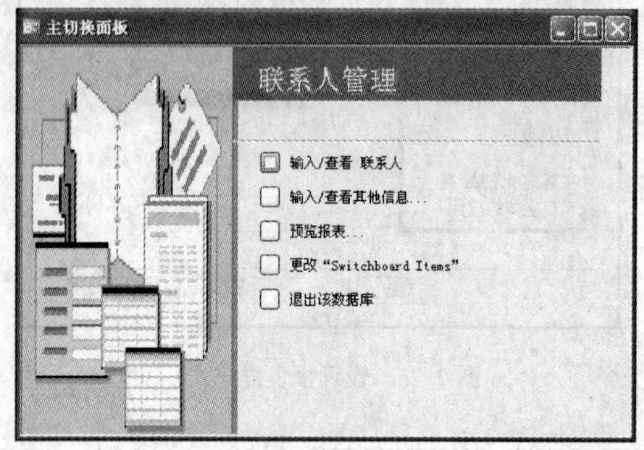

图 2-29 “主切换面板”窗口

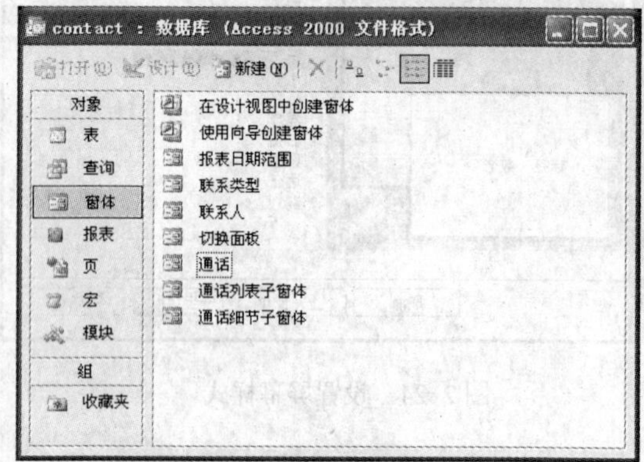

图 2-30 数据库窗口

2.2.2 打开数据库

如果在计算机中创建了数据库，就可以直接将其打开。打开数据库的方法很多，这里具体介绍两种：

【任务实施】

（1）打开现有数据库（方法一）

1）进入 Access 2003 数据库，在工作界面右侧“开始工作”窗格的“打开”区域中列出了最近打开的文件，可以单击“其他”链接，打开所需要的文件，如图 2-31 所示。

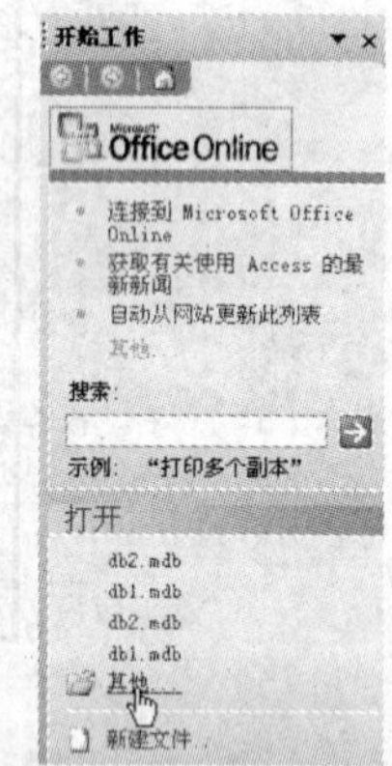

图 2-31 单击“其他”链接

2）此时，弹出如图 2-32 所示的“打开”对话框。

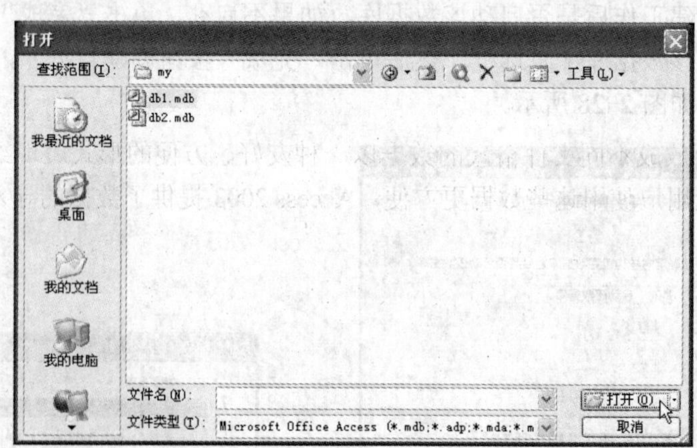

图 2-32 “打开”对话框

3）在“查找范围”选项中找到文件所在的路径，选择要打开的文件，然后单击“打开”按钮，就会打开所需要的数据库。

说明：

如果打开的 Access 2003 数据库没有显示“开始工作”窗格，则可以选择“文件”|“打开”命令或直接单击工具栏上的按钮，也会弹出如图 2-32 所示的“打开” 对话框。

（2）打开现有数据库（方法二）

在计算机中找到要打开的数据库文件，双击即可打开。这种方法是最简单的，也是最常用的。

注：

在保存或打开数据库时，Access 2003 会先打开系统默认的路径（例如 C:\Documents and Settings\user\My Documents\）。如果想更换系统的默认存储路径，可以通过选择“工具”|“选项”命令打开“选项”对话框，切换到“常规”选项卡，如图 2-33 所示。在“默认数据库文件夹”下的文本框中输入要保存的路径名称，单击“确定”按钮即可。

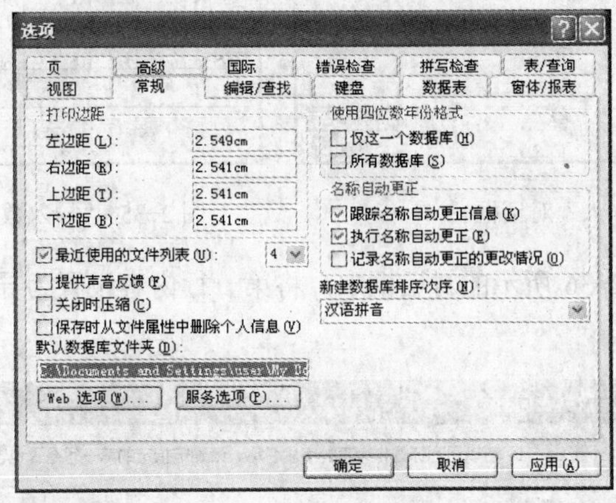

图 2-33 “选项”对话框

2.2.3 外部数据的使用

用户在收集、整理数据时，会把数据以不同的文件格式存放到各种各样的数据源中，同时又希望把这些存放成不同文件格式的数据以一种友好、方便的形式展现给其他用户或方便自己收藏。为了让用户使用这些数据更方便，Access 2003 提供了数据的导入、导出功能，既可以将保存在其他程序或文档中的数据导入到 Access 2003 中，也可以将 Access 2003 中的数据导出到其他程序中，还可以导出成其他格式的数据，这样就可以实现数据共享，从而避免了数据的重复输入，也保持了数据的一致性。

1. 导入数据

可以将保存在其他程序或文档中的数据导入到 Access 2003 中，也可以将数据库对象导入到另一个 Access 2003 数据库或 Access 2003 项目中。

【任务实施】

导入数据的步骤如下：

1）打开一个要导入外部数据的数据库（数据的导入操作必须在已创建表的数据库或空数

据库中进行)。

2)选择“文件”|“获取外部数据”|“导入”命令,打开“导入”对话框,如图 2-34 所示。在“查找范围”选项中找到目标文件的存放路径,选择目标文件的文件类型,最后选择目标文件,单击“导入”按钮(也可双击目标文件)。

3)在弹出的“导入数据表向导”对话框中,选择要导入数据库的工作表,单击“下一步”按钮,如图 2-35 所示。

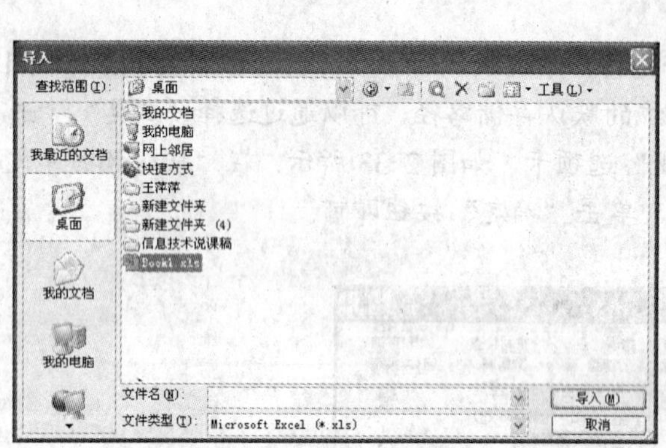

图 2-34 “导入”对话框

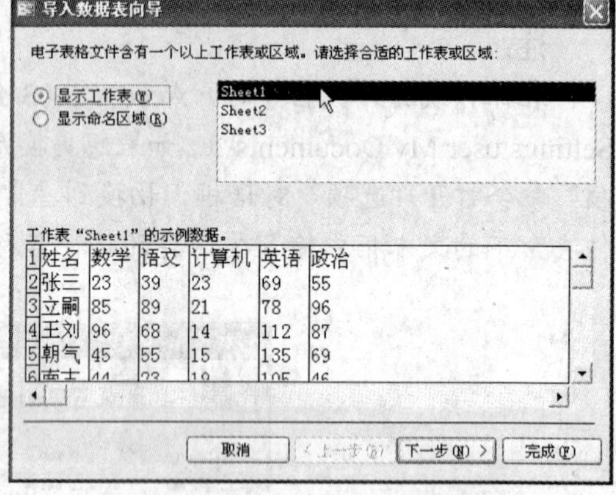

图 2-35 “导入数据表向导”对话框(1)

4)在弹出的如图 2-36 所示的对话框中,将第一行内容设置为导入数据表的字段名,然后单击“下一步”按钮。

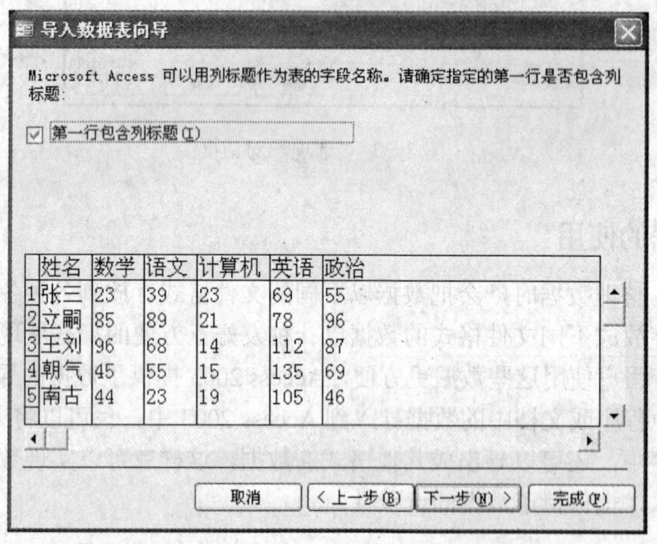

图 2-36 “导入数据表向导”对话框(2)

5)在弹出的如图 2-37 所示的对话框中,选择导入数据存放的位置。选择“新表中”单选按钮,可将导入到数据库中的文件存放在一个新表中。选择“现有的表中”单选按钮,可以将其存放到当前数据库已有的表中。这里选择“新表中”单选按钮,然后单击“下一步”

按钮。

6）在弹出的如图 2-38 所示的对话框中，设置每一个字段的信息，例如更改字段名称、设置索引及是否导入字段等。用户可以在列表框中单击各列，然后修改列的相关信息。设置完成后，单击“下一步”按钮。

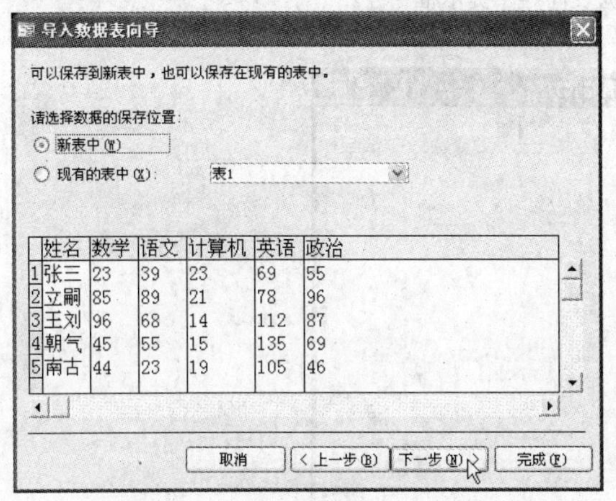

图 2-37 “导入数据表向导”对话框（3）

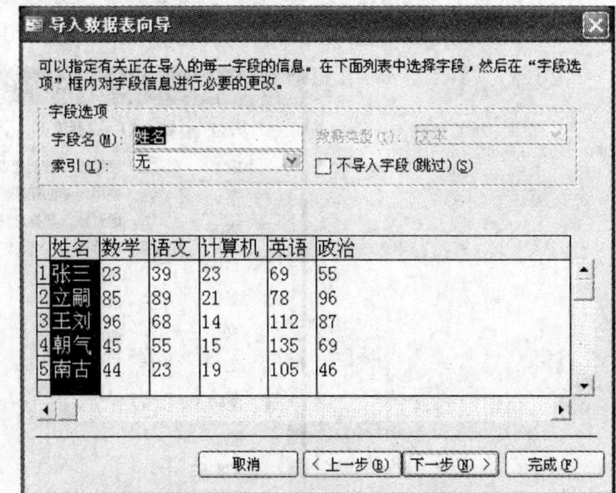

图 2-38 “导入数据表向导”对话框（4）

7）在弹出的如图 2-39 所示的对话框中，为该数据表添加一个主键。如果要为该数据表添加一个主键，可以选择“让 Access 添加主键”单选按钮，让系统自动添加一个表示主键的字段。选择“我自己选择主键”单选按钮，可以选择表中任意的、无重复的字段作为主键。选择“不要主键”单选按钮，将不给表添加任何主键。这里选择让系统自动添加一个主键的字段。设置完成后，单击“下一步”按钮。

8）在弹出的如图 2-40 所示的对话框中，为导入的数据表设置一个表名，这里在文本框中输入“学生成绩表”。

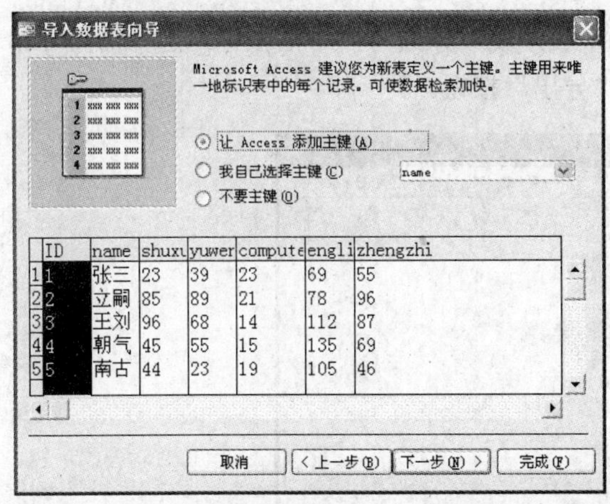

图 2-39 “导入数据表向导”对话框（5）

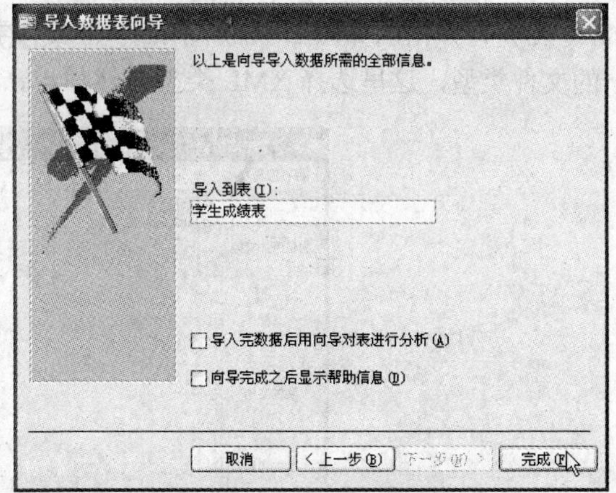

图 2-40 “导入数据表向导”对话框（6）

9）单击“完成”按钮，弹出如图 2-41 所示的提示框。单击“确定”按钮，返回到“数据库”窗口，可以看到新添加了一个“学生成绩表”数据表，如图 2-42 所示。

图 2-41 “导入数据表向导”提示框

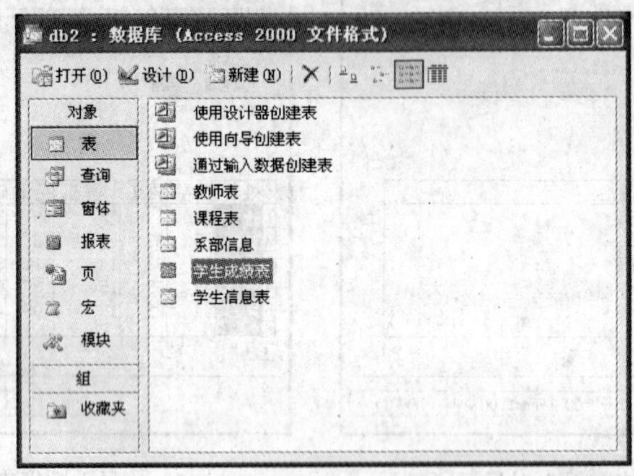

图 2-42 添加了“学生成绩表”的数据库窗口

2. 导出数据

导出是指将数据和数据库对象输出到其他数据库、电子表格中，以便其他数据库、应用程序或程序可以使用这些数据或数据库对象。

【任务实施】

这里以刚刚导入数据的数据库文件为例，介绍数据的导出，具体步骤如下：

1）打开刚刚导入数据的数据库文件，选择 “学生成绩表”数据表。

2）选择“文件”|“导出”命令。

3）在弹出的如图 2-43 所示的“将表‘学生成绩表’导出为”对话框中，选择需要导出的文件类型，这里选择 XML 类型，然后单击“导出”按钮。

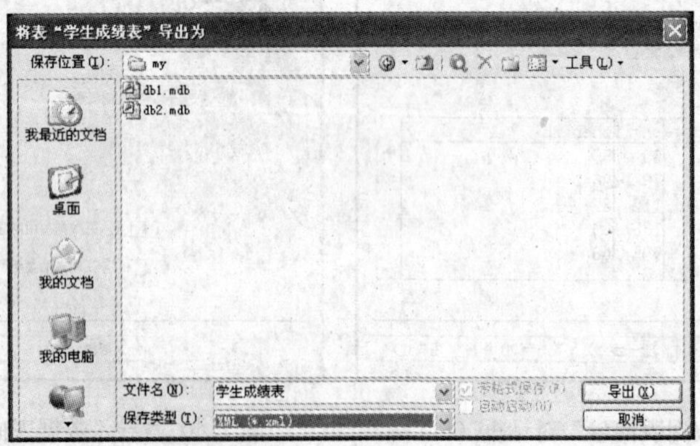

图 2-43 “将表‘学生成绩表’导出为”对话框

4）此时，弹出如图 2-44 所示的“导出到 XML”对话框，选择需要的文件，单击“确定”

按钮，即可完成数据的导出。打开导出的 XML 文件，其结果显示如图 2-45 所示。

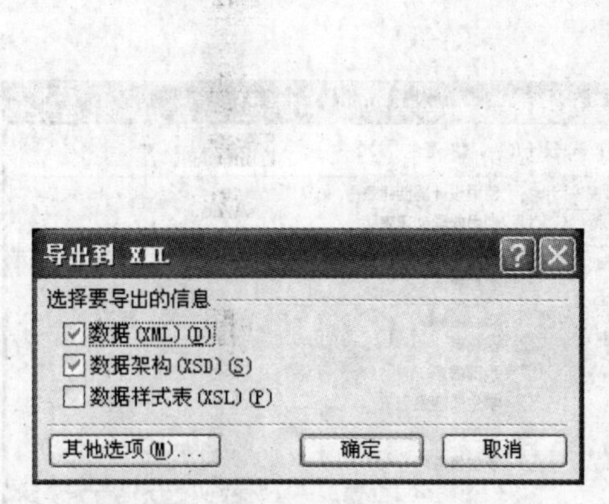

图 2-44 “导出到 XML”对话框

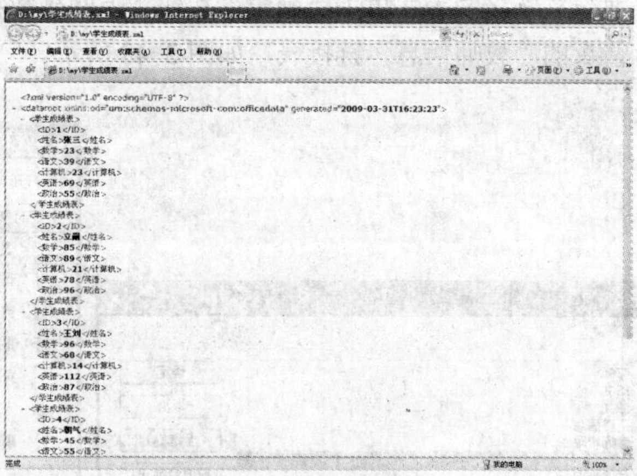

图 2-45 导出结果

3. 数据的链接

当用户在使用数据库的时候，有时会需要用到其他数据源的信息，这时可能会采用导入数据的方法。如果既需要将数据导入到数据库中，又要保证这些数据在其数据源处修改后，导入到数据库的数据也会发生改变，此时用导入数据的方法是不能很快实现的，而采用链接表的方法却可以很快实现。例如，如果需要使用网络上共享的 Access 数据库中的表，或者需要将一个数据库中的所有表都存储在网络服务器上，就可以使用链接表的方法。采用这种方法既可以很容易地将现有数据库拆分成两个数据库，又能保证数据的统一性、完整性。

【任务实施】

链接表的创建步骤如下：

1）打开要创建表链接的数据库。

2）选择“文件”|“获取外部数据”|“链接表”命令，弹出如图 2-46 所示的“链接”对话框，从中选择要建立链接的文件，然后单击“链接”按钮。

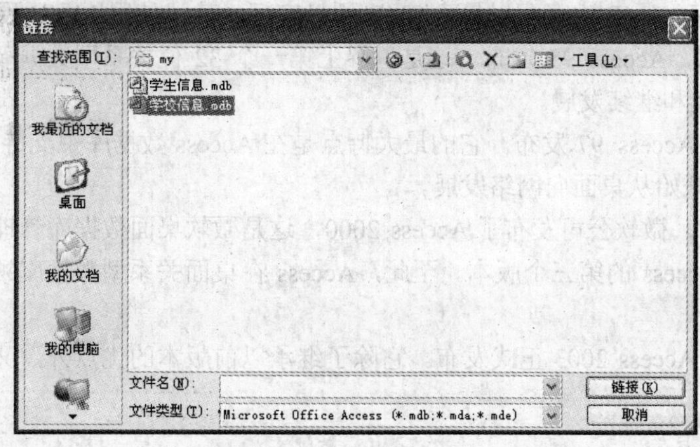

图 2-46 “链接”对话框

3）在弹出的如图 2-47 所示的“链接表”对话框中，包含了所选数据库中的所有表，选择要建立链接的表，单击“确定”按钮。返回到数据库窗口，从中可以看到新添加了一个带有箭头的“教师信息”链接表，如图 2-48 所示。

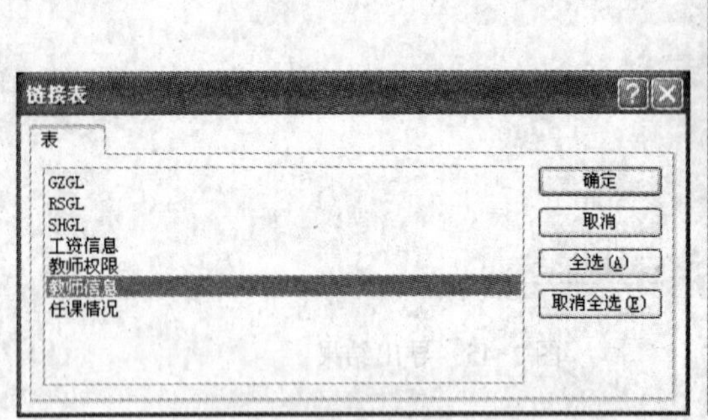

图 2-47 “链接表”对话框

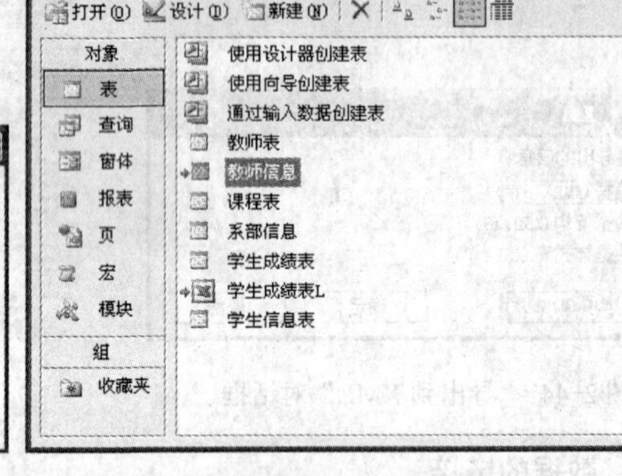

图 2-48 添加链接表的数据库窗口

【总结与回顾】

用户可以直接创建数据库，也可以使用 Access 2003 自带的向导功能创建数据库。

在计算机中找到要打开的数据库文件，双击即可将其打开，也可以启动 Access 2003 数据库，在“开始工作”窗格的“打开”选项区域中打开所需要的文件。

利用 Access 2003 提供的数据导入、导出功能，可以将保存在其他程序或文档中的数据导入到 Access 2003 中，也可以将 Access 2003 的数据导出到其他程序中，还可以导出成其他格式的数据，从而避免数据的重复输入。利用“链接表”功能，可以保持数据的一致性。

【拓展知识】

Access 的发展经历了如下阶段：

1）1992 年 11 月，Microsoft Access 1.0 版本发布。该版本对系统的最小要求为 Windows 3.0 配以 4MB 内存，6MB 内存配以最小 8MB 硬盘空间（建议使用 14MB 硬盘空间）。

2）1995 年末，Access 95 发布。这是世界上第一个 32 位关系型数据库管理系统，使得 Access 得到了普及和继续发展。

3）1997 年，Access 97 发布。它的最大特点是在 Access 数据库中支持 Web 技术，这使得 Access 数据库开始从桌面向网络发展。

4）21 世纪初，微软公司发布了 Access 2000，这是微软桌面数据库管理系统的第六代产品，也是 32 位 Access 的第三个版本。至此，Access 在桌面关系型数据库领域的普及已经跃上了一个新台阶。

5）2003 年，Access 2003 正式发布。它除了继承以前版本的优点外，又新增了一些使用功能。

【复习思考题】

简述 5 种“数据库向导”中含有的报表样式。

【技能训练】

1．使用数据库向导创建一个“订单”数据库。

2．练习用各种方法打开、关闭新创建的“订单”数据库文件。

3．将任意一个 Excel 文件的数据导入到 Access 2003 数据库中，并将此表导出成 HTML 格式的文件。

4．将不同数据源的数据和数据库中的数据链接，并修改数据，检查数据是否发生了改变。

第3章 表

表是存储数据的基本单位，是数据库中非常重要的对象，同时也是数据库中其他对象的基础。在一个数据库中可以创建多个表。表创建完成后，可以根据用户的需求对表的结构、数据类型进行修改，还可以对表的数据进行查找、排序、筛选，以及设定表间的关系等。

本章将介绍 4 种创建表的方法及如何对表中的数据进行操作，并通过一个简单的实例，让用户更深入地了解和掌握表的创建和使用。

3.1 创建表

创建和使用表，对于学习 Access 2003 数据库是非常必要的。

【学习目标】

掌握表的设计、创建方法，掌握字段的属性设置，能够在数据库中创建表及设置对应字段的属性值，为以后的操作奠定基础。

【知识点】

- 表的设计规则及过程
- 表的视图窗口分类
- 表的创建方法
- 字段的属性设置

【任务分析】

通过对相关知识的学习，使用 4 种不同的方法创建数据表。

3.1.1 表的设计

在创建表之前，首先需要设计表。表的设计主要是指表结构、表中字段及其属性（包括每个字段的数据类型、长度和索引）的设计。

1. 表的设计规则

在对表结构进行设计时，应按照下列规则：

（1）字段的唯一性

表中每个字段只能含有唯一的数据类型，即在同一个字段内不能同时设置不同的数据类型。

（2）记录的唯一性

主键可以用来保证表中记录唯一性，在建立主键时，必须保证所设置的字段能够唯一标识一条记录。设置主键可以采用单一字段，也可以采用多个字段。

（3）字段的无关性

字段的无关性是指表中的字段是互不影响的，对其中某个字段（主键字段除外）进行修改不会影响其他字段。

（4）功能的无关性

这条规则要求所设计的表中不能包含与该表无关的字段信息，同时要求表中的字段信息能够完整地描述某一记录。

2．表的设计过程

表的设计过程如下：

1）创建新表。

2）设置字段名、数据类型和说明。

3）设置字段属性。

4）设置一个主键。

5）为相关字段建立索引。

6）保存设计内容。

3．表的视图窗口

Access 2003 有 4 种表的视图，即表的数据表视图、设计视图、数据透视表视图和数据透视图视图。如图 3-1、图 3-2 所示为数据表视图、设计视图。数据透视表视图和数据透视图视图将在窗体对象中讲到，这里就不再介绍了。

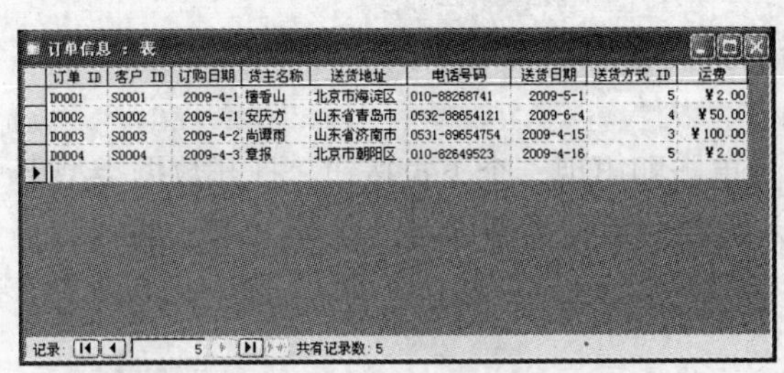

图 3-1　数据表视图

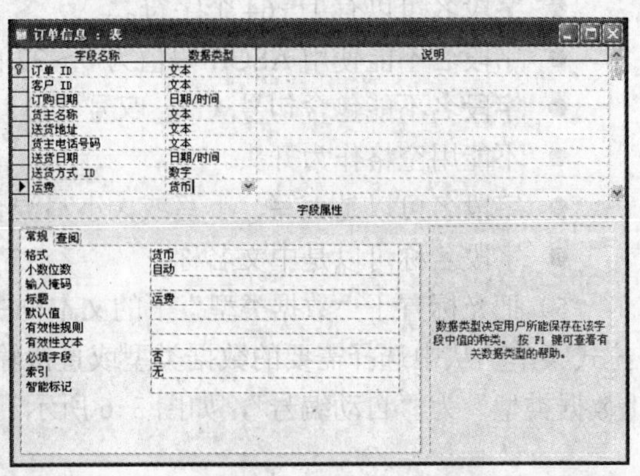

图 3-2　设计视图

3.1.2　表的创建

在了解了表的设计规则及设计过程后，就可以使用表设计器、表向导、“获取外部数据”命令和输入数据 4 种方法来创建表。这一小节将介绍这 4 种创建表的方法。

【任务实施】

1．使用设计器创建表

利用表设计器可以创建表及表中字段的数据类型和属性等。

使用表设计器创建表的步骤如下：

1）创建或打开一个数据库文件，在数据库窗口左侧对象栏中单击“表”按钮，然后单击数据库窗口中的“新建”按钮，如图 3-3 所示。

2）打开的“新建表”对话框如图 3-4 所示。在该对话框的右侧选项区域中选择“设计视图”选项，然后单击“确定”按钮。

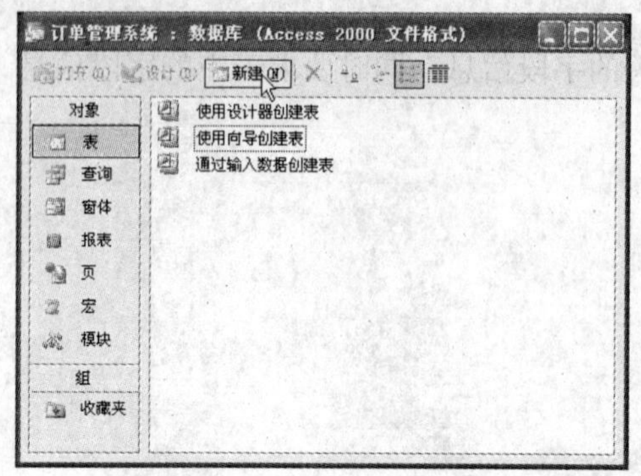

图 3-3 单击“新建”按钮

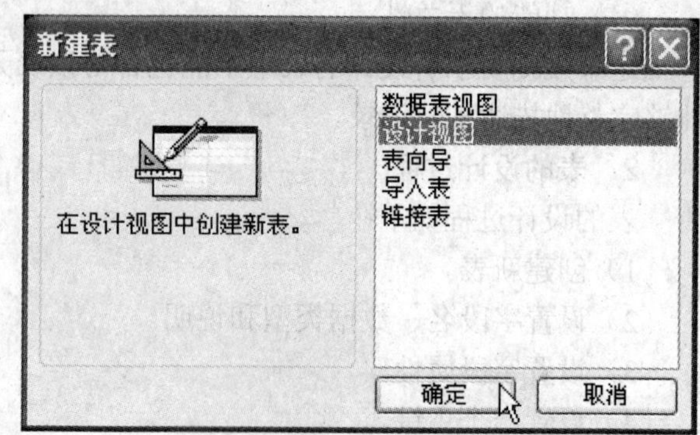

图 3-4 “新建表”对话框

3）此时，打开了表的设计视图窗口，如图 3-5 所示。

4）在“字段名称”文本框中输入字段的名称，如输入“职工编号”、“姓名”等。其中字段命名应遵循如下规则。

- 字段名可以包含字母、数字和特殊符号。
- 字段名可以有 1～64 个字符。
- 字段名不能使用 ASCII 码值为 0～32 的 ASCII 字符。
- 字段名不能包含句号（.）、叹号（!）、方括号（[]）或抑音符（`）。
- 不能用空格作为开头。
- 字段名可以是大写、小写或大小写混合的英文名称。
- 字段名称可以是中文名称。

5）把光标置于“数据类型”下的文本框中，单击即出现一个下拉按钮，打开数据类型下拉式菜单，从中选择需要的数据类型或直接输入需要的数据类型即可。设置“职工编号”的“数据类型”为“自动编号”，如图 3-6 所示。

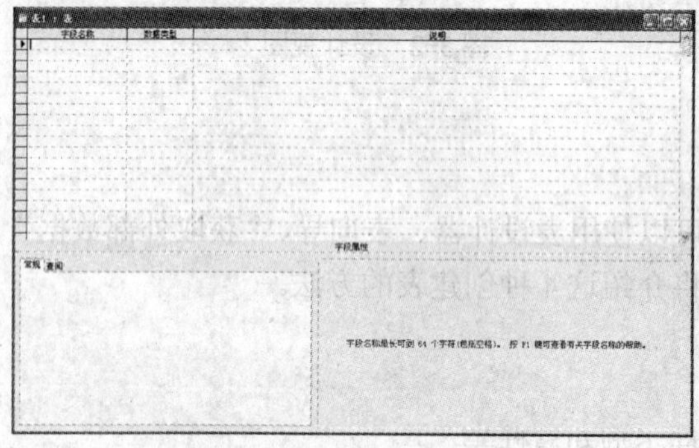

图 3-5 表的设计视图窗口

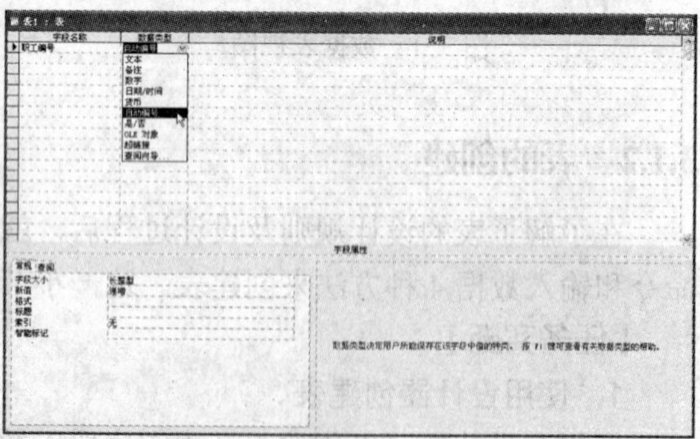

图 3-6 设置“数据类型”

在 Access 2003 中常用的数据类型有 10 种，如表 3-1 所示。

表 3-1 Access 2003 常用的数据类型

数据类型	类型说明	大小
文本	适用于文本或文本与数字组合，可以是不需要计算的数字，例如地址、电话号码等	最长为 255 个字符
备注	用于保存长度较长的文本及数字，如备注或说明等	最大长度为 64000 个字符
数字	可用来进行数学计算的数据类型，不包含货币类型。设置“字段大小”属性，可以定义特定的数据类型	大小可以为 1 个、2 个或 8 个字节，而 16 字节只能提供同步复制标识
日期/时间	该数据类型可以存储日期及时间，也可以存储日期及时间组合。可以在属性文本框中指定多种格式类型，以按自己的方式显示日期和时间	大小为 8 个字节
货币	该数据类型可以避免计算时四舍五入。精确到小数点左边 15 位及右边 4 位	大小为 8 个字节
自动编号	该数据类型可以用来识别没有唯一字段值的记录。在添加记录时，会自动插入，也可以随机编辑	大小为 4 个字节
是/否	该数据类型的取值是两个值中的一个，因此可以用二进制表示。1 表示“是”，0 表示“否”。设置格式可以显示“是/否”、“真/假”或“开/关”。“是/否”数据类型有其许多专用的窗体控制	大小为 1 位
OLE 对象	连接或内嵌于 Access 2003 数据表中的对象，可以是 Excel 电子表、Word 文件、图像、声音或其他二进制数据	受限于所用的磁盘空间，最多可用 10 亿字节
超级链接	该数据类型字段含有文本和数字的组合，这些数字作为文本存储并用做超级链接地址。它最多可以含有 3 个部分：在字段中出现直观文本、Internet 地址、文件或网页内的任何子地址。可将子地址的每个部分用#号分隔，如 Access 2003 的窗体或报表的名称	最大长度为 64000 个字节
查阅向导	该数据类型的字段允许使用组合框，以从其他表格或一列值中选择数值。在“数据类型”下拉列表中选择该项可以打开向导进行定义	通常为 4 个字节

6）将光标置于“说明”文本框中，可以输入适当的文字说明。“说明”是可选项，使用它的目的是增加字段的可理解性。如果设置了字段说明，当在 Access 2003 中使用该字段时，状态栏中就会出现相应的文字说明。

7）按照步骤 4）～6）的方法逐行添加字段，如：“字段名称”、“数据类型”和“说明”等。

如果“字段名称”、“数据类型”或“说明”信息的输入有误，可以进行修改或删除操作。

修改信息的步骤如下。

步骤一：在设计视图中打开要修改错误信息的表。

步骤二：双击要更改的字段名称或说明。

步骤三：输入新的字段名称或说明。

步骤四：如果要修改的是数据类型，则只要用鼠标单击其后的下拉箭头，打开下拉列表，从中选择需要的数据类型即可。

删除信息的步骤如下。

步骤一：在设计视图中打开要删除信息的表。

步骤二：选择要删除的字段。如果要删除一个字段，可以直接单击此字段的行选定器；如果要删除一组字段，可以通过拖动鼠标来选择所要删除的字段行选定器。

步骤三：单击工具栏中的“删除行”按钮即可。

8）为已定义的数据类型设置属性，如：“字段大小”、“格式”等。有关字段属性的设置将在 3.1.3 小节中具体介绍。

9）表创建完成后，单击工具栏中的“保存”按钮，会弹出如图 3-7 所示的“另存为”对话框，在“表名称”文本框中输入所创建表的名称，然后单击“确定”按钮即可。

10）此时，会弹出如图 3-8 所示的“尚未定义主键”提示框，单击“是”按钮，系统将会根据所创建的表信息设置或添加一个主键。

图 3-7 “另存为”对话框

图 3-8 “尚未定义主键”提示框

2. 使用向导创建表

Access 2003 数据库向用户提供了强大的向导功能。利用这个功能，用户可以快速、有效地建立各种对象。其中，表向导就是利用数据库中已存在的模板，根据用户的选择，帮助用户建立一个常用类型的数据表。

这里以使用表向导创建一个“订单”表为例进行介绍，具体创建步骤如下：

1）打开或创建一个数据库。

2）单击数据库窗口对象组中的“表”按钮，双击“使用向导创建表”选项。

3）此时，弹出如图 3-9 所示的“表向导”对话框。“商务”选项用来创建商用数据表，“个人”选项可以创建个人事务的数据表。

4）选择“商务”单选按钮，在“示例表”选项区域中选择“订单”选项，在“示例字段”选项区域中选择所需要的字段，单击 > 按钮，可将其添加到“新表中的字段”选项区域中。如果需要全部选择，可单击 » 按钮。如果需要将选择的字段从“新表中的字段”列表中删除，可单击 < 或 « 按钮，如图 3-10 所示。

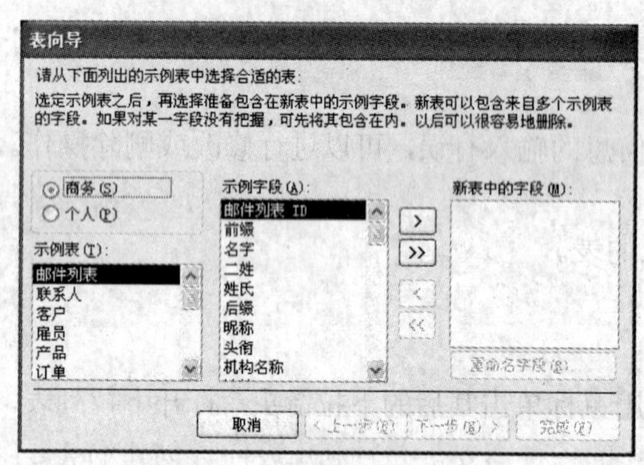

图 3-9 “表向导”对话框

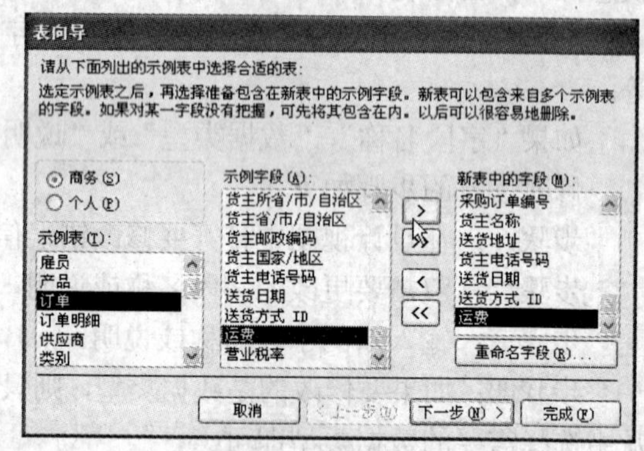

图 3-10 选择所需的字段

5）如果所提供的字段名称不合适，可以在“新表中的字段”选项区域中选择这一字段，然后单击“重命名字段”按钮，在弹出的“重命名字段”对话框中，为该字段重命名，如图 3-11 所示。设置完成后单击“确定”按钮。

图 3-11 “重命名字段”对话框

6）新表字段设置完成后，单击“下一步”按钮，此时，弹出对话框，用户可以输入当前创建的表名并设置主键。这里在“请指定表的名称”文本框中输入“订单信息”，选择“不，让我自己设置主键”单选按钮，单击“下一步”按钮，如图 3-12 所示。

7）在弹出的对话框中，从下拉列表中选择“订单 ID”选项作为主键，选择“添加新记录时我自己输入的数字和/或字母”单选按钮，单击“下一步”按钮，如图 3-13 所示。

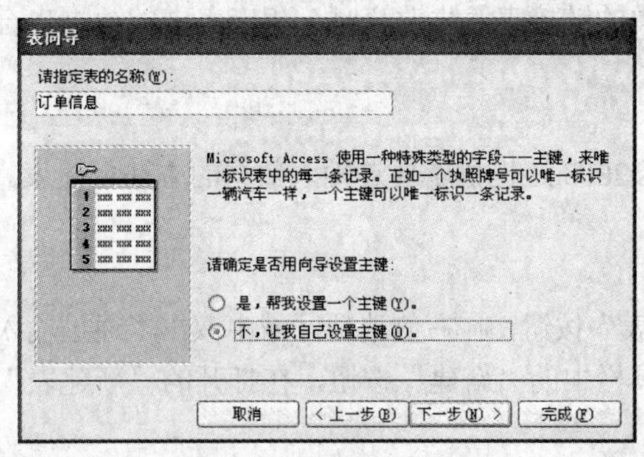

图 3-12　设置表名

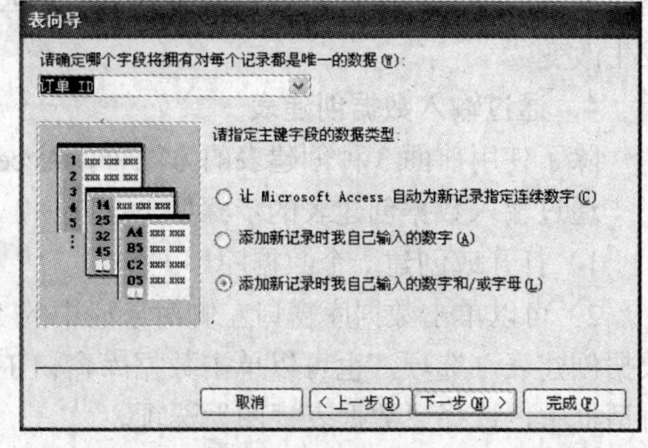

图 3-13　设置主键

8）在弹出的对话框中，选择“直接向表中输入数据”单选按钮，单击“完成”按钮，如图 3-14 所示。此时，可打开如图 3-15 所示的表设计视图，在“订单信息”设计视图中，可以看到所设计表的各个字段，也可以修改字段的名称及数据类型。

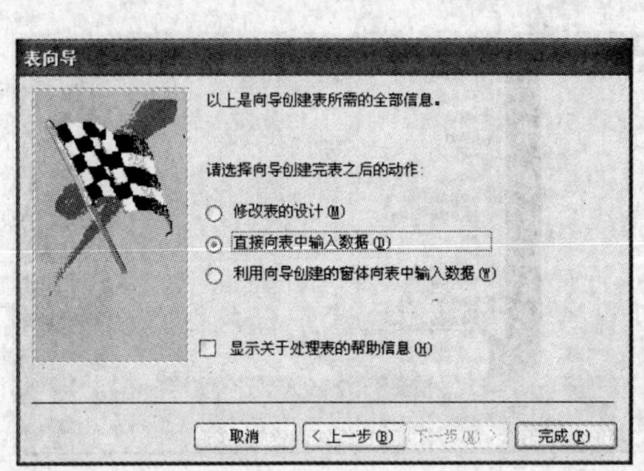

图 3-14　设置之后的动作

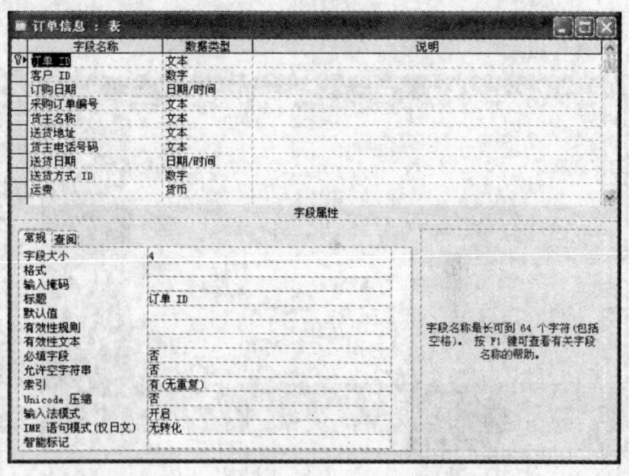

图 3-15　新建的“订单信息”设计视图窗口

由于受示例表的限制，表向导不可能满足用户的各种需要，并且利用表向导创建的表，其字段大小和属性也不能完全满足实际要求。因此，在创建表的时候，可以先利用表向导创建，然后通过设计视图设计表中的字段。这样既可以快捷地创建表，又能保证所创建的表更为完善。

3．通过“获取外部数据”命令创建表

“获取外部数据”命令的方法在第 2 章的“外部数据的使用”小节中已经提到过，这里只是简单介绍一些注意事项。

“获取外部数据”命令包括“导入”和“链接表”两种命令。Access 2003 数据库允许在相同版本或不同版本的 Access 数据库中导入或链接数据，同时也允许导入和链接 Microsoft Excel、Microsoft FoxPro 和 Paradox 等程序或文件格式的数据。

当采用“导入”的方式将数据源中的表导入到当前数据库时，其实质是复制数据源中的表到当前数据库中，复制到数据表中的数据和原数据源之间没有联系，当各自的数据改变时，相互之间不会产生影响。当采用“链接表”的方式将原数据源中的表链接到当前数据库时，当原数据源中的表数据发生改变或当前数据库中的链接表发生改变时，相应表中的数据也会发生改变。

4. 通过输入数据创建表

除了使用前面3种创建表的方法外，Access 2003还提供了通过输入数据的方法创建表。

通过输入数据创建表的步骤如下：

1）打开或创建一个数据库。

2）可以单击数据库窗口左侧对象栏中的“表”按钮，在右侧选项区域中双击“通过输入数据创建表”选项，也可以单击数据库窗口工具栏中的“新建”按钮，在打开的“新建表”对话框中，选择“数据表视图”选项。

3）此时，弹出一个空的数据表视图窗口，如图3-16所示。该默认视图是21行10列的表，默认字段名称为“字段1”、“字段2”等。

4）在空数据表中的“字段 1”字段上双击，输入字段名称，按〈Enter〉键即可完成对该字段名的修改。也可以选择需要重命名的列，然后右击弹出快捷菜单，从中选择“重命名列”命令，这时选择的字段便处于可编辑状态，即可对字段名进行修改，如图 3-17所示。

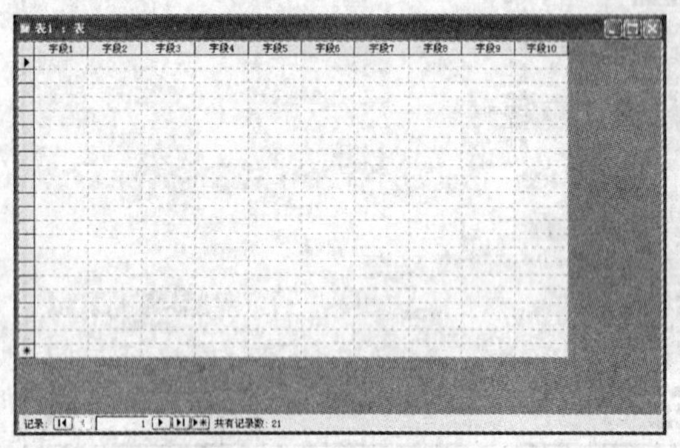

图3-16 数据表视图窗口

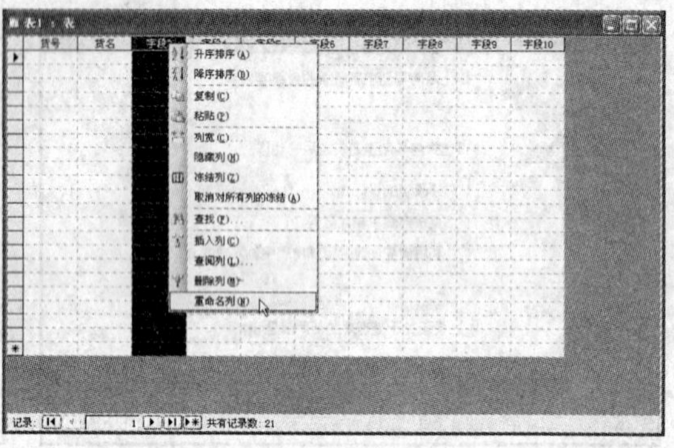

图3-17 修改字段名称

5）如果要插入或删除列，只需在选择的列上右击，在弹出的快捷菜单中选择“插入列”或“删除列”命令即可。注意，插入列是在选择列的左侧插入，列名采用默认值。

6）在字段中输入相应的数据，单击工具栏中的“保存”按钮，在弹出的“另存为”对话框中，输入表名，单击“确定”按钮，即可完成数据表的创建。

如果对所创建的表不太满意，可以将其选择，单击数据库窗口工具栏的“设计”按钮，在设计视图中进行修改。

3.1.3 设置字段属性

在Access 2003中为表添加字段时，除了要设置字段的名称、数据类型、大小及说明信息外，还要设置字段的属性。字段属性通常分为常规属性和查阅属性两种。这些属性用于控制字段的工作方式和表现形式，可以增强数据的安全性、可靠性，还可以简化数据的输入。

1. 字段的“常规”属性

常规属性位于“常规”选项卡中，它会随着所选数据类型的不同而显示不同的属性值。如图 3-18 所示为文本数据类型的属性，其中“字段大小”、“格式”和“索引”是 3 个最基本的、也是最常用的属性。下面分别介绍“常规”选项卡中各个属性的含义。

图 3-18 “常规”选项卡

（1）字段大小

“字段大小”属性用来设置字段所占用存储空间的最大宽度。该属性只有当数据类型为“文本”或“数字”时，才会显示。

当所选字段为“数字”类型时，可以从其下拉列表中选择不同的数字类型。“字段大小”属性的可设置值如表 3-2 所示。

表 3-2 数字属性取值范围

字段属性	取值范围	小数位数	长　度
字节	0～255 且无小数位	0	1B
整型	-32768～32767 且无小数位	0	2B
长整型	-2147483646～2147483647 且无小数位	0	4B
单精度型	-3.4*10^38～3.4*10^38	7	4B
双精度型	-1.7*10^308～1.7*10^308	15	8B
同步复制 ID	长整型或双精度型		16B
小数	-10^28～1～10^28-1		

当所选字段为“文本”类型时，“字段大小”属性的可设置值为 0～255。设置时，只需在“字段大小”文本框中输入文本即可。

（2）格式

“格式”属性可以指定字段或所控制数据的显示格式。格式只影响数据显示，而不影响数据在表中的存储或输入方式。数据类型不同，其格式属性中的值也不同。用户应根据不同数据类型选择不同的格式。

1）“文本”和“备注”数据类型格式。Access 2003 使用 4 种格式符号来控制“文本”和“备注”数据类型的格式。这 4 种符号分别是：

- @：要求文本字符（字符或空格）。
- &：不要求文本字符。
- <：强制所有输入的字符为小写体。
- >：强制所有输入的字符为大写体。

在这 4 种格式中，@、&只对单个输入的字符起作用，而<、>则对全部的字符都起作用。

2）“数字”和“货币”数据类型格式。“数字”和“货币”数据类型值是通用的，都定义了“常规数字”、“货币”、“标准”、“百分比”和“科学记数”格式，其设置步骤如下：

● 在设计视图中选择“数字”或“货币”数据类型。

● 单击“格式”下拉列表，弹出如图 3-19 所示的默认格式属性。选择所需的格式属性，保存设置即可。

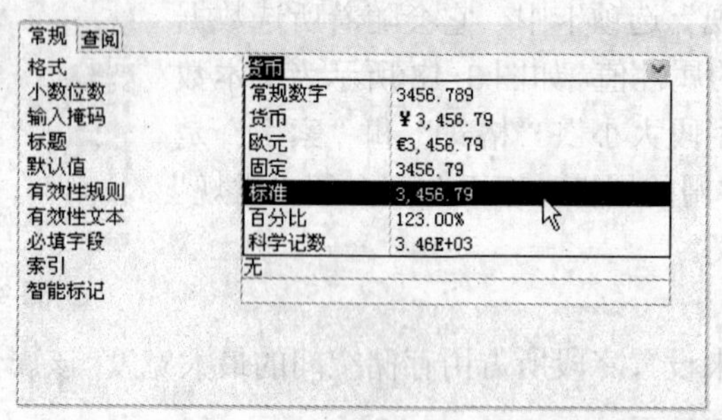

图 3-19 “数字”/“货币”格式属性

如图 3-19 所示的 7 种格式属性，其意义如表 3-3 所示。

表 3-3 “数字”/“货币”格式属性

格式类型	说明
常规数字	系统默认值，以输出方式显示数字
货币	使用千位分隔符，显示两位小数、货币符号
欧元	显示欧元符号
固定	显示整数格式，默认小数位为两位
标准	使用千位分隔符
百分比	将数值乘 100 并附加%
科学记数	以科学记数法显示

3）“日期/时间”数据类型格式。“日期/时间”数据类型格式是所有格式的最大扩展。Access 2003 为“日期/时间”型数据提供了 7 种格式。

● 常规日期：格式为 2003-10-09 23:18:43。
● 长日期：格式为 2003 年 10 月 9 日。
● 中日期：格式为 03-10-09。
● 短日期：格式为 2003-10-9。
● 长时间：格式为 23:18:43。
● 中时间：格式为下午 11:18。
● 短时间：格式为 23:18。

除了上述系统预定义的“日期/时间”格式外，还可以自定义日期和时间，可参照下列格式符。

● :：时间分隔符。
● /：日期分隔符号。
● C：与一般日期格式相同。
● d，dd：某月的某日（1～31）。
● ddd：星期（日～六）的前 3 个字母（Sun～Sat）。

- dddd：星期（日～六）的全名（Sunday～Saturday）。
- ddddd：与短日期格式相同。
- dddddd：与长日期格式相同。
- W：星期中的日（1～7）。
- WW：年中的星期（1～53）。
- m，mm：年中的月（1～12）。
- mmm：月的前 3 个字母（Jan～Dec）。
- mmmm：月的全名（January～December）。
- q：按季显示日期（1～4）。
- y：年中的天数（1～366）。
- yy：年的后两位数（01～99）。
- yyyy：年份（0100～9999）。
- h，hh：小时（0～23）。
- n，nn：分钟（0～59）。
- s，ss：秒钟（0～59）。
- tttt：与长时间格式相同。
- AM/PM：十二进制计时，标识上、下午 AM/PM。
- am/pm：十二进制计时，标识上、下午 am/pm。
- A/P：十二进制计时，标识上、下午 A/P。
- a/p：十二进制计时，标识上、下午 a/p。

4）“是/否”数据类型格式。在 Access 2003 中，“是”存储为“1”，“否”存储为“0”。Access 2003 为用户提供了 3 种“是/否”数据类型，分别如下。

- 是/否：1 为“是”，0 为“否”。
- 真/假：1 为“真”，0 为“假”。
- 开/关：1 为“开”，0 为“关”。

5）“超链接”数据类型格式。在 Access 2003 中，显示和存储的超链接类型与常规不同，其格式由 3 部分构成，分别如下。

- 显示文本：在字段或控件中显示的直观文本。
- 地址：因特网上文件或网页的路径。
- 子地址：文件或网页中特定的位置。

（3）小数位数

当数据类型为“数字”或“货币”时，系统会要求设置小数位数，它提供了“自动”及 0～15 位的小数位选项，如图 3-20 所示。小数位数的默认值是 2 位小数。

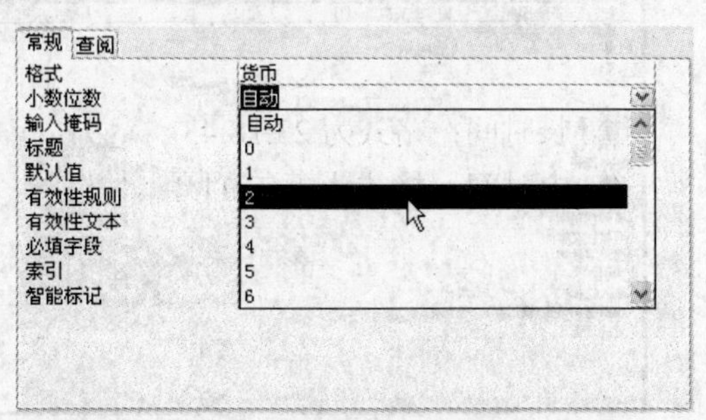

图 3-20　设置小数位数

（4）输入掩码

“输入掩码”属性可以控制用户以统一的格式输入数据。一个完整的输入掩码由 3 部分组成，例如：(###)###-####;0;""，其含义如表 3-4 所示。

表 3-4　完整的输入掩码组成部分

各个部分	含　义
(###)###-####	掩码的显示格式
0 或 1	0 表示保存输入值的原意字符，1 或空白表示只保存输入的非空格字符
""	一个空格显示
;	分隔符，不代表任何含义

组成掩码各种特殊字符的含义如表 3-5 所示。

表 3-5　特殊字符

特殊字符	说　明
0	只可输入 0～9 数字，必填
9	可输入 0～9 数字或空格，可选
#	可输入 0～9 数字，可输入空格、+、-，保存数据时空格将被删除，可选
&	可输入任何字符，不可输入空格，必填
C	可输入任何字符或空格，可选
A	可输入英文字母 A～Z，必填
a	可输入英文字母 A～Z，可选，可输入空格
L	必须输入一个英文字母，不可输入空格，必填
?	必须输入一个英文字母，可输入空格，可选
<	转换右边字符为小写英文字母
>	转换右边字符为大写英文字母
!	使输入掩码从右到左显示

建立“文本”和“日期/时间”数据类型的“输入掩码”可使用向导，其具体步骤如下。

步骤一：用设计视图打开表，选择“文本”或“日期/时间”数据类型的字段。

步骤二：单击“常规”选项卡中的“输入掩码”文本框，其后出现[...]按钮，单击这个按钮，如图 3-21 所示。

步骤三：此时，弹出如图 3-22 所示的提示框，提示是否保存表，单击“是”按钮。

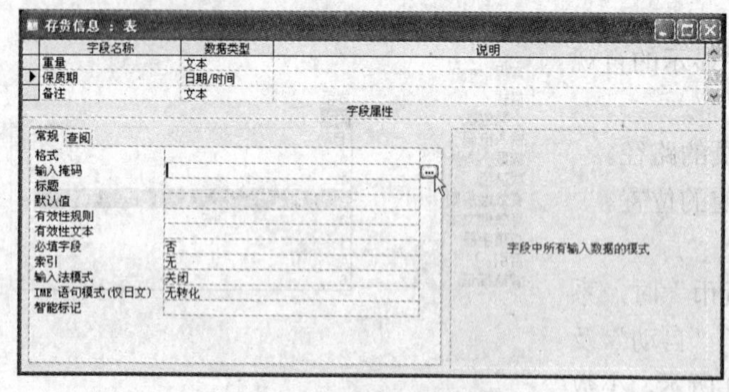

图 3-21　设置“输入掩码”

图 3-22　保存表提示框

步骤四：在弹出的“输入掩码向导”第一步对话框中，选择所需的掩码格式，这里选择“长日期（中文）”选项，单击“下一步”按钮，如图 3-23 所示。

步骤五：在弹出的“输入掩码向导”第二步对话框中，设置掩码的占位符，在其下拉列表框中选择#选项，单击“下一步”按钮，如图 3-24 所示。

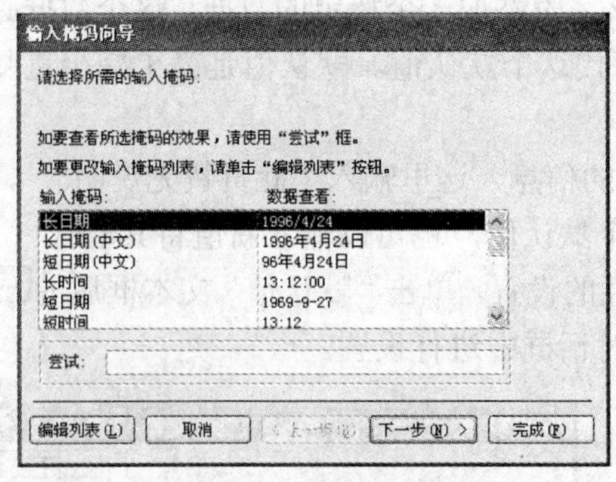

图 3-23　选择掩码类型

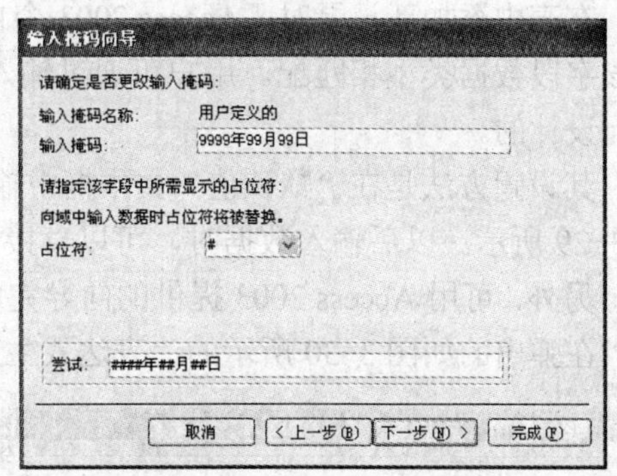

图 3-24　设置占位符

步骤六：在弹出的如图 3-25 所示的对话框中单击“完成”按钮。此时，通过向导创建的输入掩码如图 3-26 所示。

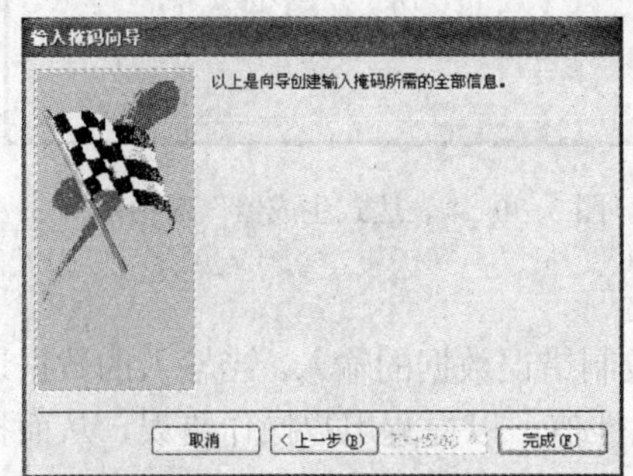

图 3-25　完成对话框

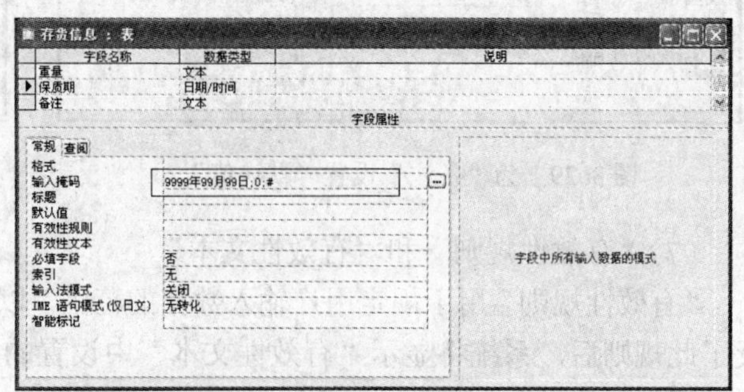

图 3-26　创建掩码格式

（5）标题

“标题”属性用来取代字段名称，显示在表中。在设计视图中将“字段名称”为“货名”的“标题”文本框中输入“货物名称”，如图 3-27 所示。此时，会看到“货物名称”取代了“货名”显示在表中，如图 3-28 所示。

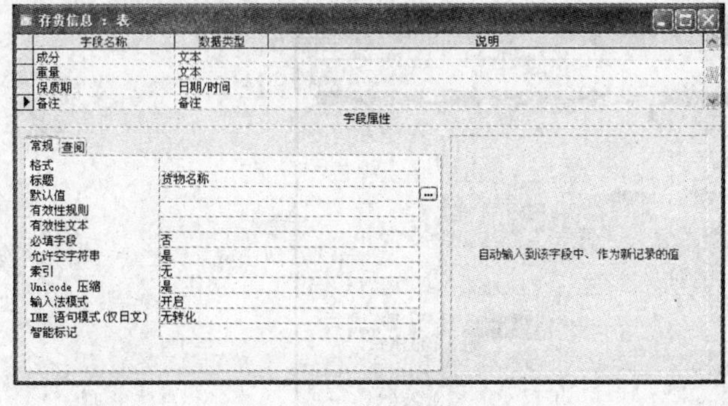

图 3-27　设置标题

图 3-28　显示的字段“标题”

注意：

数据库只认识表结构中定义的字段名称，“标题”值只作为描述字段的文字出现。

(6) 默认值

在表中添加新记录时，Access 2003 会自动为该字段添加一个特定的数据，这个数据必须与该字段数据类型相匹配。用户可通过输入数据替代这个默认值。默认值是为了减少重复输入而设计的。

其设置方法是在“默认值”文本框中输入需要的信息，这里输入“此货暂无说明”，如图 3-29 所示。以后输入数据时，可以直接使用这个默认值，也可以输入新值将其取代。

另外，可用 Access 2003 提供的向导完成该属性的设置，单击“默认值”文本框后的[...]按钮，在弹出的如图 3-30 所示的“表达式生成器”对话框中进行设置。

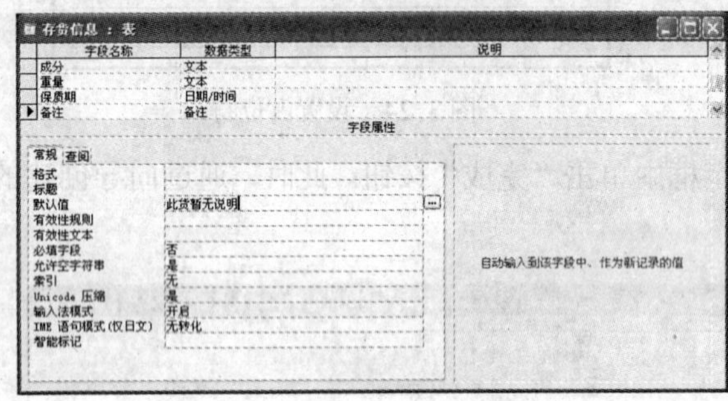

图 3-29　为“备注”设置“默认值”

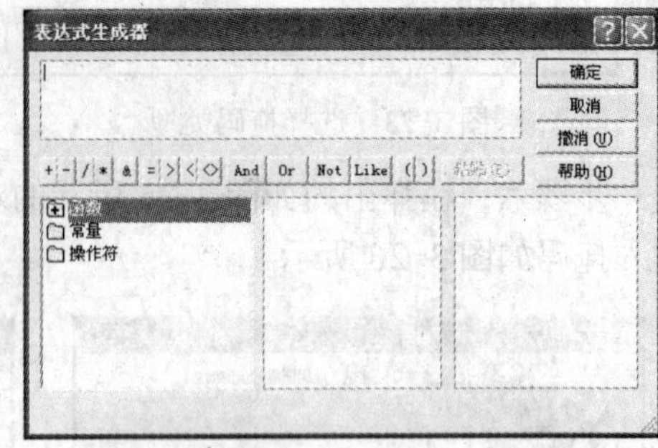

图 3-30　“表达式生成器”对话框

(7)“有效性规则”和“有效性文本”

“有效性规则”用于规定用户输入数据的范围，以限制错误数据的输入。当输入的数据违反了此规则后，系统将显示“有效性文本”中设置的属性值，以提醒用户操作错误，从而提高数据库性能。

设置字段有效性规则的步骤如下。

步骤一：在表的设计视图中选择需要定义有效性规则的字段。

步骤二：单击“有效性规则”文本框，然后输入有效规则。例如，选择“性别”字段，将其“有效性规则”设置为“"男" Or "女"”，将“有效性文本”设置为“必须是男和女”，如图 3-31 所示。

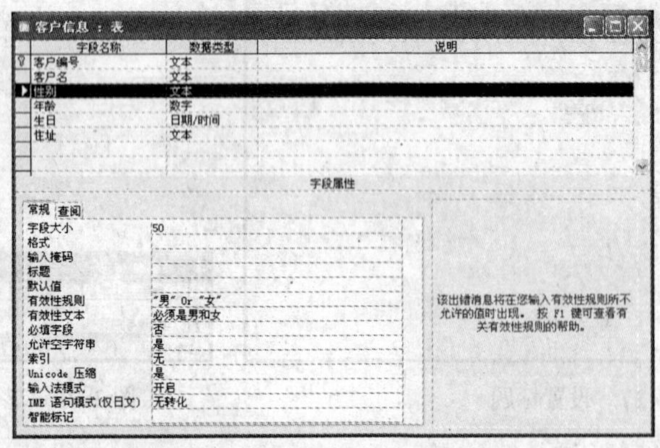

图 3-31　设置“有效性规则”和“有效性文本”

步骤三：返回到数据表视图中，当输入的数据不是男或女时，系统就会弹出提示框，说明输入的值与有效性规则发生冲突，系统拒绝接受此数值，如图 3-32 所示。

图 3-32　提示框

“有效性规则”能够检查错误的输入或者不符合逻辑的输入。“有效性规则”由各类运算符和数据组成。各类运算符及其意义如表 3-6 所示。

表 3-6　运算符及其意义

运 算 符	意　义
=	等于
<	小于
<=	小于等于
>	大于
>=	大于等于
<>	不等于
In	检查输入值是否等于列表中的任意数
Between	检查输入值是否处于此范围之内
Like	检查输入的文本是否和该模式字符串匹配
AND	“与”，表示必须同时满足两边的条件，表达式才成立
OR	“或”，满足条件之一，表达式成立
NOT	“非”，不满足条件时，表达式成立

（8）必填字段

“必填字段”用来设置该字段是否必须输入数据。选择“是”选项，表示必须填写该字段；选择“否”选项，表示可以不必填写，即允许该字段为空。系统默认为“否”选项。

（9）允许空字符串

该属性仅在字段“数据类型”为“文本”时，才可设置。也包括“是”和“否”两个选项，其含义与“必填字段”相反。

（10）索引

在数据表中添加索引，有助于快速查找记录，并可以为记录排序。“索引”可设置的属性值包括“无”、“有（无重复）”（可禁止该字段有重复值）和“有（有重复）”3 种。

为表设置索引的步骤如下。

步骤一：在表的设计视图中选择需要添加索引的字段。

步骤二：选择“索引”下拉列表中的“有（有重复）”选项，如图 3-33 所示。

步骤三：单击工具栏中的按钮，打开如图 3-34 所示的“索引：订单信息”对话框。在

"索引名称"字段中可为该索引设置索引名，在"排序次序"字段中可以设置按"升序"或"降序"排序。设置完成后，关闭对话框即可。

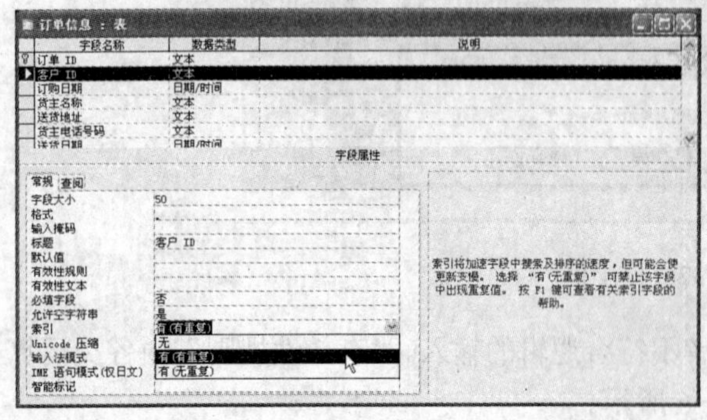

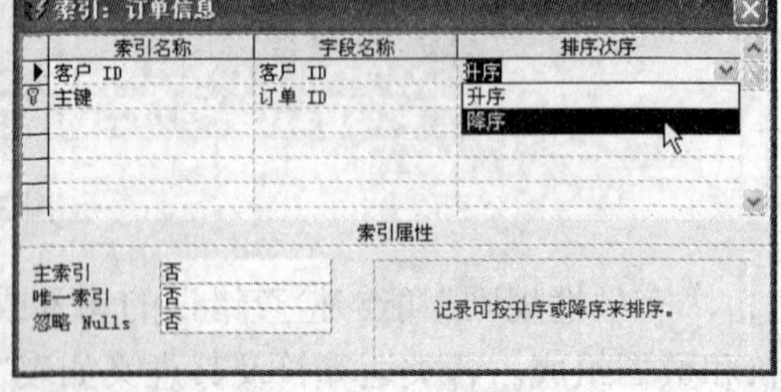

图 3-33　为字段设置"索引"　　　图 3-34　"索引：订单信息"对话框

（11）Unicode 压缩

该属性也包括"是"和"否"两个选项。当选择"是"选项时，表示该字段中的数据允许以多种语言的文本形式存储和显示。

（12）输入法模式

该属性只对"文本"数据类型有效，包括"随意"、"开启"和"关闭"等 11 个选项。

（13）IME 语句模式（仅日本）

该属性可以控制表字段的输入法行为。

（14）智能标记

该属性用于向字段或控件添加智能标志。

2．字段的"查阅"属性

字段的"查阅"属性位于"查阅"选项卡中，如图 3-35 所示。选择相应的字段，便可在"查阅"选项卡中显示"显示控件"。

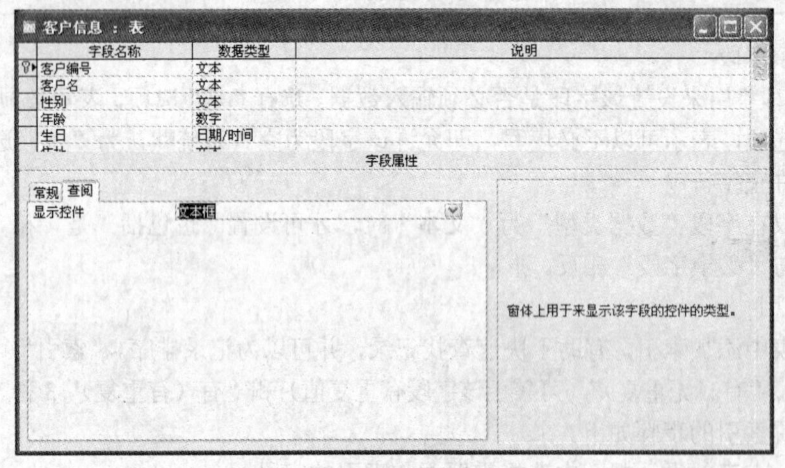

图 3-35　设计视图中的"查阅"选项卡

"显示控件"属性包含"文本框"、"列表框"和"组合框"3 个选项。选择不同的选项，会以不同的方式显示不同的属性值。如图 3-36、图 3-37 所示为分别选择“列表框”选项和“组合框”选项时的显示值。

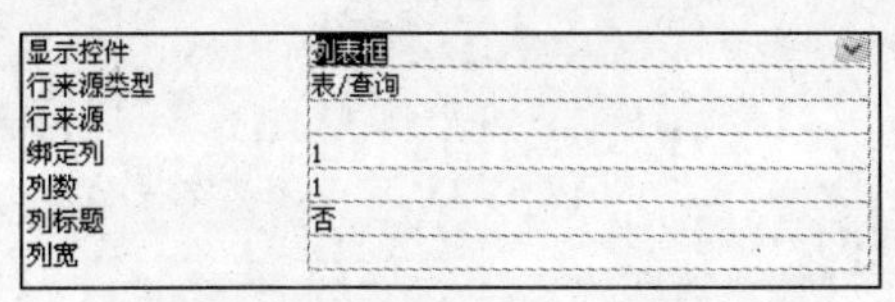

图 3-36 “列表框”显示值

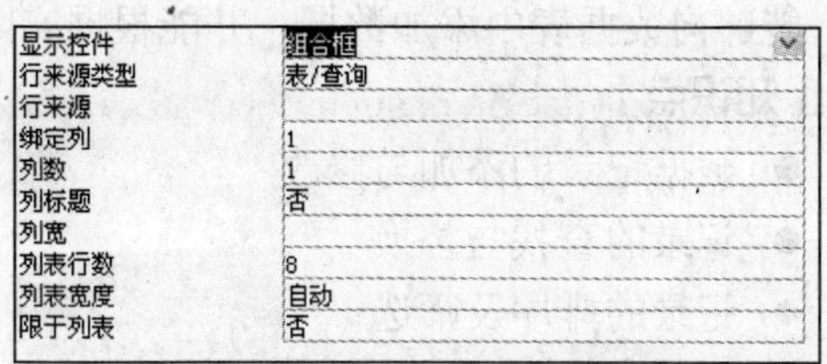

图 3-37 “组合框”显示值

注意：

不同数据类型的字段，其“显示控件”的可设置值也不相同。

【总结与回顾】

设计表结构时应遵循下列规则：

- 字段的唯一性
- 记录的唯一性
- 字段的无关性
- 功能的无关性

Access 2003 包含 4 种表的视图，即表的数据表视图、设计视图、数据透视表视图和数据透视图视图。

表的创建方法有使用表设计器、表向导、获取外部数据和输入数据 4 种。

此外，本节还介绍了设置字段属性的方法及应注意的规则。

【拓展知识】

1．字段

在数据库中，表的列称为字段。

字段由若干按照某种界限划分的、相同数据类型的数据项组成。

2．窗体

窗体是一种文档，可以用来收集信息。它包括两部分，一部分是由窗体设计者设置的，可以插入希望得到回答的问题、选项列表、信息表格等；另一部分是由窗体填写者设置的，用于收集信息并进行整理的空白区域。

【复习思考题】

1．简述关系数据库中两个表公共字段之间存在的关系。

2．简述表的主键及索引的设置。

【技能训练】

选择一种创建表的方法，创建一个“客户信息”数据表。

3.2 操作数据表

创建完数据库和数据表后，接下来的任务就是访问和操作表。本节主要介绍数据表记录的操作和修改。

【学习目标】

能够向数据表中添加数据，并能根据实际需要对数据进行各种操作。

【知识点】

- 数据记录的添加与修改
- 记录的查找与替换
- 记录的排序及筛选

【任务分析】

根据实际需要对表中的数据进行操作。

3.2.1 数据记录的添加与修改

数据是表存在的基础，要对表进行访问和操作，首先要向表中添加记录，然后通过修改保证数据的正确性。下面介绍在表中添加、修改和删除记录的方法。

1．添加数据记录

向一个创建完成的表中添加数据记录的操作步骤如下：

1）在数据库窗口中选择要添加数据记录的表，双击将其打开，如图 3-38 所示。

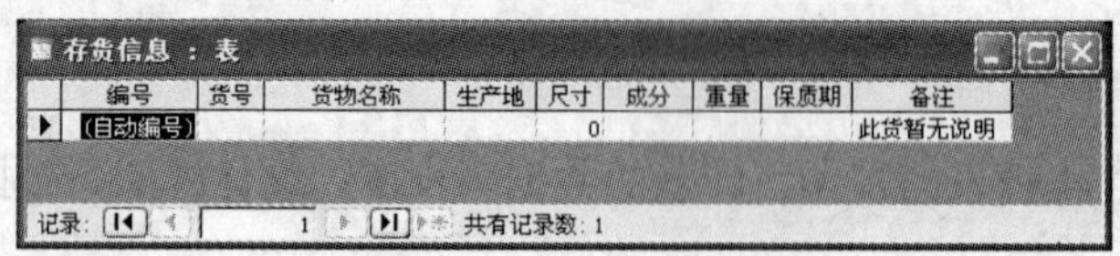

编号	货号	货物名称	生产地	尺寸	成分	重量	保质期	备注
(自动编号)				0				此货暂无说明

图 3-38 数据表视图窗口

2）在“字段名称”文本框中输入所要设置的数据类型的数据。

3）添加数据完成后，单击数据表视图窗口右上方的关闭按钮，将其关闭。此时，所输入的数据就保存到了数据表中。

4）如果数据并没有输入完成，可以打开如图 3-39 所示的数据表视图窗口。通过以下几种方法把光标移到表的最后一行，添加数据记录即可。

- 打开数据表，用鼠标拖至最后一条记录上。
- 按〈Ctrl + +〉组合键，将光标移至最后一条记录上。
- 单击数据表视图下面的记录浏览按钮▶*，将光标移到最后一条记录上。

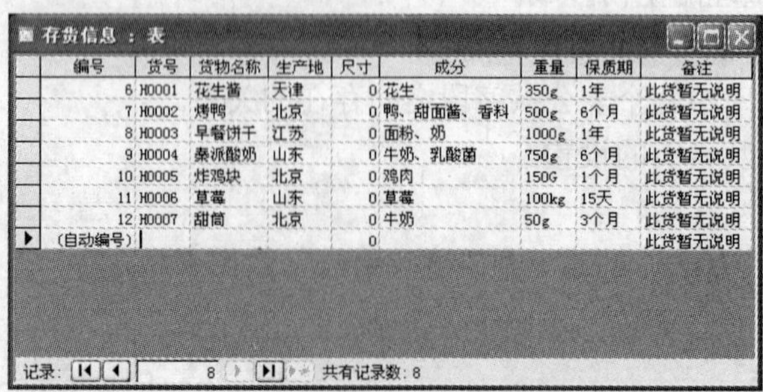

编号	货号	货物名称	生产地	尺寸	成分	重量	保质期	备注
6	H0001	花生酱	天津	0	花生	350g	1年	此货暂无说明
7	H0002	烤鸭	北京	0	鸭、甜面酱、香料	500g	6个月	此货暂无说明
8	H0003	早餐饼干	江苏	0	面粉、奶	1000g	1年	此货暂无说明
9	H0004	桑派酸奶	山东	0	牛奶、乳酸菌	750g	6个月	此货暂无说明
10	H0005	炸鸡块	北京	0	鸡肉	150G	1个月	此货暂无说明
11	H0006	草莓	山东	0	草莓	100kg	15天	此货暂无说明
12	H0007	甜筒	北京	0	牛奶	50g	3个月	此货暂无说明
(自动编号)				0				此货暂无说明

图 3-39 需要添加数据的数据表

技巧：

添加记录时，按〈Tab〉键可快速将光标移至下一个单元格，按〈Shift+Tab〉组合键可以将光标快速向前移动一个单元格。

另外，在向数据表添加记录时，经常会遇到诸如超链接类型数据、OLE 对象类型数据及查阅向导类型数据等，要添加它们又该采用什么样的方法呢？

- 添加“超链接”类型数据。添加“超链接”类型数据的目的就是通过字段链接到某个文件或 URL 上，通过单击自动打开链接的文件或网页，添加“超链接”类型数据的步骤如下。

步骤一：在数据表视图窗口中打开表。

步骤二：将光标放在已定义“超链接”类型的字段上。

步骤三：输入数据，如输入“http://www.xiaonei.com”，如图 3-40 所示。

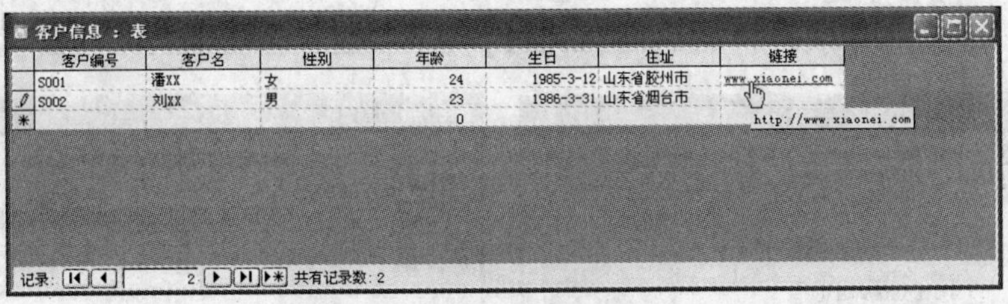

图 3-40　输入超链接数据

步骤四：单击该字段，Access 2003 会自动链接到相应的网页上。

- 添加“OLE 对象”类型数据。添加“OLE 对象”类型数据是为了让用户直接在 Access 中编辑不属于 Access 的数据格式，例如 Word 文件、Excel 文件、PowerPoint 文件和图片等。在 Access 中添加“OLE 对象”类型数据的步骤如下。

步骤一：在数据表视图中，将光标放在已定义了“OLE 对象”类型的字段上。

步骤二：在该字段上右击，在弹出的快捷菜单中选择“插入对象”命令，弹出如图 3-41 所示的插入对象对话框。在对话框中，选择“由文件创建”单选按钮，单击“浏览”按钮。

步骤三：此时，弹出如图 3-42 所示的“浏览”对话框。

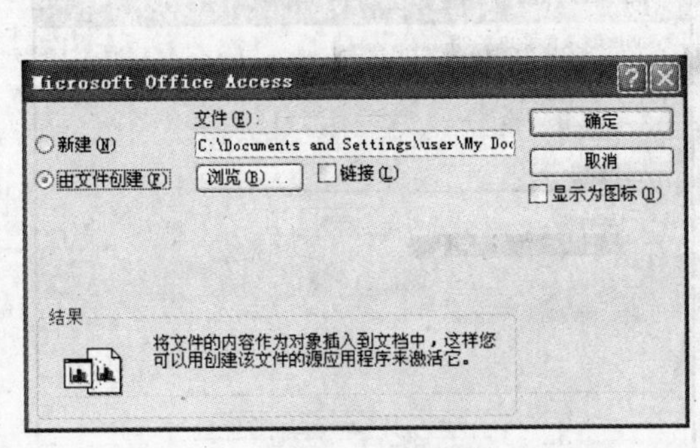

图 3-41　插入对象对话框

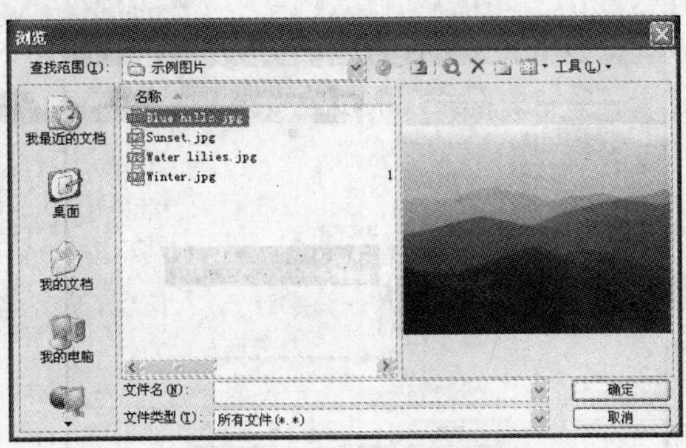

图 3-42　“浏览”对话框

步骤四：在对话框中选择所需的文件，单击“确定”按钮，返回插入对象对话框。

步骤五：在插入对象对话框中单击“确定”按钮即可。

注意：

“OLE 对象”无法直接显示在表中，如果要查看，可通过双击该字段将其打开，也可以使用窗体（参照第 5 章）打开。

- 添加“查阅向导”类型数据。“查阅向导”提供了选择列表框，使用户不用输入任何数据，就可完成数据的添加工作。要使用“查阅向导”，首先要建立查阅字段，其创建步骤如下。

步骤一：在设计视图中为字段选择“查阅向导”数据类型，这时系统会自动弹出“查阅向导”对话框，如图 3-43 所示。“查阅向导”为用户提供了两种建立查阅列的方式，这里选择“使用查阅列查阅表或查询中的值”单选按钮，单击“下一步” 按钮。

步骤二：在弹出的如图 3-44 所示的对话框中，选择要建立查阅列的表，单击“下一步”按钮。

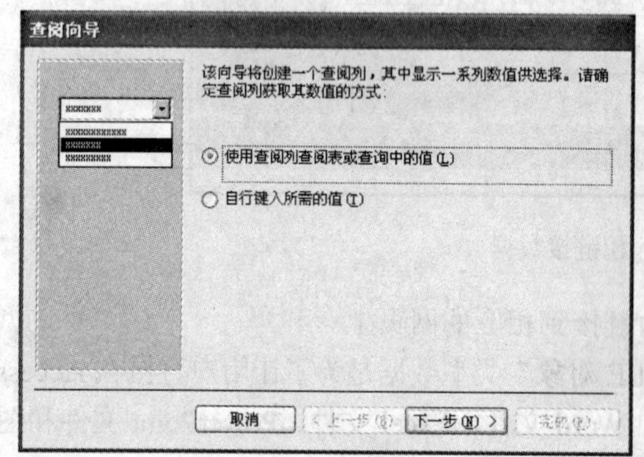

图 3-43 “查阅向导”对话框

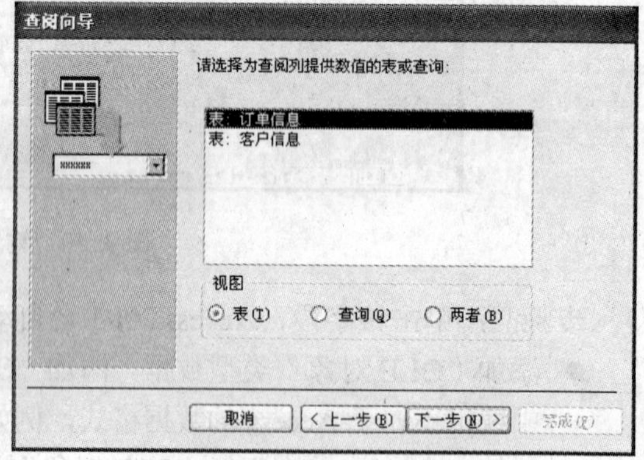

图 3-44 选择要建立查阅列的表

步骤三：在弹出的对话框中，单击[>]按钮，选择“类别编号”字段和“类别名”字段，单击“下一步”按钮，如图 3-45 所示。

步骤四：在弹出的如图 3-46 所示的对话框中，选择要进行排序的字段，然后为选择的字段设置“升序”或“降序”，完成后单击“下一步”按钮。

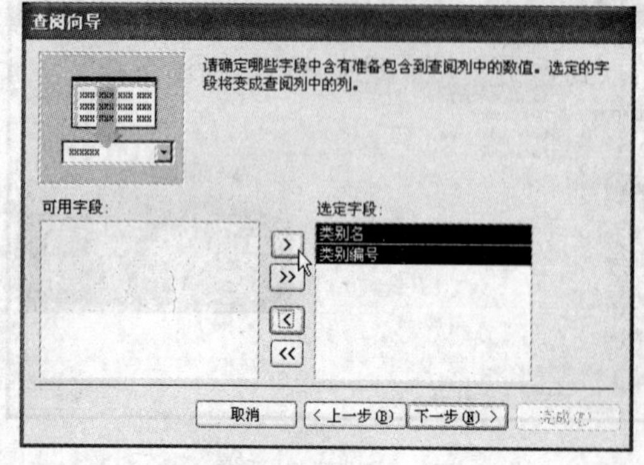

图 3-45 选择可用字段

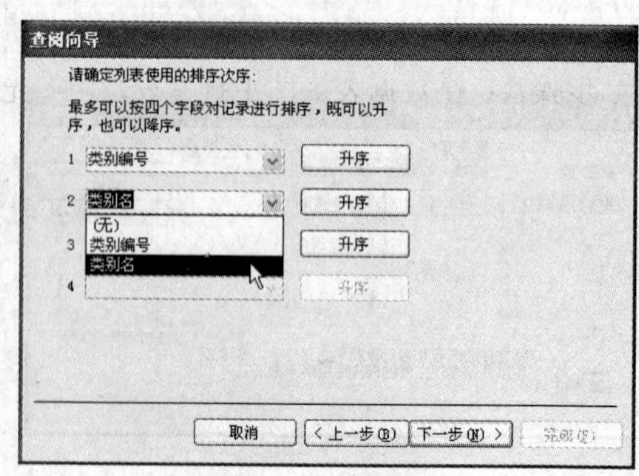

图 3-46 设置记录排序

步骤五：在弹出的对话框中，系统会自动隐藏不必要的字段。如果要显示全部的字段，可以选择“隐藏键列（建议）”复选框，单击“下一步”按钮，如图 3-47 所示。

步骤六：在弹出的对话框中，在“请为查阅列指定标签”文本框中显示的是系统默认值，此处建议使用默认值，然后单击“完成”按钮即可，如图 3-48 所示。

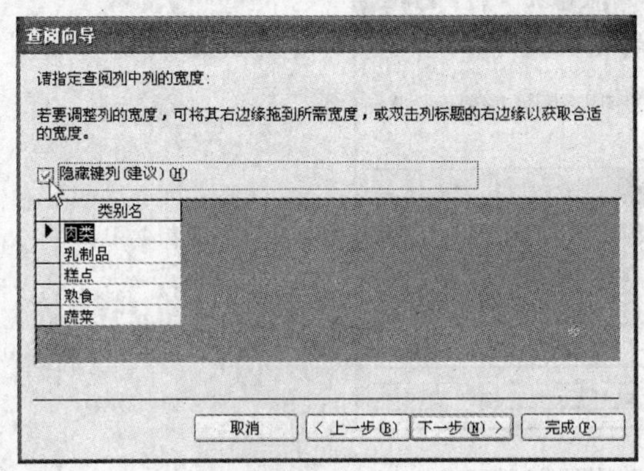

图 3-47 设置隐藏列

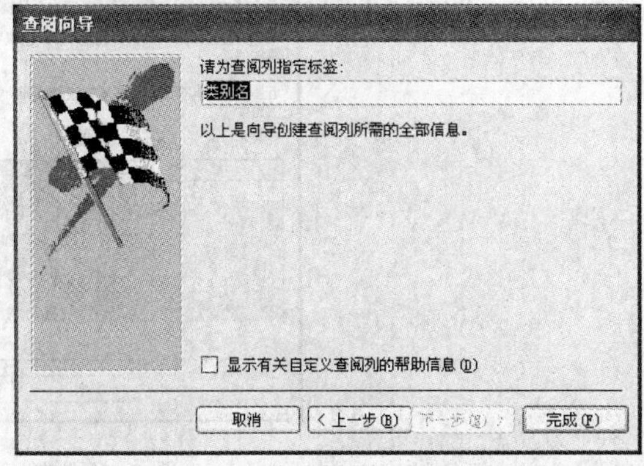

图 3-48 完成对话框

步骤七：打开表的设计视图，选择添加了“查阅向导”的列，切换到“查阅”选项卡，便可看到当前的查阅属性，如图 3-49 所示。

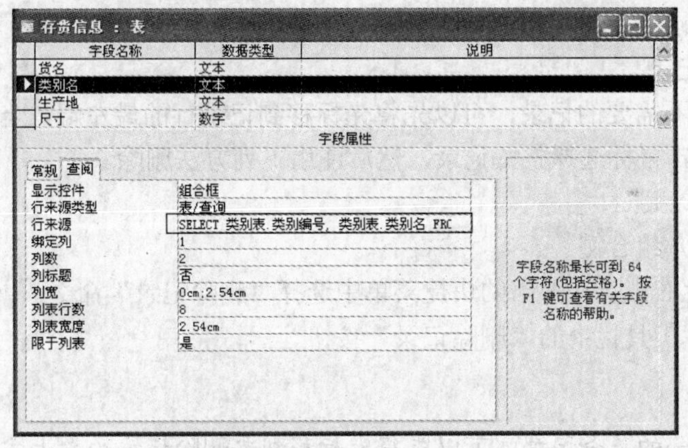

图 3-49 查看“查阅”属性

步骤八：在数据表视图中打开表，当将光标插入到查阅列时，系统会自动弹出下拉列表，用户可以从该下拉列表中直接选择所需的内容，如图 3-50 所示。

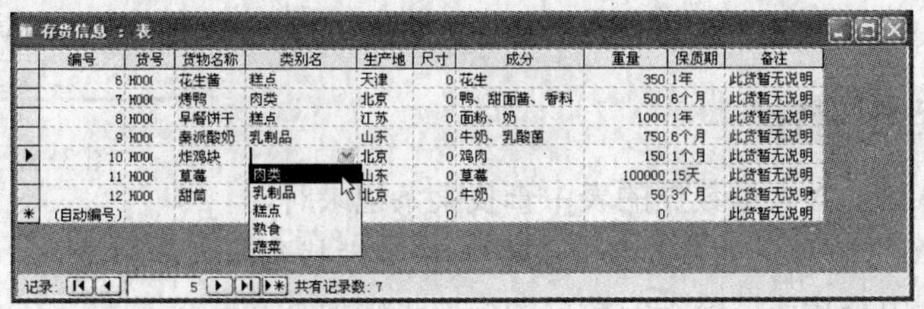

图 3-50 设置查阅列

说明：

如果选择“自行键入所需的值”单选按钮，则可以在弹出的如图 3-51 所示的对话框中直接输入字段内容。

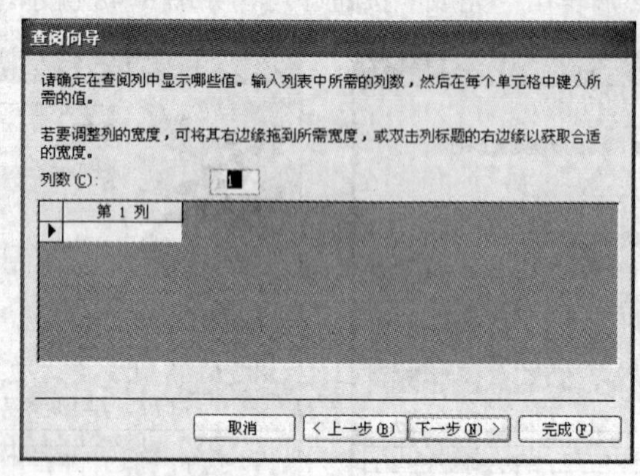

图 3-51　自行输入数据对话框

2．修改数据记录

在向数据表添加数据的过程中，可能会因为一时疏忽而使输入的数据不符合要求，这时就要在数据表视图中修改数据记录。修改记录的方法很简单，只需将光标移至要修改的记录上，删除错误的记录后，输入新记录即可。

3．删除数据记录

要在表中删除不需要的记录，可以先将光标移到记录行的最左端，当光标变成黑色向右的箭头时，通过单击鼠标选择整条记录，然后使用下列方法删除。

- 按〈Delete〉键。
- 按〈Ctrl+-〉组合键。
- 在该记录上右击，在弹出的快捷菜单中选择“删除记录”命令。
- 单击数据库工具栏中的“删除记录”按钮。

技巧：

如果要删除相邻的多条记录，可以先将光标移到要删除记录的最上方或最下方一条记录的左侧，当出现黑色箭头时，按住鼠标左键向记录的下方或上方拖动即可。

一旦数据被删除后，就无法再恢复了。在删除数据时，系统会弹出如图 3-52 所示的提示对话框，询问是否确定删除。

图 3-52　提示对话框

3.2.2　数据的查找与替换

当用户需要从已输入大量数据的表中查找某条记录时，可以利用 Access 2003 提供的查找功能，方便、快捷地找到所需的记录。

在数据表视图中查找或替换指定数据的操作步骤如下：

1）在数据表视图中打开相关的表，并在要查找的字段列任意处单击，选择要查找的字段。

2）选择“编辑”|“查找”命令，弹出“查找和替换”对话框。

3）切换到“查找”选项卡，如图 3-53 所示。在“查找内容”文本框中输入要查找的内容，可以使用通配符。

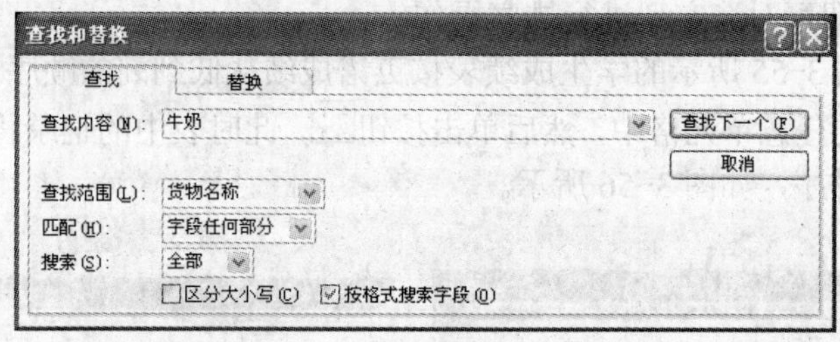

图 3-53 “查找” 选项卡

4）在“查找范围”下拉列表中选择查找的范围。

5）在“匹配”下拉列表中选择匹配方式，包括“字段任何部分”、“整个字段”和“字段开头”3 个选项。

6）在“搜索”下拉列表中可以选择方向。选择“向上”选项，会从光标所在的位置向上搜索；选择“向下”选项，会从光标所在的位置向下搜索；选择“全部”选项，会选择所需字段中的全部数据。

7）根据需要选择是否区分大小写、是否按格式搜索字段。如果需要，则选择对应的复选框。

8）单击“查找下一个”按钮，即可进行查找。

9）查找结束后，可以单击对话框右上方的“关闭”按钮，关闭对话框，也可以单击“取消”按钮退出。

如果需要替换表中的某些数据，可以选择“编辑”|“替换”命令，弹出“查找和替换”对话框。在“查找和替换”对话框中，单击“替换”标签，切换到“替换”选项卡，如图 3-54 所示。替换需要先查找要修改的内容，然后在“替换为”文本框中输入要替换成的内容，最后单击“替换”按钮即可。如果单击“全部替换”按钮，可以一次替换多个相同的内容。

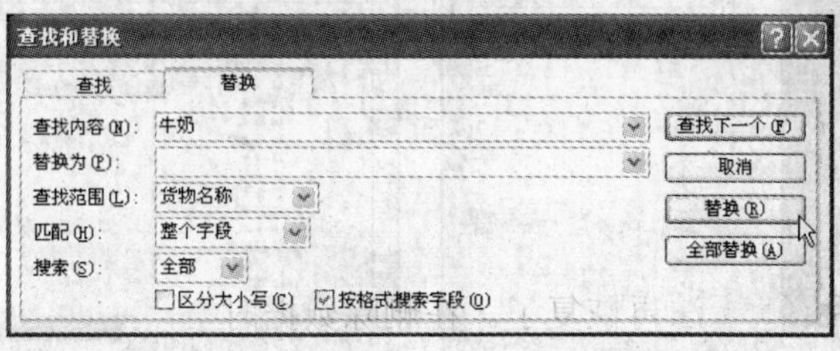

图 3-54 “替换” 选项卡

3.2.3 记录的排序

为了方便用户更有效地查看数据，Access 2003 提供了对数据表中的数据记录进行排序的功能。常见的排序有简单排序和高级排序两种。

1．简单排序

简单排序可分为基于一个字段的简单排序和基于多个字段的简单排序。

基于一个字段的简单排序的操作步骤如下：

1）打开需要排序的数据表。

2）将光标置于需要排序字段的任意单元格中，单击工具栏中的“升序排序”按钮或“降序排序”按钮，即可对选定列进行排序操作。

例如，要对如图 3-55 所示的学生成绩表按英语成绩从低到高的顺序进行升序排序。只需将光标置于字段下的任意单元格中，然后单击按钮，此时表中的记录将会自动按照“英语”字段从低到高进行排序，如图 3-56 所示。

学生成绩表 ： 表

ID	姓名	数学	语文	计算机	英语	政治
1	张三	23	39	23	69	55
2	李立嗣	85	89	21	78	96
3	王一	96	68	14	112	87
4	章朝气	45	55	15	135	69
5	南古	44	23	19	105	46
6	欧阳杰	55	89	99	107	44
7	张天宝	66	45	85	75	79
8	于那	58	69	99	58	44
9	刘兴	89	69	45	77	78
10	李玉秋	69	36	29	44	92
11	高兴	66	94	56	86	81
12	张涛	79	69	52	92	91
13	李刚	66	64	65	77	89
14	张鹏	88	93	91	45	68
15	李延	63	36	48	89	71
16	陈飞	76	65	93	65	84
17	李延年	85	65	81	64	87
(自动编号)						

记录: 18 共有记录数: 18

图 3-55 排序前的学生成绩表

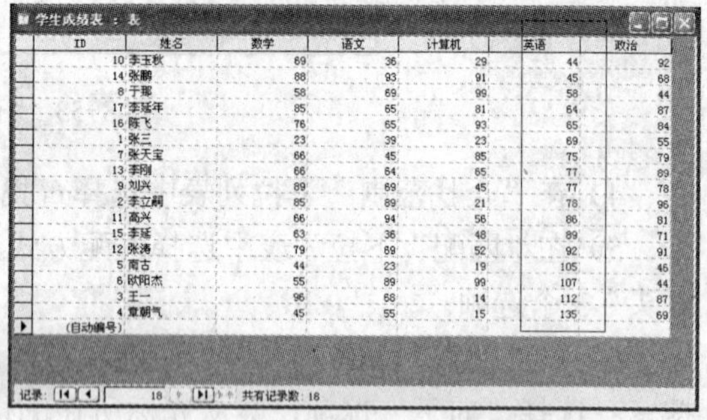

学生成绩表 ： 表

ID	姓名	数学	语文	计算机	英语	政治
10	李玉秋	69	36	29	44	92
14	张鹏	88	93	91	45	68
8	于那	58	69	99	58	44
17	李延年	85	65	81	64	87
16	陈飞	76	65	93	65	84
1	张三	23	39	23	69	55
7	张天宝	66	45	85	75	79
13	李刚	66	64	65	77	89
9	刘兴	89	69	45	77	78
2	李立嗣	85	89	21	78	96
11	高兴	66	94	56	86	81
15	李延	63	36	48	89	71
12	张涛	79	69	52	92	91
5	南古	44	23	19	105	46
6	欧阳杰	55	89	99	107	44
3	王一	96	68	14	112	87
4	章朝气	45	55	15	135	69
(自动编号)						

记录: 18 共有记录数: 18

图 3-56 排序后的学生成绩表

如果要同时按学生的数学和语文成绩从高到低进行排序，则将多个字段进行简单排序的操作方法如下：

1）将光标置于字段名称处，当光标变为向下的箭头时，按下鼠标左键并拖动，同时选择“数学”和“语文”字段，如图 3-57 所示。

2）单击工具栏中的按钮，即可同时对“数学”和“语文”两列的成绩进行降序排列，排列结果如图 3-58 所示。

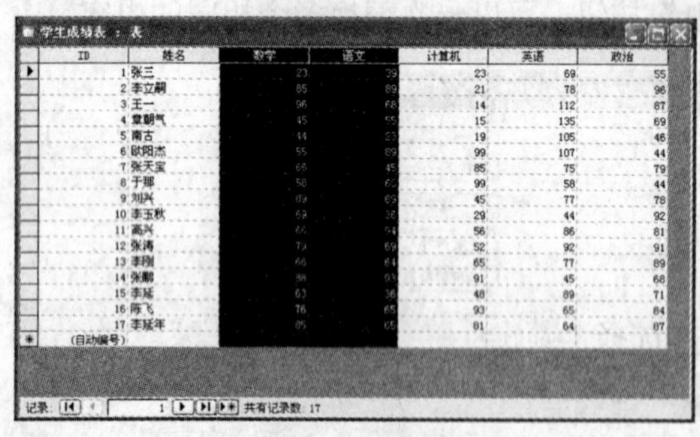

学生成绩表 ： 表

ID	姓名	数学	语文	计算机	英语	政治
1	张三	23	39	23	69	55
2	李立嗣	85	89	21	78	96
3	王一	96	68	14	112	87
4	章朝气	45	55	15	135	69
5	南古	44	23	19	105	46
6	欧阳杰	55	89	99	107	44
7	张天宝	66	45	85	75	79
8	于那	58	69	99	58	44
9	刘兴	89	69	45	77	78
10	李玉秋	69	36	29	44	92
11	高兴	66	94	56	86	81
12	张涛	79	69	52	92	91
13	李刚	66	64	65	77	89
14	张鹏	88	93	91	45	68
15	李延	63	36	48	89	71
16	陈飞	76	65	93	65	84
17	李延年	85	65	81	64	87
(自动编号)						

记录: 1 共有记录数: 17

图 3-57 选择字段

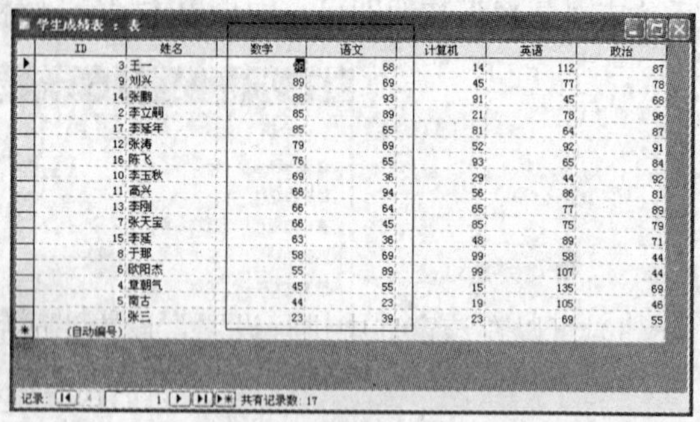

学生成绩表 ： 表

ID	姓名	数学	语文	计算机	英语	政治
3	王一	96	68	14	112	87
9	刘兴	89	69	45	77	78
14	张鹏	88	93	91	45	68
2	李立嗣	85	89	21	78	96
17	李延年	85	65	81	64	87
12	张涛	79	69	52	92	91
16	陈飞	76	65	93	65	84
10	李玉秋	69	36	29	44	92
11	高兴	66	94	56	86	81
13	李刚	66	64	65	77	89
7	张天宝	66	45	85	75	79
15	李延	63	36	48	89	71
8	于那	58	69	99	58	44
6	欧阳杰	55	89	99	107	44
4	章朝气	45	55	15	135	69
5	南古	44	23	19	105	46
1	张三	23	39	23	69	55
(自动编号)						

记录: 1 共有记录数: 17

图 3-58 多字段排序后的学生成绩表

上面讲的是对相邻的多个字段进行排序，若要对不相邻的字段进行多字段排序，例如，要对“数学”和“政治”进行降序排列，就要考虑改变表中列的顺序。这时可以先选择“政治”列，然后按住鼠标左键拖动选择的列，将其移至“数学”列之后，如图 3-59 所示。移动后的效果如图 3-60 所示。此时就可以按照多个字段简单排序的方法进行排序了。

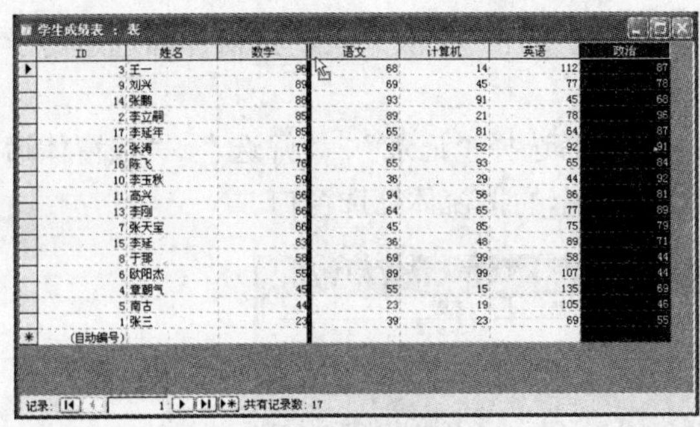

学生成绩表 : 表

ID	姓名	数学	语文	计算机	英语	政治
3	王一	96	68	14	112	87
9	刘兴	89	69	45	77	78
14	张鹏	88	93	91	45	68
2	李立嗣	85	89	21	78	96
17	李延年	85	65	81	64	87
12	张涛	79	69	52	92	91
16	陈飞	76	65	93	65	84
10	李玉秋	69	36	29	44	92
11	高兴	66	94	56	86	81
13	李刚	66	64	65	77	89
7	张天宝	66	45	85	75	79
15	李延	63	36	48	89	71
8	于那	58	69	99	58	44
6	欧阳杰	55	89	99	107	44
4	章朝气	45	55	15	135	69
5	南古	44	23	19	105	46
1	张三	23	39	23	69	55
(自动编号)						

记录: 1 共有记录数: 17

图 3-59　移动“政治”列

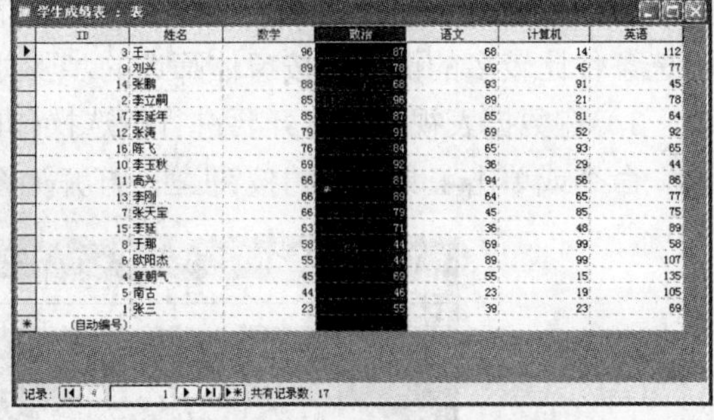

学生成绩表 : 表

ID	姓名	数学	政治	语文	计算机	英语
3	王一	96	87	68	14	112
9	刘兴	89	78	69	45	77
14	张鹏	88	68	93	91	45
2	李立嗣	85	96	89	21	78
17	李延年	85	87	65	81	64
12	张涛	79	91	69	52	92
16	陈飞	76	84	65	93	65
10	李玉秋	69	92	36	29	44
11	高兴	66	81	94	56	86
13	李刚	66	89	64	65	77
7	张天宝	66	79	45	85	75
15	李延	63	71	36	48	89
8	于那	58	44	69	99	58
6	欧阳杰	55	44	89	99	107
4	章朝气	45	69	55	15	135
5	南古	44	46	23	19	105
1	张三	23	55	39	23	69
(自动编号)						

记录: 1 共有记录数: 17

图 3-60　移动列后的表

注意：

当对多字段进行排序时，系统会先排最左侧的列，然后依次往右排。

2. 高级排序

在使用简单排序的方法对多字段（如 A、B 字段）进行排序时，应按照同时升序或降序的方法排序，不能按照不同的排序方式（A 字段采用降序，B 字段采用升序）进行排序。使用高级排序就可以做到。

采用高级排序方式进行排序的步骤如下：

1）打开要进行高级排序的表。

2）选择菜单栏的“记录”|“筛选”|“高级筛选/排序”命令，打开如图 3-61 所示的筛选窗口。

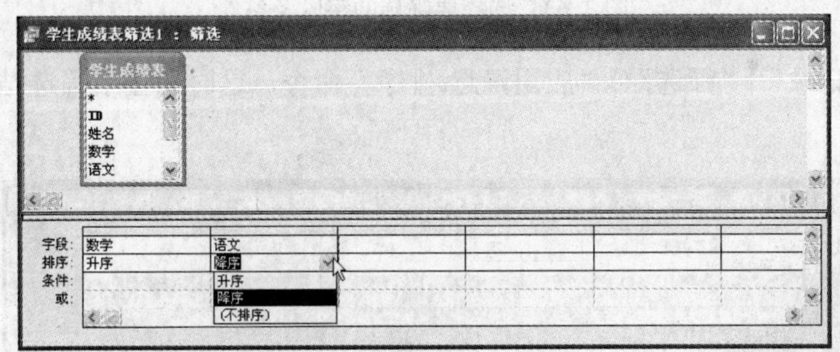

图 3-61　筛选窗口

3）可以在该窗口中进行设置，设置完成后，选择“筛选”|“应用筛选/排序”命令，即可对表中的字段按照所设置的排序方式进行排序。

3.2.4　记录的筛选

记录的筛选就是将符合筛选条件的记录从表中的所有记录中选出来，以方便用户查看和使用这些数据。Access 2003 提供了很多种筛选的方法，包括按窗体筛选、按选定内容筛选、按选定内容排除筛选、输入筛选和高级筛选/排序等方法。

1. 按窗体筛选

按窗体筛选就是在“按窗体筛选”对话框中按照筛选的条件对表数据进行筛选操作。它允许用户指定一个字段或这一字段中的特定值作为筛选条件。一般来说，按窗体筛选适用于筛选条件比较多的操作。按窗体筛选的步骤如下：

1）在数据表视图中打开要进行筛选操作的表，然后选择“记录”|“筛选”|“按窗体筛选”命令或单击工具栏中的按钮，打开如图 3-62 所示的按窗体筛选窗口。

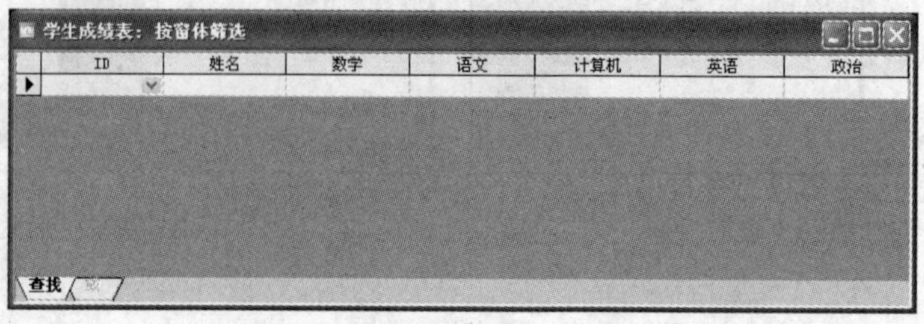

图 3-62　按窗体筛选窗口

2）将光标定位在要筛选的字段上，单击该字段右侧的下拉按钮，在弹出的下拉列表中选择选项，如图 3-63 所示。

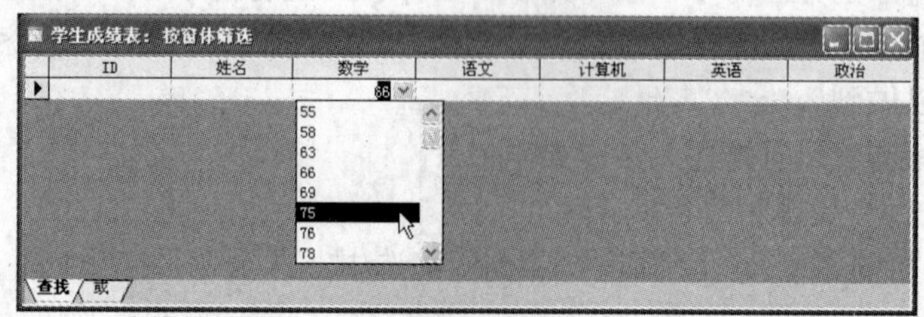

图 3-63　选择要筛选的字段及条件

3）选择“记录”|“筛选”|“应用筛选/排序”命令，这时会显示筛选结果，如图 3-64 所示。

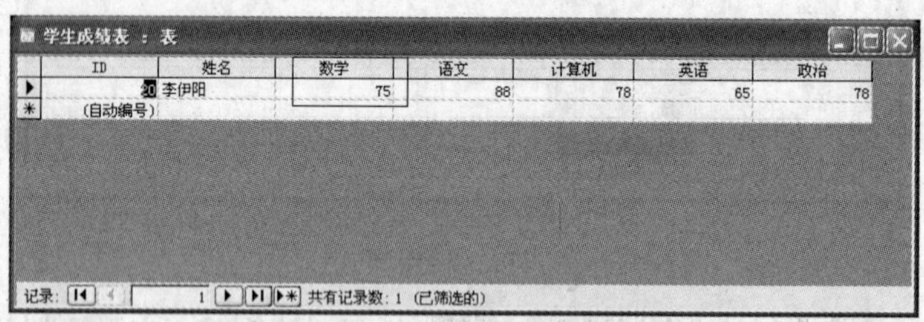

图 3-64　筛选结果

注意：

在设置筛选条件时，同一行的条件之间是“与”的关系，不相同的两行之间是“或”的关系。

2．按选定内容筛选

按选定内容筛选就是在数据表中先选出要作为条件的值，然后在数据表中筛选出包含此值的所有记录。例如，在学生成绩表中选择数学成绩为 66 的学生记录，按选定内容筛选的步骤如下：

1）在数据表视图中打开“学生成绩表”。

2）将光标置于任意一个数学成绩为 66 的单元格中。

3）选择“记录”|“筛选”|“按选定内容筛选”命令或单击工具栏中的按钮，系统就会将所有数学成绩为 66 的学生记录显示出来，如图 3-65 所示。

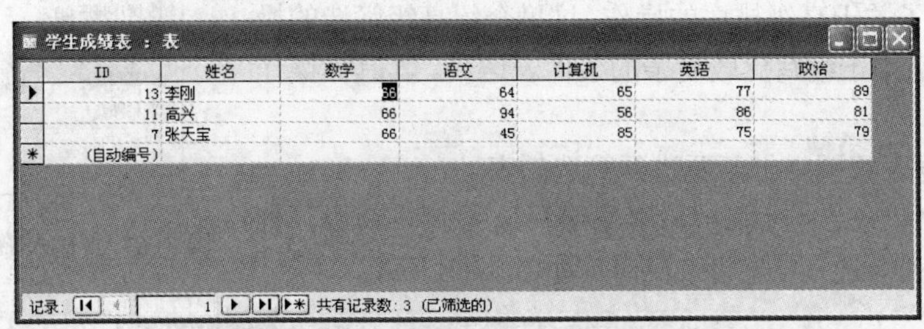

学生成绩表 ： 表

ID	姓名	数学	语文	计算机	英语	政治
13	李刚	66	64	65	77	89
11	高兴	66	94	56	86	81
7	张天宝	66	45	85	75	79
(自动编号)						

记录：1 共有记录数：3（已筛选的）

图 3-65 数学成绩为 66 的学生记录

3．按选定内容排除筛选

按选定内容排除筛选和按选定内容筛选恰恰相反。它是将当前选定的内容作为排除条件，然后显示与条件不同的记录。这里以数学成绩为条件，显示其数学成绩不是 66 的学生记录。其具体操作步骤如下：

1）在数据表视图中打开“学生成绩表”。

2）将光标置于任意一个数学成绩为 66 的单元格中。

3）选择“记录”|“筛选”|“内容排除筛选”命令，系统会将所有数学成绩不是 66 的学生记录显示出来，如图 3-66 所示。

学生成绩表 ： 表

ID	姓名	数学	语文	计算机	英语	政治
1	张三	23	39	23	69	55
5	南古	44	23	19	105	46
4	章朝气	45	55	15	135	69
6	欧阳杰	55	89	99	107	44
8	于那	58	69	99	58	44
15	李延	63	36	48	89	71
10	李玉秋	69	36	29	44	92
20	李伊阳	75	88	78	65	78
16	陈飞	76	65	93	65	84
19	张天立	78	67	46	77	12
12	张涛	79	69	52	92	91
17	李延年	85	65	81	64	87
2	李立嗣	85	89	21	78	96
14	张鹏	88	93	91	45	68
9	刘兴	89	69	45	77	78
18	李虎	96	36	69	89	75
3	王一	96	68	14	112	87
(自动编号)						

记录：1 共有记录数：17（已筛选的）

图 3-66 数学成绩不是 66 的记录

技巧：用户也可以在选择的内容上右击，在弹出的快捷菜单中选择“按选定内容筛选”或“内容排除筛选”命令，即可对记录进行选定或排除。

4．输入筛选

输入筛选就是在指定位置输入要查找的值或者表达式，然后筛选出符合条件的记录，输入筛选的步骤如下：

1）在数据表视图中单击要筛选字段的某一单元格，在该单元格上右击，弹出快捷菜单，如图 3-67 所示。

2）将光标插入到“筛选目标”文本框中，输入要筛选的值或表达式，然后按〈Enter〉键，系统就会显示符合条件的记录。

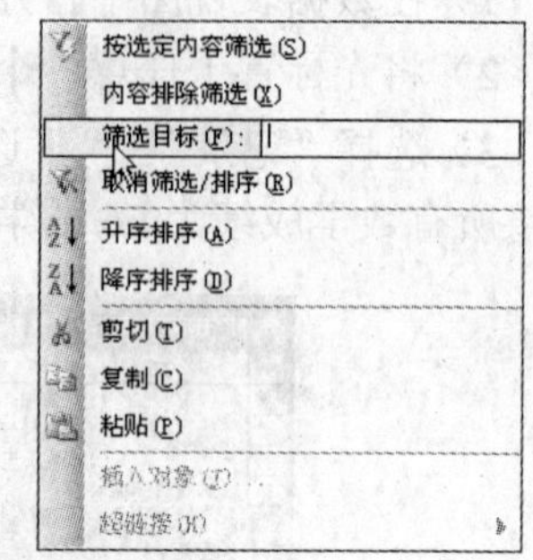

图 3-67 “输入筛选”快捷菜单

5．高级筛选/排序

前面介绍了关于高级排序的操作，这里介绍高级筛选的操作。高级筛选适用于编写比较复杂的条件表达式。其具体操作步骤如下：

1）在数据表视图中打开要进行筛选的表。

2）选择“记录”|“筛选”|“高级筛选/排序”命令，打开“学生成绩表筛选 1：筛选”窗口，如图 3-68 所示。

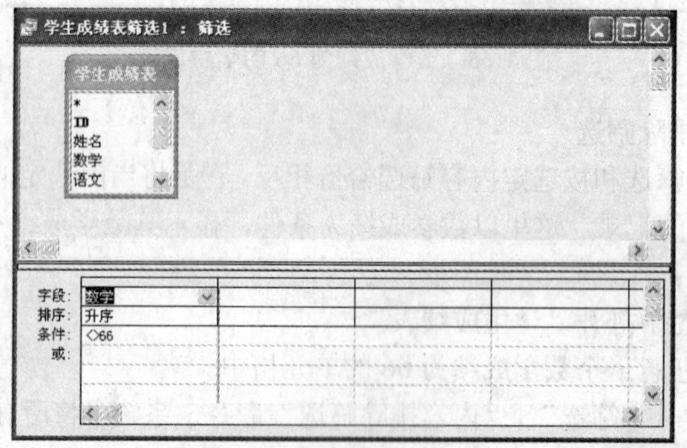

图 3-68 “学生成绩表筛选 1：筛选”窗口

3）在对话框上半部分显示的表中选择所需字段，双击将其添加到设计网格中，也可以单击字段后的下拉按钮，从中选择所需的字段。

4）如果要对指定的字段进行排序，单击该字段的“排序”单元格，然后单击其右端的下拉按钮，从中选择相应的排序次序。

5）在字段的“条件”单元格中，输入需要查找的值或表达式，如图 3-69 所示。

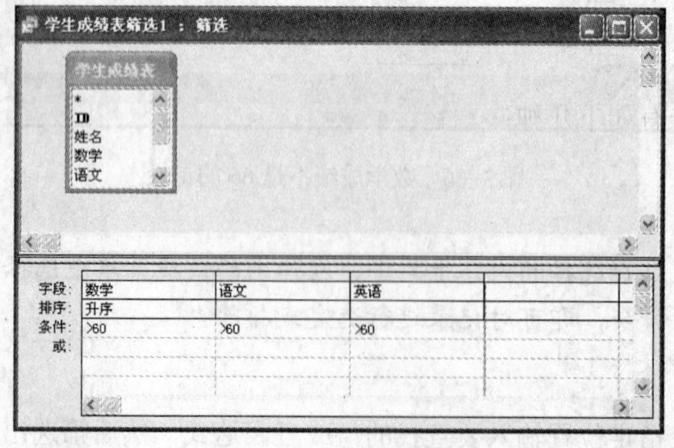

图 3-69 输入指定条件

6）选择“记录”|“筛选”|“应用筛选/排序”命令执行筛选，筛选后的结果如图 3-70 所示。

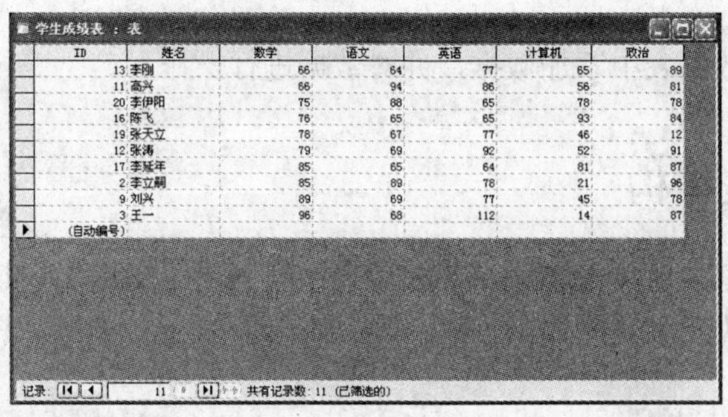

学生成绩表 ：表

ID	姓名	数学	语文	英语	计算机	政治
13	李刚	66	64	77	65	89
11	高兴	66	94	86	56	81
20	李伊阳	75	88	65	78	78
16	陈飞	76	65	65	93	84
19	张天立	78	67	77	46	12
12	张涛	79	69	92	52	91
17	李延年	85	65	64	81	87
2	李立嗣	85	89	78	21	96
9	刘兴	89	69	77	45	78
3	王一	96	68	112	14	87
(自动编号)						

记录：11 共有记录数：11（已筛选的）

图 3-70　应用高级筛选后的显示结果

技巧：

完成筛选操作后，如果要取消对表的筛选操作，可以单击工具栏中的按钮（在应用筛选时，此按钮处于选中状态），也可选择“记录”|“筛选”|“取消筛选”命令。

【总结与回顾】

数据是表存在的基础，要对表进行操作，就必须先向表中添加记录，并通过修改确保数据的正确性。

利用 Access 2003 提供的查找功能，可以方便、快捷地找到所需的记录。

此外，Access 2003 还提供了替换、排序、筛选等功能，以帮助用户操作数据。

Access 2003 提供了很多种筛选的方法，如按窗体筛选、按选定内容筛选、按选定内容排除筛选、输入筛选和高级筛选/排序等。

【拓展知识】

1．数据结构

数据结构是一种计算机存储、组织数据的方式。它是指相互之间存在一种或多种特定关系的数据元素的集合。通常情况下，精心设计数据结构，可以带来更高的运行、存储效率。

2．排序

所谓排序，就是使一串记录按照某个或某些关键字的大小进行的递增或递减排列起来的操作。

一般排序的算法有如下几种：

- 插入排序
- 冒泡排序
- 选择排序
- 快速排序
- 堆排序
- 归并排序
- 基数排序
- 希尔排序

【复习思考题】

简述向数据表中添加“超链接”类型数据的步骤。

【技能训练】

向“客户信息”数据表中添加数据，并对数据进行操作。

3.3 修改数据表结构

在完成对表中数据的各种操作之后，随着表中数据的不断增加和记录的不断更新，就需要对表进行进一步修改及对其格式化。

【学习目标】

掌握主关键字、索引、表关系的设置，能够对数据表进行复制、删除等操作，并且能够根据实际应用中的需要调整数据表中数据的显示方式。

【知识点】

- 设置主键及索引
- 设置表关系
- 复制、删除及重命名数据表
- 调整数据表的显示方式

【任务分析】

根据应用需要为表设置主键及索引，并建立相应的表关系。

3.3.1 设置主键和索引

为了快速查找存储在不同表中的记录，就必须为数据表设置主键和索引。

1．表的主关键字

表的主关键字也称为主键，它用于保证表中的每条记录都是唯一的。在执行查询时，用关键字作为主索引可以加快查找速度，还可以利用主关键字定义多个表之间的关系，以便检索存储在不同表中的数据。

设置主键的优点如下：

- 设置主键能提高查询和排序速度。
- 可以按主键的顺序在窗体和数据表中显示数据。
- 插入数据时，自动检查是否存在重复的数据。

Access 2003 中存在着 3 种类型的主键。“自动编号”主键：在用户未创建主键时，Access 2003 会自动创建“自动编号” 字段，并将此设置为主键；单字段主键：将一个字段设置为主键，这个字段不能包含重复值或 NULL 值；多字段主键：将两个或两个以上的字段设为主键，一般多字段的主键出现在多对多关系中。

【任务实施】

为表设置主键的步骤如下：

1）利用设计视图打开一个表。

2）选择要设置主键的字段。如果要设计多字段主键，只需在单击的同时按住〈Ctrl〉键，就可以选择多个字段。

3）单击工具栏中的“主键”按钮🔑或选择“编辑”|“主键”命令，便会在相应的字段左侧出现主关键字标识。如果要将某一字段的主键取消，则只需选择该字段并再一次单击“主键”按钮🔑或选择“编辑”|“主键”命令即可。

如果发现主键在关联中并不恰当，即不能唯一地标识记录时，就需要更改主键。更改主键的步骤如下：

1）如果要删除的主键被某个关系引用，则在删除主键之前首先删除这个关系。

2）在设计视图中打开该主键所在的表，并选择该主键字段。

3）选择“编辑”|“主键”命令，删除该主键。

4）重新设置新的主键。

2．表的索引

在表中创建索引就如同在书中创建目录，当要查找表中的某一数据时，可以根据索引找到数据的位置，然后就能找到所要查找的数据。利用索引可以有效地帮助用户快速查找和排序 Access 2003 中的记录。

在 Access 2003 中，可以为满足以下条件的字段设置索引：

- 字段数据类型为“文本”、“数字”、“货币”及“日期/时间”。
- 经常用来进行查找操作的字段。
- 经常用来进行排序操作的字段。
- 在字段中保存了很多不同的值。

为表设计索引的步骤如下：

1）利用设计视图打开一个表。

2）单击要创建索引的字段，该字段的属性将出现在“字段属性”选项区域中。

3）在“字段属性”选项区域中单击“常规”标签，切换到该选项卡，单击“索引”下拉按钮，然后在其下拉列表中选择“有（有重复）”或“有（无重复）”选项即可。

4）保存修改。

如果需要同时搜索或者排序更多的字段，那么就需要为组合字段设置索引。建立多字段索引的步骤如下：

1）在表的设计视图中选择“视图”|“索引”命令，弹出索引对话框。

2）在“索引名称”列的第一行内输入索引名称，索引名称可以使用设置索引的字段名称。

3）在“字段名称”列的第一行内设置索引的第一个字段名称，在第二行内选择索引的第二个字段名称。重复上述操作直至完成所有索引字段。多字段索引中最多为 10 个字段。

在数据库中，对表设置主键时，将会自动创建主键索引。主键索引是一种特殊的唯一索引，该索引要求主键中的值必须唯一且不能重复。

注意：

如果要将表中的某个字段设置为唯一索引，则该字段的值不允许重复。

3.3.2 设置表关系

一般情况下，数据库中会存在不同的表，表与表之间会存在着各种关系，通过这种表关系，可以创建查询、窗体和报表，并从多个表中得到显示信息。创建关系就是在两表的公用字段之间建立关联。

1．表的关系

在关系数据库中，两个数据表公共字段之间的关系包括一对一、一对多和多对多 3 种关系。

（1）一对一关系

表 A 中的一个记录只能与表 B 中的一个记录相匹配，表 B 中的每一个记录在表 A 中仅有一个匹配记录，并且当两个相关列都是主键或都具有唯一约束时，这样的关系为一对一关系。这种关系类型并不常用，一般应用于由于安全原因而隔离表的部分数据，也可以应用于分割一个含有多列的表或存储只应用于主表的一个子集的信息。

（2）一对多关系

在这种关系中，表 A 中的一个记录在表 B 中可以有多个记录，但表 B 中的一个记录在表 A 中只能有一个与之匹配的记录。如果在相关列中只有一列是主键或具有唯一约束，则可创建一对多关系。一对多关系是最常用的类型。

（3）多对多关系

在多对多关系中，表 A 中的一个记录能与表 B 中的多个记录匹配，并且表 B 中的记录也能在表 A 中找到多个与之匹配的记录。要实现此关系类型就要定义第三个表。其主键包含两个字段，这两个字段来源于表 A 和表 B 两个表的外键。多对多关系实际上是使用第三个表的两个一对多关系。

2．定义表关系

在 Access 2003 中，可以很简单地设置表之间的关系，只需对对象进行拖放操作即可。建立表关系的操作步骤如下：

1）打开要建立关系的数据库，并关闭所有打开的表。

2）选择菜单栏中“工具”|“关系”命令或单击工具栏中的按钮，如果数据库没有定义任何关系，Access 2003 会自动弹出“显示表”对话框。如果数据库中已存在定义的关系，且需要在关系中添加新表，则单击数据库工具栏中的“显示表”按钮，即可弹出“显示表”对话框，如图 3-71 所示。

3）在“显示表”对话框中，双击要建立关系的表，这时“关系”窗口就会出现选择的表，如图 3-72 所示。

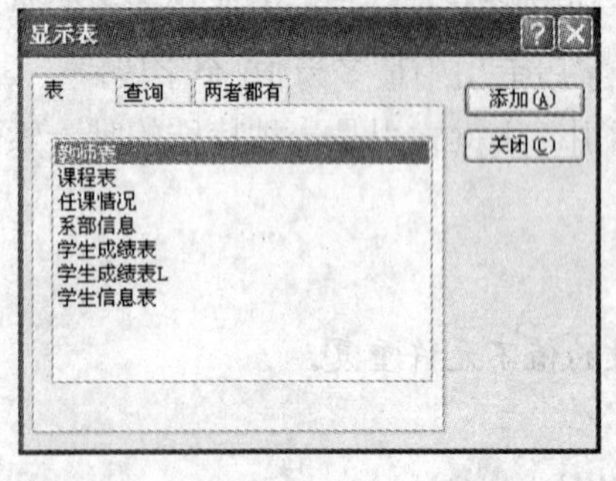

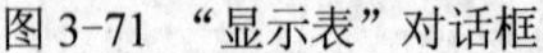
图 3-71 “显示表”对话框

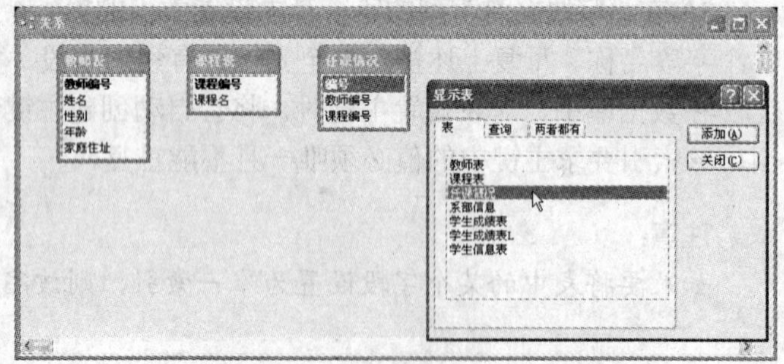

图 3-72 “显示表”窗口中的表

4）关闭“显示表”对话框，选择表中要建立关系的字段，按住鼠标左键将选择的字段拖动到其他表的相关字段处，如果要拖动多个字段，选择时按住〈Ctrl〉键即可。

5）释放鼠标，系统会弹出“编辑关系”对话框，如图 3-73 所示。在该对话框中，可以检查显示在两个列中的字段名称，以确保正确性。

6）设置完成后，单击“创建”按钮，可以创建一个关系。重复操作就可以获得多种关系，如图 3-74 所示。

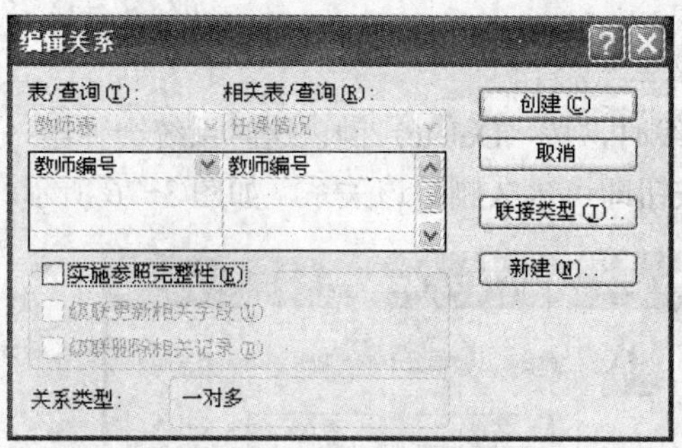

图 3-73 “编辑关系”对话框

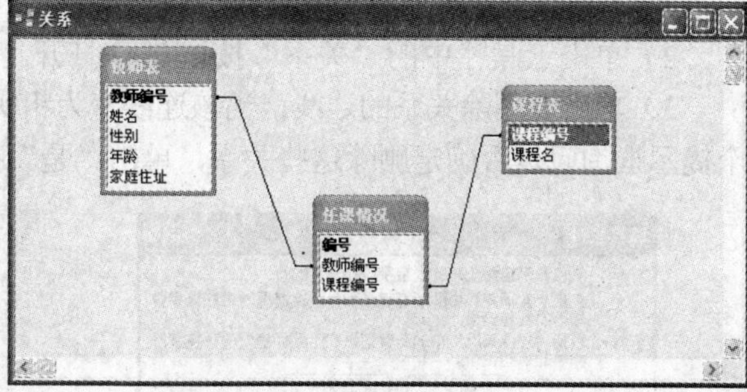

图 3-74 建立表关系的“关系”窗口

3．查看表关系

查看数据库中各表关系的操作步骤如下：

1）关闭数据中所有打开的表，并切换到数据库窗口。

2）单击工具栏中的“关系”按钮。

3）如果要查看数据库中所有已定义的关系，可以单击工具栏中的“显示所有关系”按钮。如果要查看特定表的关系，可以选择相应的表，然后单击工具栏中的“显示直接关系”按钮。

4）如果要查看某个表的直接关系，单击工具栏中的“清除版式”按钮，移走“关系”窗口中的所有表，然后将要查看的表添加上，单击“显示直接关系”按钮即可。

4．编辑表关系

对数据库中已存在的关系进行编辑，其具体操作步骤如下：

1）关闭数据库中所有打开的表，并切换到数据库窗口。

2）单击工具栏中的“关系”按钮，打开“关系”窗口。

3）单击要编辑关系的连线，当该连线变为粗实线时，在粗实线上右击，在弹出的快捷菜单中选择“编辑关系”命令，也可以双击要编辑的关系连线，弹出“编辑关系”对话框。

如果要强化表之间的引用完整性，可选择“实施参照完整性”复选框，然后根据需要选择“级联更新相关字段”或“级联删除相关记录”复选框。

参照完整性可用来确保相关表中记录的有效性，当实施参照完整性后，对表进行操作时，就必须遵照下列规则：

- 相关表中的外部主键不能含有主表和主键中不存在的数据。
- 如果相关表中存在与主表匹配的记录，则不能只在主表中删除这个记录。
- 要更改主表中的主关键字，必须保证相关表中不存在相关的记录。

如果要改变表之间的联接，单击“联接类型”按钮，弹出“联接属性”对话框，如图 3-75 所示。对话框中的 3 个单选按钮选项分别对应着关系运算中的 3 种联接：第一个选项对应关系运算里的“自然联接”；第二个选项对应关系运算里的“左联接”；第三个选项对应关系运算里的“右联接”。在对话框中选择相应的联接类型后，单击“确定”按钮，即可返回“编辑关系”对话框。

5. 删除表关系

如果需要将已设计好的表关系删除，可以通过下面的操作步骤：

1）打开要修改的数据库，并关闭所有的数据表。

2）单击工具栏中的“关系”按钮，打开“关系”窗口。

3）单击要删除关系的连线，当该连线变为粗实线时，按〈Delete〉键，这时系统会弹出一个提示框询问是否确定删除这些关系，单击“是”按钮即可永久删除该关系，如图 3-76 所示。

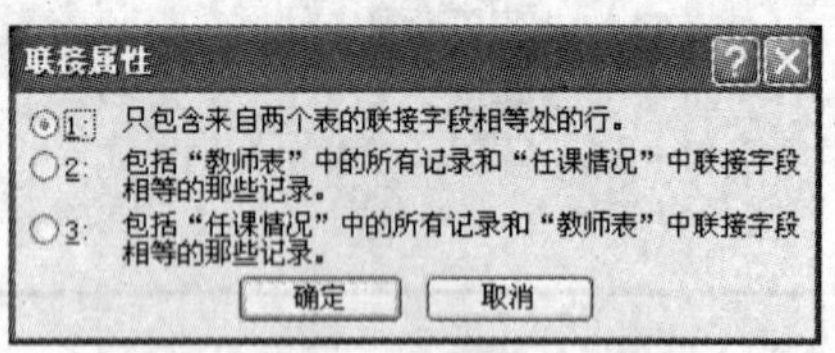

图 3-75 “联接属性”对话框

图 3-76 删除提示框

3.3.3 对表的操作

在数据库的应用过程中，用户可能会根据需要对已有的数据库进行修改，例如：

- 要实现一些新功能，添加新表或者在已有的表中添加、删除某个字段。
- 更改字段的数据类型。
- 更改字段排序，将高频使用的字段提前，提高工作效率。
- 增加字段长度，以存放更大的数据；减小字段长度，以节约控件。
- 拆分表。
- 更新表的主键。
- 增加索引，改善查询效率。

1. 复制表

当对表进行修改的时候，为了确保安全，修改表之前首先要为表创建一个副本（也叫备份），以便数据修改不成功时进行还原。创建副本时，只需将该数据表复制一份即可。表的复制可分为在同一个数据库中复制和在不同数据库中复制。

在同一个数据库中复制数据表的步骤如下：

1）打开一个数据库，在数据库窗口中选择要进行复制的表。

2）单击工具栏中的“复制”按钮。

3）单击工具栏中的“粘贴”按钮。这时系统会弹出“粘贴表方式”对话框，如图 3-77 所示。

4）在“粘贴表方式”对话框中的表名称文本框中为复制的表输入新的表名，在“粘贴选项”区域中选择一种粘贴方式，单击“确定”按钮，即可完成对表

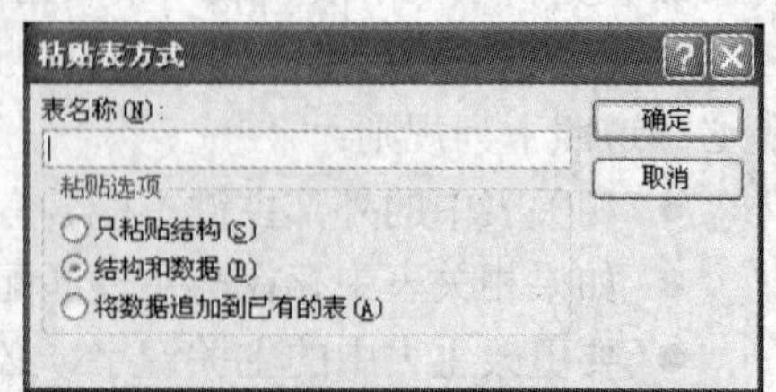

图 3-77 “粘贴表方式”对话框

的复制操作。

在粘贴选项中有 3 种粘贴方式，它们的含义如下：

- 只粘贴结构：只复制所选表的结构到新表中。
- 结构和数据：将所选表的结构和数据全部复制到新表中。
- 将数据追加到已有的表：将所选表的数据添加到已存在的表中。如果选择这一项，就必须确定所选表的结构和已存在表的结构相同。

技巧：

方法一：按下〈Ctrl〉键，用鼠标拖动要复制的表，即可为此表复制出一份副本。

方法二：通过“另存为”命令复制表。选择要进行复制的表并右击，在快捷菜单中选择“另存为”命令，弹出“另存为”对话框，如图 3-78 所示。在“保存类型”下拉列表中选择“表”选项，然后在“将表‘课程表’另存为”文本框中输入新表名，单击“确定”按钮即可完成对表的复制，单击“取消”按钮即可撤销复制。

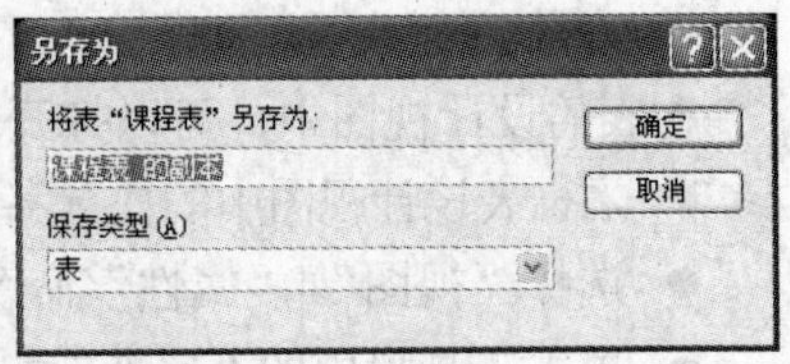

图 3-78 “另存为”对话框

如果要将数据表从一个数据库复制到另一个数据库中，就要按以下步骤操作：

1）打开要复制的表所在的数据库，选择要进行复制的表。

2）单击工具栏中的“复制”按钮，关闭该数据库。

3）打开要粘贴表的数据库，单击工具栏中的“粘贴”按钮。

4）此时，弹出“粘贴表方式”对话框，接下来的操作和同一个数据库中复制表的操作相同。

2. 删除表

如果用户已不需要数据库中的某个表，可以将其删除，从而节省存储空间。在删除一个表之前，要确定该表已经被关闭。另外，该表也不能与其他表有关系。如果有关系，则必须在删除表之前，先将该表与其他表之间的关系删除。

删除表的时候，要先在数据库窗口中选择要删除的表，然后按〈Delete〉键，也可以选择“编辑”|“删除”命令，还可右击要删除的表，从弹出的快捷菜单中选择“删除”命令，此时系统将弹出提示框，提示是否删除表，单击“是”按钮即可删除，如图 3-79 所示。

图 3-79 删除提示框

如果不小心误删了表，那么在没进行其他操作前，可以通过选择“编辑”|“撤销”命令，恢复被删除的表。

3. 重命名表

如果需要为表重新命名，可对表进行如下操作：

- 右击需要重命名的表，在弹出的快捷菜单中选择“重命名”命令，输入新的名称后，按〈Enter〉键即可。

- 双击要进行重命名的表名，当名称部分变为可编辑状态后，输入新的表名，按〈Enter〉键即可。

4．设置表属性

Access 2003 数据库中的表有两种类型的属性，分别是对象属性和定义属性。其中对象属性包括“所有者”、“创建时间”、“修改时间”“隐藏”和“可复制”等。

要查看数据库中表的对象属性可以通过下面 3 种方法：

- 右击数据库窗口中的表，并从快捷菜单中选择“属性”命令。
- 选择数据库窗口中的表，并选择“视图”|“属性”命令。
- 选择数据库窗口中的表，并单击工具栏中的“属性”按钮，在弹出的“属性”对话框中进行查看，如图 3-80 所示。

在表的设计视图中，可以打开表的定义属性，其方法如下：

- 右击表设计视图中的任意字段输入区，在弹出的快捷菜单中选择“属性”命令。
- 选择“视图”|“属性”命令。
- 单击工具栏中的“属性”按钮，在弹出的“表属性”对话框中即可显示，如图 3-81 所示。

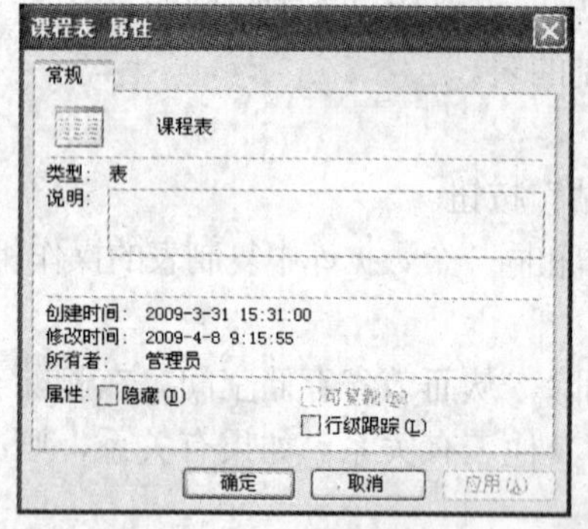

图 3-80 “属性”对话框

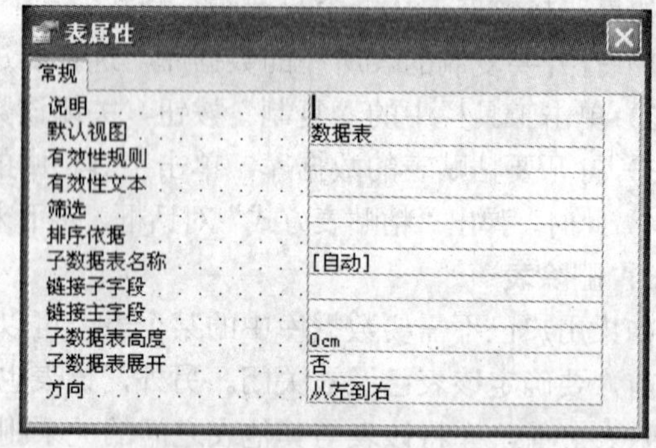

图 3-81 “表属性”对话框

要更改默认表的属性，可以选择“工具”|“选项”命令，在弹出的“选项”对话框中，切换到“表/查询”选项卡，如图 3-82 所示。

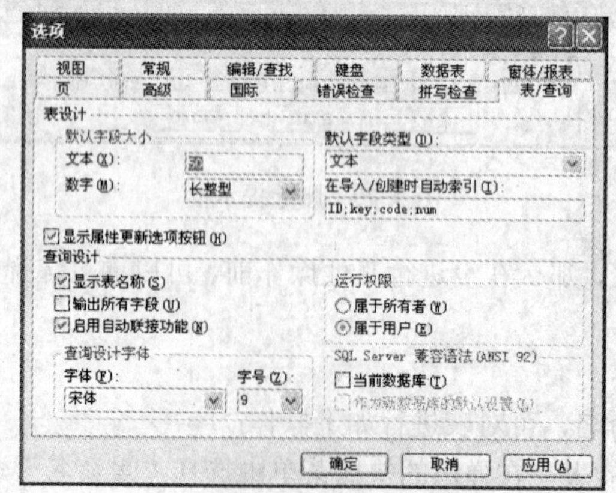

图 3-82 “表/查询”选项卡

"表设计"选项区域中包括如下内容：

- 文本：默认为 50，可在文本框中输入所需的数字，以更改文本字段大小。
- 数字：默认为"长整型"，可在下拉列表中选择要更改数字字段。
- 默认字段类型：默认为"文本"，可从下拉列表中选择需要的字段类型。
- 在导入/创建时自动索引：通过该选项，可以把用在字段开头和结尾上的文字规定为导入和创建表格时的索引基础。

3.3.4 对数据表显示方式的操作

Access 2003 为用户提供了多种改变数据表中数据显示方式的命令。一般情况下，表的显示方式都是 Access 2003 自动设置的，当然用户也可以根据自己的需要更改数据表的显示方式。

1. 调整行高和列宽

调整行高的方法如下：

1）在数据表视图中选择"格式"|"行高"命令，弹出"行高"对话框，如图 3-83 所示。在"行高"文本框中输入所需要的行高数值，其单位为像素，然后单击"确定"按钮即可。

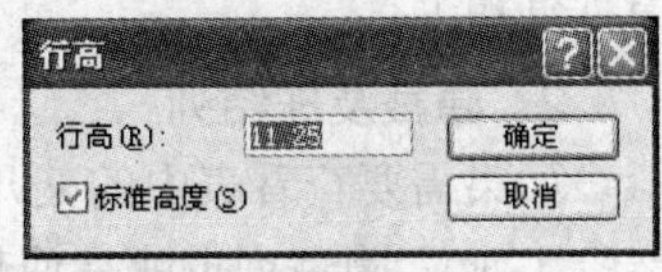

图 3-83 "行高"对话框

2）也可以将鼠标置于两行记录左侧的中间线上，当鼠标变成✛后，拖动鼠标上下移动即可减小或增大行高，如图 3-84 所示。

学生成绩表 ： 表

ID	姓名	数学	语文	英语	计算机	政治
1	张三	23	39	69	23	
5	南古	44	23	105	19	
4	章朝气	45	55	135	15	
6	欧阳杰	55	89	107	99	
8	于那	58	69	58	99	
15	李延	63	36	89	48	
11	高兴	66	94	86	56	
7	张天宝	66	45	75	85	
13	李刚	66	64	77	65	
10	李玉秋	69	36	44	29	
20	李伊阳	75	88	65	78	
16	陈飞	76	65	65	93	
19	张天立	78	67	77	46	
12	张涛	79	69	92	52	
17	李延年	85	65	64	81	
2	李立嗣	85	89	78	21	
14	张鹏	88	93	45	91	
9	刘兴	89	69	77	45	
18	李虎	96	36	89	69	
3	王一	96	68	112	14	
[illegible]						

记录：1 共有记录数：20

图 3-84 用鼠标调整行高

调整表的列宽也有两种方法：

1）在数据表视图中选择"格式"|"列宽"命令，弹出"列宽"对话框，如图 3-85 所示。在"列宽"文本框中输入所需要的列宽值，然后单击"确定"按钮即可。

图 3-85 "列宽"对话框

说明：

"列宽"对话框中"最佳匹配"按钮的功能是按照每个字段中的栏名及数据的宽度自动调整到最适合的宽度。

2）将鼠标置于相邻两个字段的中间线上，当鼠标变成✛后，拖动鼠标左右移动即可减小或增大列宽，如图 3-86 所示。

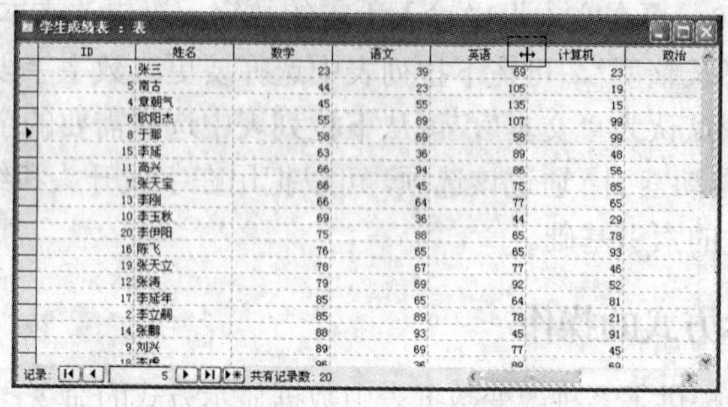

图 3-86 用鼠标调整列宽

注意：

用此方法调节列宽时，可以选择特定的字段进行调节；调节行高时，则只能对所有的行高进行调节。

2. 隐藏及冻结列

如果需要查看表中的某几列，并不希望所有的列都显示出来时，就要隐藏某些不需要的字段（列），隐藏列也就是使某一列的列宽为 0。选择要隐藏的列，然后选择“格式”|“隐藏列”命令即可。

如果要恢复隐藏的列，可以按照下列步骤进行：

1）在数据表视图方式中选择“格式”|“取消隐藏列”命令，弹出“取消隐藏列”对话框，如图 3-87 所示。

2）在该对话框中显示了当前表中的所有字段，其中选择的字段表示当前表中显示的字段，未选择的字段就是隐藏的字段。选择隐藏字段，然后单击“关闭”按钮，这时表中就会恢复显示隐藏的列。

在拖动显示字段时，希望某些列固定在屏幕上，则可以使用“冻结列”命令来实现。

冻结列的步骤如下：

1）以数据表视图方式打开要编辑的表，选择要冻结的列。

2）选择“格式”|“冻结列”命令即可。

如果要取消冻结，选择“格式”|“解除冻结列”命令即可。

3. 其他操作

如果用户需要改变表格的布局显示风格，可以以数据表视图方式打开要编辑的表，选择“格式”|“数据表”命令，弹出如图 3-88 所示的“设置数据表格式”对话框。

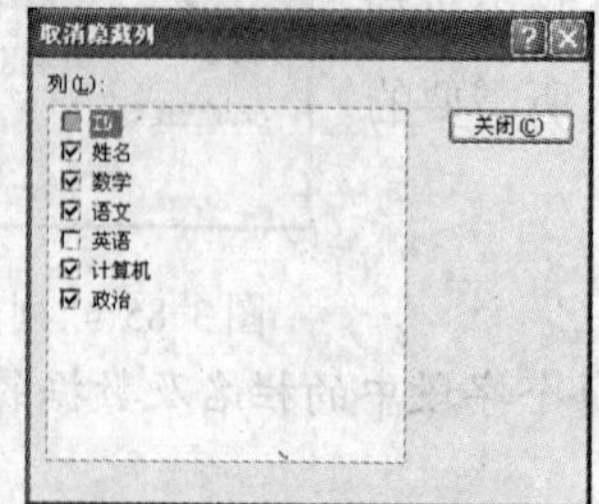

图 3-87 “取消隐藏列”对话框

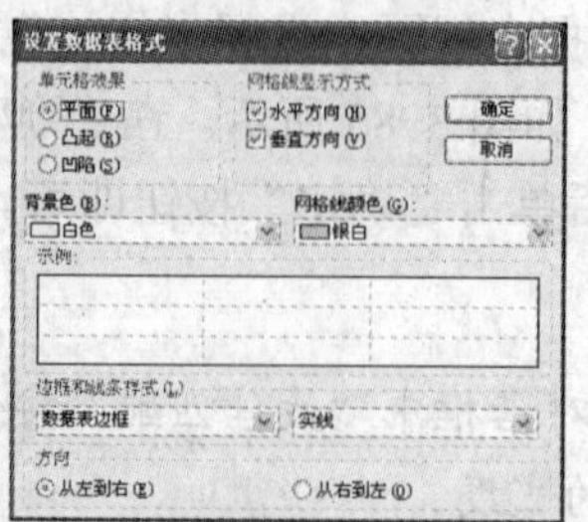

图 3-88 “设置数据表格式”对话框

在这个对话框中，用户可以设置“单元格效果”、“网格线显示方式”、“背景色”、“网格线颜色”、“边框和线条样式”和“方向”等显示属性。

【总结与回顾】

主关键字也称为主键，用于确保表中的每条记录都是唯一的，便于在执行查询时提高查找速度。还可以利用主关键字定义多个表之间的关系，以便检索存储在不同表中的数据。

设置主键的优点：

- 设置主键能提高查询和排序速度。
- 可以按主键的顺序在窗体和数据表中显示数据。
- 插入数据时，自动检查是否存在数据的重复。

在关系数据库中，两个数据表之间的关系包括一对一、一对多和多对多 3 种关系。

对数据表的操作包括复制、删除及重命名等操作。

Access 2003 数据表有对象属性和定义属性两种类型的属性。其中，对象属性包括“所有者”、“创建时间”、“修改时间”、“隐藏”和“可复制”等。要更改表的默认属性，可以在“选项”对话框的“表/查询”选项卡中进行相应操作。

要改变表中数据的显示方式，可以相应地调整表的行高或列宽，也可以隐藏及冻结列。

【拓展知识】

数据库索引如同一本书后的索引，能加快对数据库的查询速度。

索引分为聚簇索引和非聚簇索引两种。聚簇索引以数据存放的物理位置为顺序，能提高多行检索的速度，而非聚簇索引对于单行检索的速度很快。

创建索引可以提高系统的性能，其优点如下：

- 创建唯一性索引，可以保证数据库表中每一行数据的唯一性。
- 加快数据的检索速度。
- 加快表和表之间的联接。
- 在使用分组和排序进行数据检索时，可以显著减少查询中分组和排序的时间。
- 通过使用索引，可以在查询的过程中使用优化隐藏器，以提高系统的性能。

注意：

索引是把双刃剑，在提高查询速度的同时，也会降低数据库的更新速度。一般情况下，当数据的更新频率远远低于数据库的查询频率时，对于记录很多且频繁查询的数据表，就必须建立索引。

【复习思考题】

1. 简述设置主键的优点。
2. 用户应该在什么情况下对已有的数据库进行修改？

【技能训练】

为所创建的“客户信息”数据表设置主关键字及索引。

3.4 综合实例

在介绍了对表的设计、创建和操作后，下面以创建一个简单的订单管理系统为例，讲解数据库的设计步骤。

【学习目标】

通过对相关知识的学习，能够根据已给出的条件创建所需的数据库及其数据表之间的关系。

【任务分析】

根据已给出的信息创建数据表，并设定数据表之间的关系。

一个简单的订单管理系统应包括“客户信息”表、“类别”表、“产品信息”表、“订单信息”表、“送货方式”表和“订单明细表”等，其中，“客户信息”表用于记录客户的信息；“产品信息”表用于记录产品的相关信息；“订单信息”表用于记录所生成的订单情况；“送货方式”表用于记录现阶段所能提供的相关送货方式；“订单明细表”用于详细记录客户所购产品及其产品数量。它们的表结构如表 3-7～表 3-12 所示，使用表设计视图的方式创建表并设置各表之间的关系。

表 3-7　客户信息

字段名	类型	小数	默认值	掩码	主键	是否为空	索引
客户编号	文本（6）				是	否	无重复
姓名	文本（10）					否	
性别	文本（2）					是	
民族	文本（10）					是	
年龄	数字					是	
出生日期	日期/时间			9999-99-99		是	
身份证件	文本（20）					是	
联系电话	文本（30）					是	
通讯地址	文本（50）					否	
职业	文本（10）					是	

表 3-8　类别

字段名	类型	小数	默认值	掩码	主键	是否为空	索引
类别编号	文本（4）				是	否	无重复
类别名	文本（10）					是	

表 3-9　产品信息

字段名	类型	小数	默认值	掩码	主键	是否为空	索引
产品编号	文本（6）				是	否	无重复
名称	文本（20）					否	
类别编号	文本（4）					否	
产地	文本（50）					是	
数量	数字					是	
单价	货币	2				是	
图片	OLE					是	

表 3-10 送货方式

字段名	类型	小数	默认值	掩码	主键	是否为空	索引
方式编号	文本（6）				是	否	无重复
方式名称	文本（20）					否	
价格	货币	2				是	
备注	备注					是	

表 3-11 订单信息

字段名	类型	小数	默认值	掩码	主键	是否为空	索引
订单编号	文本（6）				是	否	无重复
客户编号	文本（6）					否	
送货方式	文本（6）					否	
总价	货币	2				否	

表 3-12 订单明细表

字段名	类型	小数	默认值	掩码	主键	是否为空	索引
明细编号	文本（10）				是	否	无重复
订单编号	文本（6）					否	
产品编号	文本（6）					否	
数量	数字					是	
产品价格	货币	2				是	

各表之间的关系如下。

- “客户信息”表与“订单信息”表：一对多的关系（客户编号）。
- “订单信息”表与“订单明细”表：一对多的关系（订单编号）。
- “类别”表与“产品信息”表：一对多的关系（类别编号）。
- “送货方式”表与“订单信息”表：一对多的关系（方式编号）。

【实施步骤】

1）根据创建数据库的方法创建一个“订单管理系统”数据库，其数据库窗口如图 3-89 所示。

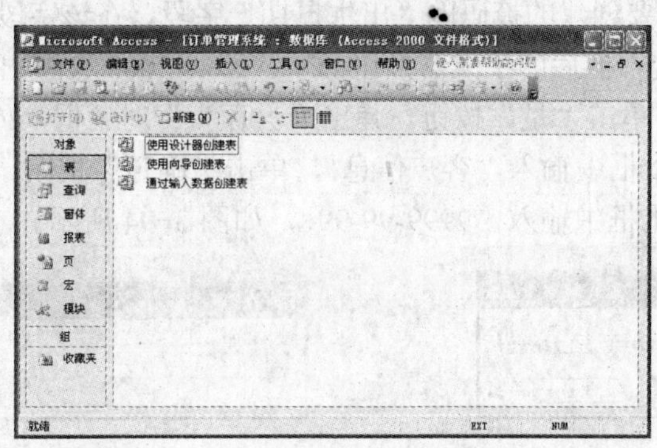

图 3-89 “订单管理系统”数据库窗口

2）单击数据库窗口左侧对象栏的“表”按钮，然后单击其工具栏的“新建”按钮，打开“新建表”对话框，如图 3-90 所示。

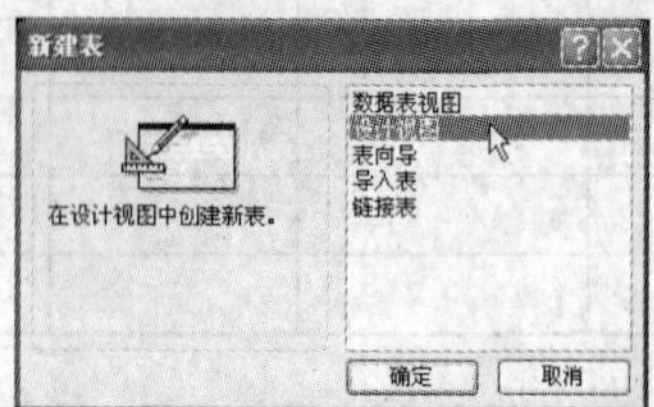

图 3-90 “新建表”对话框

3）选择对话框列表中的“设计视图”选项，然后单击“确定”按钮，也可以双击数据库窗口中的“使用设计器创建表”选项，打开表设计器窗口。

4）在表设计器中设置字段名称、数据类型及相关属性，并选择“客户编号”字段，单击“主键”按钮创建主键。创建主键后，系统会自动为“客户编号”字段创建无重复索引，如图 3-91 所示。

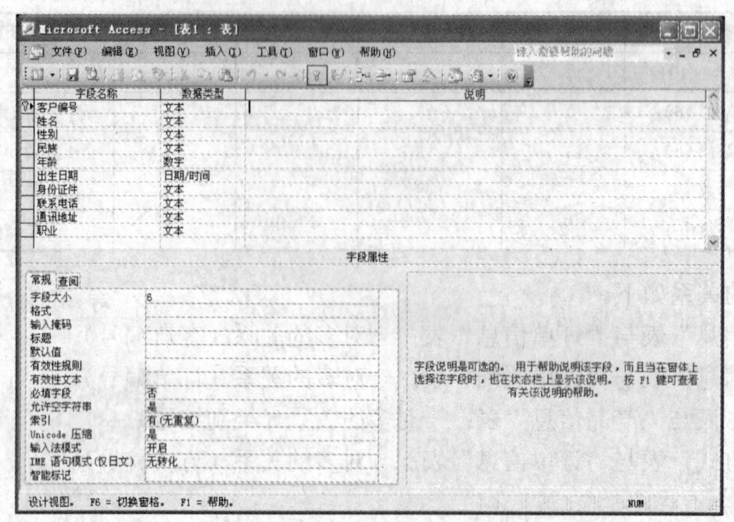

图 3-91 创建主键

5）创建掩码。选择要创建的掩码的“出生日期”字段，在该字段的“常规”属性选项卡中，单击“输入掩码”文本框后的生成器按钮，Access 2003 会弹出提示框询问用户是否保存表，如图 3-92 所示。单击“是”按钮，弹出“另存为”对话框，如图 3-93 所示。在该对话框中的“表名称”文本框中输入“客户信息”，单击“确定”按钮，弹出“输入掩码向导”对话框，在“尝试”文本框中输入“9999-99-99”，如图 3-94 所示。

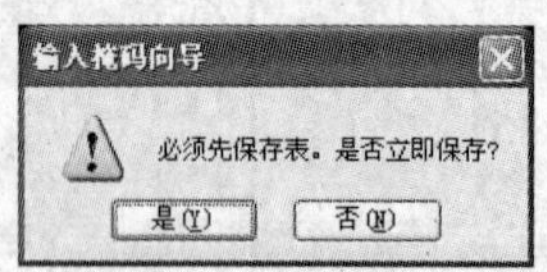

图 3-92 提示框

图 3-93 “另存为”对话框

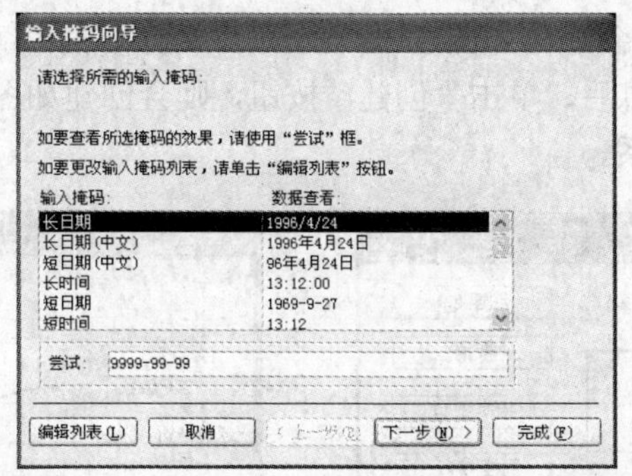

图 3-94　在“输入掩码向导”对话框中进行设置

6）单击“下一步”按钮，弹出如图 3-95 所示的对话框。使用系统默认值，单击“下一步”按钮，弹出如图 3-96 所示的对话框，单击“完成”按钮，即可完成掩码的创建。

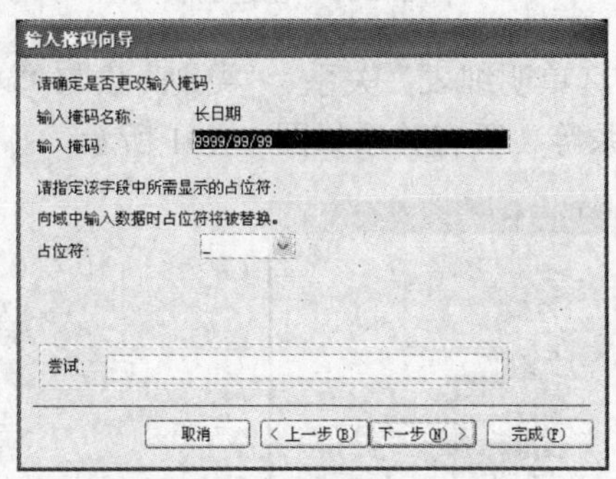

图 3-95　使用默认掩码

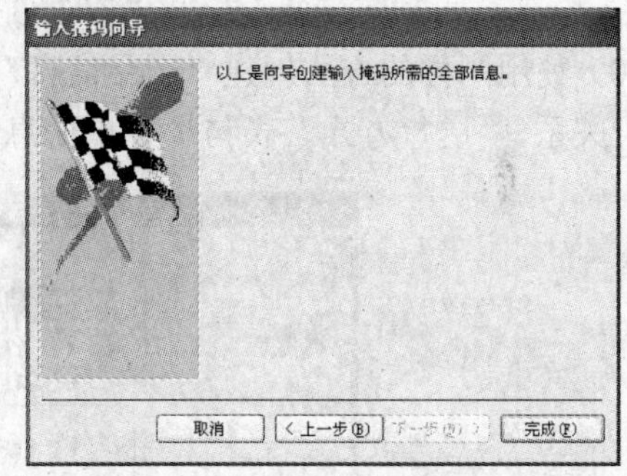

图 3-96　完成对话框

7）关闭表的设计器，此时完成对“客户信息”表的创建。按照同样的方法，分别创建“类别”表、“产品信息”表、“订单信息”表、“送货方式”表和“订单明细”表。

8）为所创建的表设置关系。选择“工具”|“关系”命令，弹出“显示表”对话框，如图 3-97 所示。分别选择“客户信息”表和“订单信息”表，单击“添加”按钮，然后关闭“显示表”对话框，这时将打开“关系”窗口，如图 3-98 所示。该窗口列出了“客户信息”表和“订单信息”表中的所有字段，在“客户信息”表中将字段“客户编号”拖动到“订单信息”表中的“客户编号”字段上。如果要同时拖动多个字段，选择时按住〈Ctrl〉键即可。

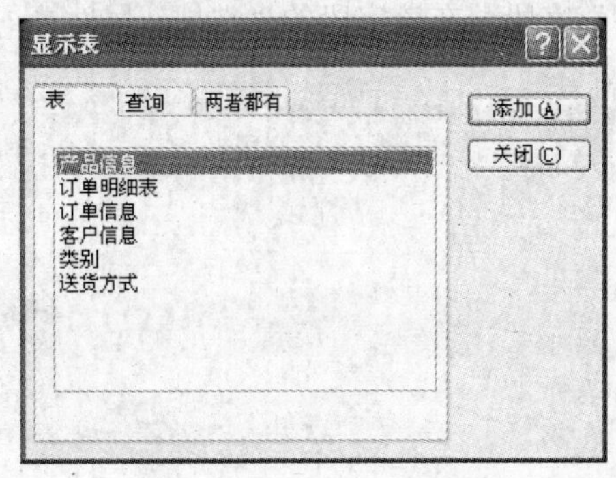

图 3-97 “显示表”对话框

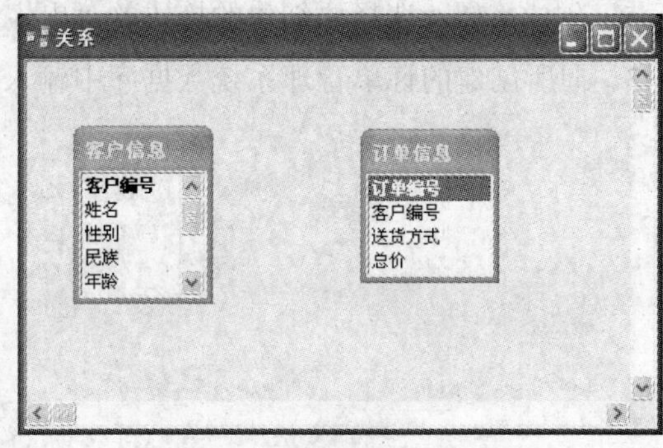

图 3-98　“关系”　窗口

9）释放鼠标，系统将会弹出如图 3-99 所示的“编辑关系”对话框。从中检查并按需要设置显示在对话框中的信息后，单击“创建”按钮，则会创建如图 3-100 所示的“客户信息”表和“订单信息”表的关系。

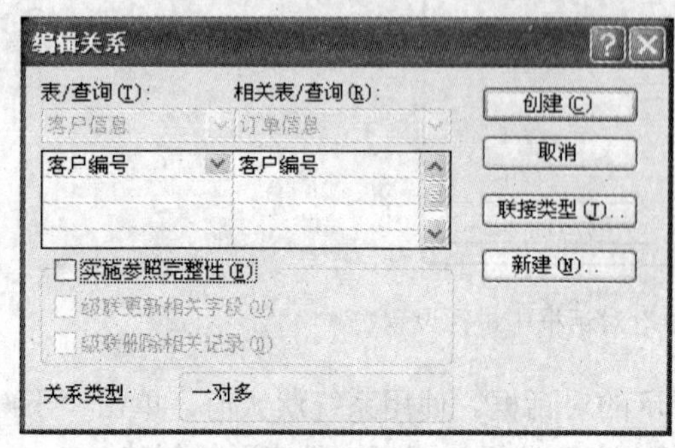

图 3-99 “编辑关系”对话框

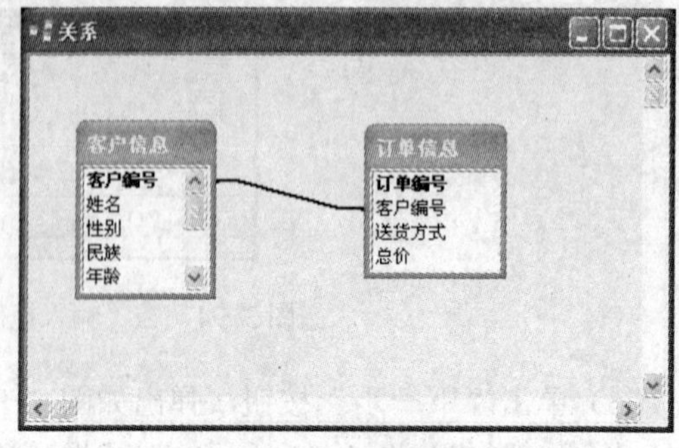

图 3-100 创建的表关系

10）使用同样的方法创建“产品信息”表与“订单明细表”关系、“类别”表与“产品信息”表关系、“送货方式”表与“订单信息”表关系等。所有关系如图 3-101 所示。

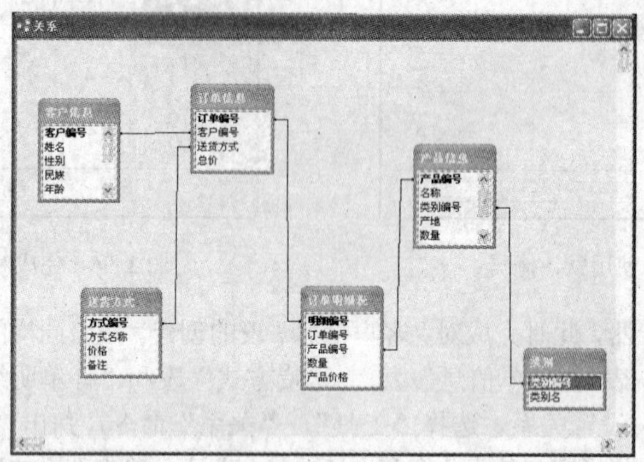

图 3-101 订单管理系统中的表关系

【技能训练】

1. 参照 3.4 的实例创建一个订单管理系统。
2. 为订单管理系统中的表创建表关系。
3. 向所创建的订单管理系统数据库中输入数据。

第 4 章　使 用 查 询

查询是用来从表中筛选出符合要求数据的方法，是创建窗体、报表的记录源。利用它可以查看、更改和分析表中数据。建立了查询以后，就可以在报表、窗体和图表中使用这些数据，同时也可以作为另外一个查询的数据源。

本章将主要介绍 Access 2003 查询的相关知识，包括查询的类型、查询的创建、查询的使用及与其相关的结构化查询语言 SQL 的使用。

4.1　查询介绍

查询的目的是通过某些设定的条件，从数据表中筛选出所需的数据，并对这些数据执行一定的统计、分类和计算操作，以及按要求对数据进行排序并加以表现。本节将主要针对查询的功能和类型进行阐述。

【学习目标】

了解查询的功能及各查询类型的功能与特点，了解查询的准则。

【知识点】

- 查询的功能
- 查询的类型
- 查询的准则

4.1.1　查询的功能

查询的最终目的是从繁杂的数据中找出需要的数据。在 Access 2003 中，利用查询可以完成以下功能：

- 选择字段。利用查询可以将分散在不同表中的字段集中一起，形成一个动态的数据表。
- 选择记录。利用查询可以根据用户所设定的条件，从相关表中查找符合需要的记录并将其显示出来。
- 分组和排序。利用查询可以对查询的结果进行分组、排序，以方便用户浏览记录。
- 执行计算功能。利用查询，用户可以进行数学计算，为指定的字段求和或平均值等。
- 为其他对象提供数据源。查询的结果可以作为窗体、报表或数据访问页的数据源。
- 生成新数据。利用查询可以将查询的结果存放到新的文件或表中。

4.1.2　查询的类型

Access 2003 中最常见的查询类型包括选择查询、参数查询、交叉表查询、操作查询和 SQL

查询。下面就对每种查询类型的功能与特点进行详细介绍。

1. 选择查询

选择查询是最常见的查询类型。它可以按照查询条件，从一个或多个表中选择满足要求的数据，并对数据进行分组、总计、计数、求平均等操作，然后将其结果显示在数据表视图中。

2. 参数查询

在执行参数查询时，系统会弹出对话框，要求用户输入所需参数，例如各种条件信息等，然后根据输入的条件检索符合条件的记录或值。用户可以通过此类查询来提示更多的内容，例如，可以设置输入两个日期，然后由 Access 2003 检索在这两个日期之间的所有记录。

参数查询只能通过查询的设计视图或 SQL 视图来创建。

参数查询可以作为设计窗体、报表和数据访问页的基础。例如使用参数查询可以创建月份业绩报表，每次打印报表时，在显示的提示框中输入相应的月份，即可打印月份业绩报表。

3. 交叉表查询

交叉表查询可以计算并重新组织数据的结构，以方便分析数据。使用交叉表查询可以计算数据的总和、平均值、计数或其他类型的总和。这些数据可以分为两组信息：一组位于数据表左侧，另一组在数据表顶端。

交叉表查询的数据来源于一个表或查询。

4. 操作查询

操作查询对象通过运行查询，对表中的记录进行操作，一般有 4 种操作查询类型。

1）删除查询：可以从一个或多个表中删除一组记录。

2）更新查询：可以对一个或多个表中的一组记录进行全局修改。

3）追加查询：将一个或多个表中的记录添加到表的末尾。

4）生成表查询：可以根据一个或多个表中的全部或部分数据新建表。

5. SQL 查询

SQL 查询就是使用 SQL 语句创建的查询。利用 SQL 查询可以查询、更新和管理 Access 2003 关系数据库。

4.1.3 查询的准则

查询准则由数据库定义的运算符、常数值、字段变量、函数组成的条件表达式构成。一般情况下，查询准则可分为两种：简单准则和复杂准则。

简单准则包括关系运算符、字段变量与常数值组成的关系表达式，用来描述用户的查询条件。关系运算符的符号、含义及说明如表 4-1 所示。

表 4-1 关系运算符说明

操作符	含义	说明
=	等于	年龄=22，查询“年龄”字段是 22 的记录

（续）

操 作 符	含 义	说 明
>	大于	年龄>22，查询“年龄”字段大于 22 的记录
<	小于	年龄<22，查询“年龄”字段小于 22 的记录
>=	大于等于（不小于）	年龄>=22，查询“年龄”字段不小于 22 的记录
<=	小于等于（不大于）	年龄<=22，查询“年龄”字段不大于 22 的记录
<>	不等于	年龄<>22，查询“年龄”字段不是 22 的记录

复杂准则包括特殊运算符、逻辑运算符、函数、它们的组合（包括关系运算符）连接常数、字段变量组成的条件表达式。如表 4-2～表 4-4 所示为特殊运算符、逻辑运算符、常用的时间函数。

表 4-2 特殊运算符说明

特殊运算符	含 义	说 明
Is （not）null	为空（不为空）	联系电话 Is null，查询所有联系电话为空的记录
In（字段值列表）	按列表中的值查找	姓名 In("张平","章素素", "苏美"), 查询姓名是这些字段的客户记录
Between…And…	指定一个字段值的范围	出生日期 Between #80-01-01# and #90-12-31#, 查询在这段时间出生的客户所有记录
Like “字符”	指定查找文本的字符模式	姓名 like "张*"，查询所有姓“张”的记录

【拓展知识】

在 Like 运算符中，？匹配一个字符；*匹配零个或多个字符；# 匹配一个数字；[ ]可匹配一个字符范围。

表 4-3 逻辑运算符说明

逻辑运算符	含 义	说 明
Not	非	姓名 Not"章素素"，即查询不是 “章素素”记录
And	并且	[年龄]>20 And <30，即要查询年龄在 20 与 30 的记录
Or	或者	[年龄]>=20 or 姓名="章素素"，查询年龄大于等于 20 或姓名为“章素素”的记录

表 4-4 常用的时间函数说明

函 数	含 义	说 明
Day（Date）	返回给定日期数据中 1～31 的值，表示哪天	DAY(#2006-01-01#)，结果为 1
Month（Date）	返回给定日期数据中 1～12 的值，表示哪月	DAY(#2006-11-01#)，结果为 11
Year（Date）	返回给定日期数据中 100～9999 的值，表示哪年	Year ([出生日期])＝1986，查询 1986 年出生的客户记录
Weekday（Date）	返回给定日期数据中 1～7 的值，表示星期几	
Hour（Date）	返回给定日期数据中 0～23 的值，表示小时	
Date（）	返回当前日期	[日期]< Date()-15,查询 15 天前记录

【拓展知识】

文本值要使用半角的双（单）引号括起来；日期值要使用半角的#号括起来；条件表达式

中的字段名称要使用[ ]括起来，例如 Year([出生日期])=1986。

【总结与回顾】

本节首先介绍了查询的功能：选择字段、选择记录、分组和排序、执行计算功能、为其他对象提供数据源、生成新数据；接着介绍了查询的类型：选择查询、参数查询、交叉表查询、操作查询和 SQL 查询的功能与特点；最后介绍了查询的准则：简单准则和复杂准则。

【拓展知识】

查询对象不是数据的集合，而是操作的集合。查询的运行结果是一个数据集合，也称为动态集。它很像一张表，但并没有被存储在数据库中。创建查询后，保存的只是查询操作，只有在运行查询时，Access 2003 才会从查询数据源表的数据中抽取出来并创建。只要关闭查询，查询的动态集就会自动消失。

【复习思考题】

1．简要说明查询的功能。

2．简述查询的类型、功能及特点。

4.2 创建查询

Access 2003 提供了不同类型的查询形式，可以满足用户的不同需要。例如，使用选择查询可以满足一般情况下的查询要求。如果需要在查询时输入指定的参数值，以便得到不同的查询结果，那么要使用参数查询。使用交叉表查询可以对表中某列的数据进行各种汇总等操作。要更改表中的数据，可以使用操作查询。当然用户也可以根据需要，灵活地使用 SQL 查询。下面分别介绍各种查询的创建过程。

【学习目标】

掌握创建选择查询、参数查询、交叉表查询及操作查询的方法和步骤。

【知识点】

- 创建选择查询
- 创建参数查询
- 创建交叉表查询
- 创建操作查询

【相关知识】

4.2.1 创建选择查询

选择查询是一种比较常用的查询类型。在 Access 2003 中，可以使用向导创建，也可以直接在设计视图中创建。

1．使用向导创建查询

使用向导创建选择查询时，可以从一个或多个表及查询中查找数据，也可以对记录进行汇总、计数、求平均值及计算最大（小）值。其创建步骤如下：

【任务实施】

1）打开一个已经创建的数据库，这里以第 3 章创建的“订单管理系统”为例。

2）单击数据库窗口左侧对象栏中的“查询”按钮。

3）单击工具栏中的“新建”按钮，弹出“新建查询”对话框，如图4-1所示。

4）在对话框中选择“简单查询向导”选项，单击“确定”按钮，弹出“简单查询向导”对话框。在对话框中选择要建立查询的表，这里选择“产品信息”表，并在“可用字段”选项区域中分别选择“产品编号”、“名称”、“产地”及“单价”字段，单击 > 按钮，添加到“选定的字段”选项区域中，如图4-2所示。

5）单击“下一步”按钮，此时，在弹出的对话框中选择“明细（显示每个记录的每个字段）”单选按钮，如图4-3所示。

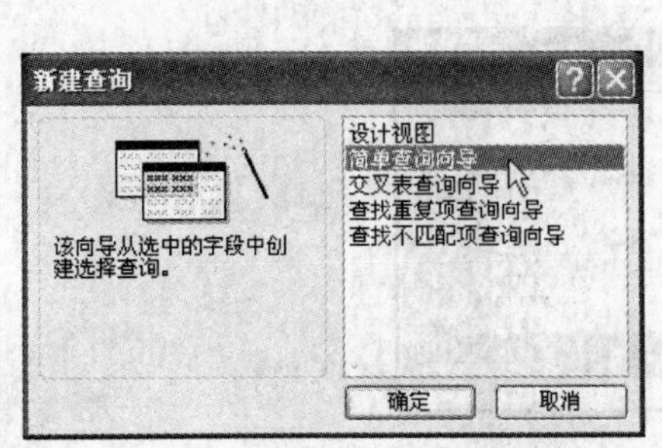

图4-1 “新建查询”对话框

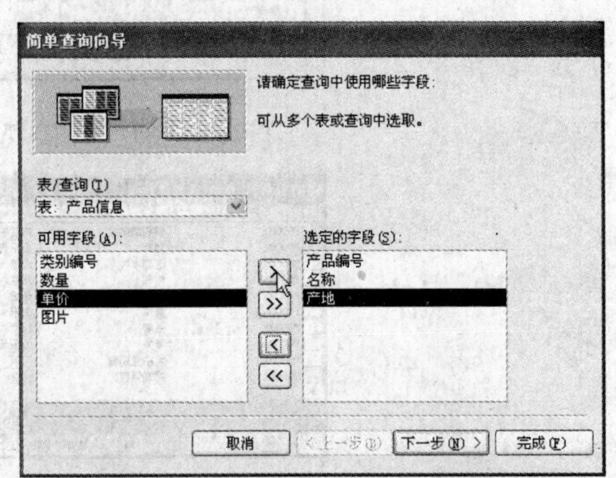

图4-2 设置表及可用字段

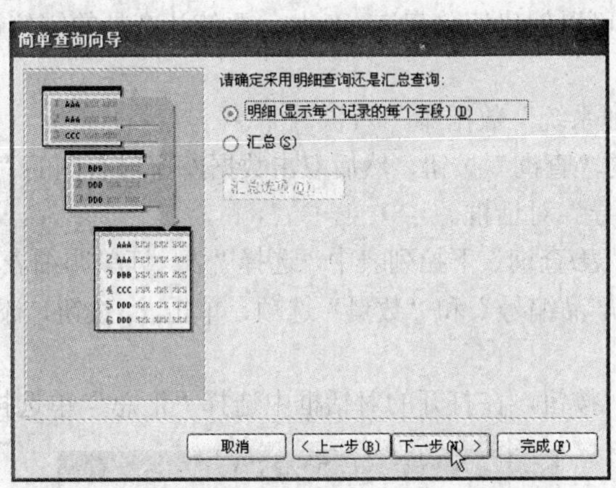

图4-3 设置查询方式

6）单击“下一步”按钮，在弹出的对话框中的“请为查询指定标题”文本框里输入新建查询的名称，如输入“产品信息_查询”。在“请选择是打开查询还是修改查询设计”中有两个选项，选择“打开查询查看信息”单选按钮，可直接显示查询的结果；选择“修改查询设计”单选按钮，用户可以进入设计视图中为查询设置条件，这里选择“打开查询查看信息”选项，如图4-4所示。

7）单击“完成”按钮，系统将打开“产品信息_查询：选择查询”窗口，如图4-5所示。

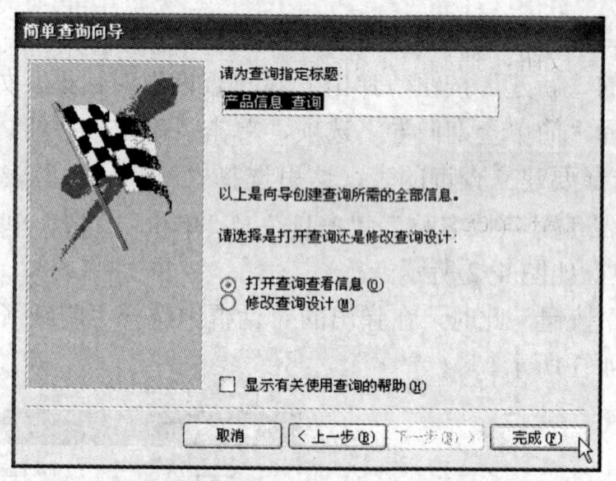

图 4-4　输入标题并打开查询

产品信息 查询 : 选择查询

产品编号	名称	产地	单价
P00001	梅纽酸酸乳	内蒙古	¥23.00
P00002	对虾	山东青岛	¥46.00
P00003	速冻水饺	天津	¥7.50
P00004	烤鸭	北京	¥46.00
P00005	狗不理包子	天津	¥1.00
P00006	黄瓜	山东	¥2.00
P00007	豆腐	北京	¥2.50
P00008	苹果	山东烟台	¥2.70
P00009	大白兔奶糖	广东	¥1.80
P00010	奶油蛋糕	北京	¥50.00
			¥0.00

记录: 11 共有记录数: 11

图 4-5　“产品信息、查询：选择查询”窗口

另外，使用向导还可以创建汇总查询。例如，要统计产品的销售量，可以执行下列步骤：

【任务实施】

1）打开“订单管理系统”数据库。

2）单击对象栏中的“查询”按钮，然后双击数据库窗口右侧的“使用向导创建查询”选项，打开“简单查询向导”对话框。

3）在对话框中的“表/查询”下拉列表中，选择“表：订单明细表”选项，在“可用字段”选项区域中分别选择“产品编号”和“数量”选项，单击 > 按钮，添加到“选定的字段”选项区域中。

4）单击“下一步”按钮，在打开的对话框中选择“汇总”单选按钮，如图 4-6 所示。

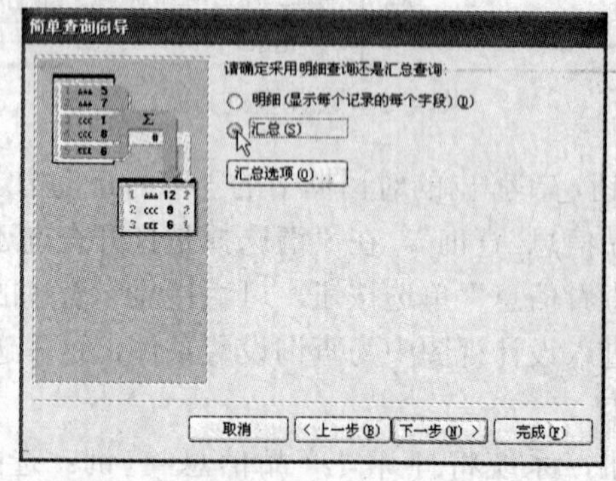

图 4-6　选择“汇总” 单选按钮

5）单击“汇总选项”按钮，弹出“汇总选项”对话框，如图4-7所示。选择“数量”行对应的“汇总”复选框，单击“确定”按钮，关闭此对话框。

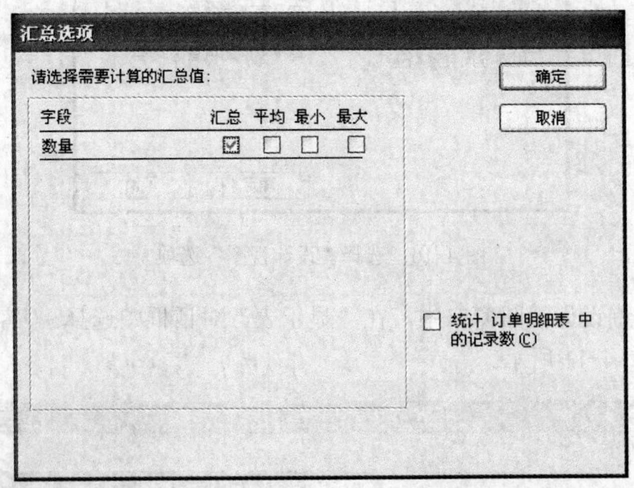

图4-7 “汇总选项”对话框

6）单击“下一步”按钮，在弹出的对话框的“请为查询指定标题”文本框中输入“销售数量汇总”，并选择“打开查询查看信息”单选按钮，单击“完成”按钮，如图4-8所示。系统将根据用户设置的汇总条件，将汇总结果显示在“销售数量汇总：选择查询”窗口中，如图4-9所示。

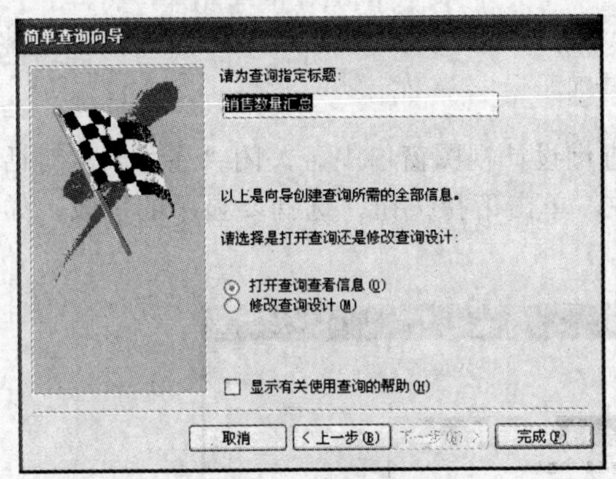

图4-8 填写查询标题

产品编号	数量 之 总计
P00001	100
P00002	75
P00004	120
P00005	139
P00006	377
P00007	44
P00008	279
P00009	176
P00010	250

图4-9 显示汇总结果

2. 在设计视图中创建查询

以“客户信息”表为例，在设计视图中创建选择查询的具体步骤如下：

【任务实施】

1）打开“订单管理系统”数据库。

2）单击数据库窗口左侧对象栏中的“查询”按钮，然后单击窗口工具栏上的“新建”按钮，打开“新建查询”对话框。

3）在对话框中选择“设计视图”选项，单击“确定”按钮，如图4-10所示。

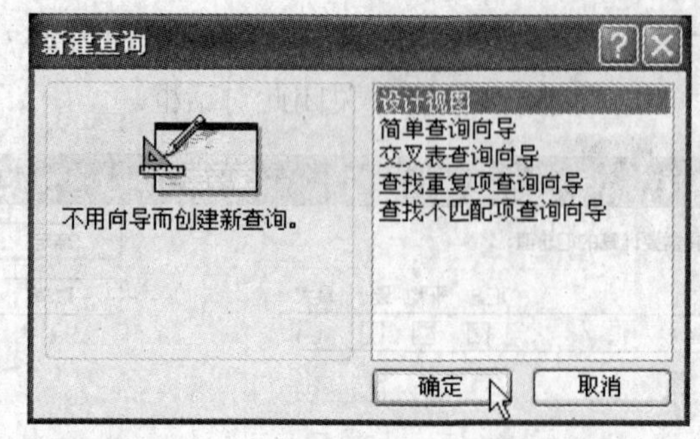

图 4-10　选择“设计视图”选项

4）在弹出的查询设计视图窗口中，在“显示表”对话框中选择 “客户信息”表，单击“添加” 按钮，如图 4-11 所示。

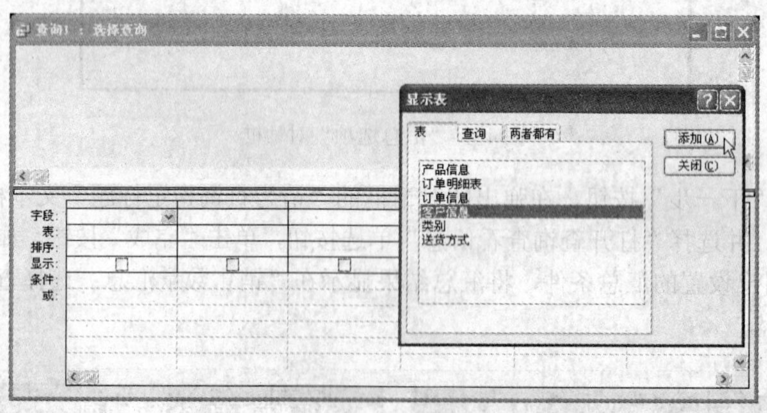

图 4-11　添加表

5）此时，系统自动将所选择的表添加到查询设计视图窗口中，关闭“显示表”对话框。将光标移至窗口下面的“字段”单元格中，单击下拉按钮，选择要显示的字段，如图 4-12 所示。

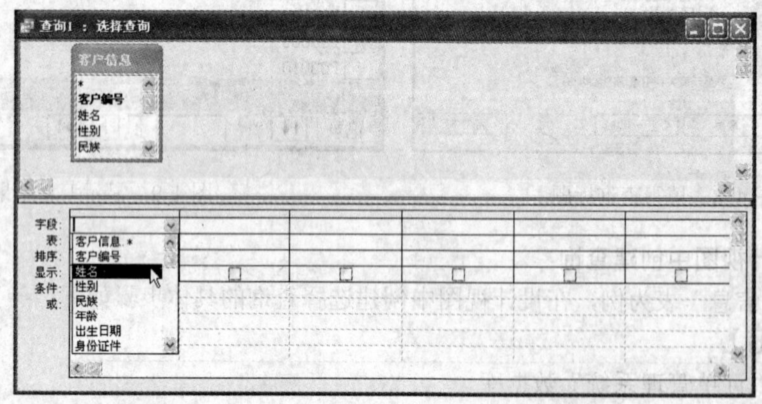

图 4-12　选择字段

6）选择完字段后，在“年龄”字段下方的排序单元格中选择“升序”选项，在“条件”

单元格中将“性别”设置为“="女"”、“民族”设置为“="汉族"”、“年龄”设置为“>=20”，设置结果如图 4-13 所示。

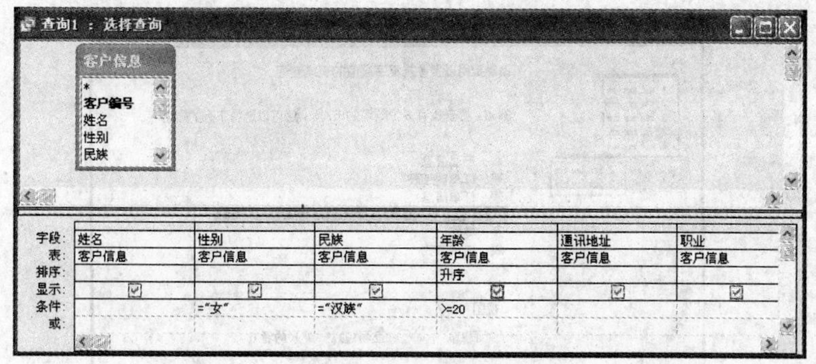

图 4-13　设置查询条件

7）单击工具栏中的“运行”按钮，即可查看查询结果，如图 4-14 所示。

查询1 ：选择查询

姓名	性别	民族	年龄	通讯地址	职业
[illegible]	女	汉族	22	浙江省杭州市	数据库管理员
张平	女	汉族	23	山东省青岛市	文员
赵燕	女	汉族	24	陕西省西安市	学生
程静	女	汉族	24	湖北省武汉市	网页设计师
苏美	女	汉族	24	山西省太原市	模特
王继夷	女	汉族	25	广东省广州市	教师
林芳	女	汉族	31	四川省成都市	邮递员
丰溢美	女	汉族	34	上海市	理财师
金翠之	女	汉族	35	北京市海淀区	画家
*			0		

记录：1 共有记录数：9

图 4-14　查询结果

8）单击工具栏上的“保存”按钮，弹出“另存为”对话框，在“查询名称”文本框中输入新创建的查询名称，单击“确定”按钮即可，如图 4-15 所示。

图 4-15　设置查询名称

3. 使用向导查找重复记录

利用选择查询可以查找表中的重复记录或字段值，其操作步骤如下：

【任务实施】

1）打开“订单管理系统”数据库。单击数据库窗口左侧对象栏中的“查询”按钮，然后单击工具栏中的“新建”按钮，打开“新建查询”对话框。

2）在“新建查询”对话框中，选择“查找重复项查询向导”选项，单击“确定”按钮。系统将弹出“查找重复项查询向导”对话框。在该对话框中选择“表：客户信息”选项，如图 4-16 所示。

3）在弹出的对话框中单击“下一步”按钮，选择“可用字段”选项区域中的“姓名”字段，单击 > 按钮，添加到“重复值字段”选项区域中，如图 4-17 所示。

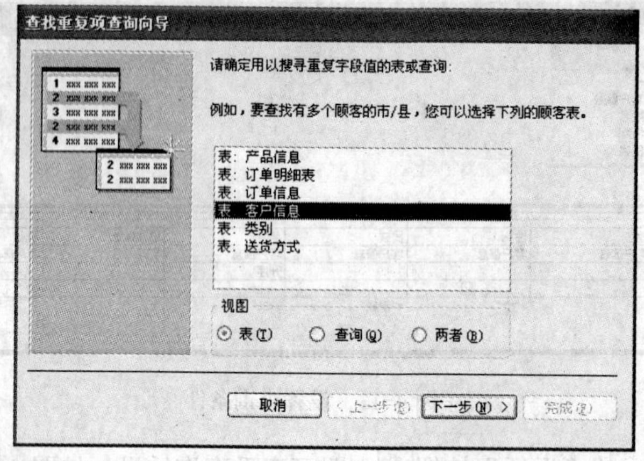

图 4-16　选择表

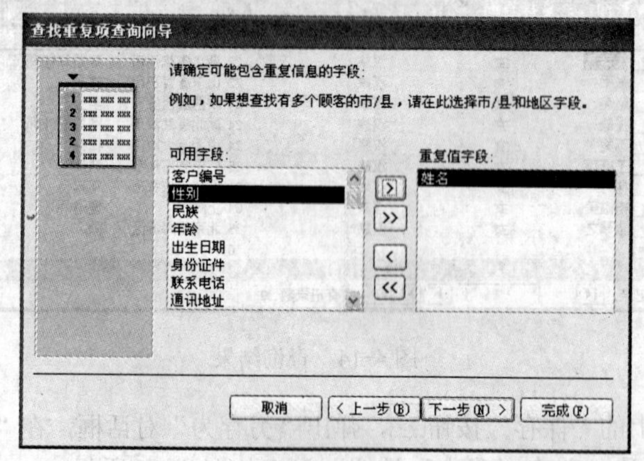

图 4-17 选择字段

4）单击“下一步”按钮，在“可用字段”选项区域中选择除重复值以外的字段，并添加到“另外的查询字段”选项区域中，作为显示信息，如图 4-18 所示。

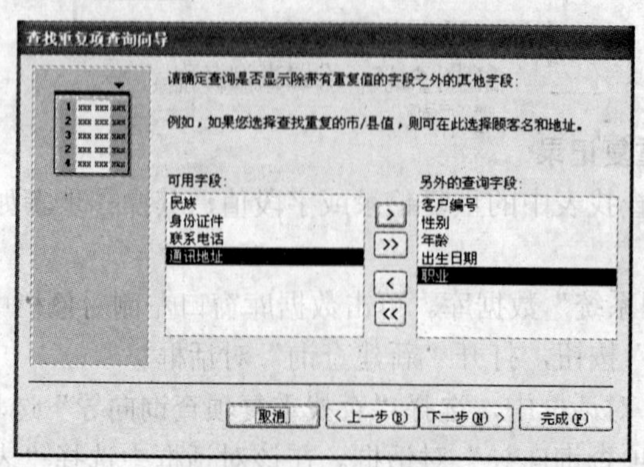

图 4-18　选择重复值以外的字段

5）单击“下一步”按钮，在“请指定查询的名称”文本框中，输入“查找姓名相同的客户的信息”；在“请选择是查看查询结果，还是修改查询设计”选项中，选择“查看结果”单选按钮，如图 4-19 所示。

6）单击“完成”按钮，此时，系统将在数据表视图中显示“客户信息”表中“姓名”重复的客户记录，如图 4-20 所示。

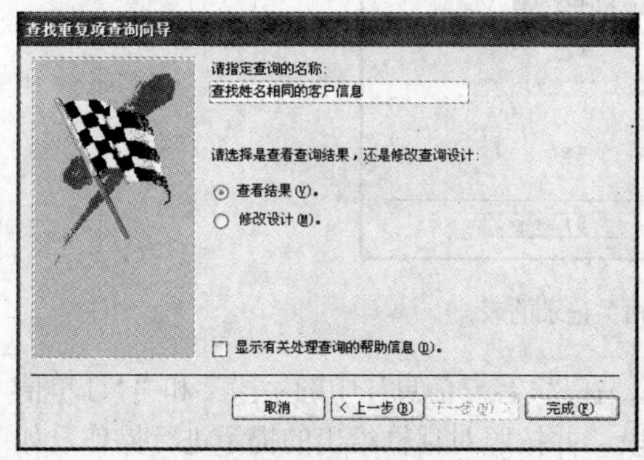

图 4-19　设置标题

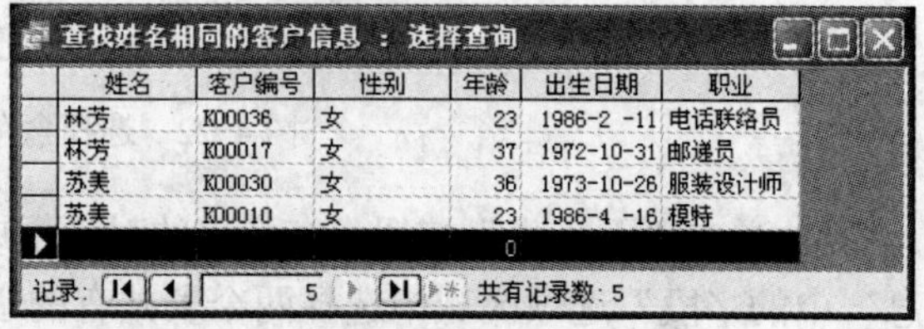
查找姓名相同的客户信息 : 选择查询

姓名	客户编号	性别	年龄	出生日期	职业
林芳	K00036	女	23	1986-2 -11	电话联络员
林芳	K00017	女	37	1972-10-31	邮递员
苏美	K00030	女	36	1973-10-26	服装设计师
苏美	K00010	女	23	1986-4 -16	模特
			0		

记录: 5 共有记录数: 5

图 4-20　显示查询结果

4. 使用向导查找不匹配记录

利用查找不匹配项查询，可以确定在某个表中存在的记录是否与另外一个表对应。如果相互不对应，就说明已经破坏了参照完整性，这样的记录是不允许存在的。当要查找不匹配项的时候，可以使用“查找不匹配项查询向导”选项，其创建步骤如下：

【任务实施】

1）打开“订单管理系统”数据库。单击数据库窗口左侧对象栏中的“查询”按钮，然后单击工具栏中的“新建”按钮，打开“新建查询”对话框。

2）在“新建查询”对话框中，选择“查找不匹配项查询向导”选项，然后单击“确定”按钮。

3）在打开的第一个向导对话框中，选择查询所使用的表或查询，如图 4-21 所示。

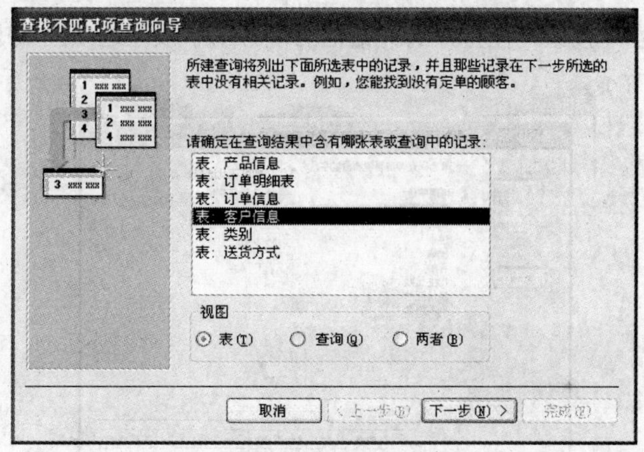

图 4-21　选择查询所使用的表

4）单击“下一步”按钮，选择含有相关记录的表或查询，如图 4-22 所示。

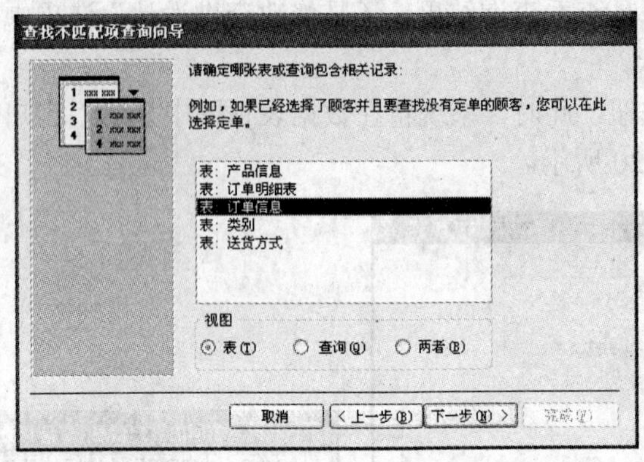

图 4-22　选择含有相关记录的表

5）单击“下一步”按钮，在弹出的对话框中，在“‘客户信息’中的字段”和“‘订单信息’中的字段”选项区域中选择两个表共有的字段，并按照对话框给出的提示进行操作，如图 4-23 所示。

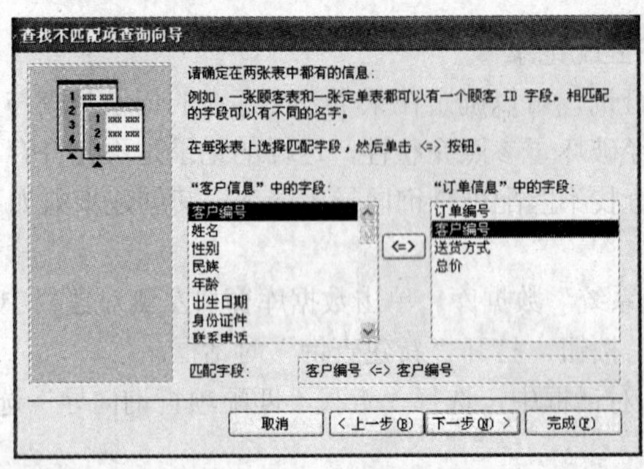

图 4-23　选择共有的字段

6）单击“下一步”按钮，在打开的对话框的“可用字段”选项区域中选择查询所要显示的字段，如图 4-24 所示。

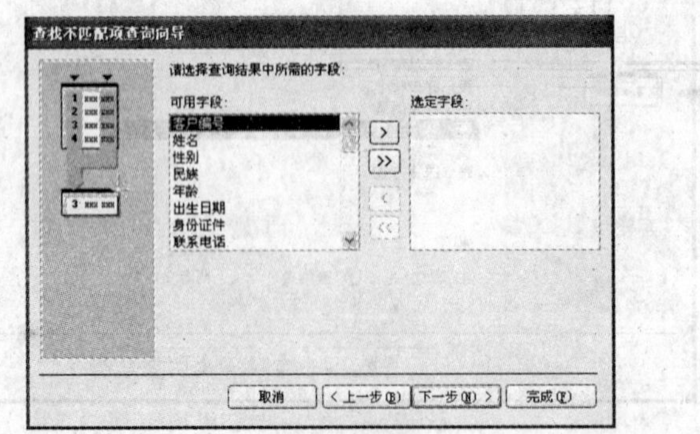

图 4-24　选择查询所要显示的字段

7）单击“下一步”按钮，在打开的对话框中的“请指定查询名称”文本框下输入查询名称，如图 4-25 所示。

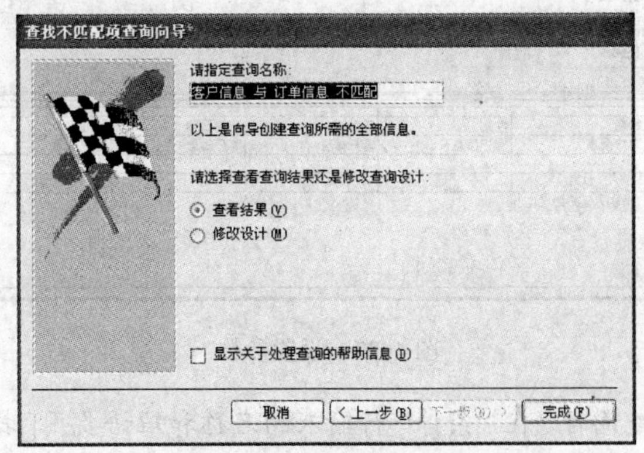

图 4-25　输入查询名称

8）单击“完成”按钮，此时，即可完成查找不匹配项查询。

4.2.2　创建参数查询

使用参数查询，用户可以在执行查询时根据提示输入参数，而不需要每次都重新设计，从而节省了大量的时间。创建参数查询的操作步骤如下：

【任务实施】

1）打开“订单管理系统”数据库。单击对象栏中的“查询”按钮，然后单击数据库窗口工具栏中的“新建”按钮，打开“新建查询”对话框。

2）选择“新建查询”对话框中的“设计视图”选项，单击“确定”按钮，打开查询设计视图窗口。

3）在“显示表”对话框中，选择“客户信息”表，单击“添加”按钮，将该表添加到设计视图中，如图 4-26 所示。

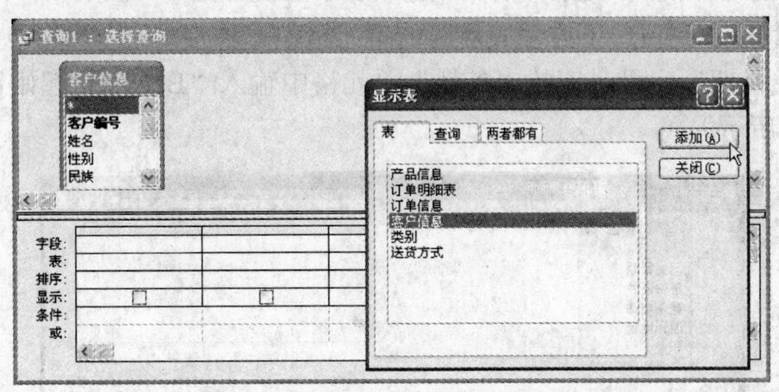

图 4-26　选择“客户信息”表

4）关闭“显示表”对话框，依次在下拉列表中选择“姓名”、“性别”、“年龄”、“出生日期”和“职业”等字段，并在“姓名”字段对应的条件单元格中输入“[请输入客户姓名：]”，如图 4-27 所示。

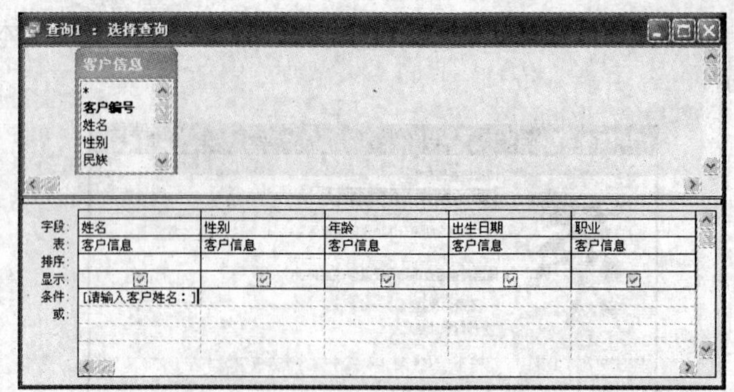

图 4-27 设置参数

说明：在设置参数查询时，在“条件”行输入的名称和短语要用[]括起来。当执行查询时，方括号中的文字将作为弹出对话框的提示内容显示。

5）单击工具栏中的“运行”按钮，系统将弹出“输入参数值”对话框，如图 4-28 所示。在该对话框中输入“赵燕”，单击“确定”按钮，系统将显示姓名为赵燕的客户信息，如图 4-29 所示。

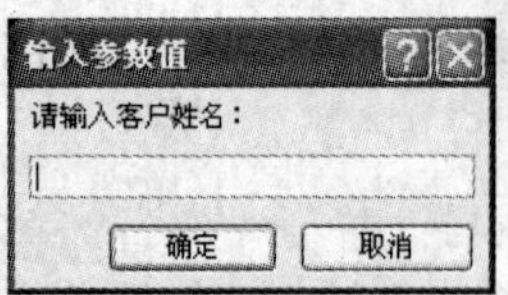

图 4-28 “输入参数值”对话框

图 4-29 显示查询结果

如果要为参数查询设置多个参数，例如要查询某段时间出生的客户信息，可按照下列步骤操作。

【任务实施】

1）打开查询的设计视图，选择“客户信息”表中的“姓名”、“性别”、“出生日期”和“职业”字段，并将其添加到窗口下方字段对应的单元格中。

2）在“出生日期”字段对应的“条件”单元格中输入“Between[起始日期]And[截止日期]”，如图 4-30 所示。

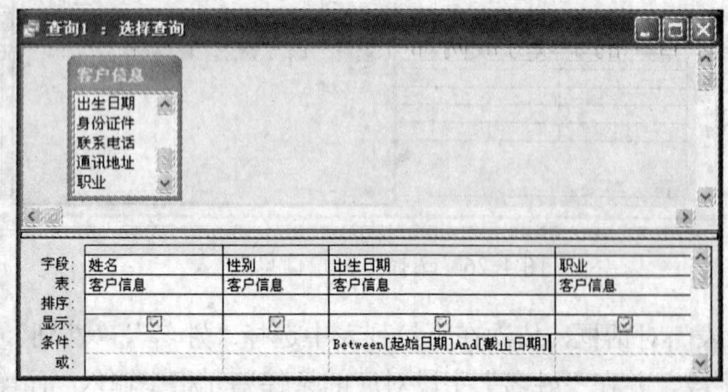

图 4-30 设置多参数查询

3）选择“查询”|“参数”命令，在弹出的“查询参数”对话框中，将“[起始日期]”和“[截止日期]”的数据类型设置为“日期/时间”类型，如图 4-31 所示。

4）单击“确定”按钮，返回查询设计视图窗口。

5）单击工具栏中的“运行”按钮，系统将会依次弹出两个对话框，要求用户输入“起始日期”和 “截止日期”，如图 4-32 所示。

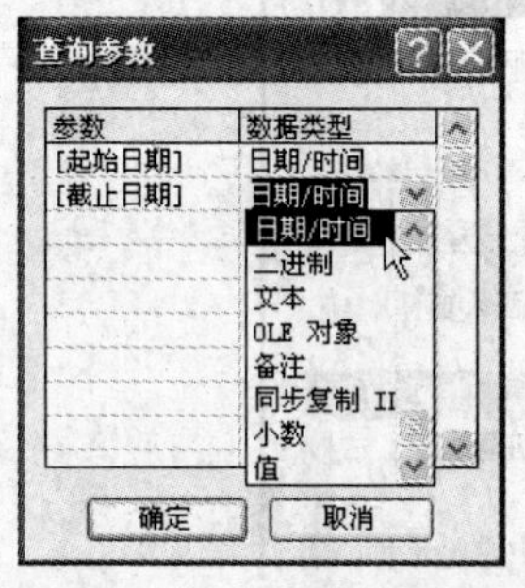

图 4-31　为参数设置数据类型

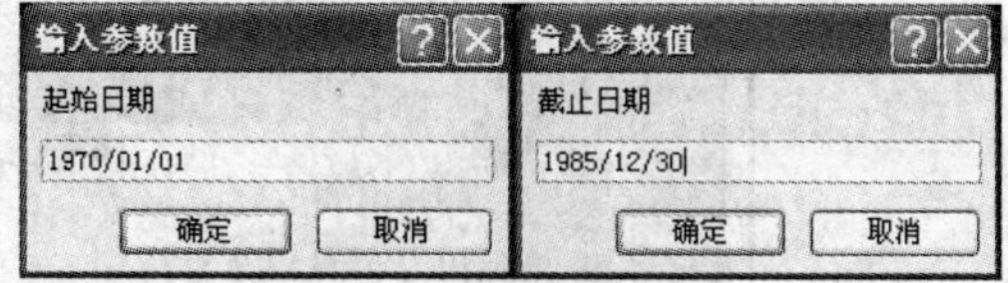

图 4-32　输入日期

6）设置完所有的参数后，单击“确定”按钮，系统将显示如图 4-33 所示的结果。

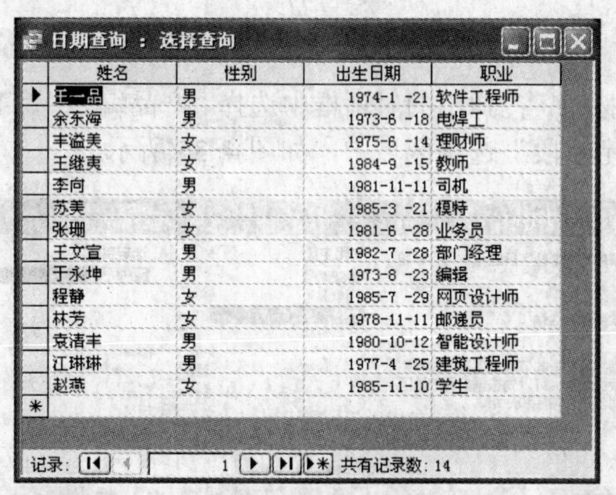

日期查询 ： 选择查询

姓名	性别	出生日期	职业
王一品	男	1974-1 -21	软件工程师
余东海	男	1973-6 -18	电焊工
丰溢美	女	1975-6 -14	理财师
王继夷	女	1984-9 -15	教师
李向	男	1981-11-11	司机
苏美	女	1985-3 -21	模特
张珊	女	1981-6 -28	业务员
王文宣	男	1982-7 -28	部门经理
于永坤	男	1973-8 -23	编辑
程静	女	1985-7 -29	网页设计师
林芳	女	1978-11-11	邮递员
袁清丰	男	1980-10-12	智能设计师
江琳琳	男	1977-4 -25	建筑工程师
赵燕	女	1985-11-10	学生

记录: 1 共有记录数: 14

图 4-33　显示结果

4.2.3　创建交叉表查询

交叉表查询将用于查询的字段分成两部分，一部分显示在表的左部，叫做“行标题”，另一部分显示在表的顶部，叫做“列标题”。利用交叉表查询可以更加直观地显示数据，以方便用户对数据进行比较、分析。

1. 使用向导创建查询

使用向导创建交叉表查询，一般只能基于一个表或查询。如果要使用多个表，可以先基于多表的简单查询，然后对这个查询创建交叉表查询。创建交叉表查询的具体步骤如下：

【任务实施】

1）打开“订单管理系统”数据库。单击“数据库”窗口左侧对象栏中的“查询”按钮，然后单击工具栏上的“新建”按钮，打开“新建查询”对话框。

2）在“新建查询”对话框中选择“交叉表查询向导”选项，单击“确定”按钮，打开“交叉表查询向导”对话框，在“视图”选项区域中选择“表”单选按钮，并在其上的列表框中选择“表：订单明细表”选项，如图 4-34 所示。

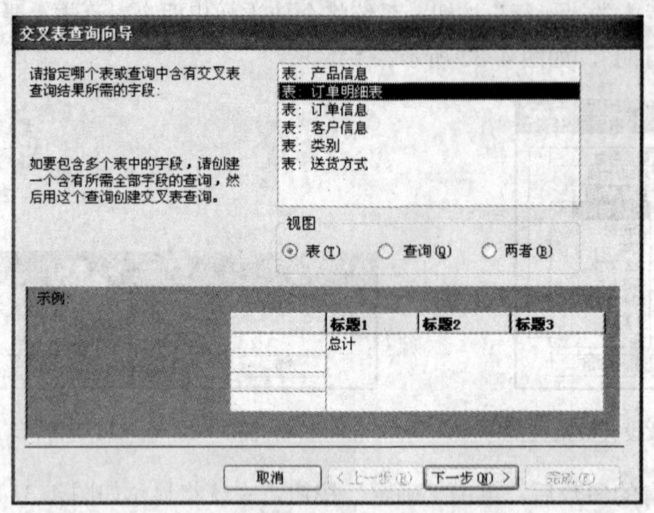

图 4-34　选择所需的表

3）单击“下一步”按钮，在弹出的对话框中选择“产品编号”字段作为行标题，单击 > 按钮，将其添加到“选定字段”选项区域中，如图 4-35 所示。

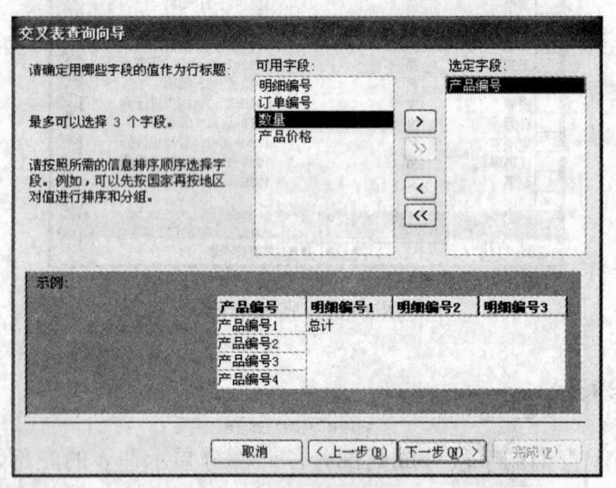

图 4-35 选择所需字段

4）单击“下一步”按钮，在打开的对话框中选择“订单编号”字段作为列标题，这时“示例”区域中将显示由选择的字段组成的行标题和列标题的查询表格，如图 4-36 所示。

5）单击“下一步”按钮，在打开的对话框中为每个行和列的交叉单元格设置显示的数字信息，在“字段”选项区域中选择“数量”字段，在“函数”选项区域中选择“求和”选项，如图 4-37 所示。

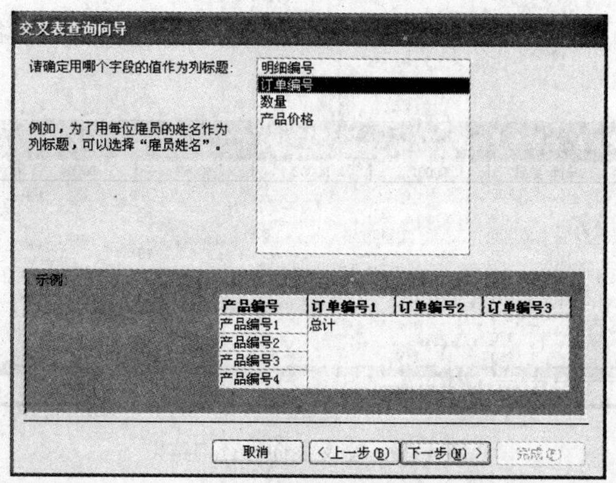

图 4-36 选择列标题

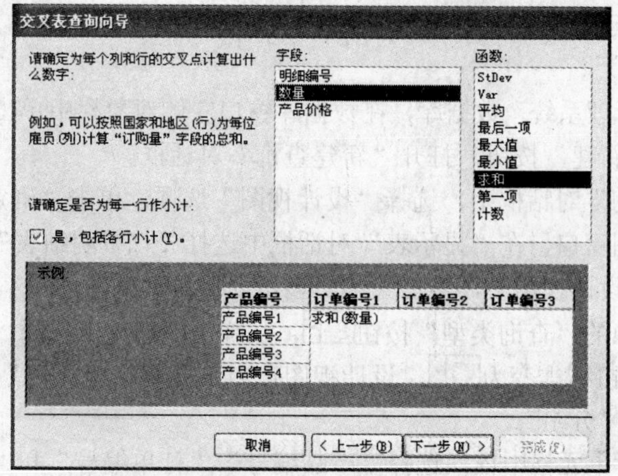

图 4-37 设置交叉单元格显示信息

6）单击“下一步”按钮，根据系统提示在“请指定查询的名称”文本框中输入“订单明细表_交叉表”，并选择“查看查询”单选按钮，如图 4-38 所示。

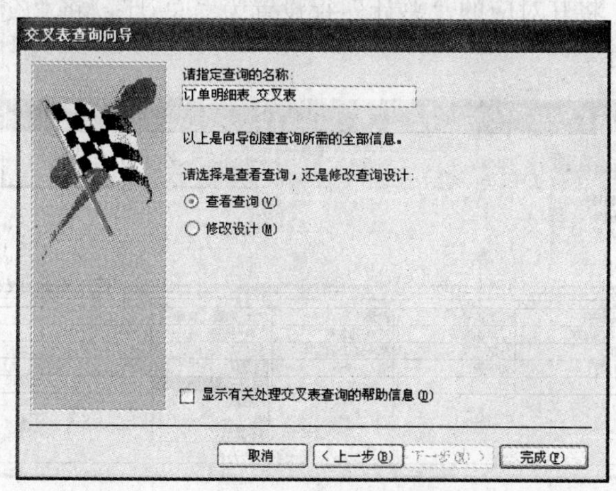

图 4-38 输入查询名称并设置之后的操作

7）单击“完成”按钮，即可打开交叉表查询窗口，从中可以看到各种产品的订单总量，如图 4-39 所示。

订单明细表_交叉表 ：交叉表查询

产品编号	总计 数量	D0001	D0002	D0003	D0004	D0005
P00001	100				100	
P00002	75	23		52		
P00004	120	40	80			
P00005	139			79		60
P00006	377	77			300	
P00007	44				44	
P00008	279	123	12	44	10	90
P00009	176		80	96		
P00010	250			114	56	80

记录：1 共有记录数：9

图 4-39　交叉表向导查询结果

2. 在设计视图中创建交叉表查询

在设计视图中创建交叉表查询的具体步骤如下：

【任务实施】

1）打开“订单管理系统”数据库，在数据库窗口左侧对象栏中单击“查询”按钮，然后单击其工具栏中的“新建”按钮，打开“新建查询”对话框。

2）在“新建查询”对话框中，选择“设计视图”选项，单击“确定”按钮。

3）打开设计视图窗口，在“显示表”对话框中选择“订单明细表”选项，单击“添加”按钮，将该表添加到设计视图中，然后关闭“显示表”对话框。

4）单击工具栏中的“查询类型”按钮，从弹出的选项中选择“交叉表查询”选项，此时“查询类型”按钮标志变为，设计视图窗口下方多了“总计”和“交叉表”行，其中“总计”行默认为“分组”。

5）在“字段”行单元格中依次选择“产品编号”、“订单编号”和“数量”字段。将“产品编号”对应的“交叉表”单元格设置为“行标题”；将“订单编号”对应的“交叉表”单元格设置为“列标题”；将“数量”对应的“交叉表”单元格设置为“值”，并将其“总计”行设置为“总计”，然后对订单中的各种产品数量进行汇总。在“数量”字段的后面添加“总计 数量:数量”字段，将其对应的“总计”行设置为“总计”，将“交叉表”行设置为“行标题”，如图 4-40 所示。

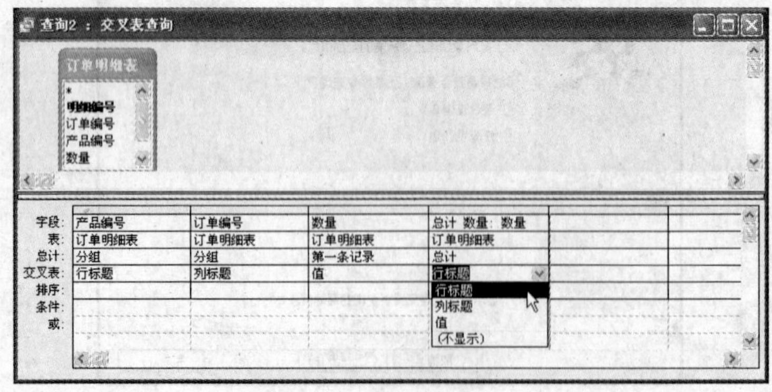

图 4-40　设置“交叉表”单元格

6）设置完成后，单击工具栏中的“运行”按钮，即可显示查询结果。

【拓展知识】

在“数量”字段前添加的“总计 数量:”，只是作为显示表的显示标题，以方便用户查看，并不会改变字段属性。

“总计”行中的各选项含义如下。

分组：按组对字段进行计算。

总计：返回字段的总和，适用于“数字”、“日期/时间”和“货币”等数据类型。

平均值：返回字段的平均值，适用于“数字”、“日期/时间”和“货币”等数据类型。

最小值：返回字段的最小值。

最大值：返回字段的最大值。

计数：返回字段的数量，不包含空值。

标准差：返回字段的标准偏差值。

方差：计算字段的方差。

第一条记录：返回与条件匹配的第一条记录。

最后一条记录：返回与条件匹配的最后一条记录。

表达式：用于创建包含函数的表达式。

条件：选择这个选项后，Access 2003 将不显示这个查询结果。

4.2.4 创建操作查询

操作查询是特殊的查询，包括删除查询、更新查询、追加查询、生成表查询。利用操作查询可以一次更改多条记录，从而提高管理数据的效率。下面介绍这 4 种操作查询的创建方法。

1．删除查询

删除查询就是将表中不需要的一条或多条记录删除。下面以删除“客户信息”表中满 20 周岁的客户信息为例，创建一个删除查询，其具体操作步骤如下:

【任务实施】

1）打开“订单管理系统”数据库。单击数据库窗口对象列表中的“查询”按钮，然后单击“新建”按钮，打开“新建查询”对话框。

2）选择对话框中的“设计视图”选项，单击“确定”按钮，打开设计视图窗口。

3）选择“显示表”对话框中的“客户信息”表，单击“添加”按钮，将该表添加到设计窗口中，然后关闭“显示表”对话框。

4）在“字段”行单元格中选择“客户编号”和“年龄”字段。

5）单击工具栏中的“查询类型”按钮，从弹出的选项中选择“删除查询”选项，这时设计视图窗口下方将出现“删除”行，其对应单元格默认为 Where 选项，如图 4-41 所示。

6）为字段设置删除条件。如果不为字段设置条件，运行此查询将删除表中的所有记录。这里将“年龄”字段对应的“条件”行单元格设置为“<20”，如图 4-42 所示。在主窗口菜单栏中选择“视图”|“数据表视图”命令，便能够在数据表视图中预览“删除查询”检索到的一组记录，这组记录是将要从“客户信息”表中删除的记录，如图 4-43 所示。如果预览到其中的某条记录不需要删除，可以再次单击工具栏中的“视图”按钮，返回查询设计视图，

从中对查询进行修改，直到满意为止。

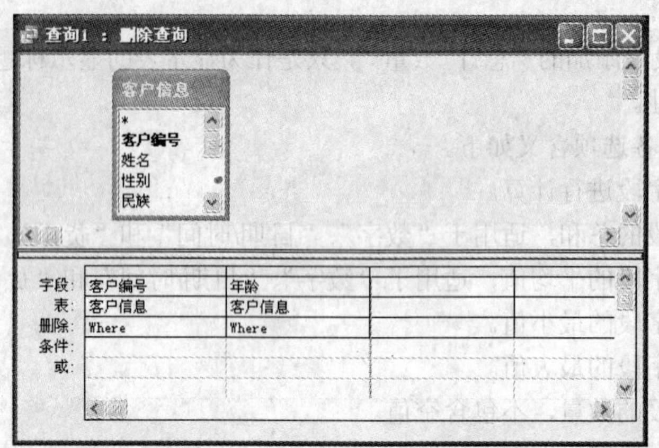

图 4-41 “删除”行默认的选项

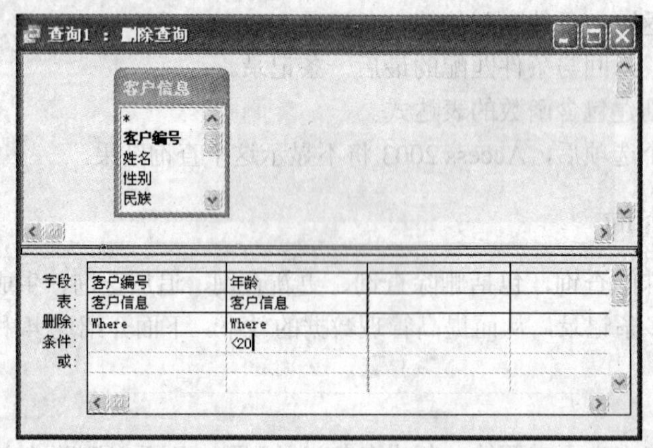

图 4-42 设置删除条件

7）单击工具栏中的“运行”按钮，如果表中有符合条件的记录，那么系统将弹出如图 4-44 所示的提示对话框。该对话框用于显示删除的记录条数，并提示用户删除的记录将不能用“撤销”命令来恢复。

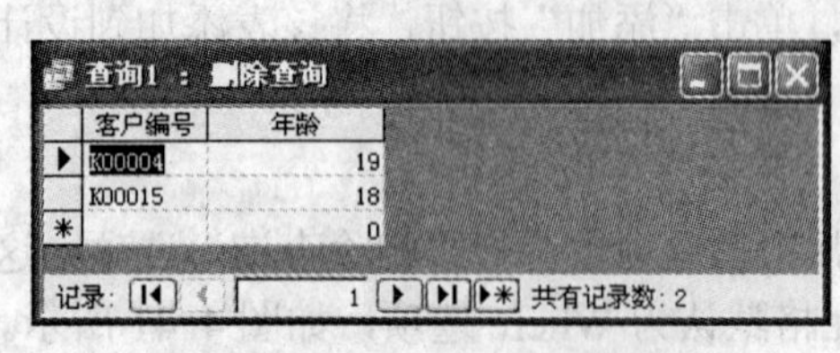

图 4-43 删除记录预览

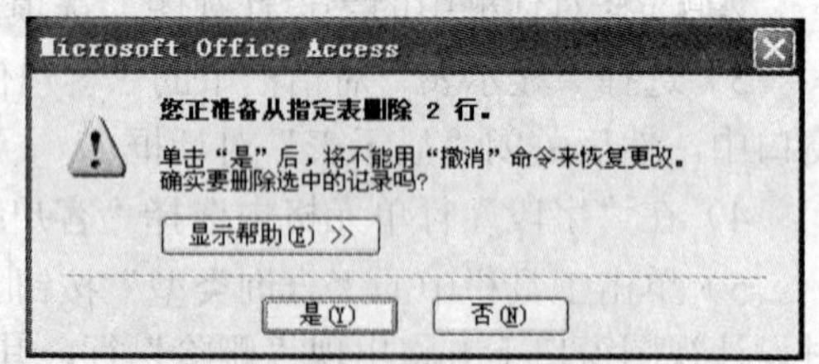

图 4-44 删除提示框

8）单击“是”按钮，即可删除年龄不满 20 周岁的客户信息。

2. 更新查询

利用更新查询可以批量更新表中的多条记录。例如，为了尊重客户的隐私，“客户信息”表中的用户“身份证件”字段统一使用 18 个 1 代替，如图 4-45 所示。如果要改为 18 个 8 代替，则可以利用更新查询，其具体操作方法如下：

【任务实施】

1）打开“订单管理系统”数据库。在数据库窗口中，单击左侧对象栏中的“查询”按钮，然后单击工具栏中的“新建”按钮，打开“新建查询”对话框。

2）在对话框中选择“设计视图”选项，单击“确定”按钮，打开设计视图窗口。

3）选择“显示表”对话框中的“客户信息”表，单击“添加”按钮，将表添加到设计视图窗口中，然后关闭“显示表”对话框。

4）在“字段”行中依次选择“客户编号”和“身份证件”字段。

5）单击工具栏中的“查询类型”按钮，从弹出的选项中选择“更新查询”选项，这时设计视图窗口下方将出现“更新到”行，如图 4-46 所示。

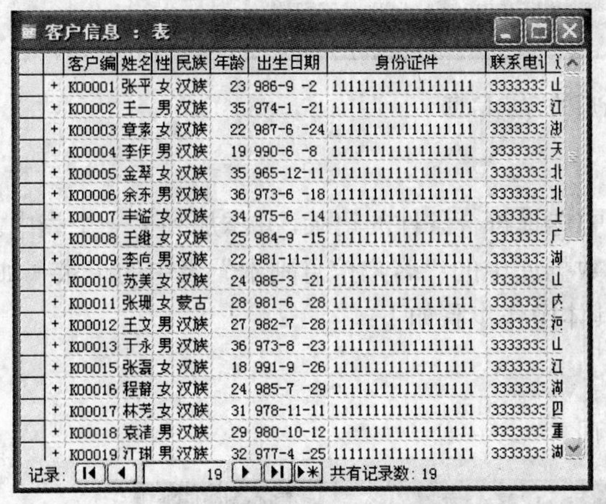
客户信息 ：表

客户编	姓名	性	民族	年龄	出生日期	身份证件	联系电	这
K00001	张平	女	汉族	23	986-9 -2	111111111111111111	3333333	山
K00002	王一	男	汉族	35	974-1 -21	111111111111111111	3333333	江
K00003	章素	女	汉族	22	987-6 -24	111111111111111111	3333333	湖
K00004	李佳	男	汉族	19	990-6 -8	111111111111111111	3333333	天
K00005	金翠	女	汉族	35	965-12-11	111111111111111111	3333333	北
K00006	余东	男	汉族	36	973-6 -18	111111111111111111	3333333	北
K00007	丰谧	女	汉族	34	975-6 -14	111111111111111111	3333333	上
K00008	王继	女	汉族	25	984-9 -15	111111111111111111	3333333	广
K00009	李向	男	汉族	22	981-11-11	111111111111111111	3333333	湖
K00010	苏美	女	汉族	24	985-3 -21	111111111111111111	3333333	山
K00011	张珊	女	蒙古	28	981-6 -28	111111111111111111	3333333	内
K00012	王文	男	汉族	27	982-7 -28	111111111111111111	3333333	河
K00013	于永	男	汉族	36	973-8 -23	111111111111111111	3333333	山
K00015	张磊	女	汉族	18	991-9 -26	111111111111111111	3333333	江
K00016	程静	女	汉族	24	985-7 -29	111111111111111111	3333333	湖
K00017	林芳	女	汉族	31	978-11-11	111111111111111111	3333333	四
K00018	袁涛	男	汉族	29	980-10-12	111111111111111111	3333333	重
K00019	汀琳	男	汉族	32	977-4 -25	111111111111111111	3333333	湖

记录：19 共有记录数：19

图 4-45 更新前的客户信息

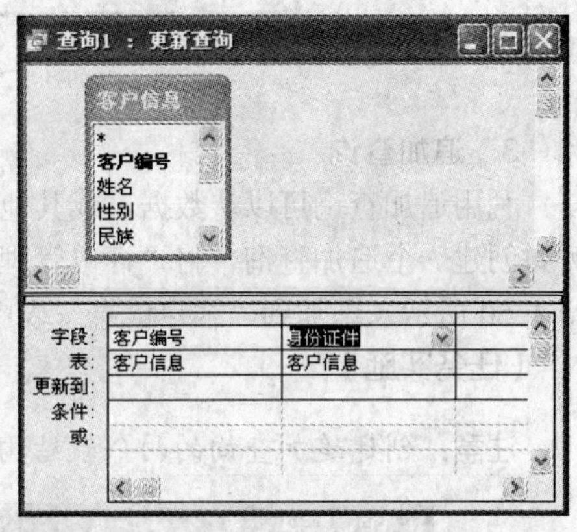

图 4-46 设计窗口新增的“更新到”行

6）在“身份证件”对应的“更新到”行单元格中输入 18 个“8”；在其对应的“条件”行单元格中输入“="111111111111111111"”，如图 4-47 所示。

7）单击工具栏中的“运行”按钮，弹出如图 4-48 所示的询问用户是否确定更新的对话框。在该提示框中，显示了符合更新条件的记录数，并提示用户更新记录后将不能通过“撤销”命令恢复。

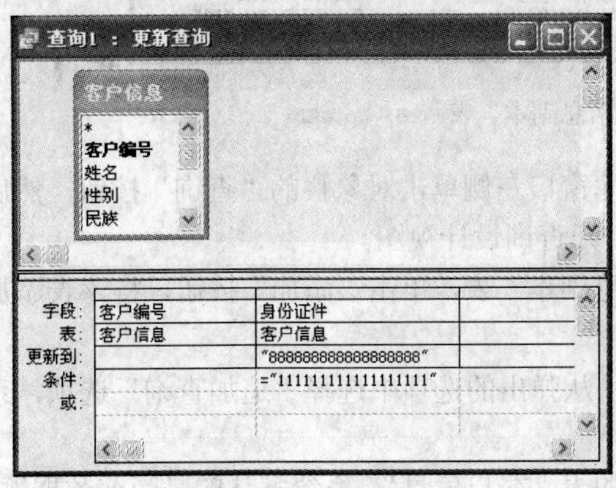

图 4-47 设置更新条件

图 4-48 更新提示对话框

（8）单击“是”按钮，系统将更新表中符合条件的记录。在表对象中双击打开“客户信息”表，可以看到客户的“身份证件”记录全部被 8 代替，如图 4-49 所示。

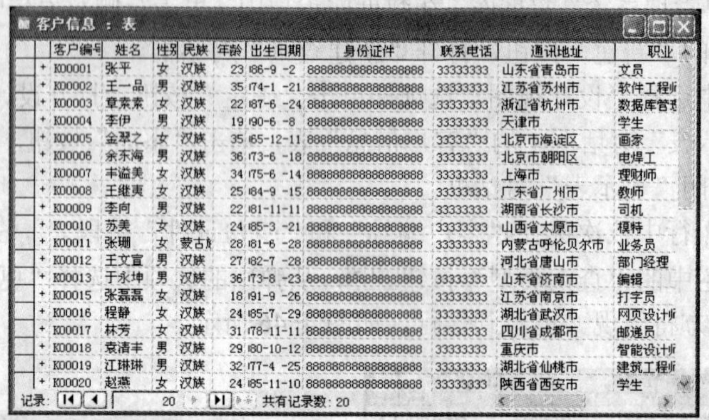

客户信息 ： 表

客户编号	姓名	性别	民族	年龄	出生日期	身份证件	联系电话	通讯地址	职业
K00001	张平	女	汉族	23	186-9 -2	888888888888888888	33333333	山东省青岛市	文员
K00002	王一品	男	汉族	35	174-1 -21	888888888888888888	33333333	江苏省苏州市	软件工程师
K00003	章素素	女	汉族	22	187-6 -24	888888888888888888	33333333	浙江省杭州市	数据库管理
K00004	李伊	男	汉族	19	190-6 -8	888888888888888888	33333333	天津市	学生
K00005	金翠之	女	汉族	35	165-12-11	888888888888888888	33333333	北京市海淀区	画家
K00006	余东海	男	汉族	36	173-6 -18	888888888888888888	33333333	北京市朝阳区	电焊工
K00007	丰溢美	女	汉族	34	175-6 -14	888888888888888888	33333333	上海市	理财师
K00008	王继爽	女	汉族	25	184-9 -15	888888888888888888	33333333	广东省广州市	教师
K00009	李向	男	汉族	22	181-11-11	888888888888888888	33333333	湖南省长沙市	司机
K00010	苏美	女	汉族	24	185-3 -21	888888888888888888	33333333	山西省太原市	模特
K00011	张珊	女	蒙古族	28	181-6 -28	888888888888888888	33333333	内蒙古呼伦贝尔市	业务员
K00012	王文宣	男	汉族	27	182-7 -28	888888888888888888	33333333	河北省唐山市	部门经理
K00013	于永坤	男	汉族	36	173-8 -23	888888888888888888	33333333	山东省济南市	编辑
K00015	张磊磊	女	汉族	18	191-9 -26	888888888888888888	33333333	江苏省南京市	打字员
K00016	程静	女	汉族	24	185-7 -29	888888888888888888	33333333	湖北省武汉市	网页设计师
K00017	林芳	女	汉族	31	178-11-11	888888888888888888	33333333	四川省成都市	邮递员
K00018	袁清丰	男	汉族	29	180-10-12	888888888888888888	33333333	重庆市	智能设计师
K00019	江琳琳	男	汉族	32	177-4 -25	888888888888888888	33333333	湖北省仙桃市	建筑工程师
K00020	赵燕	女	汉族	24	185-11-10	888888888888888888	33333333	陕西省西安市	学生

记录: 20 共有记录数: 20

图 4-49　更新后的客户信息

3. 追加查询

利用追加查询可以从数据表或其他数据源中选择符合条件的记录，并添加到另一个表中。例如创建一个追加查询，将“订单管理系统”数据库中的“客户信息副本”表中的记录（如图 4-50 所示）添加到“客户信息”表中，其具体操作步骤如下：

【任务实施】

注意：创建追加查询的两个表结构必须相同。

客户信息副本 ： 表

客户编号	姓名	性别	民族	年龄	出生日期	身份证件	联系电话	通讯地址	职业
K00021	吕志芳	女	汉族	25	1984-11-16	111111111111111111	33333333	山东省河泽市	学生
K00022	欧阳忌	男	汉族	35	1974-1 -21	111111111111111111	33333333	江苏省徐州市	作家
K00023	吕力平	女	汉族	22	1987-6 -24	111111111111111111	33333333	浙江省杭州市	编辑
K00024	李阳	男	汉族	19	1990-6 -8	111111111111111111	33333333	福建省泉州市	学生
K00025	金西櫓	女	汉族	35	1965-12-11	111111111111111111	33333333	上海市浦东区	导演
K00026	王谦	男	汉族	36	1973-6 -18	111111111111111111	33333333	北京市朝阳区	演员
K00027	高原	女	汉族	34	1975-6 -14	111111111111111111	33333333	福建省福州市	公务员
K00028	张东渐	女	汉族	25	1984-9 -15	111111111111111111	33333333	广东省广州市	教师
K00029	高圆圆	男	汉族	22	1981-11-11	111111111111111111	33333333	湖南省长沙市	平面模特
K00030	苏玉	女	汉族	24	1985-3 -21	111111111111111111	33333333	山西省太原市	服装设计师
K00031	戴东莞	女	汉族	28	1981-6 -28	111111111111111111	33333333	吉林省长春市	售楼人员
K00032	王东	男	汉族	27	1982-7 -28	111111111111111111	33333333	河北省唐山市	售票员
K00033	张澈	男	汉族	36	1973-8 -23	111111111111111111	33333333	山东省烟台市	编辑
K00034	马成才	女	汉族	18	1991-9 -26	111111111111111111	33333333	江苏省南京市	数据处理员

记录: 20 共有记录数: 20

图 4-50　“客户信息副本”表

1）打开“订单管理系统”数据库。在数据库窗口左侧单击对象栏的“查询”按钮，然后双击右侧的“在设计视图中创建查询”选项，打开查询设计视图。

2）在“显示表”对话框中，选择“客户信息副本”表，单击“添加”按钮，将该表添加到设计视图窗口中，关闭“显示表”对话框。

3）单击工具栏中的“查询类型”按钮，从弹出的选项中选择“追加查询”选项，系统打开如图 4-51 所示的“追加”对话框。

4）在“表名称”文本框中输入要追加记录的表“客户信息”，系统默认的是当前数据库。如果“客户信息副本”表与“客户信息”表不在同一数据库，可以选择“另一数据库”单选按钮，然后单击“浏览”按钮，从弹出的“追加”对话框（如图 4-52 所示）中，选择需要的数据库，单击“确定” 按钮，将其添加到文件名文本框中。

图 4-51 “追加”对话框

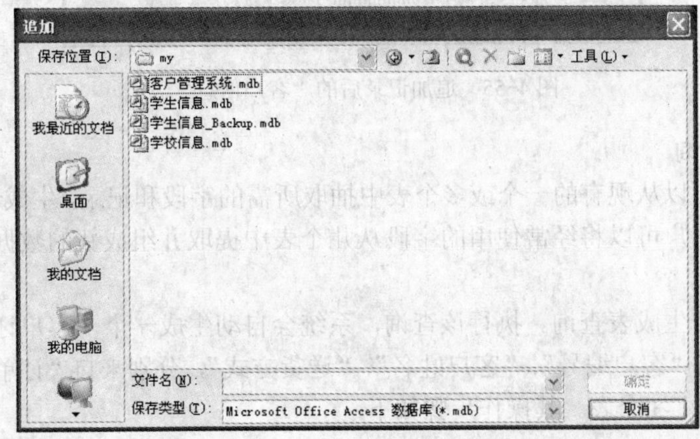

图 4-52 “追加”对话框

5）设置完成后，单击“确定”按钮，此时设计视图窗口变为追加查询窗口。在此窗口“字段”行单元格中选择“客户信息副本.*”字段，在“追加到”行单元格中选择“客户信息.*”字段，如图 4-53 所示。

6）单击工具栏中的“运行”按钮，系统将弹出追加记录提示框。在该提示框中，显示追加记录的数目，并提示用户不能使用“撤销”命令恢复操作，如图 4-54 所示。

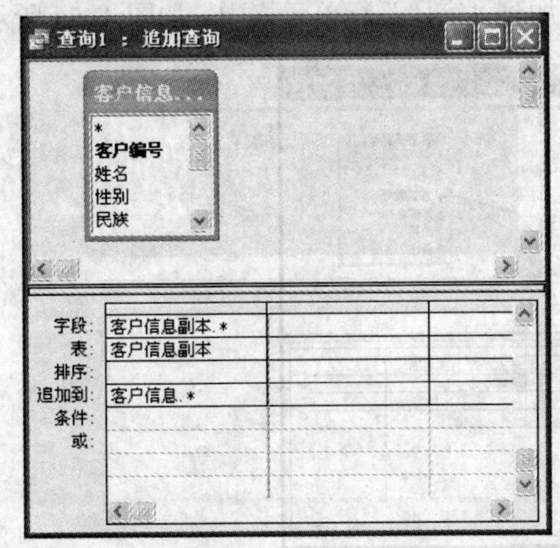

图 4-53 设置字段

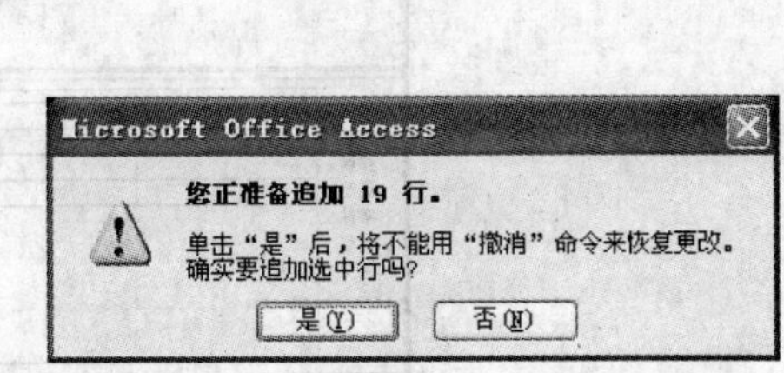

图 4-54 追加提示框

7）单击“是”按钮，系统会自动将记录追加到“客户信息”表中。在表对象中双击打开“客户信息”表，可以发现追加的记录，如图 4-55 所示。

客户信息 : 表

姓名	性别	民族	年龄	出生日期	身份证件	联系电话	通讯地址	职业
江琳琳	男	汉族	32	1977-4 -25	888888888888888888	33333333	湖北省仙桃市	建筑工程师
赵燕	女	汉族	24	1985-11-10	888888888888888888	33333333	陕西省西安市	学生
吕志芳	女	汉族	25	1984-11-16	111111111111111111	33333333	山东省河泽市	学生
欧阳忌	男	汉族	35	1974-1 -21	111111111111111111	33333333	江苏省徐州市	作家
吕力平	女	汉族	22	1987-6 -24	111111111111111111	33333333	浙江省杭州市	编辑
李阳	男	汉族	19	1990-6 -8	111111111111111111	33333333	福建省泉州市	学生
金西橹	女	汉族	35	1965-12-11	111111111111111111	33333333	上海市浦东区	导演
王谦	男	汉族	36	1973-6 -18	111111111111111111	33333333	北京市朝阳区	演员
高原	女	汉族	34	1975-6 -14	111111111111111111	33333333	福建省福州市	公务员
张东渐	女	汉族	25	1984-9 -15	111111111111111111	33333333	广东省广州市	教师
高圆圆	男	汉族	22	1981-11-11	111111111111111111	33333333	湖南省长沙市	平面模特
苏玉	女	汉族	24	1985-3 -21	111111111111111111	33333333	山西省太原市	服装设计师
戴东莞	女	汉族	28	1981-6 -28	111111111111111111	33333333	吉林省长春市	售楼人员
王东	男	汉族	27	1982-7 -28	111111111111111111	33333333	河北省唐山市	售票员
张谶	男	汉族	36	1973-8 -23	111111111111111111	33333333	山东省烟台市	编辑
马成才	女	汉族	18	1991-9 -26	111111111111111111	33333333	江苏省南京市	数据处理员
鲁玉芳	女	汉族	24	1985-7 -29	111111111111111111	33333333	山东省威海市	网页设计师
林芳	女	汉族	31	1978-11-11	111111111111111111	33333333	四川省成都市	邮递员
姜翠翠	男	汉族	29	1980-10-12	111111111111111111	33333333	黑龙江省哈尔滨市	智能设计师
江贝贝	男	汉族	32	1977-4 -25	111111111111111111	33333333	贵州省贵阳市	建筑工程师

记录: 39 共有记录数: 39

图 4-55 追加记录后的“客户信息”表

4. 生成表查询

生成表查询可以从现有的一个或多个表中抽取所需的字段和记录，生成一个新的数据表。利用这种功能，用户可以将经常使用的字段从几个表中提取并组成新的数据表，以提高查询速度。

下面创建一个生成表查询。执行该查询，系统会自动生成一个“客户订单表”表，其字段为“订单编号”、“客户编号”、“客户姓名”、“送货方式”，分别来自“订单信息”、“客户信息”和“送货方式”3 个表。其操作步骤如下：

【任务实施】

1）打开“订单管理系统”数据库。在数据库窗口左侧单击对象栏的“查询”按钮，然后双击右侧的“在设计视图中创建查询”选项，打开查询设计视图。

2）在“显示表”对话框中按住〈Ctrl〉键，通过单击依次选择“订单信息”、“客户信息”和“送货方式”3 个表，然后单击“添加”按钮，将表添加到设计视图窗口中，关闭“显示表”对话框。

3）分别将“订单信息”表中的“订单编号”字段，“客户信息”表中的“客户编号”、“姓名”字段和“送货方式”表中的“方式名称”字段添加到“字段”行单元格中，如图 4-56 所示。

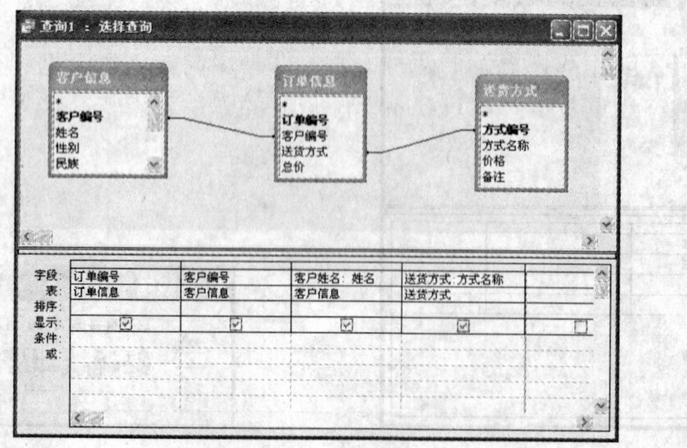

图 4-56 设置新表字段

4）单击工具栏中的“查询类型”按钮，从弹出的选项中选择“生成表查询”选项，系统将弹出“生成表”对话框，如图 4-57 所示。

5）在“表名称”文本框中输入“客户订单表”，然后为将要生成的表选择存放数据库，这里选择“当前数据库”单选按钮，然后单击“确定”按钮。

6）单击工具栏中的“运行”按钮，弹出如图 4-58 所示的提示框。

图 4-57 “生成表”对话框

图 4-58 粘贴提示对话框

（7）单击“是”按钮，系统将自动生成一个“客户订单表”。在表对象中双击打开“客户订单表”，可以查看到使用生成表查询生成的新表记录，如图 4-59 所示。

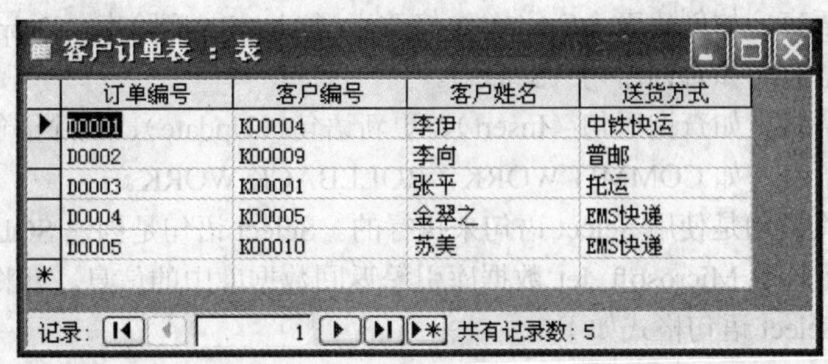

客户订单表 : 表

订单编号	客户编号	客户姓名	送货方式
D0001	K00004	李伊	中铁快运
D0002	K00009	李向	普邮
D0003	K00001	张平	托运
D0004	K00005	金翠之	EMS快递
D0005	K00010	苏美	EMS快递

记录: 1 共有记录数: 5

图 4-59 生成的新表

【拓展知识】

当在多个表之间创建查询时，表与表之间应该建立联接，否则创建的查询将按照完全联接生成查询结果。

【总结与回顾】

本节首先介绍了创建选择查询的两种方法，即使用向导创建查询和在设计视图中创建查询，以及使用向导查找重复记录和查找不匹配记录的方法和步骤；接着介绍了创建参数查询的方法和步骤；随后介绍了创建交叉表查询的两种方法，即使用向导创建交叉表查询和在设计视图中创建交叉表查询；最后介绍了创建操作查询：删除查询、更新查询、追加查询和生成表查询的方法和步骤。

【复习思考题】

1．简述创建选择查询的方法和步骤。

2．简述创建参数查询的方法和步骤。

3．简述创建交叉表查询的方法和步骤。

4．简述创建删除查询、更新查询、追加查询、生成表查询的方法和步骤。

4.3 SQL 查询

SQL 是结构化查询语言（Structured Query Language）的缩写。SQL 的主要功能就是与各种数据库建立联系，以达到操作数据库中数据的目的。目前，许多流行的关系数据库都采用 SQL 作为数据库语言，如 Oracle、Sybase、Microsoft SQL Server、Access 等。

要使用 SQL 查询，就要熟悉 SQL 的一般语句和语法格式。下面介绍 SQL 中常用的语法及使用 SQL 查询的不同方式。

【学习目标】

了解 SQL 的语法格式，掌握如何使用 SQL 查询。

【知识点】

- SQL 语法介绍
- 使用 SQL 查询

4.3.1 SQL 语法介绍

SQL 的语言种类非常多，一般可分为 4 个部分：

- 数据定义语言。如创建表（Create）、修改表（Alter）、删除表（Drop）。
- 数据查询语言。如查询语句（Select）。
- 数据操纵语言。如查询语句（Insert）、更新语句（Update）、删除语句（Delete）。
- 数据控制语言。如 COMMIT WORK，ROLLBACK WORK。

SQL 中的查询语句是使用 Select 语句来执行的。Select 语句是创建 SQL 查询中最常用的语句之一。该语句只是 Microsoft Jet 数据库引擎返回数据库中的信息，并将数据库看做记录的集合。完整的 Select 语句格式如下。

```
Select 表的字段名列表
From 基本表或视图集合[IN 外部数据库]
[Where 条件表达式]
[Group By 列名集合]
[Having 组条件表达式]
[Order By 列名[集合]...]
```

在执行语句时，先从 From 后列出的表中选择满足 Where 后条件表达式的记录，然后按照 Group By 后的列分组，找出满足 Having 后组条件表达式的组，最后按照 Select 后的字段名输出结果。在 Select 语句中，最常用的 3 个关键字分别是 Select、From 和 Where。其中，Select 和 From 组成了简单的 Select 语句，在简单的 Select 语句中，使用 Where 可为查询提供查询条件。

1. 简单的 Select 语句

简单的 Select 语句格式如下：

```
Select 表的字段名列表
From 基本表或视图集合
```

在这个简单的 Select 语句中，Select 子句用于指定所要查询的字段名称，只有出现在其后的字段，才能在查询集中出现。From 子句用于指定所要查询的表名称。From 子句后不仅可以列出一个或多个表的名称，而且还可以列出所要查询视图（View）的名称。如果需要检索到表中的所有字段信息，可以使用星号（*）代替 Select 子句后列出的所有字段名称，那么其查询结果会按表的字段顺序列出表中所有的记录。

例如：

```
Select 名称,产地
From 产品信息
```

这个 Select 语句将返回“产品信息”表中指定字段（名称，产地）的所有数据。

```
Select *
From 产品信息
```

这个 Select 语句将返回“产品信息”表中所有的字段。

Select 语句还可以为数字类型的字段提供了一些常用的数据处理函数。

- Avg(字段名)：用来求选定字段的平均值。
- Min(字段名)：用来求选定字段的最小值。
- Max(字段名)：用来求选定字段的最大值。
- Sum(字段名)：用来求选定字段的总值。
- Count(字段名)：不受数据类型限制，用来求选定字段的记录总数。表中每个字段的记录总数都是一样的，因此可用*来代替字段名。

例如：Select Count(*) From 产品信息

在创建表的时候，用户可能会使用简称或英文等为字段命名，当需要将表显示出来时，为了更加直观地查看查询结果，就需要使用其全称或中文。例如，执行查询时，“产品信息”表中的 “名称”字段可以显示为“产品名称”，这时就可以使用 SQL 提供的 As 关键字来为字段的显示结果重命名：

Select 名称 As 产品名称,产地 From 产品信息

说明：

使用 As 关键字对表的字段重命名时，其更改的是输出结果的字段名称，并不会改变表设计视图中的字段名称。

As 关键字不仅可以对表中已存在的字段重命名，还可以为某些计算字段和合并字段重命名。

例如：Select Sum(数量)As 库存总数量 From 产品信息

2．Where 条件查询

使用 Where 子句指定查询条件可以缩小查询范围。例如，要在客户信息表中查询年龄为 22 的客户信息，可以使用下列语句：

```
Select *
From 客户信息
Where 年龄=22
```

Where 子句还支持多条件查询，这些条件通过 and（并且）、or（或者）和 not（非）逻辑

操作符连接。例如，要在客户信息表中查询满足年龄为 22 的所有女孩信息，可以使用下面的语句：

```
Select *
From 客户信息
Where 年龄=22 and 性别='女'
```

4.3.2 使用 SQL 查询

SQL 查询的类型主要有联合查询、传递查询和数据定义查询。使用 SQL 查询可以创建其他任何类型的查询。

这里以从“客户信息”表中查询年龄大于 30 的客户信息为例，具体介绍 SQL 查询的操作步骤。

【任务实施】

1）打开“订单管理系统”数据库。在数据库窗口左侧单击对象栏的“查询”按钮，然后双击右侧的“在设计视图中创建查询”选项，打开查询设计视图。

2）关闭“显示表”对话框。

3）选择菜单栏中的“视图”菜单，从弹出的下拉菜单中选择“SQL 视图”命令，打开 SQL 视图窗口，从中可看到窗口中有个默认的“SELECT;”语句，如图 4-60 所示。

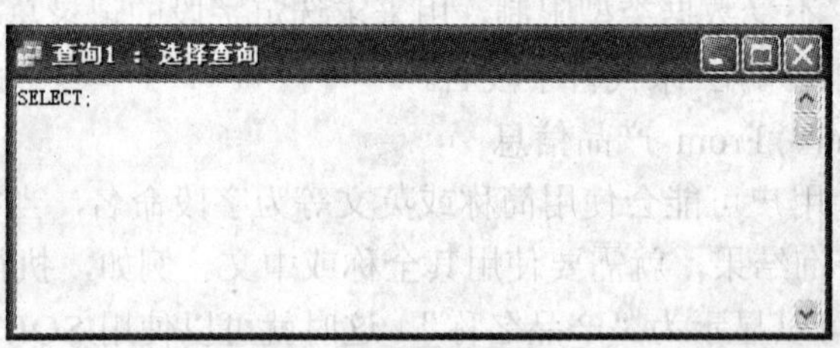

图 4-60 SQL 视图窗口

4）删除“SELECT;”语句，在窗口中输入如图 4-61 所示的 SQL 查询语句。

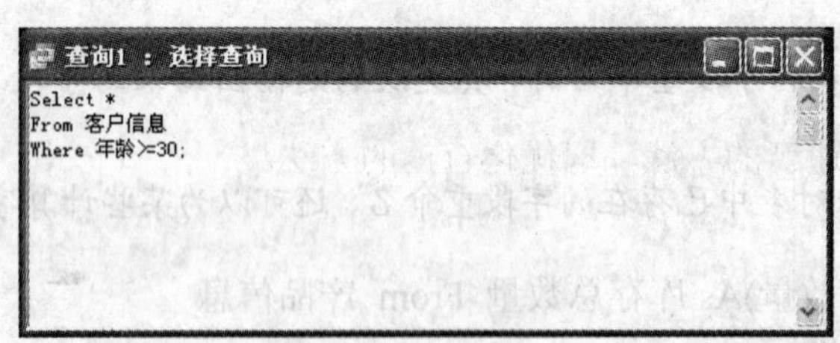

图 4-61 输入 SQL 查询语句

5）输入代码后，单击工具栏中的“运行”按钮，系统会根据输入的 SQL 查询语句，在数据表视图中显示查询结果。

6）单击工具栏中的“保存”按钮，在弹出的“另存为”对话框中输入查询名，单击“确定”按钮，即可保存查询。

如果要建立联合查询、传递查询和数据定义查询，可以在 SQL 视图下，通过选择菜单栏中的“查询”|“SQL 特定查询”命令，选择相应的查询类型。也可以不指定查询类型，Access

2003 会根据窗口中的代码，自动识别查询类型。

【总结与回顾】

本节首先介绍了 SQL 的语言种类，主要分为数据定义语言、数据查询语言、数据操作语言和数据控制语言 4 个部分，然后介绍了 Select 语句的格式及 Where 语句的应用，最后以实例的方式介绍了使用 SQL 语言查询“客户信息”表中年龄大于 30 的客户信息的方法和步骤。

【拓展知识】

经常使用的 SQL 查询包括联合查询、传递查询、数据定义查询和子查询等。

（1）联合查询

将来自一个或多个表或查询中的字段（列）组合为查询结果中的一个字段或列。例如，如果 6 个销售商每月都发送库存货物列表，可使用联合查询将这些列表合并为一个结果集，然后基于这个联合查询创建生成表查询。

（2）传递查询

直接将命令发送到 ODBC 数据库，如 Microsoft SQL Server 等。例如，可以使用传递查询来检索记录或更改数据。

（3）数据定义查询

用于创建或更改数据库中的对象，如 Access 或 SQL Server 表等。

（4）子查询

包含另一个选择查询或操作查询中的 SQL Select 语句。用户可以在查询设计网格的“字段”行中输入这些语句来定义新字段，也可以在“准则”行定义字段的准则。

【复习思考题】

1．简述 SQL 的组成。

2．简述 Select 语句的格式。

3．简述 SQL 查询的步骤。

4.4 查询优化

对查询进行一定的优化将会使查询重新组织记录，从而提高查询的执行速度。

【学习目标】

掌握提高查询执行速度的方法，即优化查询的方法。

【知识点】

- 基本优化规则
- 其他优化规则

4.4.1 基本优化规则

一般说来，查询基本优化规则如下。

- 如果将窗体或报表的“记录源”属性设置为 SQL 语句，可以将 SQL 语句另存为查询，然后将“记录源”属性设置为查询的名称。
- 如果要对 ODBC 数据源进行大量更新，可将“出错中止”属性设置为“是”，以优化服务器的性能。

● 对于不经常改动的数据，可以使用生成表查询，通过查询结果来创建表。
● 创建窗体、报表或者其他查询时，应尽量使用生成的表而不是使用查询作为数据来源，并根据建议添加索引。
● 访问表的数据时，应尽量避免使用域聚合函数（比如 DLookUp 函数）。
● 创建交叉表查询时，应尽量使用固定的列标题。

4.4.2 其他优化规则

除了上面所提到的基本优化规则外，通过压缩数据库、优化表达式、优化条件表达式及选择合适的字段等方法，也可以达到优化查询的目的。

1）压缩数据库。通过压缩数据库能够重新组织表中的记录，使相邻的记录在数据库页中按照表的主键顺序重新定位，并且还将改进顺序扫描表中记录的性能，即只需要读入最小数量的数据库页，即可获得全部记录。

2）创建索引和关系。在创建关系时，如果没有索引，Microsoft Jet 数据库引擎将在外部键上创建索引，否则会使用已有的索引。如果 Access 2003 的表很小并且联接的字段已经有索引，则 Microsoft Jet 数据库引擎将会自动优化相应的联接查询，该查询联接硬盘中的 Access 2003 表和 ODBC 服务器的表。在这种情况下，Access 2003 将通过它从服务器请求必要的记录来改善性能。用户要确保已经在联接字段索引了不同来源的联接表。

3）合理定义字段。在定义表中的字段时，在尽量选择合适的数据类型。例如，如果将包含数值信息的字段设计为字符型，就会降低查询和联接的性能，并且增加存储开销。这是因为引擎在处理查询和联接时，会比较字符串中的每一个字符，而对于“数字”型而言只需要比较一次就够了。另外，对用于联接的字段，需要赋予相同的或相兼容的数据类型。在创建查询时，应只添加必要的字段。在用于设置条件的字段中，如果不需要显示某些字段，则取消选择“显示”单元格中的复选框即可。

4）避免计算字段。在 Access 2003 查询时，应当尽量避免在子查询中使用计算字段。如果将一个包含计算字段的查询添加到另一个查询中，则计算字段中的表达式可能影响到最上层查询的性能。

【总结与回顾】

本节主要介绍了优化查询的基本规则和如何通过压缩数据库、优化表达式、优化条件表达式及选择合适的字段等方法优化查询。

【拓展知识】

如果合计查询包含某个联接，就要考虑在一个查询中将记录分组，并将该查询添加到执行联接的单独查询中，这样可以改善查询的特性。

另外，查询中可能会包含大量的表达式，而使用表达式会在很大程度上影响查询的效率。表达式的优化是用户无法干预的，因此，一般使用上述规则来达到了优化查询的目的。

【复习思考题】

简述查询的优化规则。

4.5 综合实例

在订单管理系统中，查询出购买商品金额最大的客户名称及其购买金额。

【学习目标】

通过实例巩固查询的创建与应用。

【任务实施】

1）根据 4.3.2 节介绍的步骤打开 SQL 查询窗口。

2）统计出每个客户购买的所有商品名称及其商品价格，在 SQL 查询窗口中输入如下语句：

```
Select 订单信息.客户编号,客户信息.姓名 As 客户姓名,产品信息.名称 As 产品名称,产品信息.单价*订单明细表.数量 As 产品价格
From 产品信息 Inner Join(客户信息 Inner Join(订单信息 Inner Join 订单明细表 On 订单信息.订单编号=订单明细表.订单编号)On 客户信息.客户编号=订单信息.客户编号)On 产品信息.产品编号=订单明细表.产品编号;
```

3）单击工具栏中的“运行”按钮，其运行结果如图 4-62 所示。

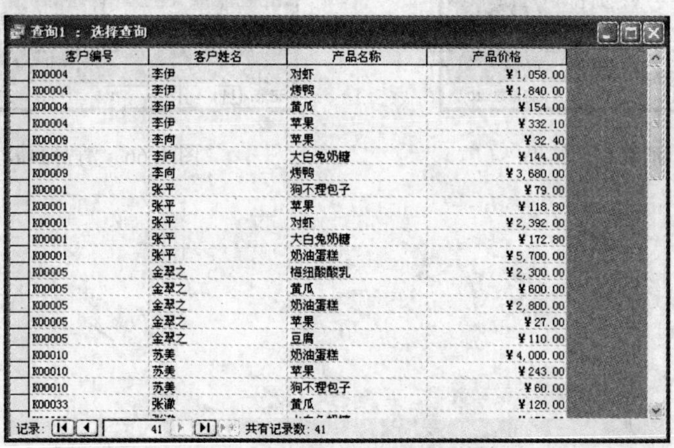

查询1 : 选择查询

客户编号	客户姓名	产品名称	产品价格
K00004	李伊	对虾	¥1,058.00
K00004	李伊	烤鸭	¥1,840.00
K00004	李伊	黄瓜	¥154.00
K00004	李伊	苹果	¥332.10
K00009	李向	苹果	¥32.40
K00009	李向	大白兔奶糖	¥144.00
K00009	李向	烤鸭	¥3,680.00
K00001	张平	狗不理包子	¥79.00
K00001	张平	苹果	¥118.80
K00001	张平	对虾	¥2,392.00
K00001	张平	大白兔奶糖	¥172.80
K00001	张平	奶油蛋糕	¥5,700.00
K00005	金翠之	梅纽酸酸乳	¥2,300.00
K00005	金翠之	黄瓜	¥600.00
K00005	金翠之	奶油蛋糕	¥2,800.00
K00005	金翠之	苹果	¥27.00
K00005	金翠之	豆腐	¥110.00
K00010	苏美	奶油蛋糕	¥4,000.00
K00010	苏美	苹果	¥243.00
K00010	苏美	狗不理包子	¥60.00
K00033	张澈	黄瓜	¥120.00

记录: 41 共有记录数: 41

图 4-62　所购商品名称及其商品价格

4）单击工具栏中的“保存”按钮，弹出如图 4-63 所示的提示框。单击“是”按钮，打开“另存为”对话框，在“查询名称”文本框中输入“客户订单信息查询”，单击“确定”按钮，如图 4-64 所示。

5）此时，即可完成对客户购买的每件商品价格查询。

6）按照 1）、2）步骤新建查询，查询出每个客户的消费总额，SQL 语句如下：

图 4-63　保存提示框

图 4-64　输入查询名称

```
Select 客户订单信息查询.客户编号,Sum(客户订单信息查询.产品价格) As 产品价格总计
From 客户订单信息查询
Group By 客户订单信息查询.客户编号;
```

7）单击工具栏中的“运行”按钮，其运行结果如图 4-65 所示，单击“保存”按钮，将其保存为“客户消费总额”。

8）按照 1）、2）步骤新建查询，查询出所有客户中消费总额最大的客户，SQL 语句如下：

```
Select 客户消费总额.客户编号,客户信息.姓名 As 客户姓名,客户消费总额.产品价格总计 From 客户消费总额 inner join 客户信息 On 客户信息.客户编号=客户消费总额.客户编号 Where 产品价格总计 in(Select max(产品价格总计) From 客户消费总额);
```

9）单击“运行”按钮，其运行结果如图 4-66 所示。

查询1 ：选择查询

客户编号	产品价格总计
K00001	￥8,462.60
K00004	￥3,384.10
K00005	￥5,837.00
K00009	￥3,856.40
K00010	￥4,303.00
K00020	￥721.00
K00032	￥2,240.00
K00033	￥572.30
K00038	￥660.60
K00039	￥1,651.00

记录: 10 共有记录数: 10

图 4-65　客户消费总额结果

查询1 ：选择查询

客户编号	客户姓名	产品价格总计
K00001	张平	￥8,462.60

记录: 1 共有记录数: 1

图 4-66　消费额最大的客户

第5章　窗　体

窗体是数据库中用做显示和输入数据的数据库对象之一。使用窗体可以打开数据库中的其他窗体和报表，也可以接收用户的输入信息并根据输入来执行操作。一般情况下，窗体都是通过与数据库中的一个或多个表、查询绑定，来获取基础表和查询中的数据。

本章将从窗体的功能、窗体的分类、窗体的视图及窗体的构成开始，逐步介绍创建、设计和操作各种窗体的方法。

5.1　窗体简介

为了便于对数据进行查看和管理，Access 2003 为用户提供了人机交互界面——窗体。利用窗体可以对数据库中的数据进行管理和维护，也可以更加直观地显示浏览数据，还可以通过窗体检索数据库，从而得到有用信息。

【学习目标】

了解窗体的功能、分类、视图及构成。

【知识点】

- 窗体的功能
- 窗体的分类
- 窗体的视图
- 窗体的构成

5.1.1　窗体的功能

窗体是组成 Access 2003 数据库应用系统的界面，它为用户提供的功能如下：

- 显示和编辑数据。显示与编辑数据是窗体的基本功能。使用窗体不仅可以显示来自多个数据表的数据，也可以对数据库中的相关数据进行添加、修改或者删除操作，并且还能够为数据设置属性。
- 显示提示信息。窗体可以显示各种提示信息，以便及时告诉用户即将发生的事情。
- 控制应用程序流程。窗体可以将数据库中的对象联接起来，并通过控制这些对象进行工作。例如，在窗体上添加按钮，可以通过控制应用程序完成相应的操作，从而达到控制应用程序流程的目的。
- 打印数据。可以将窗体中显示的数据打印出来，供用户使用。

5.1.2　窗体的分类

一般从窗体的作用和表现形式对窗体进行分类。

1．按作用分类

按照窗体作用可以分为数据输入窗体、切换版面窗体和弹出式窗体。

- 数据输入窗体。该窗体是 Access 2003 中最常用的窗体，一般被设计成由各类结合型控件组成的结合型窗体。控件的数据源为窗体所基于的表或查询的字段。利用数据输入窗体，可以对记录进行添加、删除、筛选、排序或查找，也可以对记录进行编辑、拼写检查或者打印，还可以对所需的记录进行直接定位。
- 切换版面窗体。它是窗体的特殊应用，主要用于实现各数据库对象之间的切换。切换版面虽然是窗体，但一般不使用窗体设计视图来创建。Access 2003 为创建切换版面提供了两种方法：一种是在使用数据库向导新建数据库时，利用数据库向导自动新建一个切换版面窗体；另一种是使用切换版面管理器来创建并管理切换版面窗体。
- 弹出式窗体。用来显示信息或者提示用户输入数据。弹出式窗体可以分为非独占式和独占式两种。如果弹出式窗体为非独占式，则可以在打开窗体的同时，访问其他对象及菜单命令；如果窗体为独占式，那么只有将该窗体关闭或者隐藏，才能访问其他对象或者菜单命令。独占式弹出窗体就是自定义对话框。

2．按表现形式分类

按照窗体表现形式可以分为多页窗体、连续窗体、子窗体等。

- 多页窗体。通常情况下，一个窗体用于显示一条记录的完整信息，这样的窗体称为单页窗体。当一条记录中存在多条信息时，利用单页窗体将无法直接显示出来，这时要对窗体进行分页，将窗体设计成为多页窗体。
- 连续窗体。大多数情况下，一个窗体在同一时间内只显示一个记录。但是当字段比较少时，可以在一个窗体中同时显示多条记录，用以提高浏览速度，这样的窗体称为连续窗体。
- 子窗体。子窗体是插入到另一基本窗体中的窗体。其中，基本窗体称为主窗体，插入窗体称为子窗体。在显示具有一对多关系的表或查询中的数据时，使用子窗体是最有效的方法。

5.1.3 窗体的视图

视图是窗体的外观，使用不同类型的视图，可以从不同的角度和应用范围操作数据。Access 2003 中的窗体视图分别为：窗体视图、窗体设计视图、数据表视图、数据透视表视图和数据透视图视图。

1．窗体视图

窗体视图是系统默认的视图类型，如图 5-1 所示。一般情况下，采用窗体视图就能实现基本的功能需求。在窗体设计视图中，通过向其中添加文本标签、插入图片、添加控件或将控件与数据记录进行绑定等方法编辑窗体视图，以显示表中的数据。

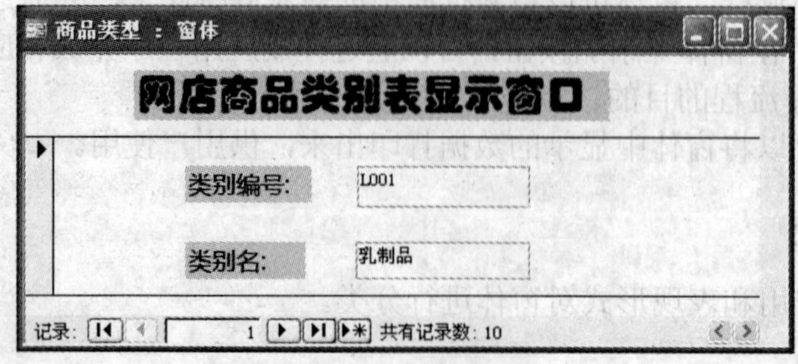

图 5-1 窗体视图

2．窗体设计视图

窗体设计视图如图 5-2 所示。在设计视图中，可以添加需要的文本及其样式、控件及图片等，还可以编辑窗体的页眉/页脚及页面的页眉/页脚。

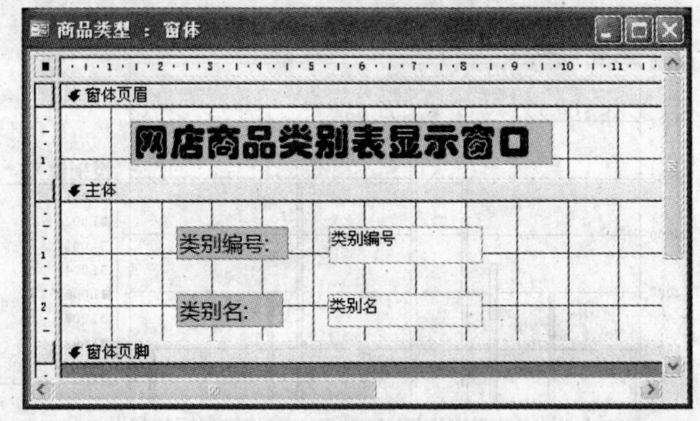

图 5-2　窗体设计视图

3．数据表视图

数据表视图采用行、列的二维方式显示表中的记录，与常用表的数据表视图相同，如图 5-3 所示。

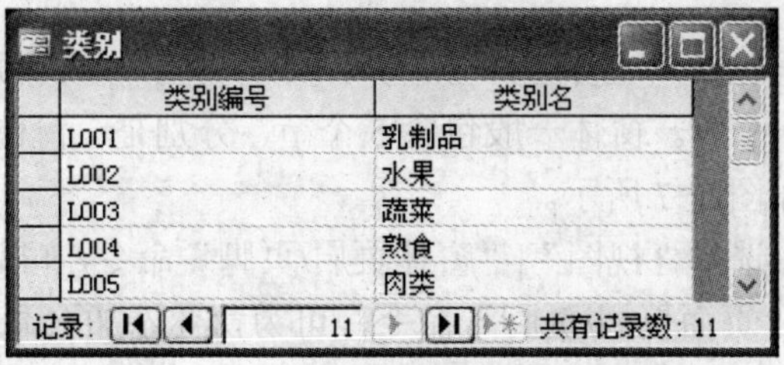

类别

类别编号	类别名
L001	乳制品
L002	水果
L003	蔬菜
L004	熟食
L005	肉类

记录: 11 共有记录数: 11

图 5-3　数据表视图

4．数据透视表视图

数据透视表视图和查询中的交叉表类似，通过为视图设计行字段、列字段和汇总字段来显示数据记录，如图 5-4 所示。

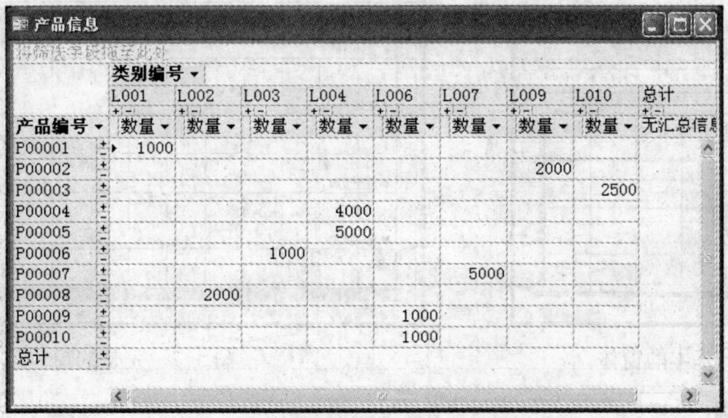

产品信息

将筛选字段拖至此处

	类别编号								
	L001	L002	L003	L004	L006	L007	L009	L010	总计
产品编号	数量	数量	数量	数量	数量	数量	数量	数量	无汇总信息
P00001	1000								
P00002							2000		
P00003								2500	
P00004				4000					
P00005				5000					
P00006			1000						
P00007						5000			
P00008		2000							
P00009					1000				
P00010					1000				
总计									

图 5-4　数据透视表视图

5．数据透视图视图

数据透视图视图以图形方式显示，使用该视图可以更直观地查看数据，如图 5-5 所示。

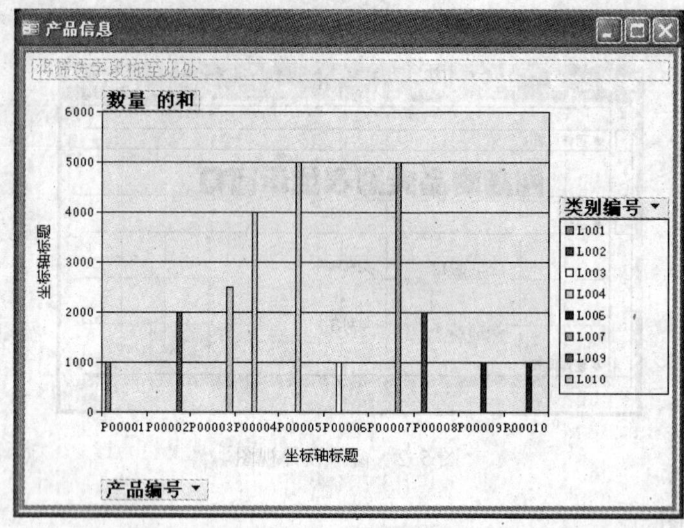

图 5-5　数据透视图视图

5.1.4　窗体的构成

通常最基本的窗体只包括“主体”部分，如图 5-6 所示。其实完整的窗体是由若干部分构成的，每一部分称为一个节。窗体一般包含 5 个节，分别是：窗体页眉、页面页眉、主体、页面页脚和窗体页脚，如图 5-7 所示。

在最基本的窗体中，选择“视图”|“窗体页眉/页脚”命令，可为窗体添加窗体页眉和窗体页脚；选择“视图”|“页面页眉/页脚”命令，可为窗体添加页面页眉和页面页脚。

1．窗体页眉

位于窗体的最上方，常用于显示窗体的名称、内容说明等。在打印时，窗体页眉显示在第一页顶部。

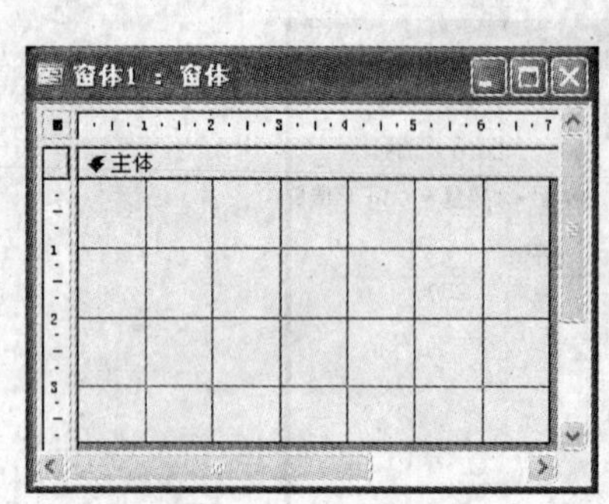

图 5-6　基本的窗体

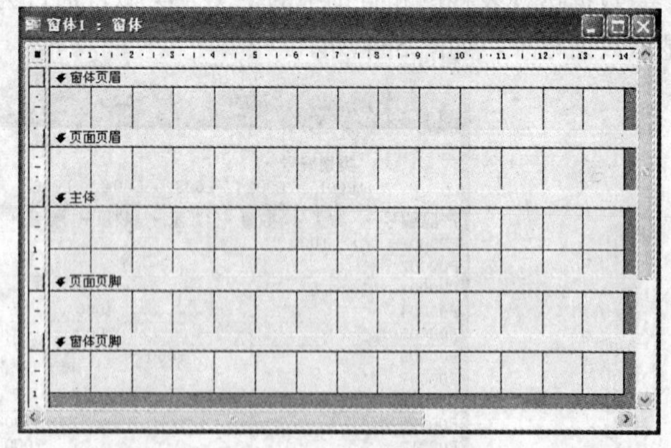

图 5-7　完整的窗体

2．页面页眉

页面页眉用于显示每一页标题、图像、列标题等信息。在窗体中，页面页眉中的信息是不会被显示出来的。只有打印时，页面页眉中的内容才会被打印出来，并且显示在每一打印页的顶端。

3．主体

主体用于显示窗体的实际内容，每个窗体必须有一个主体。与控制功能或数据源相关的控件也可以在主体中设置。

4．页面页脚

页面页脚通常用于显示页码、日期，以及要求在每一打印页下方显示的内容。同样，页面页脚中的信息是不会被显示出来的，只有打印时，页面页脚中的内容才会被打印，并且显示在每一打印页的底端。

5．窗体页脚

窗体页脚通常用于显示字段的统计运算结果或放置其他执行命令的控件等。在窗体视图中，窗体页脚只在界面的底部显示。在打印时，窗体页脚中的内容将被打印在最后一页主体的最后一条记录后面。

【总结与回顾】

本节首先介绍了窗体的功能：显示和编辑数据、显示提示信息、控制应用程序流程、打印数据。接着介绍了窗体的分类：按照窗体作用可以分为数据输入窗体、切换版面窗体和弹出式窗体；按照窗体表现形式可以分为多页窗体、连续窗体、子窗体等。然后介绍了窗体的视图：窗体视图、窗体设计视图、数据表视图、数据透视表视图和数据透视图视图及各视图的功能和作用。最后介绍了窗体的构成：窗体页眉、页面页眉、主体、页面页脚和窗体页脚。

【复习思考题】

1．简要说明窗体的基本功能。

2．窗体可分为哪几种视图？各视图的功能是什么？

3．窗体主要由哪几部分构成？各组成部分的功能是什么？

5.2 创建窗体

窗体与表、查询的创建方法相同，可以通过 Access 2003 提供的向导功能创建，也可以使用窗体设计视图手动创建。下面将分别介绍各种创建窗体的方法。

【学习目标】

掌握使用“窗体向导”创建窗体、使用“自动窗体”创建窗体、使用“图表向导”创建窗体、使用“数据透视表向导”创建窗体、在设计视图中创建窗体和创建弹出式窗体的方法和步骤。

【知识点】

- 使用窗体向导创建窗体
- 使用“自动窗体”创建窗体
- 使用“图表向导”创建窗体
- 使用“数据透视表向导”创建窗体
- 在设计视图中创建窗体

● 创建弹出式窗体

5.2.1 使用“窗体向导”创建窗体

使用“窗体向导”可以加快创建窗体的速度。下面以“客户信息”表为数据源，利用向导创建一个窗体，其创建步骤如下：

【任务实施】

1）打开“订单管理系统”数据库，在数据库窗口中，单击对象栏列表中的“窗体”按钮，然后单击工具栏中的“新建”按钮，打开“新建窗体”对话框，如图 5-8 所示。

2）在对话框中，选择“窗体向导”选项，然后从“请选择该对象数据的来源表或查询”下拉列表选择相应的表或者查询，作为新窗体的数据来源，这里选择“客户信息”表。

3）单击“确定”按钮，打开“窗体向导”对话框。从该对话框的“可用字段”选项区域中选择所需的字段，然后单击 > 按钮，将字段添加到“选定的字段”选项区域中，如图 5-9 所示。

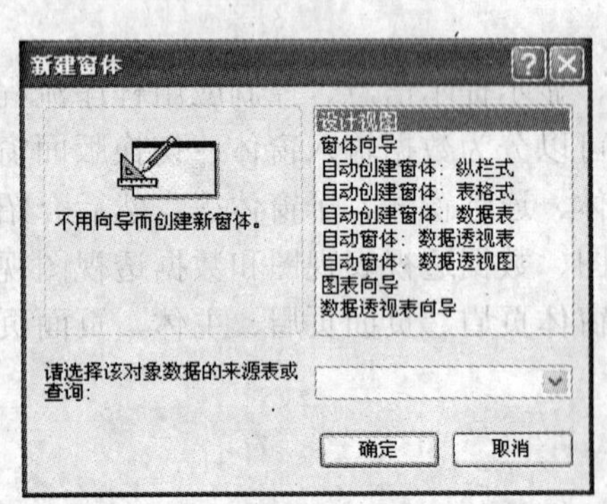

图 5-8 “新建窗体”对话框

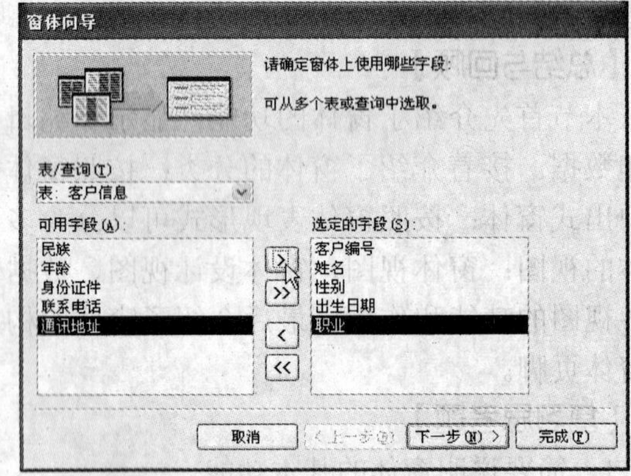

图 5-9 选择可用字段

4）单击“下一步”按钮，在打开的对话框中为窗体设置布局，这里选择“纵栏表”单选按钮，如图 5-10 所示。

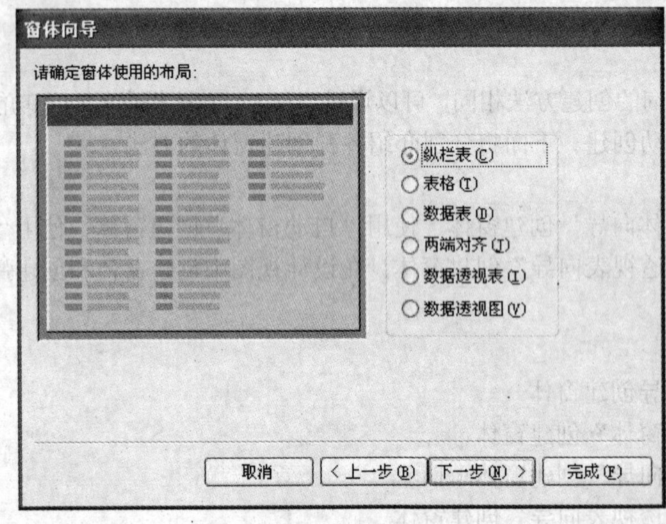

图 5-10 设置窗体布局

5）单击“下一步”按钮，在打开的对话框中，选择窗体使用的样式，这里使用系统默认值（标准），如图 5-11 所示。

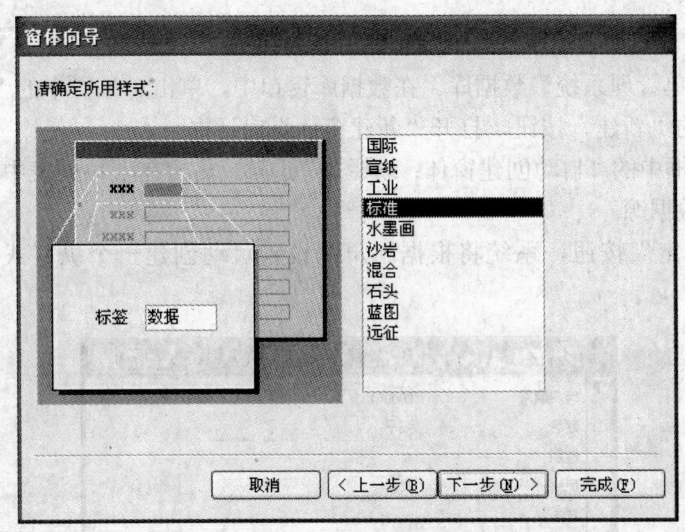

图 5-11　设置窗体样式

6）单击“下一步”按钮，在打开的对话框中，在文本框中输入“客户信息窗体”，然后选择“打开窗体查看或输入信息”单选按钮，如图 5-12 所示。如果需要修改窗体，可以选择“修改窗体设计”单选按钮。

7）单击“完成”按钮，完成窗体的创建，创建后的窗体如图 5-13 所示。

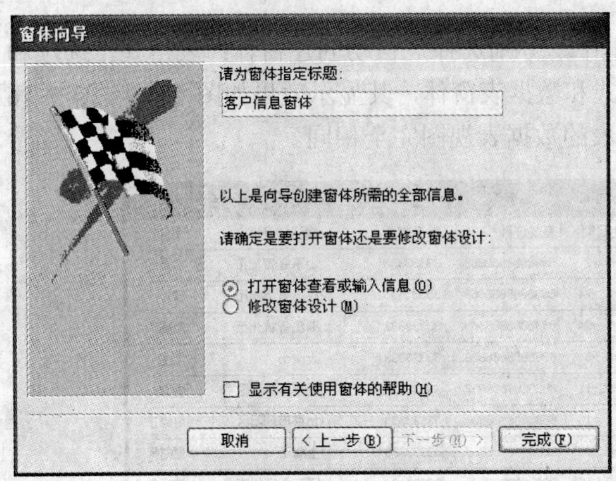

图 5-12　设置窗体标题

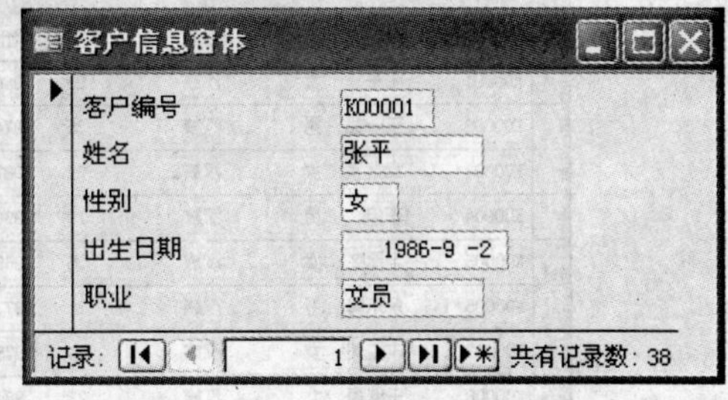

图 5-13　窗体显示效果

5.2.2　使用自动窗体创建窗体

Access 2003 提供了 3 种自动创建窗体的方法，分别为自动创建纵栏式、表格式和数据表的窗体，同时还提供了数据透视表和数据透视图两种类型自动窗体。下面分别介绍它们的创建过程。

1. 自动创建窗体

以“客户信息”表为数据源，利用 Access 2003 提供的自动创建窗体的方法创建纵栏式窗体的具体步骤如下：

【任务实施】

1）打开“订单管理系统”数据库。在数据库窗口中，单击对象栏中的“窗体”按钮，然后单击工具栏中的“新建”按钮，打开“新建窗体”对话框。

2）选择对话框中的“自动创建窗体：纵栏式”选项，然后在下拉列表中选择“客户信息”表，作为窗体的数据源。

3）单击“确定”按钮，系统将根据用户的设置自动创建一个纵栏式窗体，其效果如图 5-14 所示。

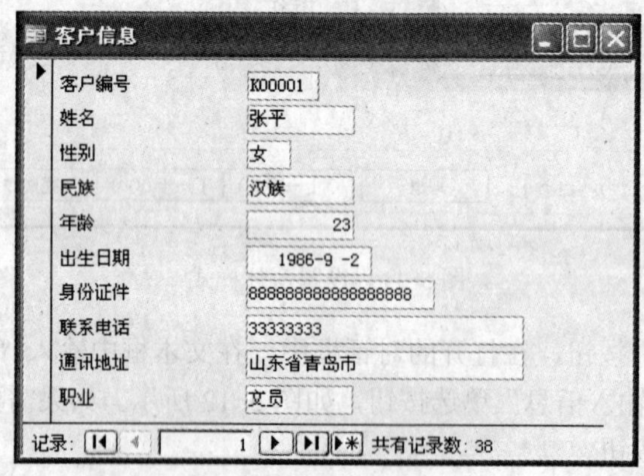

图 5-14　纵栏式窗体显示效果

使用相同的方法在“新建窗体”对话框中，分别选择“自动创建窗体：表格式”选项和“自动创建窗体：数据表”选项，创建表格式和数据表窗体，其显示效果如图 5-15、图 5-16 所示。从图 5-16 中可以看出数据表窗体和表的数据表视图完全相同。

客户信息

客户编号	姓名	性别	民族	年龄	出生日期	身份证件	联系电话	通讯地址	职业
K00001	张平	女	汉族	23	.986-9 -2	8888888888888	33333333	山东省青岛市	文员
K00002	王一品	男	汉族	35	.974-1 -21	8888888888888	33333333	江苏省苏州市	软件
K00003	章素素	女	汉族	22	.987-6 -24	8888888888888	33333333	浙江省杭州市	数据
K00004	李伊	男	汉族	19	.990-6 -8	8888888888888	33333333	天津市	学生
K00005	金翠之	女	汉族	35	.965-12-11	8888888888888	33333333	北京市海淀区	画家
K00006	余东海	男	汉族	36	.973-6 -18	8888888888888	33333333	北京市朝阳区	电焊
K00007	丰溢美	女	汉族	34	.975-6 -14	8888888888888	33333333	上海市	理财
K00008	王继夷	女	汉族	25	.984-9 -15	8888888888888	33333333	广东省广州市	教师
K00009	李向	男	汉族	22	.981-11-11	8888888888888	33333333	湖南省长沙市	司机
K00010	苏美	女	汉族	23	.986-4 -16	8888888888888	33333333	辽宁省大连市	模特
K00011	张珊	女	蒙古族	28	.981-6 -28	8888888888888	33333333	内蒙古呼伦贝尔市	业务
K00012	王文宣	男	汉族	27	.982-7 -28	8888888888888	33333333	河北省唐山市	部门
K00013	于永坤	男	汉族	36	.973-8 -23	8888888888888	33333333	山东省济南市	编辑
K00015	[illegible]	女	汉族	18	.991-9 -26	[illegible]	[illegible]	[illegible]	[illegible]

记录：1 共有记录数：38

图 5-15　表格式窗体显示效果

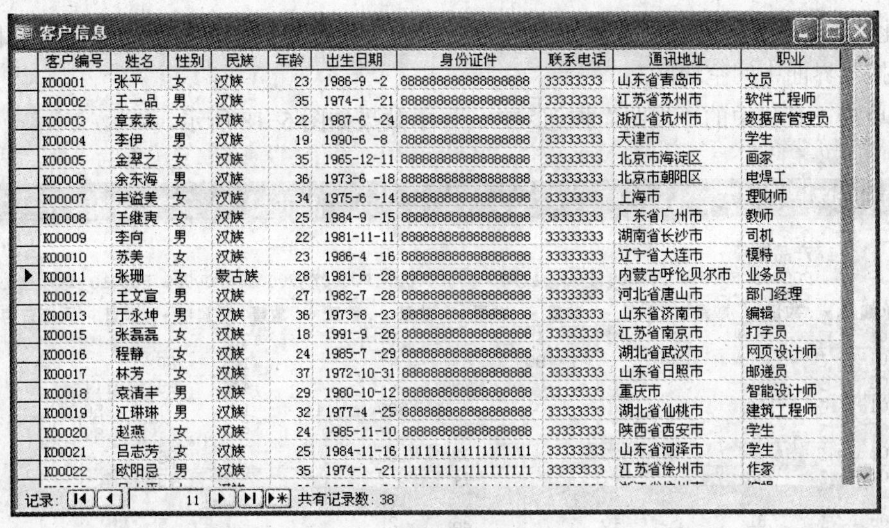

客户信息

客户编号	姓名	性别	民族	年龄	出生日期	身份证件	联系电话	通讯地址	职业
K00001	张平	女	汉族	23	1986-9 -2	888888888888888888	33333333	山东省青岛市	文员
K00002	王一品	男	汉族	35	1974-1 -21	888888888888888888	33333333	江苏省苏州市	软件工程师
K00003	章素素	女	汉族	22	1987-6 -24	888888888888888888	33333333	浙江省杭州市	数据库管理员
K00004	李伊	男	汉族	19	1990-6 -8	888888888888888888	33333333	天津市	学生
K00005	金翠之	女	汉族	35	1965-12-11	888888888888888888	33333333	北京市海淀区	画家
K00006	余东海	男	汉族	36	1973-6 -18	888888888888888888	33333333	北京市朝阳区	电焊工
K00007	丰溢美	女	汉族	34	1975-6 -14	888888888888888888	33333333	上海市	理财师
K00008	王继夷	女	汉族	25	1984-9 -15	888888888888888888	33333333	广东省广州市	教师
K00009	李向	男	汉族	22	1981-11-11	888888888888888888	33333333	湖南省长沙市	司机
K00010	苏美	女	汉族	23	1986-4 -16	888888888888888888	33333333	辽宁省大连市	模特
K00011	张珊	女	蒙古族	28	1981-6 -28	888888888888888888	33333333	内蒙古呼伦贝尔市	业务员
K00012	王文宣	男	汉族	27	1982-7 -28	888888888888888888	33333333	河北省唐山市	部门经理
K00013	于永坤	男	汉族	36	1973-8 -23	888888888888888888	33333333	山东省济南市	编辑
K00015	张磊磊	女	汉族	18	1991-9 -26	888888888888888888	33333333	江苏省南京市	打字员
K00016	程静	女	汉族	24	1985-7 -29	888888888888888888	33333333	湖北省武汉市	网页设计师
K00017	林芳	女	汉族	37	1972-10-31	888888888888888888	33333333	山东省日照市	邮递员
K00018	袁清丰	男	汉族	29	1980-10-12	888888888888888888	33333333	重庆市	智能设计师
K00019	江琳琳	男	汉族	32	1977-4 -25	888888888888888888	33333333	湖北省仙桃市	建筑工程师
K00020	赵燕	女	汉族	24	1985-11-10	888888888888888888	33333333	陕西省西安市	学生
K00021	吕志芳	女	汉族	25	1984-11-16	111111111111111111	33333333	山东省河泽市	学生
K00022	欧阳忌	男	汉族	35	1974-1 -21	111111111111111111	33333333	江苏省徐州市	作家

记录: 11 共有记录数: 38

图 5-16　数据表窗体显示效果

2. 自动窗体

如果要创建数据透视表类型的窗体，可按照下面步骤进行操作。

【任务实施】

1）打开一个数据库。在数据库窗口中，单击对象栏中的“窗体”按钮，然后单击工具栏中的“新建”按钮，打开“新建窗体”对话框。

2）选择对话框中的“自动窗体：数据透视表”选项，然后在下拉列表中选择作为窗体数据源的表或查询，这里选择“订单管理系统”数据库中的“订单明细表”。

3）单击“确定”按钮，系统将打开数据透视表设计界面，并且以列表的形式显示所使用的“订单明细表”中的字段，如图 5-17 所示。

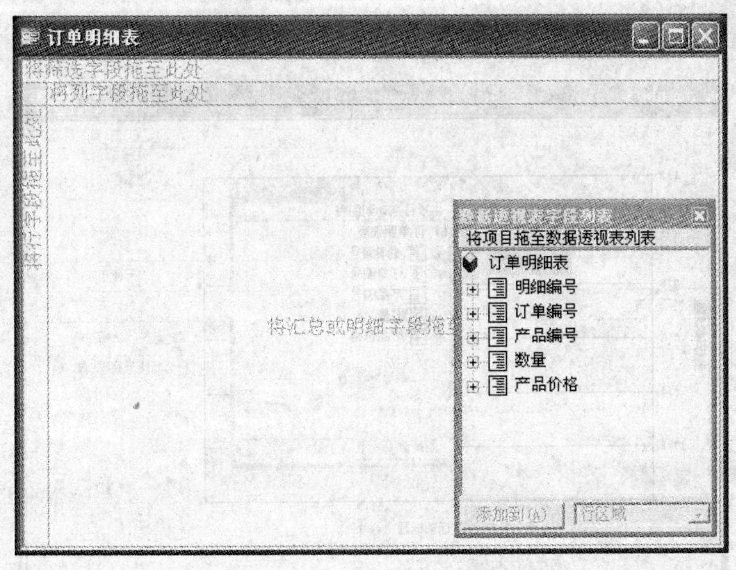

图 5-17　数据透视表设计界面

4）从“数据透视表字段列表”对话框中，将“订单编号”字段拖到界面左侧的“将行字段拖至此处”单元格中；将“产品编号”拖至界面上方“将列字段拖至此处”单元格中；将“数量”拖至界面中间空白区。

5）单击工具栏中的“视图”按钮，显示效果如图 5-18 所示。

订单明细表

将筛选字段拖至此处

	产品编号										
	P00001	P00002	P00003	P00004	P00005	P00006	P00007	P00008	P00009	P00010	总计
订单编号	数量	数量	数量	数量	数量	数量	数量	数量	数量	数量	无汇总信息
D0001		23		40		77		123			
D0002				80				12	80		
D0003		52			79			44	96	114	
D0004	100					300	44	10		56	
D0005					60			90		80	
D0006			33		32	60			96		
D0007	56				44	42 77			45		
D0008	81		40		26	21			5		
D0009			54		49	61			47		
D0010			88		61						
总计											

图 5-18　数据透视表显示效果

数据透视图的创建方法与数据透视表类似，打开的数据透视图设计界面如图 5-19 所示。分别将需要的字段拖动到适当的位置，操作完成可得到如图 5-20 所示的效果。

单击数据透视图界面中的字段选项，将会弹出一个下拉列表，该下拉列表以复选框的方式显示该字段所包括的所有字段值，系统默认选择所有的字段。用户可以在列表中选择需要显示的字段，也可以取消不需要显示的字段，然后单击“确定”按钮，系统会自动根据设置更新窗口。

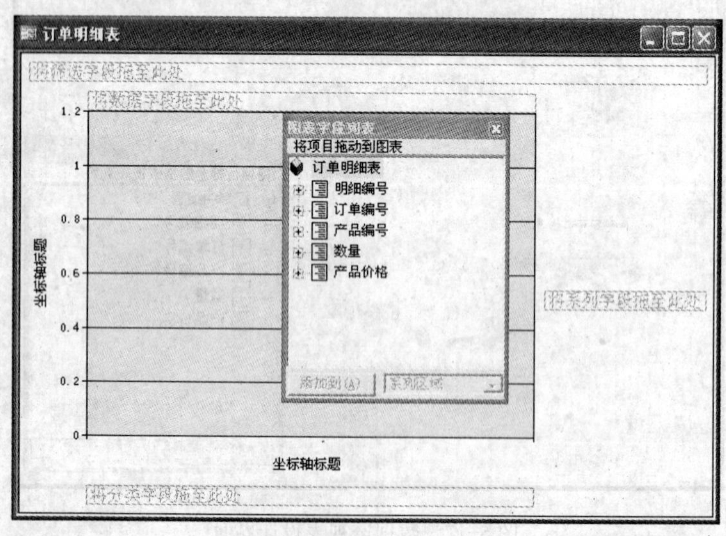

图 5-19　数据透视设计界面

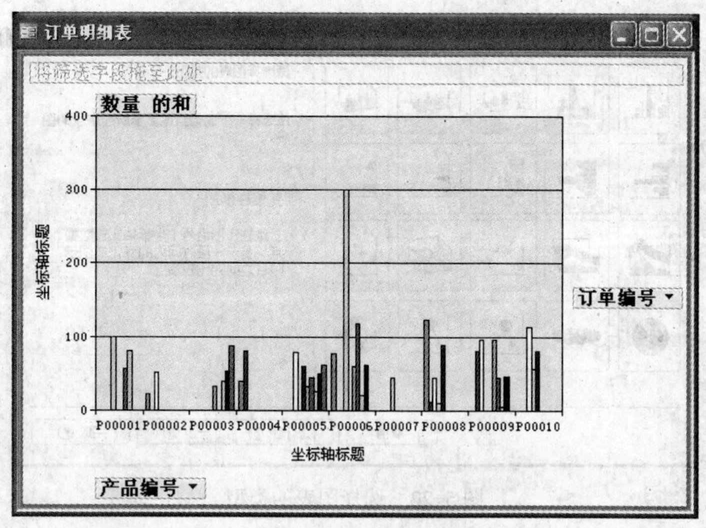

图 5-20　数据透视图显示效果

5.2.3　使用“图表向导”创建窗体

在实际的应用中，习惯将数据及其之间的关系用图表的形式描述。利用 Access 2003 提供的“图表向导”功能，就可以方便地为用户创建所需要的图表窗体。

使用“图表向导”创建图表窗体的步骤如下：

【任务实施】

1）打开一个数据库。在“数据库”窗口中单击对象栏上的“窗体”按钮，然后单击数据库窗口工具栏中的“新建”按钮，打开“新建窗体”对话框，选择“图表向导”选项。

2）在数据来源下拉列表中选择创建图表窗体所基于的表或查询。

3）单击“确定”按钮，打开“图表向导”对话框。在“可用字段”选项区域中，选择需要的字段，单击 > 按钮，将字段添加到“用于图表的字段”选项区域中，如图 5-21 所示。

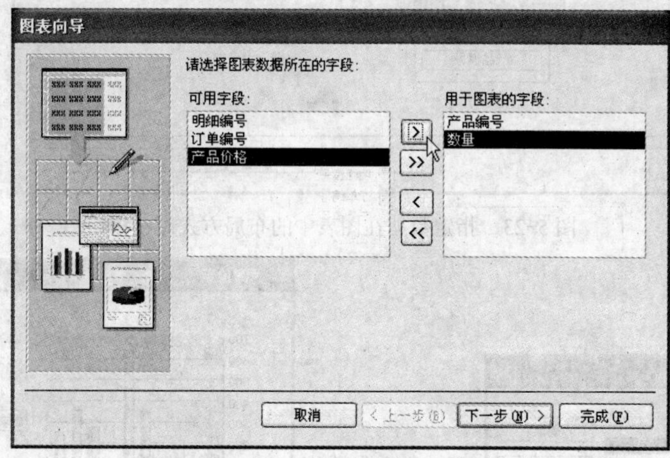

图 5-21　选择可用字段

4）单击“下一步”按钮，在打开的对话框中，在所列出的图形中选择所要采用的图表类型，这里选择三维柱形图，如图 5-22 所示。

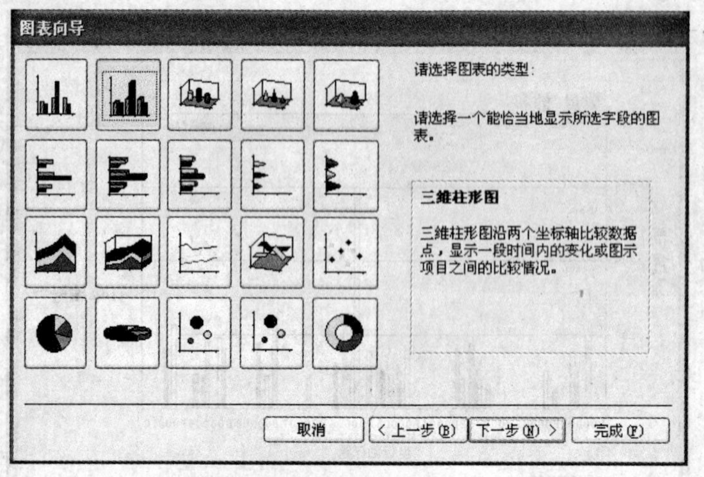

图 5-22　选择图表的类型

5）单击“下一步”按钮，打开的对话框如图 5-23 所示。在对话框中，可以按照提示为各字段数据设置在图表中的显示方式。例如，如果需要重新设计列字段的汇总依据，可双击“求和数量”按钮，打开“汇总”对话框，如图 5-24 所示。

如果用户需要预览所设计的图表窗体样式，可以单击“预览图表”按钮，系统将弹出“示例预览”对话框，在这里用户可以预览设置完成的图表，如图 5-25 所示。单击“关闭”按钮即可返回指定数据在图表中的布局方式对话框。

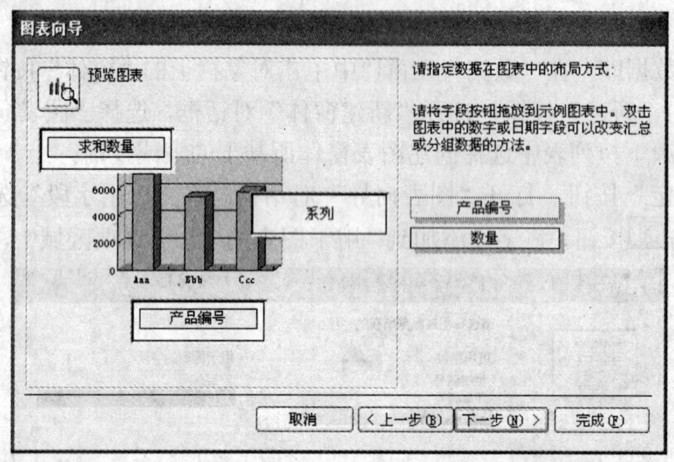

图 5-23　指定数据在图表中的布局方式对话框

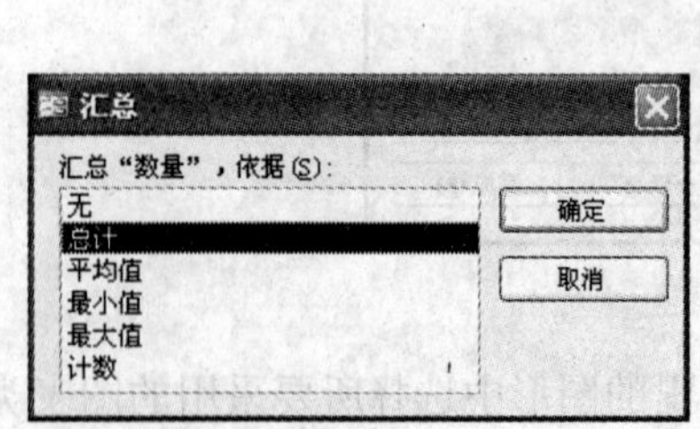

图 5-24　“汇总”对话框

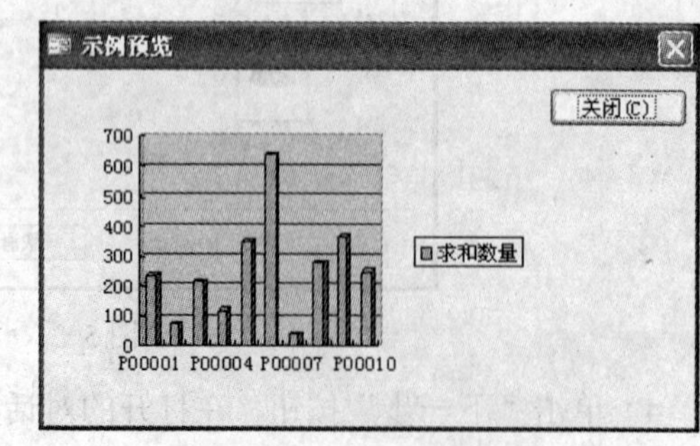

图 5-25　“示例预览”对话框

6）单击“下一步”按钮，在打开的对话框中的文本框中输入文本内容，然后设置其他选项，如图 5-26 所示。

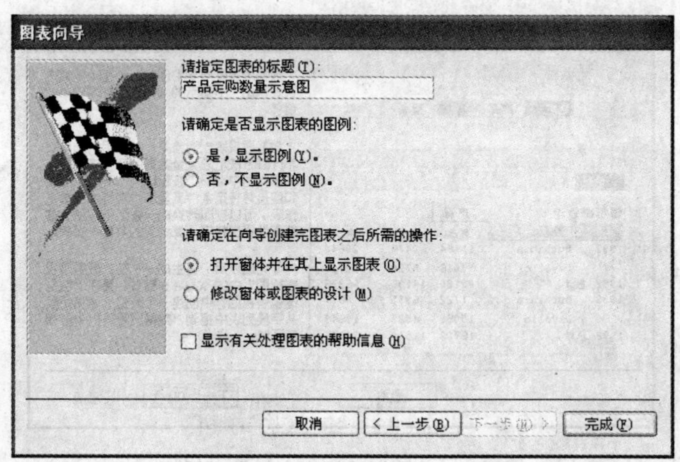

图 5-26　设置选项

设置好标题后，可以选择是否显示图表的图例。用户也可以选择完成向导创建图表之后是打开窗体显示图表，还是修改窗体或图表的设置。还可以选择“显示有关处理图表的帮助信息”复选框，以显示有关处理图表的帮助信息。

7）单击“完成”按钮，系统会将根据设计生成的图表显示在打开的窗体上，如图 5-27 所示。

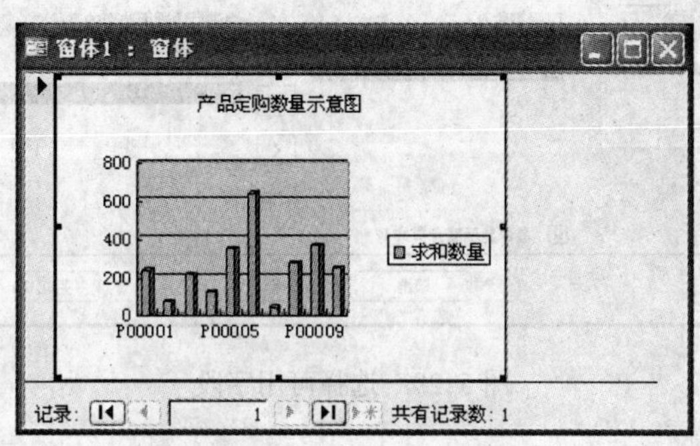

图 5-27　三维柱形效果

5.2.4　使用“数据透视表向导”创建窗体

前面介绍了自动窗体数据透视表类型的创建，下面简单介绍使用 Access 2003 提供的“数据透视表向导”创建窗体，具体创建步骤如下：

【任务实施】

1）打开一个数据库。在数据库窗口中单击对象栏上的“窗体”按钮，然后单击数据库窗口工具栏中的“新建”按钮，打开“新建窗体”对话框，选择“数据透视表向导”选项。

2）在“新建窗体”对话框中，从数据来源下拉列表中为当前创建的窗体选择所基于的表或查询。

3）单击“确定”按钮，打开“数据透视表向导”对话框，如图 5-28 所示。在这个对话框中，详细地介绍了数据透视表的一些相关知识。

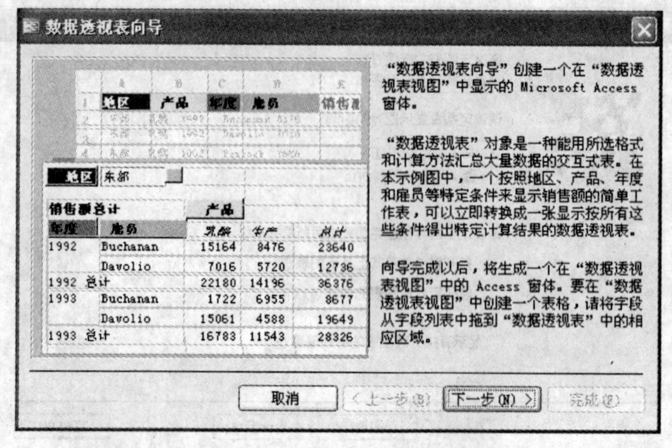

图 5-28 “数据透视表向导”对话框

4）单击“下一步”按钮，在打开的对话框的“可用字段”选项区域中，选择需要的字段，单击 > 按钮，将字段添加到“为进行透视而选取的字段”选项区域中，如图 5-29 所示。

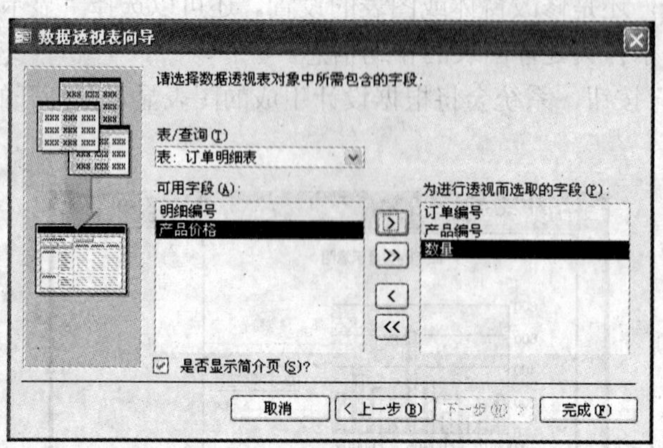

图 5-29 选择可用字段

5）单击“完成”按钮，即可打开通过“数据透视表向导”创建的窗体。

5.2.5 在设计视图中创建窗体

除了上面所介绍的窗体创建方法外，还可以在设计视图中，通过向窗体添加内容和控件创建普通窗体。使用设计视图创建窗体的具体步骤如下：

【任务实施】

1）打开一个数据库。在数据库窗口中，单击对象栏上的“窗体”按钮，然后单击工具栏中的“新建”按钮，打开“新建窗体”对话框。

2）在“新建窗体”对话框中，选择“设计视图”选项，然后从数据来源下拉列表中为当前创建的窗体选择所基于的表或查询。

3）单击“确定”按钮，打开如图 5-30 所示的窗口设计视图。在这个视图中，除了显示的网格区域外，还有一个工具箱和一个字段列表框。单击这两个窗口的“关闭”按钮即可将其关闭。如果需要打开，只需单击工具栏中的“工具箱”按钮和“字段列表”按钮即可。

网格区域为可编辑区，其他区域为非可编辑区。可编辑区的大小决定了所要创建窗体的可见区域大小。如果需要改变网格区域的大小，可将光标移到可编辑区的边框上，当光标变为黑色十字箭头时，按下鼠标左键并拖动，这时会发现窗体边缘的标尺变为黑色，并随光标改变，如图 5-31 所示。将光标拖到适当的位置释放，即可改变可编辑区的大小。

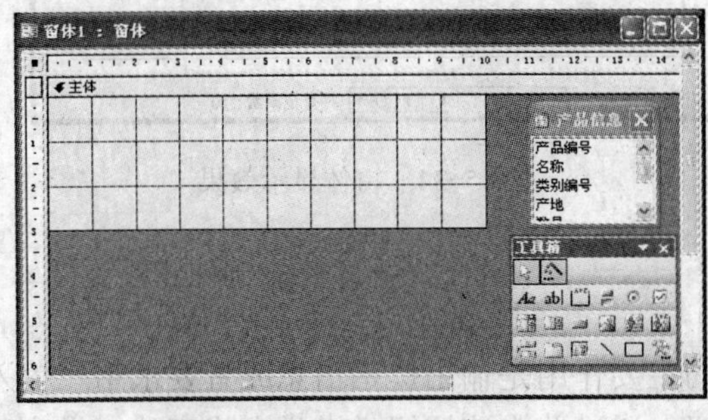

图 5-30　窗体设计视图

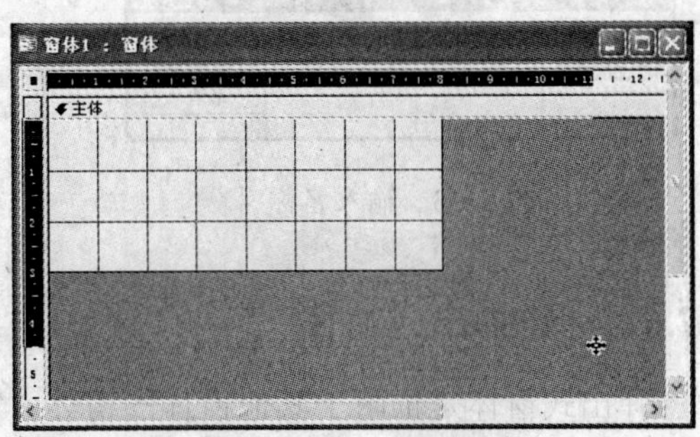

图 5-31　调整网格区域的大小

【拓展知识】

如果要隐藏视图中的网格，可以选择“视图”|“网格”命令；再次选择此命令，即可显示网格。

4）从字段列表框中，将需要的字段拖到网格区域即可，如图 5-32 所示。如果要调整字段在窗体中的位置，只需选择字段，当光标变为黑色手形时，按下鼠标左键拖动即可，也可使用方向键进行调整；如果想要改变文本的样式，如改变字体、修改颜色，可以先选择文本，然后从工具栏中选择相应的命令即可。

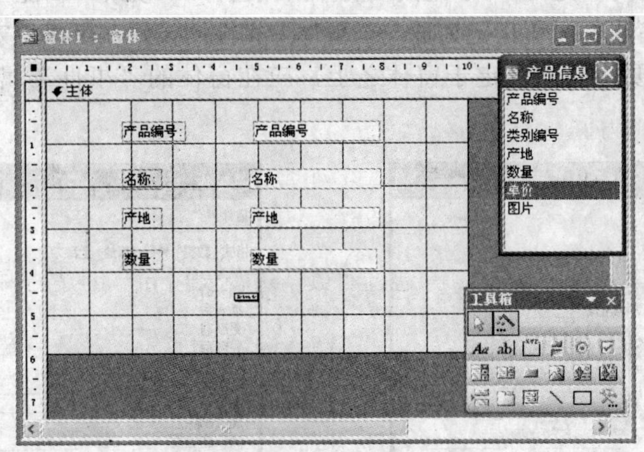

图 5-32　拖动字段

5）单击工具栏中的“保存”按钮，打开“另存为”对话框。在“窗体名称”文本框中为当前创建的窗体输入名称，单击“确定”按钮，如图 5-33 所示。

6）返回数据窗口的窗体列表，双击刚刚创建的窗体选项，即可打开如图 5-34 所示的窗体。

图 5-33 输入名称

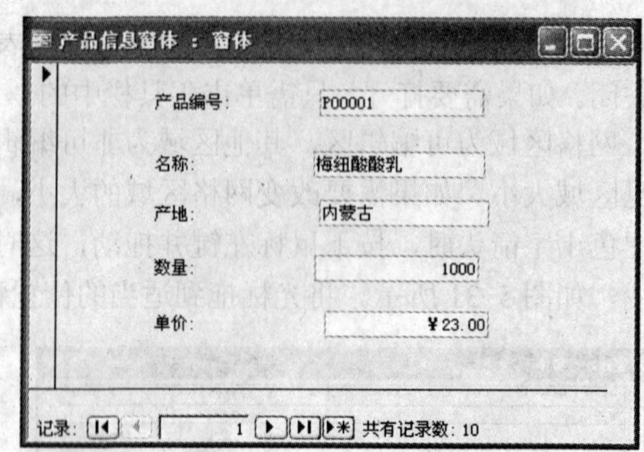

图 5-34 窗体显示效果

5.2.6 创建弹出式窗体

弹出式窗体是依附于其他窗体的窗体。它的主要作用是输出提示信息或者要求用户输入参数。用户可以在其依附的窗体中设置一个按钮，通过单击该按钮弹出弹出式窗体，也可以在执行某一操作时自动地调用该弹出式窗体。

可以创建的弹出式窗体有两种：有模式的和无模式的。有模式指的是只有当用户执行窗体所要求的操作时，弹出式窗体的焦点才能被其他窗体获得。例如，对话框和消息框一般都是有模式的。

在创建弹出式窗体之前，应首先为其创建一个可以依附的窗体。在设计视图中打开或创建一个窗体所依附的窗体，然后单击工具栏中的“属性”按钮，打开“窗体”对话框，切换到“其他”选项卡，如图 5-35 所示。在该对话框中，将“弹出方式”属性设置为“是”，将“模式”属性设置为“是”。对于无模式的弹出式窗体，“模式”属性应设置为“否”。

通过将宏名或者事件过程指定为适当“事件”属性的设置，可以将宏或者事件过程附加在窗体或报表上。要将时间绑定于窗体之上，应在窗体的“事件”属性中加以设置，如图 5-36 所示。

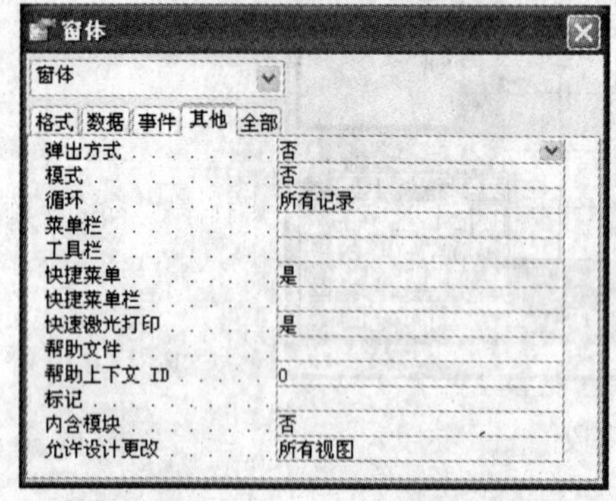

图 5-35 “窗体”对话框中的“其他”选项卡

图 5-36 “窗体”对话框中的“事件”选项卡

【总结与回顾】

本节首先介绍了使用“窗体向导”创建窗体的方法和步骤，接着介绍了使用自动创建窗体的方法创建纵栏式窗体，以及创建数据透视表类型窗体的方法和步骤、使用“图表向导”创建图表窗体的方法和步骤、使用“数据透视表向导”创建窗体的方法和步骤、在设计视图中创建窗体的方法和步骤，最后介绍了弹出式窗体的两种类型：有模式和无模式，以及如何创建弹出式窗体。

【拓展知识】

在设计视图中创建窗体时，如果需要在窗体中显示多个表和查询的字段，则在“窗体向导”中选择第一个表或查询中的字段后，不要单击“下一步”或“完成”按钮，而是重复执行选择表或查询的步骤，并选择要在窗体中显示的字段，直至选择完所有所需的字段。

如果选择自动窗体选项之一，则无论使用“窗体向导”还是使用设计视图中“格式”菜单中的“自动套用格式”命令，Access 2003 都将使用最近指定的自动套用格式（自动套用格式：用于确定窗体或报表中控件和节外观的格式集合）。

【复习思考题】

1．简述如何使用向导创建窗体。

2．简述使用自动创建窗体的方法创建纵栏式窗体，以及创建数据透视表类型窗体的方法和步骤。

3．简述使用“图表向导”创建图表窗体的方法和步骤。

4．简述使用“数据透视表向导”创建窗体的方法和步骤。

5．简述在设计视图中创建窗体的方法和步骤。

6．简述弹出式窗体的功能、类型及如何创建弹出式窗体。

5.3 设计窗体

前面介绍的各种类型窗体的功能比较单一，不能满足要求。本节将介绍如何通过设置窗体的属性、添加各种类型的窗体控件等方法，创建出功能齐全且美观大方的窗体。

【学习目标】

掌握通过设置窗体属性和添加各种类型窗体控件的方法，创建功能齐全且美观大方的窗体。

【知识点】

- 设置窗体属性
- 创建窗体控件：“标签”控件、“文本框”控件、“选项组”控件、“切换按钮”控件、“选项按钮”控件、“复选框”控件、“组合框”控件、“列表框”控件、“命令按钮”控件、“图像”控件、“选项卡”控件

5.3.1 设置窗体属性

打开窗体的设计视图，然后单击工具栏中的“属性”按钮，也可以在窗体中右击，从弹出的快捷菜单中选择“属性”命令，打开“窗体”对话框。该对话框包含了“格式”、“数据”、“事件”、“其他”和“全部”5 个选项卡，其中“全部”选项卡中包括了其他 4 个选项卡的内容。

在“窗体”对话框中的下拉列表中，可以选择窗体对象，如图 5-37 所示。从中选择一个选项，就可以切换到所选对象对应的属性设置框中，为其设置相关属性值。

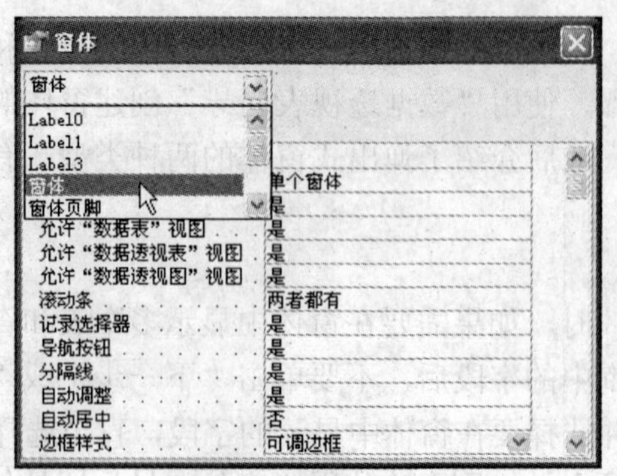

图 5-37　选择窗体对象

在前面的章节中，已经简单地介绍了“窗体”对话框中“其他”和“事件”选项卡中部分命令的应用。这一小节将通过表格的形式介绍窗体中“格式”和“数据”选项卡中各个命令的取值及功能。

窗体“格式”选项卡中各个命令的取值及功能如表 5-1 所示。

表 5-1　“格式”选项卡中各个命令的取值及功能

命　令	取　值	功　能
标题	字符串	设置在窗体标题栏中显示的标题内容
默认视图	“单个窗体”、“连续窗体”、“数据表”、“数据透视表”或“数据透视图”	为窗体设置默认的显示方式
允许“窗体” 视图	“是”或“否”	设置是否使用窗体视图显示当前窗体
允许“数据表”视图	“是”或“否”	设置是否使用数据表视图显示当前窗体
允许“数据透视表”视图	“是”或“否”	设置是否使用数据透视表视图显示当前窗体
允许“数据透视图”视图	“是”或“否”	设置是否使用数据透视图视图显示当前窗体
滚动条	“两者都有”、“两者均无”、“只水平”或“只垂直”	设置滚动条的显示方式
记录选择器	“是”或“否”	是否显示数据选择器
导航按钮	“是”或“否”	是否显示记录浏览工具栏
分隔线	“是”或“否”	是否显示窗口中节的分割线
自动调整	“是”或“否”	是否可调整窗体的大小
自动居中	“是”或“否”	窗体显示时是否位于系统界面的中间
边框样式	“无”、“细边框”、“可调边框”或“对话框边框”	设置边框的样式
控制框	“是”或“否”	是否在窗体显示时显示窗体的边框
最大最小化按钮	“无”、“最小化按钮”、“最大化按钮”或“两者都有”	是否在窗体右上角显示“最大化”或“最小化”按钮
关闭按钮	“是”或“否”	是否在窗体右上角显示关闭按钮
问号按钮	“是”或“否”	是否在窗体右上角显示问号按钮
宽度	数值	设置窗体的宽度

（续）

命　令	取　值	功　能
图片	图片路径	为窗体添加路径
图片类型	“嵌入”或“链接”	设置图片在窗体中的使用方式
图片缩放模式	“剪裁”、“拉伸”或“缩放”	设置图片的缩放模式
图片对齐方式	“左上”、“右上”、“中心”、“左下”、“右下”或“窗体中心”	设置图片的对齐方式
图片平铺	“是”或“否”	是否将图片以平铺方式显示
网格线 X 坐标	数值，1～64 之间	设置网格线的 X 坐标
网格线 Y 坐标	数值，1～64 之间	设置网格线的 Y 坐标
打印版式	“是”或“否”	是否将当前窗体设置为打印版式
子数据表高度	数值	为子数据表设置高度
子数据表展开	“是”或“否”	设置是否可以展开子数据表
调色板来源	（默认值）	显示调色板的来源
方向	“从左到右”、“从右到左”	窗体中内容的显示方式
可移动的	“是”或“否”	窗体显示时，是否可以移动

窗体“数据”选项卡中各个命令的取值及功能如表 5-2 所示。

表 5-2 “数据”选项卡中各个命令的取值及功能

命　令	取　值	功　能
记录源	表或查询	设置与当前窗体绑定的数据源
筛选		设置对数据的筛选条件
排序依据		设置数据的显示顺序
允许筛选	“是”或“否”	是否允许进行筛选
允许编辑	“是”或“否”	是否允许对表中的记录进行编辑
允许删除	“是”或“否”	是否允许对表中的记录进行删除
允许添加	“是”或“否”	是否允许向表中添加记录
数据输入	“是”或“否”	是否允许更新表中的数据
记录集类型	“动态集”、“动态集（不一致的更新）”或“快照”	设置窗体数据源的类型
记录锁定	“不锁定”、“所有记录”或“已编辑的记录”	是否对数据进行锁定
抓取默认值	“是”或“否”	是否抓取默认值

5.3.2 创建窗体控件

控件是窗体中的重要对象。要在窗体中显示数据、控制系统的执行流程或装饰窗体，首先要在窗体中添加控件。

在 Access 2003 中，可以根据需要添加标签、文本框和命令按钮等控件。利用这些控件，可以方便用户对数据库中的数据进行编辑、输入和查询，同时也可以使界面变得美观。

打开窗体的设计视图，通常可以看到工具箱，也可通过单击工具栏中的“工具箱”按钮打开工具箱，如图 5-38 所示。

工具箱中列出了常用的各种控件，依次为“选择对象”、“控件向导”、“标签”、“文本框”、

“选项组”、“切换按钮”、“选项按钮”、“复选框”、“组合框”、“列表框”、“命令按钮”、“图像”、“未绑定对象框”、“绑定对象框”、“分页符”、“选项卡控件”、“子窗体/子报表”、“直线”和“矩形”等控件。根据不同的需要，使用工具箱中的不同控件。

1.“标签”控件

“标签”控件主要用来在窗体或者报表上显示文字，不能用来显示字段或者表达式的数值。“标签”控件可以附加到其他控件上。

在窗体设计视图中添加标签，只需选择工具箱中的“标签”控件，在窗体的设计视图窗口中按住鼠标左键并拖动，然后释放鼠标，在出现的空白区域中编辑内容即可，如图 5-39 所示。

图 5-38　工具箱

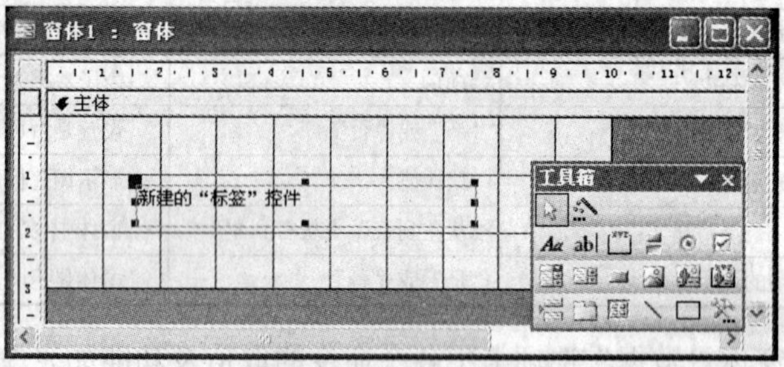

图 5-39　添加标签

如果要调整标签中文字的字号大小、字体样式及颜色，在窗口的工具栏中调整对应的选项即可。

2.“文本框”控件

“文本框”控件主要用来输入信息，完成用户与系统间的交互。文本框中可以包含多行数据，超过文本字段宽度的数据会自动在字段边框内环绕。创建“文本框”控件的方法如下：

【任务实施】

1）单击工具箱中的“控件向导”按钮。

2）单击工具箱中的“文本框”控件按钮。在视图窗口中按下鼠标左键并拖动，选择适当的文本框范围后释放鼠标，会弹出“文本框向导”对话框，如图 5-40 所示。

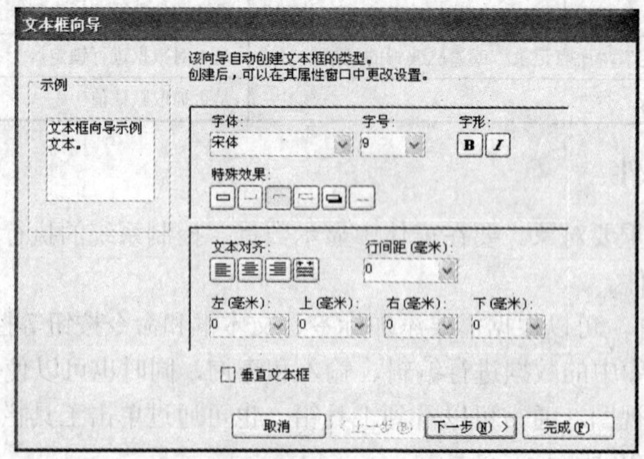

图 5-40　“文本框向导”对话框

在“文本框向导”对话框中，可以设置文本框的“字体”、“字号”、“字形”、“特殊效果”、“文本对齐”、“行间距”及文字的显示方向等选项。

3）设置完成后，单击“下一步”按钮，系统将打开文本框控件的“输入法模式”，在“输入法模式”下拉列表中选择输入法模式，如图 5-41 所示。

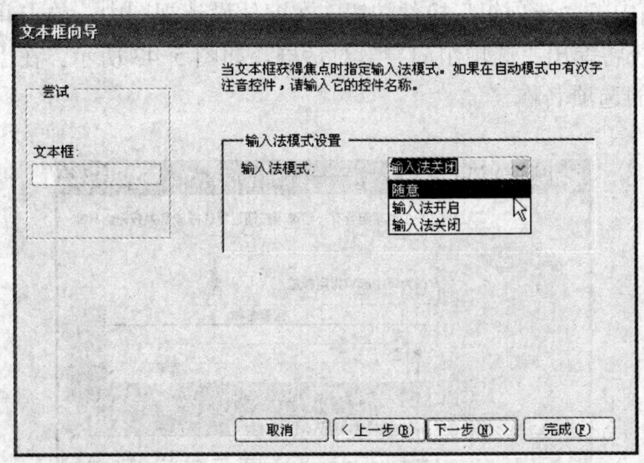

图 5-41　为文本框设置“输入法模式”

若将输入法模式设置为“输入法开启”，则每当该文本框获得焦点时，系统将自动打开中文输入法。

4）设置完成后，单击“下一步”按钮，系统将打开“文本框向导”的最后一个对话框。在该对话框中，输入文本框的名称，然后单击“完成”按钮，即可完成对文本框的创建，如图 5-42 所示。

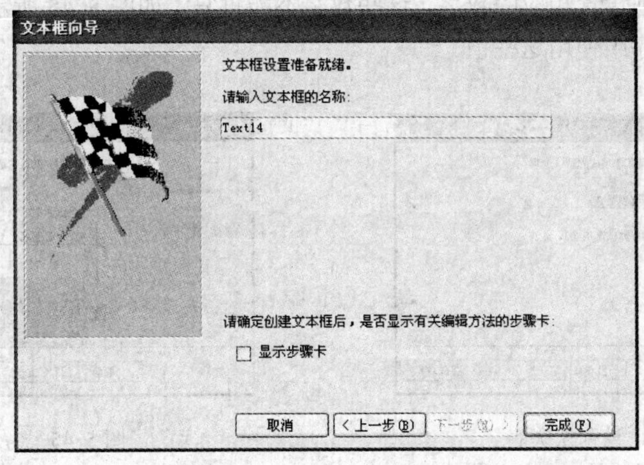

图 5-42　输入文本框名称

如果选择对话框下方的“显示步骤卡”复选框，则会在文本创建完成后，显示有关编辑方法的步骤卡。

3.“选项组”控件

“选项组”控件可以提供一组限制性的选项值。用户只要单击选项组中的某个值，就可以为字段选定数据值。选项组由一个主框架和一组复选框、单选按钮或切换按钮组成。

设计“选项组”控件的步骤如下：

【任务实施】

1）单击工具箱中的“控件向导”按钮。

2）单击工具箱中的“选项组”控件按钮。在窗体设计视图中，单击并拖动出一个矩形区域，释放鼠标后系统将弹出“选项组向导”对话框，如图 5-43 所示。在“标签名称”列表中输入要加入选项组的选项名称。

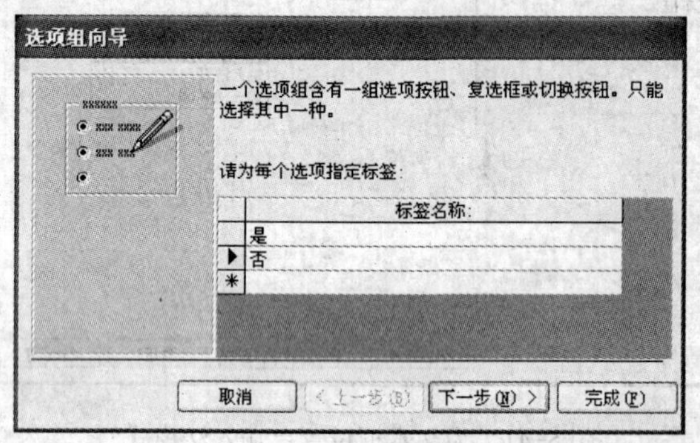

图 5-43 “选项组向导”对话框

3）设置完成后，单击“下一步”按钮，系统将会提示设置一个默认选项。如果需要设置，则选择“是，默认选项是”单选按钮，然后从其后的下拉列表中选择一个选项作为默认值；如果不需要设置默认值，则选择“否，不需要默认选项”单选按钮，如图 5-44 所示。

4）设置完成后，单击“下一步”按钮，系统将打开“选项组向导”第三个对话框。在该对话框中为每个选项设置相应的数字，这些数字不能重复，如图 5-45 所示。当给这些选项赋值后，就可以在程序中使用这些值。

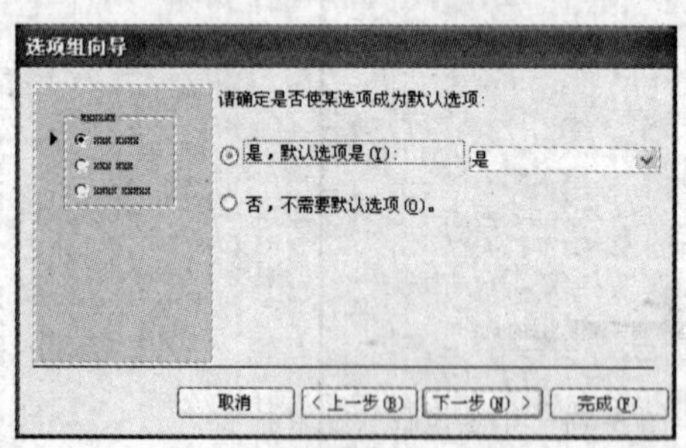

图 5-44 设置默认值

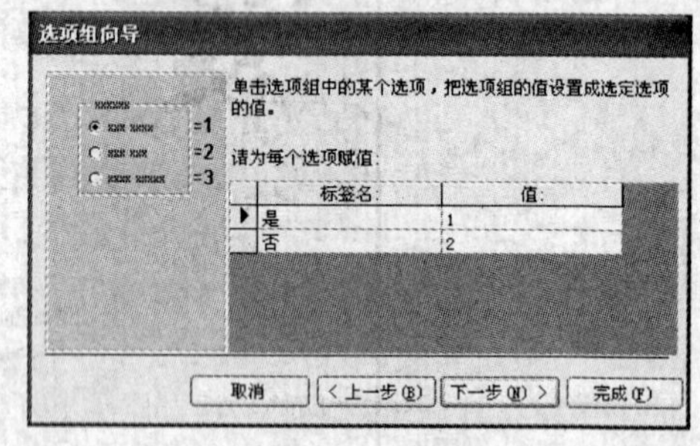

图 5-45 为选项组赋值

5）单击“下一步”按钮，系统将提示对选项的值所采取的动作进行设置，如图 5-46 所示。

6）单击“下一步”按钮，在打开的对话框中，设置选项组中的控件类型和所用样式，如图 5-47 所示。

7）单击“下一步”按钮，在打开的对话框中为选项组设置一个标题，如图 5-48 所示。

8）单击“完成”按钮，创建的选项组控件“窗体”视图如图 5-49 所示。

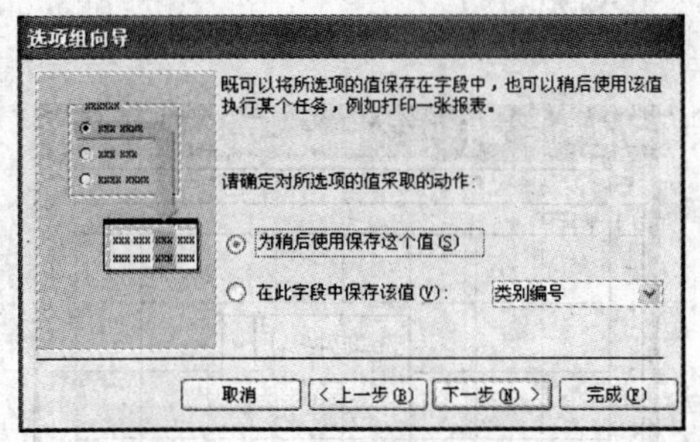

图 5-46 设置选项采取的动作

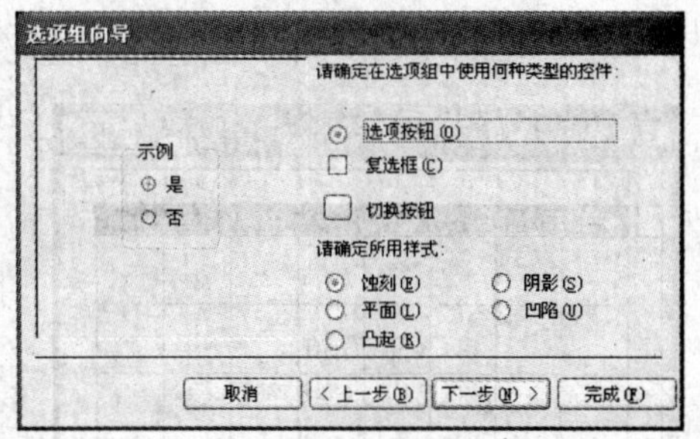

图 5-47 设置控件的类型及样式

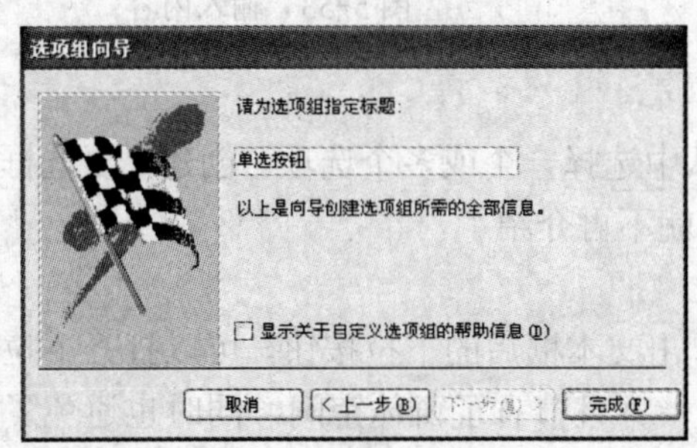

图 5-48 设置选项组标题

图 5-49 选项组控件显示效果

4. “切换按钮”控件

“切换按钮”控件是一种双态控件，一般用来显示“是/否”型的字段的。下面介绍双态控件。

在窗体中，可以使用切换按钮作为单独的控件来显示基础表、查询或者 SQL 语句中的“是/否”型的字段。如图 5-50 所示，“切换按钮”控件示例结合了某表中的“向上状态”字段，此字段的数据类型为“是/否”型。当被按下时，其值为“是”，没有被按下时，其值为“否”。

当按下状态结合到“是/否”型字段的切换按钮时，Access 2003 会根据此字段的“格式”属性来显示基础表中的值。在选项组中，使用切换按钮可以很容易地显示出是否按下了该按钮。在切换按钮中，常使用图像来代替文本，用向上的手指图像来代替显示文字“向上”，如图 5-51 所示。

图 5-50 “切换按钮”控件示例　　图 5-51 用图像代替文本显示

5. “选项按钮”控件

“选项按钮”控件是一组单选按钮控件。它提供一组值，供用户从中选择一个且只能选择一个选项。创建“选项按钮”控件的操作方法如下：

【任务实施】

1）单击工具箱中的“选项按钮”控件按钮。

2）在视图窗口中，按下鼠标并拖动到适当的范围，然后释放鼠标，如图 5-52 所示。

3）单击视图中的Option()标签，输入相关内容，如图5-53所示。

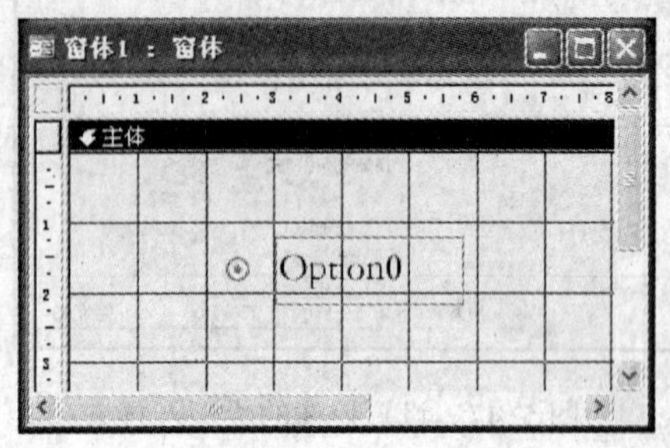

图5-52　创建“选项按钮”控件

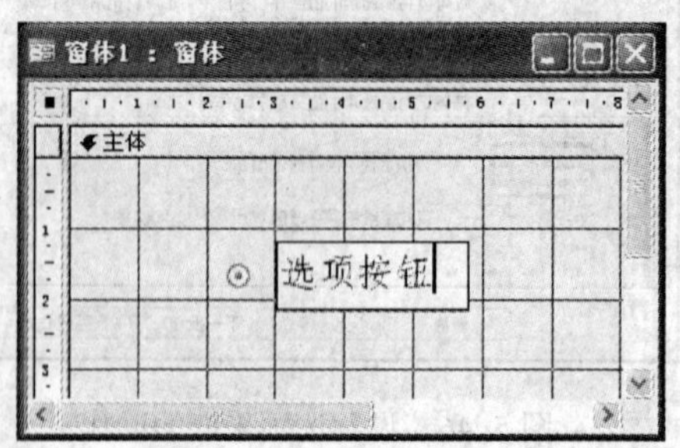

图5-53　输入内容

6．“复选框”控件

“复选框”控件也会提供一组值，用户可以从中选择一个或多个选项。创建“复选框”控件的方法和“选项按钮”控件的方法相同，这里就不再介绍了。

7．“组合框”控件

“组合框”控件是文本框和列表框的组合。单击文本框后的下拉按钮，可以打开下拉列表框，从中选择所需的值，可加快输入数据的速度，并且节省了窗体空间，同时也避免了人工输入可能会出现的错误。

创建“组合框”控件的步骤如下：

【任务实施】

1）单击工具栏中的“组合框”控件按钮。

2）在窗体视图中，按下鼠标左键并拖动到适当的范围，然后释放鼠标，系统将会弹出“组合框向导”对话框。在这个对话框中，系统提供了3种获取数据的方式。选择的获取数据方式不同，接下来的向导界面也会不同。这里选择“使用组合框查阅表或查询中的值”单选按钮，如图5-54所示。

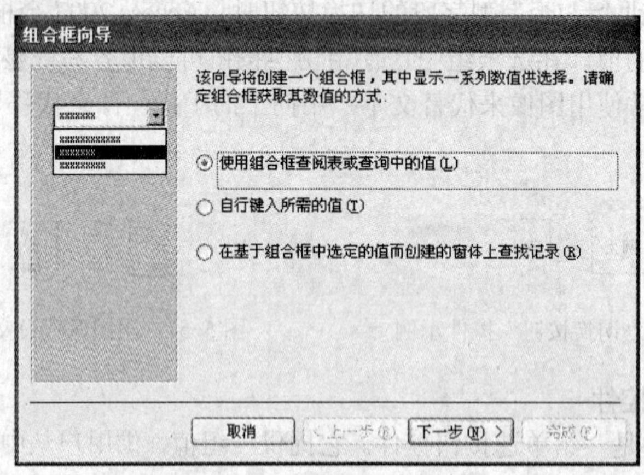

图5-54　选择数据获取方式

3）单击“下一步”按钮，系统会提示选择为组合框提供数值的表或查询。在对象列表中，选择作为数据源的数据表或查询，如图5-55所示。

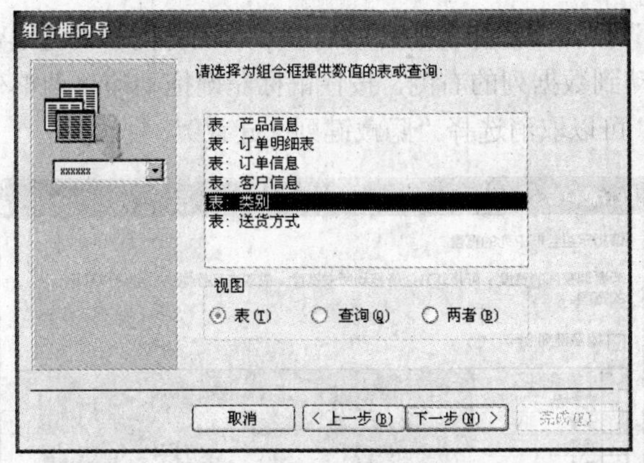

图 5-55　选择数据源

4）单击“下一步”按钮，在弹出的对话框中，按照系统提示从数据表中的“可用字段”选项区域中选择所需的字段，作为列表框的选项值，单击 > 按钮，添加到“选定字段”选项区域中，如图 5-56 所示。

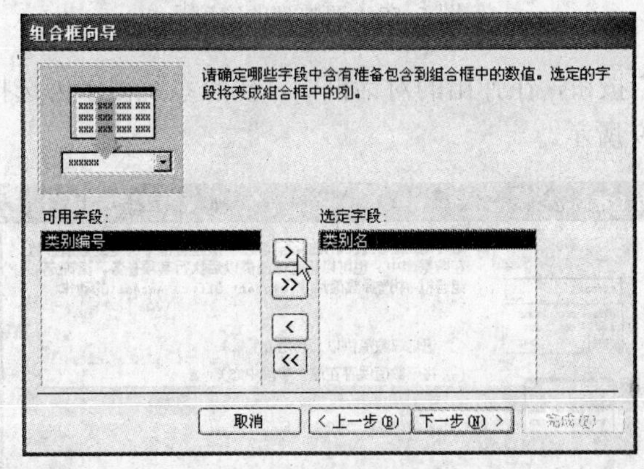

图 5-56　选择显示字段

5）单击“下一步”按钮，在打开的对话框中，按照系统提示为选择的字段设置排序方式，如图 5-57 所示。用户可以从下拉列表中选择所需排序的字段，以进行升序排序，也可以不进行排序。

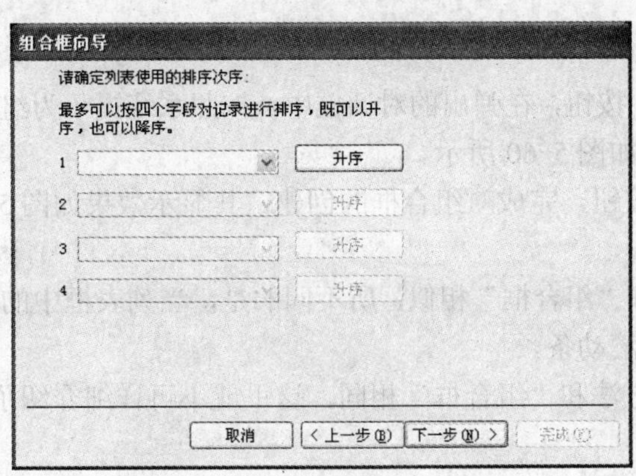

图 5-57　设置字段的排序方式

6）单击“下一步”按钮，在弹出的对话框中，系统将提示设置组合框中列的宽度，如图5-58所示。将光标移动到数据列的右侧，按住鼠标左键拖动即可调整列表框中列的宽度。另外，如果要显示键列，可以取消选择“隐藏键列（建议）”复选框。

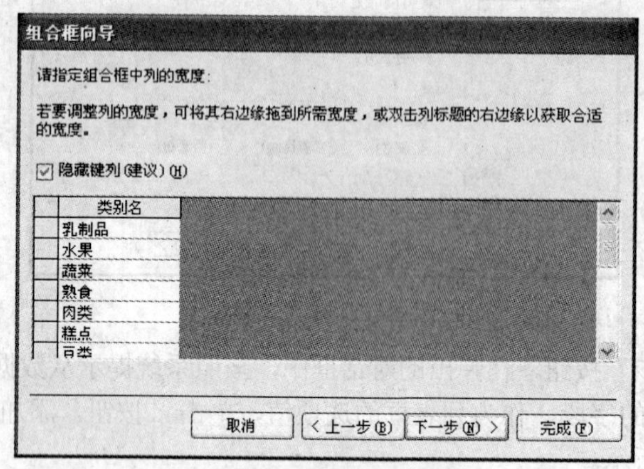

图5-58　调整列的宽度

7）单击“下一步”按钮，在弹出的对话框中，按照系统提示为选择的列表选项值设置一种存储方式，如图5-59所示。

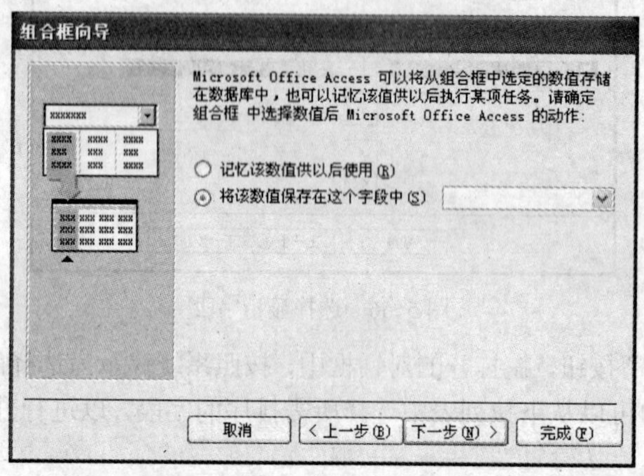

图5-59　设置数据存储方式

8）单击“下一步”按钮，在弹出的对话框中，按照系统提示为组合框设置标题，即在文本框中输入一个标题，如图5-60所示。

9）单击“完成”按钮，完成对组合框的创建，其显示效果如图5-61所示。

8.“列表框”控件

“列表框”的功能和“组合框”相似，所不同的是，当列表框中的选项较多时，会在列表的垂直方向上显示垂直滚动条。

“列表框”的创建方法和“组合框”相同，这里就不再详细介绍了。“列表框”控件的显示效果如图5-62所示。

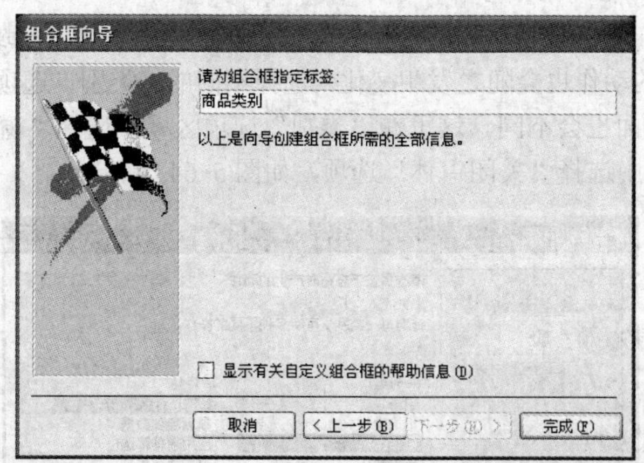

图 5-60　设置组合框的标题

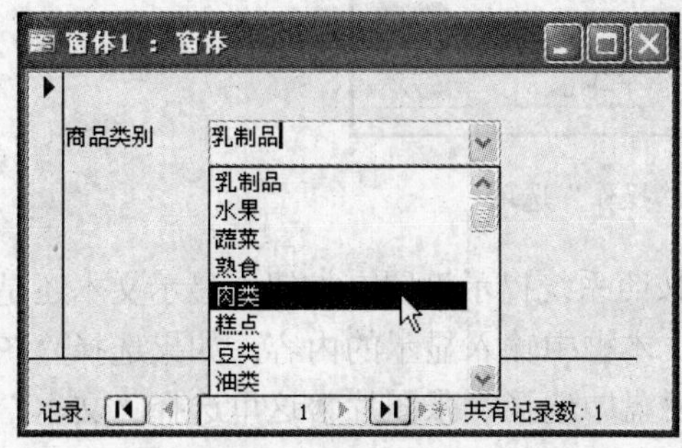

图 5-61　“组合框”控件的显示效果

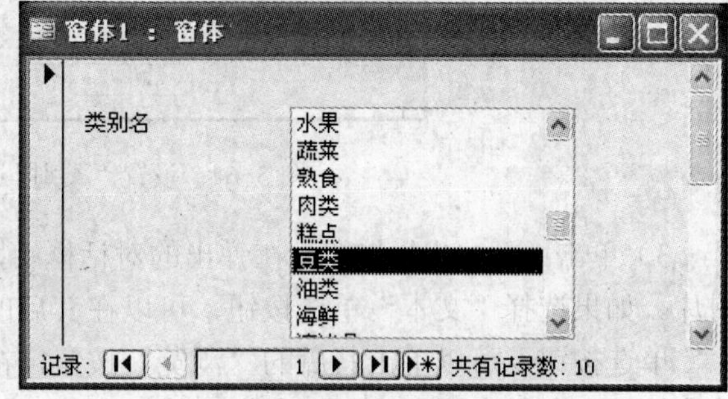

图 5-62　“列表框”控件的显示效果

9.“命令按钮”控件

使用命令按钮可以在窗体上执行某个操作或者某些操作。通过命令按钮可以不必编写任何代码，就可以实现强大的交互功能。

创建“命令按钮”控件的步骤如下：

【任务实施】

1）单击工具箱中的“选项组”控件按钮，然后在窗体设计视图中需要添加命令按钮的位置单击并拖动，创建出一个矩形区域。释放鼠标，系统将弹出“命令按钮向导”对话框，如图 5-63 所示。

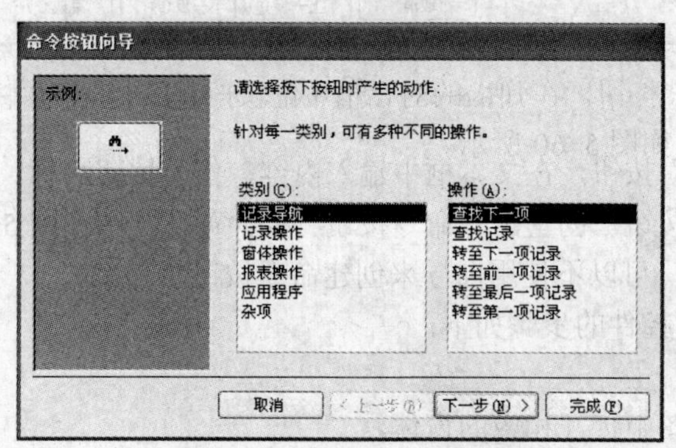

图 5-63　“命令按钮向导”对话框

2）在对话框中，选择按下按钮时产生的动作。在“类别”选项区域中选择不同的动作，“操作”选项区域中的动作也会随之发生变化。选择不同的“类别”选项或不同的“操作”选项，接下来的向导界面也会不同。这里在“类别”选项区域中选择“窗体操作”选项，然后在“操作”选项区域中选择“关闭窗体”选项，如图 5-64 所示。

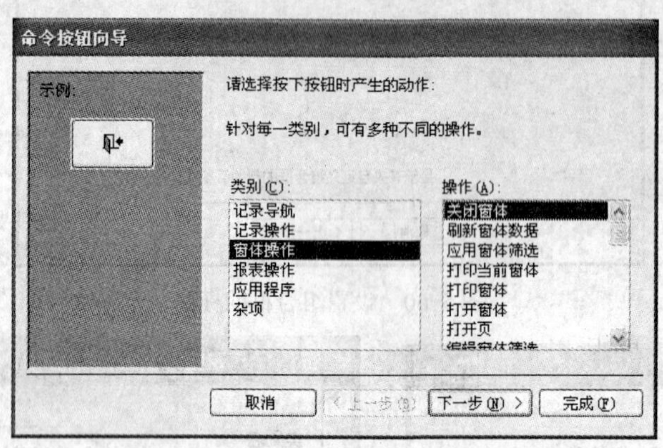

图 5-64　设置“类别”及“操作”选项

3）单击“下一步”按钮，在弹出的对话框中，按照系统提示设置在按钮上显示文本还是图片。如果选择“文本”单选按钮，可以在其后的文本框中输入显示的内容；如果选择“图片”单选按钮，可以单击其后的“浏览”按钮，在磁盘中选择一张图片。这里选择“文本”单选按钮，在文本框中输入“点击！关闭窗体”，如图 5-65 所示。

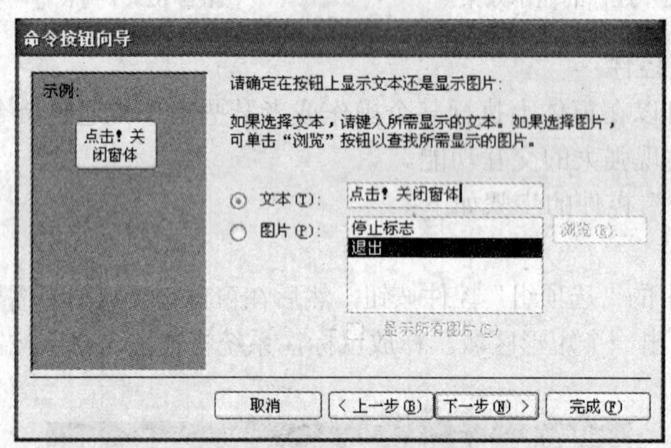

图 5-65　设置按钮显示内容

4）单击“下一步”按钮，在文本框中输入内容，作为按钮名称，如图 5-66 所示。

5）单击“完成”按钮，创建的“命令按钮”控件窗体视图如图 5-67 所示。

在 Access 2003 中，可以不使用向导来创建命令按钮。

创建“命令按钮”控件的步骤如下：

【任务实施】

1）在窗体设计视图中打开相应的窗体。

2）在工具箱中，单击“控件向导”按钮。

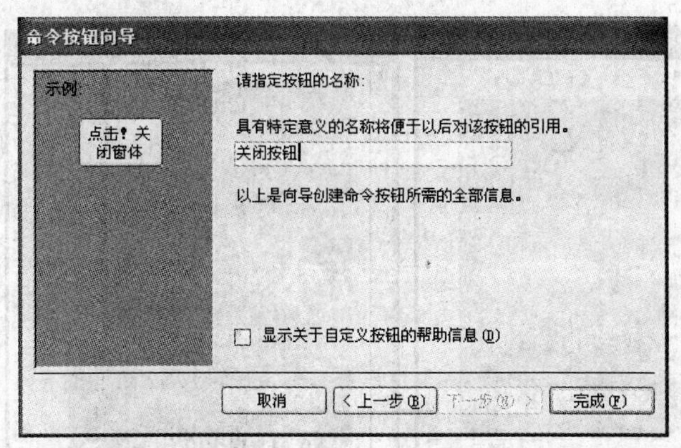

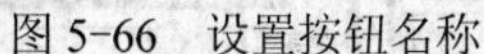
图 5-66　设置按钮名称

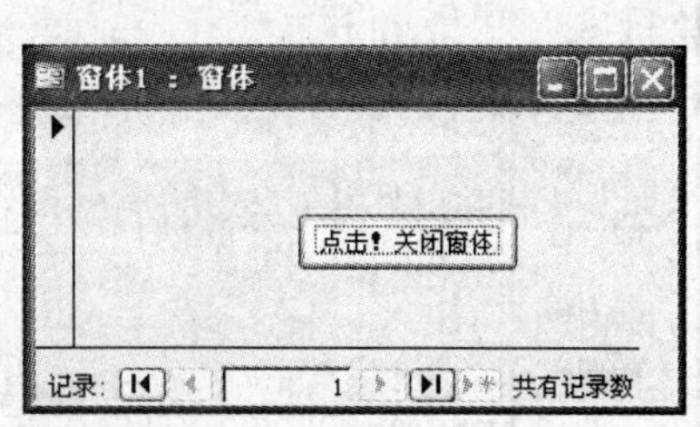

图 5-67 “命令按钮”控件显示效果

3）在工具箱中，单击“命令按钮”按钮。

4）在窗体上需要放置命令按钮的位置处单击。

5）右击该命令按钮，从弹出的快捷菜单中选择“属性”命令，打开命令按钮的属性对话框，如图 5-68 所示。在该对话框中，为按钮设置相应的格式。

6）切换到属性对话框中的“事件”选项卡，在对应的事件后单击按钮，也可以单击工具栏上的“生成器”按钮，弹出“选择生成器”对话框，如图 5-69 所示。在该对话框中，可以选择一种生成器来编写代码。

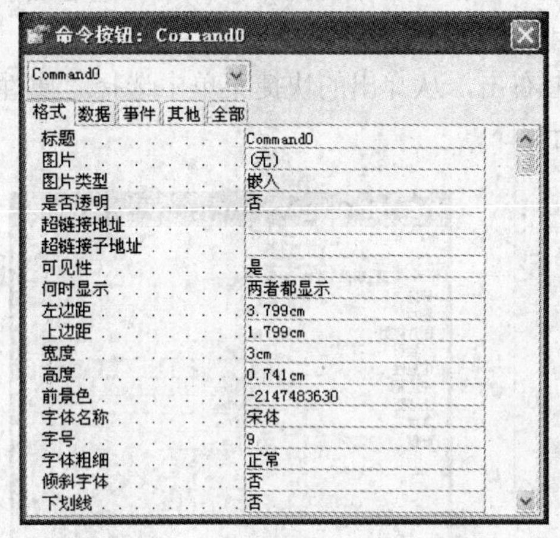

图 5-68　命令按钮的属性对话框

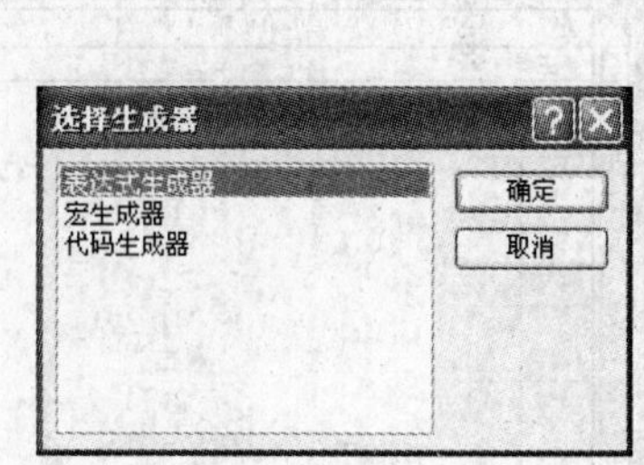

图 5-69 “选择生成器”对话框

10.“图像”控件

如果要在窗体中插入漂亮的图片，可以通过创建“图像”控件的方法进行插入。

创建“图像”控件的步骤如下：

【任务实施】

1）单击工具箱中的“图像”控件按钮，在窗体设计视图窗口中，按住鼠标左键并拖动到适当的范围，然后释放鼠标，系统将弹出“插入图片”对话框，从中选择所需的图片，如图 5-70 所示。

2）单击“确定”按钮，即可在窗体中插入所选的图片，其显示效果如图 5-71 所示。

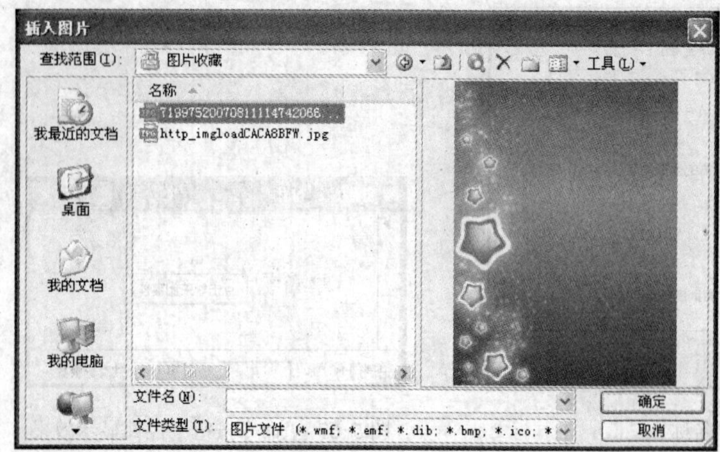

图 5-70 “插入图片”对话框

图 5-71 图像显示效果

11. “选项卡”控件

使用 Access 2003 中提供的“选项卡”控件，可以在有限的窗口中放置更多的元素，并且使用也很方便，只需单击相应的标签就可切换到相应的界面。

创建“图像”控件的步骤如下：

【任务实施】

1）单击工具箱中的“选项卡”控件按钮，然后在窗体设计视图中需要添加“选项卡”控件的位置单击并拖动，创建出一个矩形区域，如图 5-72 所示。

2）将光标移到“页 1”的标签上，在标签上右击，从弹出的快捷菜单中选择“属性”命令，打开“页 1”的属性对话框，如图 5-73 所示。

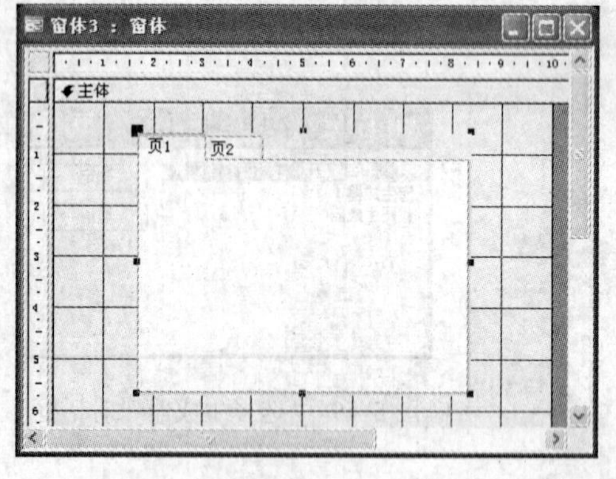

图 5-72 拖动出的“选项卡”控件

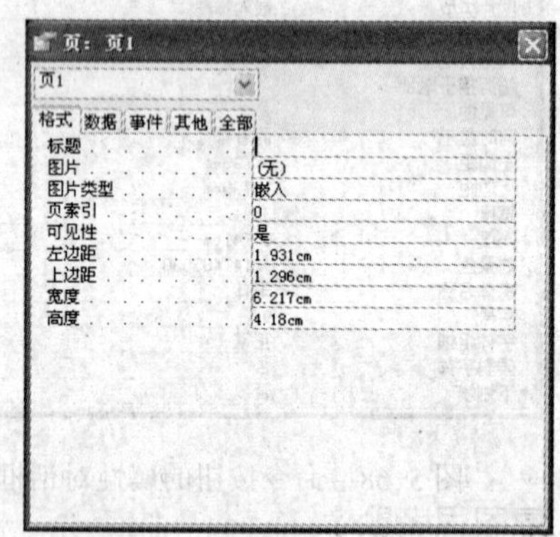

图 5-73 “页 1”的属性对话框

3）在“格式”选项卡中的“标题”文本框中输入一个标题名，然后按〈Enter〉键即可为“页 1”选项卡设置选项标签。

4）向选项卡界面中添加其他控件。单击工具箱中所要添加的控件，然后将光标移到选项卡界面中，当界面呈现黑色时，可以添加内容，如图 5-74 所示。如果添加的内容超过了选项卡的原始宽度，系统会自动根据内容的大小调节选项卡的大小。

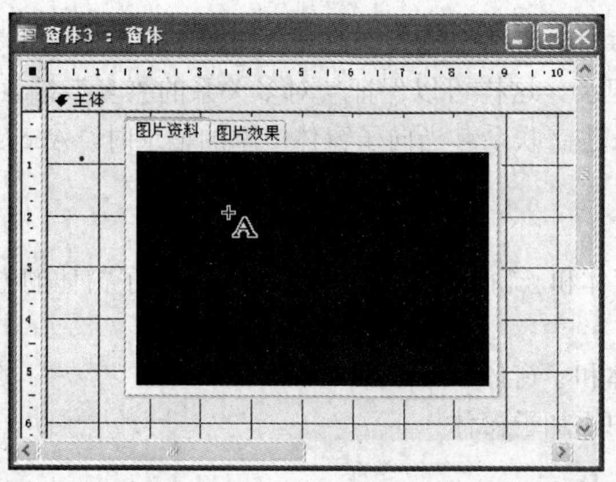

图 5-74　向界面添加控件

【拓展知识】

如果要在标签中输入多行文字，可以按〈Shift+Enter〉组合键换行，输入完成后按〈Enter〉键即可。设置好的“选项卡”控件效果如图 5-75 所示。

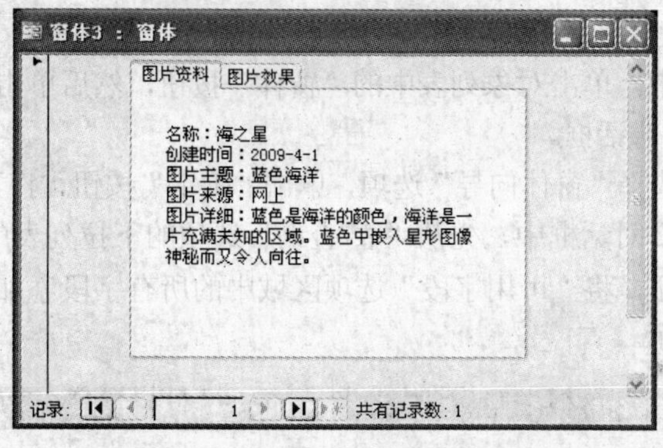

图 5-75　“选项卡”控件的显示效果

【总结与回顾】

本节首先介绍了如何打开“窗体”对话框，并通过表格的形式介绍了窗体“格式”和“数据”选项卡中各个命令的取值及功能。接着介绍了“标签”控件、“文本框”控件、“选项组”控件、“切换按钮”控件、“选项按钮”控件、“复选框”控件、“组合框”控件、“列表框”控件、“命令按钮”控件、“图像”控件、“选项卡”控件等窗体控件的功能及创建方法和步骤。

【复习思考题】

简要说明如何才能创建一个功能齐全且美观大方的窗体。

5.4　创建子窗体

子窗体是嵌套在窗体中的窗体。在 Access 2003 中，把基本窗体称为主窗体，嵌套在主窗体中的窗体称为子窗体。通常窗体/子窗体被称为阶层式窗体、主窗体/细节窗体或者父窗体/子窗体。子窗体大多数用于显示一对多关系的表或查询中的数据。

如果向带有子窗体的主窗体中输入新记录，当向子窗体中输入数据时，Access 2003 会保存主窗体中的当前记录。这样可以保证一对多关系的“多”端表中的每一条记录都可以与“一”端表中的记录建立联系。当向子窗体中添加记录时，Access 2003 也会自动保存每一条记录。

【学习目标】

掌握同步创建主窗体和子窗体及向已有主窗体中添加子窗体的方法和步骤。

【知识点】

- 同步创建主窗体和子窗体
- 向已有主窗体中添加子窗体

5.4.1 同步创建主窗体和子窗体

要想同步创建主窗体和子窗体，可以使用“窗体向导”。例如，以“订单管理系统”数据库中的“订单信息”和“客户信息”为数据源，同时创建主窗体和子窗体的操作步骤如下：

【任务实施】

1）打开“订单管理系统”数据库。

2）在数据库窗口中，单击对象列表中的“窗体”按钮，然后单击工具栏上的“新建”按钮，打开“新建窗体”对话框。

3）在对话框中，选择“窗体向导”选项，单击“确定”按钮，打开“窗体向导”对话框。

4）在“窗体向导”对话框中，先从“表/查询”选项的下拉列表中选择“表：订单信息”选项，然后单击 >> 按钮，将“可用字段”选项区域中的所有字段添加到“选定的字段”选项区域中，如图 5-76 所示。

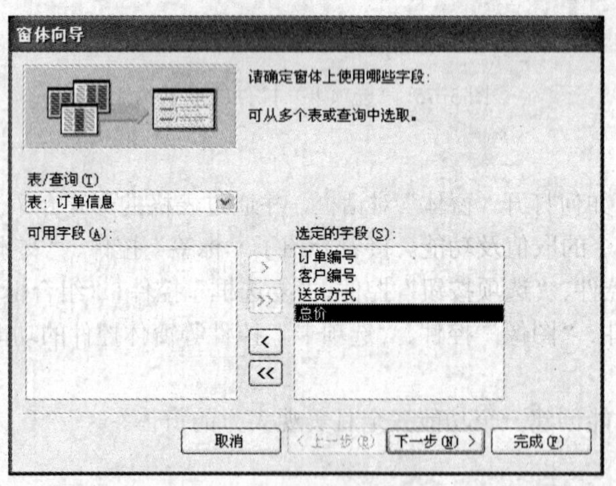

图 5-76 选择表和字段

5）从“表/查询”下拉列表中选择“表：客户信息”选项，然后选择“可用字段”选项区域中的“姓名”、“性别”、“出生日期”和“职业”字段，单击 > 按钮，将字段添加到“选定的字段”选项区域中，如图 5-77 所示。

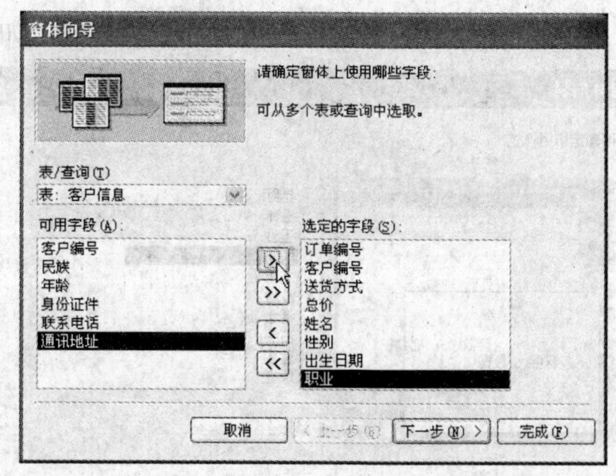

图 5-77　再次选择表和字段

6）单击“下一步”按钮，在弹出的对话框中，选择“通过客户信息”选项及“带有子窗体的窗体”单选按钮，如图 5-78 所示。

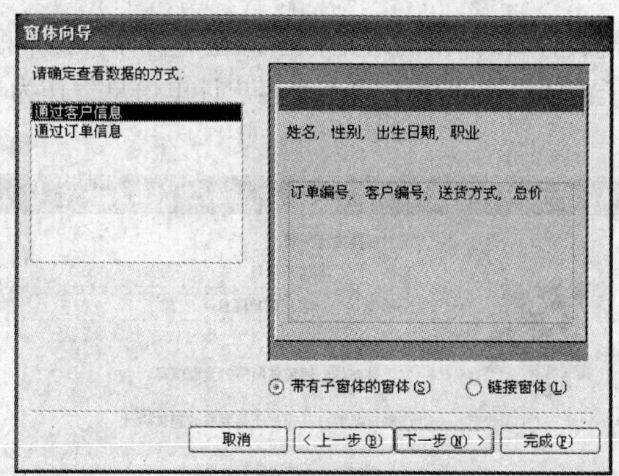

图 5-78　选择数据显示方式

7）单击“下一步”按钮，在弹出的对话框中，按照系统提示设置子窗体的布局，如图 5-79 所示。

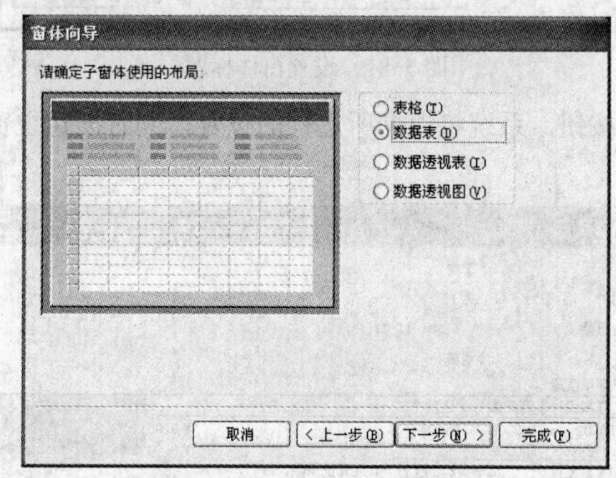

图 5-79　设置子窗体的布局

8）单击“下一步”按钮，在弹出的对话框中为窗体设置样式，如图 5-80 所示。

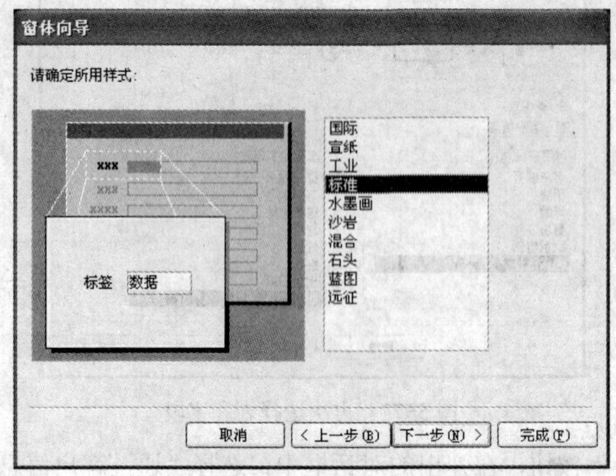

图 5-80 设置窗体样式

9）单击“下一步”按钮，在弹出的对话框中，在“窗体”文本框中输入“客户信息”，作为窗体的标题；在“子窗体”文本框中输入“客户订单信息”作为子窗体标题，如图 5-81 所示。

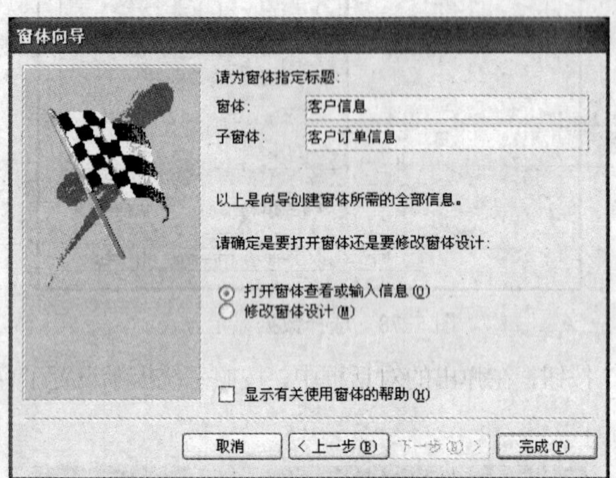

图 5-81 设置窗体标题

10）单击“完成”按钮，系统将根据所进行的设置，同时创建主窗体和子窗体，其显示效果如图 5-82 所示。

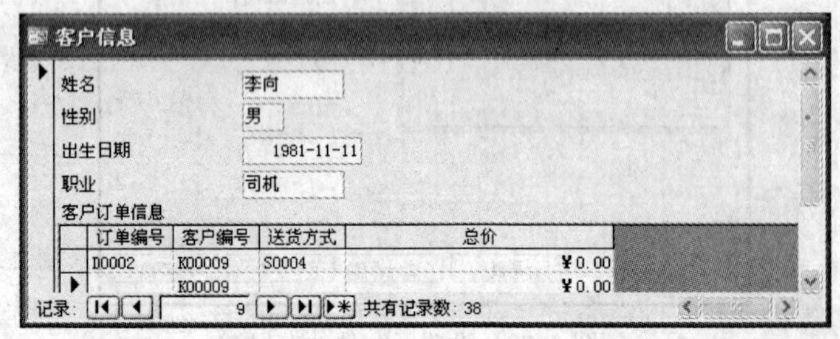

图 5-82 主窗体和子窗体显示效果

5.4.2 向已有主窗体中添加子窗体

除了使用“窗体向导”同时创建主窗体和子窗体外，还可以向已存在的窗体中添加子窗体。其中向已存在的窗体中添加子窗体又可以分为使用“子窗体向导”添加和使用“鼠标拖曳”添加两种方法。

1. 使用“子窗体向导”添加

使用“子窗体向导”创建主窗体和子窗体的步骤如下：

【任务实施】

1）在设计视图中打开作为主窗体的窗体。

2）单击工具箱中的“控件向导”按钮，然后单击工具箱中的“子窗体/子报表”按钮，在设计视图窗口中拖动鼠标到适当的范围后，释放鼠标，系统将弹出“子窗体向导”对话框，如图5-83所示。

3）选择作为子窗体的数据来源。若存在建好的窗体，则选择“使用现有的窗体”单选按钮，否则选择“使用现有的表或查询”单选按钮，利用向导创建一个窗体。

4）单击“下一步”按钮，在弹出的对话框中，选择作为子窗体数据来源的表或查询，然后选择相应的字段作为子窗体的显示字段。

5）单击“下一步”按钮，选择“自行定义”单选按钮，然后分别选择主窗体和子窗体对应的字段，如图5-84所示。

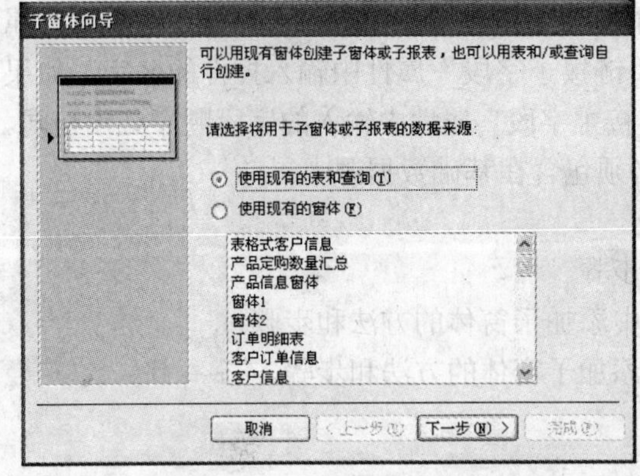

图5-83 “子窗体向导”对话框

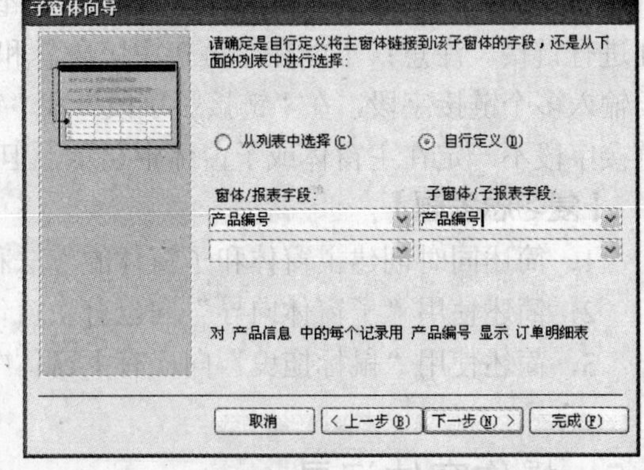

图5-84 自定义链接字段

6）单击“下一步”按钮，在对话框中为子窗体设置标题后，单击“完成”按钮，即可完成添加子窗体的操作。单击工具栏上的“视图”按钮，便可看到如图5-85所示的效果。

2. 使用“鼠标拖曳”添加

使用“鼠标拖曳”的方法添加子窗体时，必须保证主窗体和子窗体都存在，且二者之间存在一对多的关系，其操作步骤如下：

【任务实施】

1）在设计视图中打开窗体。

2）从数据库窗口中，将要作为子窗体的窗体拖到设计视图的适当位置，然后打开子窗体的属性对话框，设置与主窗体链接的字段名称，如图5-86所示。设置完成后，关闭属性对话框即可。

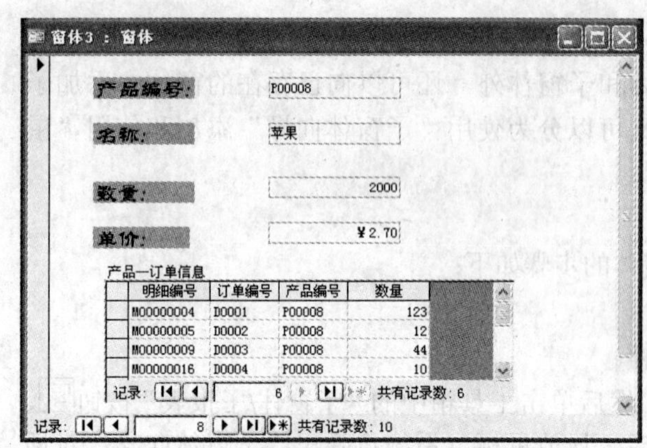

图 5-85 主窗体和子窗体显示效果

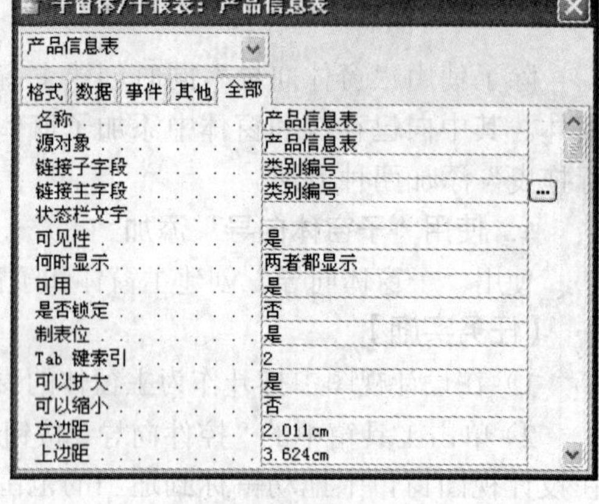

图 5-86 在子窗体属性对话框中设置参数

【总结与回顾】

本节首先以“订单管理系统”数据库中的“订单信息”和“客户信息”为数据源，介绍了同时创建主窗体和子窗体的方法和步骤。接着介绍了使用“子窗体向导”和使用“鼠标拖曳”两种方法向已有主窗体中添加子窗体的方法和步骤。

【拓展知识】

Access 2003 是利用子窗体控件中“链接主字段”和“链接子字段”属性来链接主窗体和子窗体的。如果因为某种原因，Access 2003 不能链接主窗体与子窗体，可以通过设置这些属性进行链接。注意：不能在“链接主字段”和“链接子字段”属性中输入控件的名字。如果要输入多个链接字段，在“链接子字段”和“链接主字段”属性中输入的字段顺序必须相同。链接字段不一定在主窗体或子窗体中显示，但必须包含在基础数据源中。

【复习思考题】

1．简述同时创建主窗体和子窗体的方法和步骤。

2．简述使用“子窗体向导”向已有主窗体中添加子窗体的方法和步骤。

3．简述使用“鼠标拖曳”向已有主窗体中添加子窗体的方法和步骤。

5.5 操作窗体记录

创建好窗体后，就需要对其中的记录进行一些操作或者修改，比如数据的浏览、添加和删除、查找和排序、排序和筛选等。本节将介绍操作窗体的各种方法。

【学习目标】

了解如何浏览窗体记录，掌握修改、查找替换、排序和筛选窗体记录的方法和步骤。

【知识点】

- 浏览记录
- 修改记录
- 查找和替换记录
- 排序和筛选记录

5.5.1 浏览记录

要对窗体的记录进行操作，首先需要定位到相应的记录，然后才能对数据进行操作。Access 2003 为窗体提供了一个记录定位器，也称为导航按钮，如图 5-87 所示。

记录: 2 共有记录数: 40

图 5-87 记录定位器

使用导航按钮，可以实现记录的定位和新记录的添加。

第一条记录按钮：将记录定位到源表或者查询的第一个记录。

最后一条记录按钮：将记录定位到源表或者查询的最后一条记录。

前一条记录按钮：将记录定位到当前记录的前一个记录。

后一条记录按钮：将记录定位到当前记录的后一个记录。

新建记录按钮：可以向源表或者查询中直接添加新记录。

在中间的文本框中直接输入记录序号，可以快速定位到指定的记录。

5.5.2 修改记录

在窗体视图中可以对记录进行添加与删除操作。

对记录进行添加或删除操作的步骤如下：

【任务实施】

1）在窗体视图中打开一个窗体。

2）单击窗体视图下方导航按钮中的新建记录按钮，会弹出一个空白窗口，如图 5-88 所示。

3）在空白窗口中给每一个字段输入一个新数据。输入完成后，新记录即可添加完毕。

4）如果要删除多余的记录，首先使用导航按钮指向要删除的记录，然后单击工具栏中的“删除记录”按钮，这时 Access 2003 将弹出对话框，提示用户是否执行删除操作，如图 5-89 所示。单击“是”按钮，可将所选记录删除。

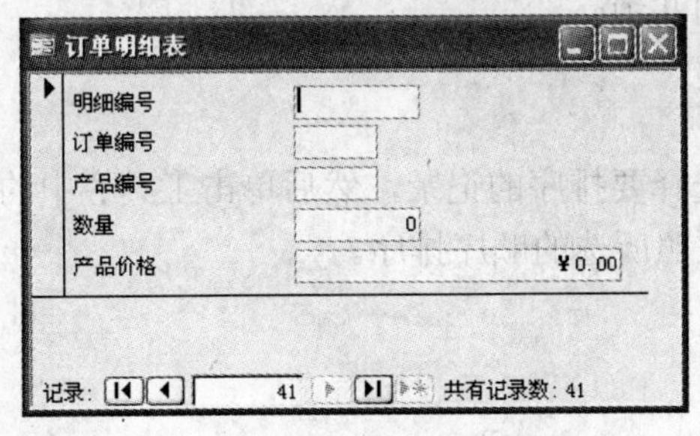

图 5-88 添加新记录窗口

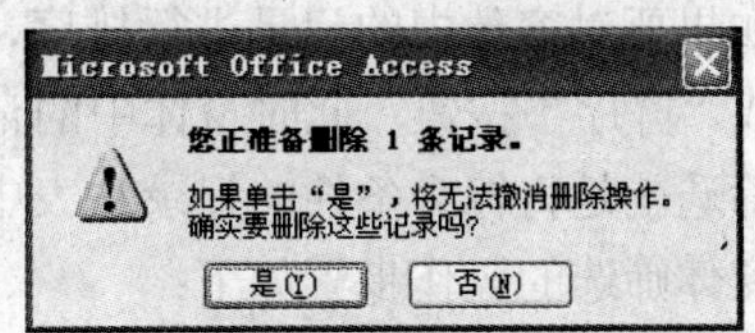

图 5-89 删除记录提示框

5.5.3 记录的查找和替换

在窗体视图中可以使用查找和替换功能。

使用查找来查询某些特定值记录的操作步骤如下：

【任务实施】

1）在数据库中双击打开一个窗体。

2）选择“编辑”|“查找”命令，打开“查找和替换”对话框，如图 5-90 所示。

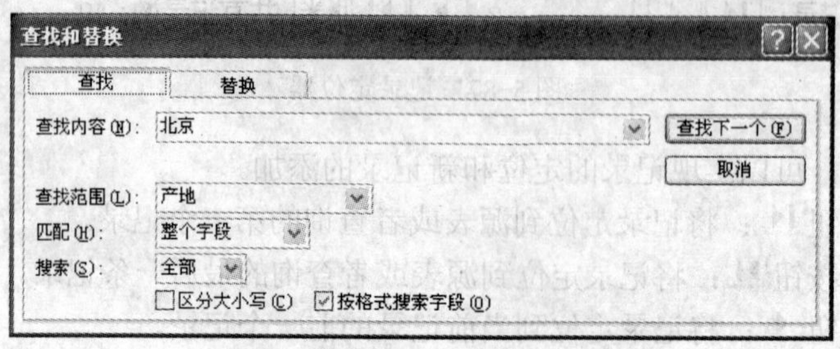

图 5-90 “查找和替换”对话框

3）切换到“查找”选项卡，然后在选项卡中设置查找内容和查找范围。例如，在产品信息窗体中查找“产地”为“北京”的记录。

4）单击“查找下一个”按钮，得到的结果如图 5-91 所示。

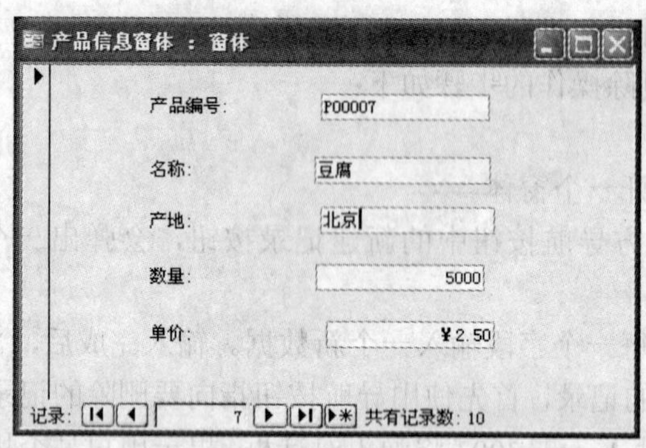

图 5-91 查找结果

替换的操作方法和查找类似，在此不再详细介绍。

5.5.4 记录的排序和筛选

如果要对窗体中的记录进行排序，则首先选择要排序的记录，然后单击工具栏中的“升序”或“降序”按钮，此时窗体中的记录就会按照所选的顺序排序。

筛选就是将符合条件的记录从表中选出来。

窗体筛选的操作步骤如下：

【任务实施】

1）在窗体视图中打开一个窗体。

2）选择“记录”|“筛选”|“按窗体筛选”命令，切换到按窗体筛选窗口，如图 5-92 所示。

3）单击需要设置条件的字段，从字段对应的下拉列表中选择需要作为条件值的数据，也可以直接在字段中输入所需的值。

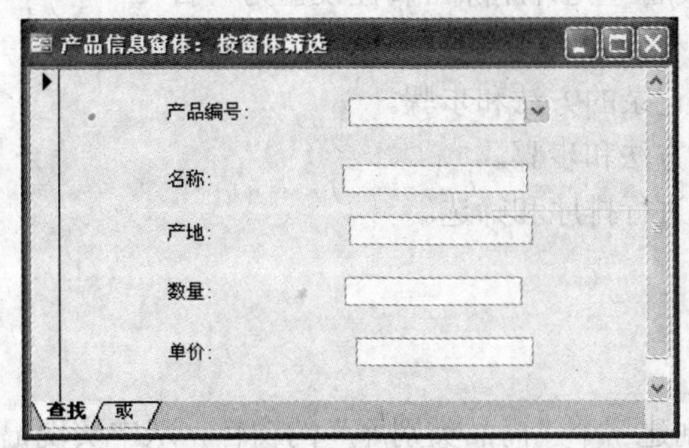

图 5-92 “按窗体筛选”窗口

- 如果要查找所有为空字段或者所有不为空的记录，可以在字段中输入“Is Null”或者“Is Not Null”。
- 如果需要筛选并返回满足多个条件的记录，则需要同时设定多个字段。
- 可以在“或”选项卡中设置相应的条件。如图 5-93 所示，筛选将返回包含“查找”选项卡中指定值的所有记录，也包含第一个和第二个“或”选项卡中指定值的所有记录。

4）单击工具栏中的“应用筛选”按钮，得到的结果如图 5-94 所示。

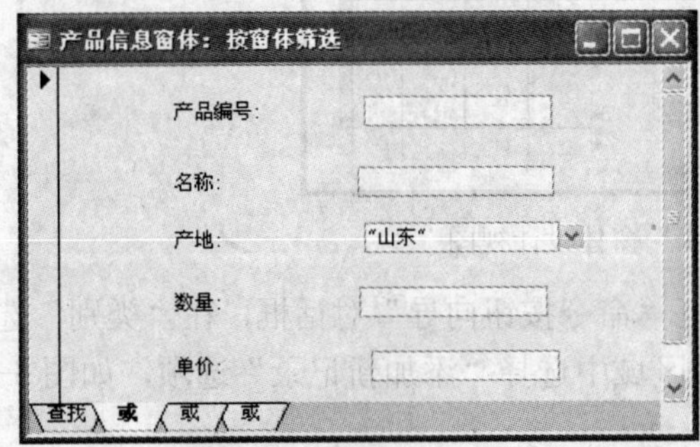

图 5-93 设置“或”条件

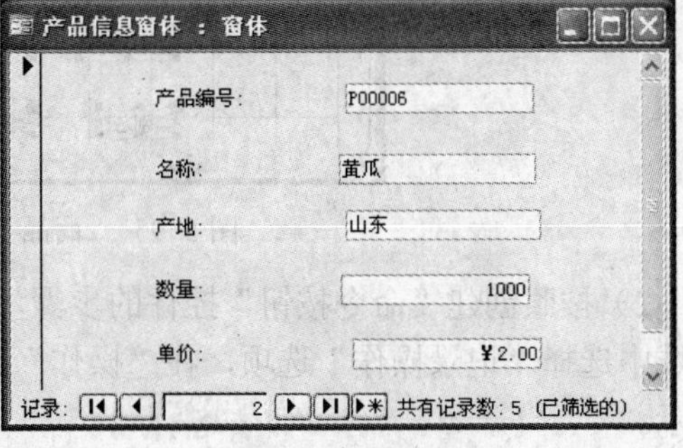

图 5-94 筛选结果

【总结与回顾】

本节首先介绍了如何浏览窗体中的记录，以及记录定位器中各按钮的功能，接着介绍了添加或删除记录的方法和步骤，然后介绍了查找记录的方法和步骤，最后介绍了排序及筛选记录的方法和步骤。

【拓展知识】

如果不想让用户添加、编辑或删除记录可执行以下操作：

在设计视图 中打开窗体。双击窗体选择器（窗体选择器：在设计视图中，窗体左上角中标尺相交的框。用这个框可以对窗体进行操作，如选择窗体），打开窗体的属性表。

然后执行下列一项或多项操作：

若要阻止添加，需要将“允许添加”属性设置为“否”。

若要阻止编辑，需要将“允许编辑”属性设置为“否”。

若要阻止删除，需要将“允许删除”属性设置为“否”。

【复习思考题】

1．简述添加或删除记录的方法和步骤。

2．简述查找记录的方法和步骤。

3．简述如何对记录进行排序和筛选。

5.6 综合实例

在订单管理系统中创建一个“商品类别库”的窗体，从中实现记录的添加、删除和保存。

【学习目标】

通过实例巩固编辑窗体记录的方法。

【任务实施】

1）在窗体设计视图中创建一个商品类别的窗体，保存为“商品类别库”窗体，其设计视图如图 5-95 所示。

图 5-95 “商品类别库”窗体设计视图

2）按照创建“命令按钮”控件的步骤，打开“命令按钮向导”对话框，在“类别”选项区域中选择“记录操作”选项，在“操作”选项区域中选择“添加新记录”选项，如图 5-96 所示。

3）单击“下一步”按钮，在打开的对话框中选择“文本”单选按钮，如图 5-97 所示。

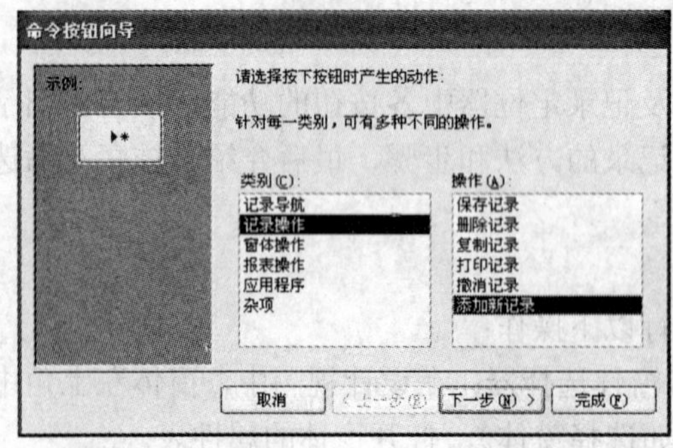

图 5-96 为“命令按钮”控件设置动作

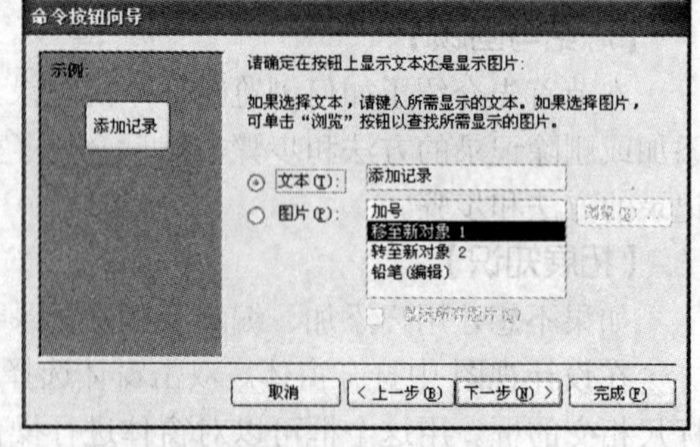

图 5-97 设置按钮显示文本

4）单击“完成”按钮，回到“商品类别库”窗体设计视图。重复上述步骤，添加“保存记录”和“删除记录”按钮，如图 5-98 所示。

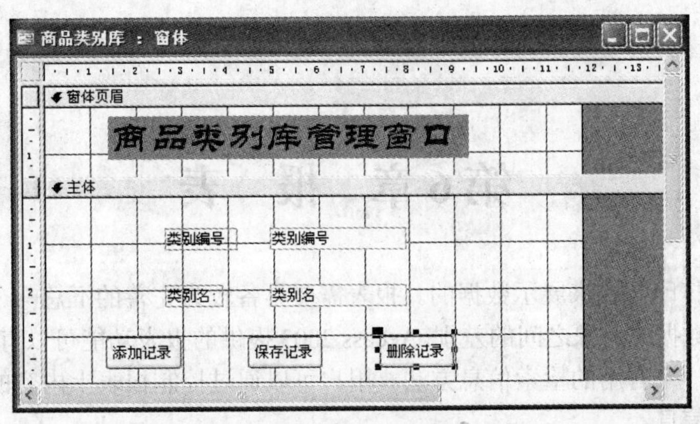

图 5-98　添加按钮的窗体设计视图

5）单击工具栏中的“视图”按钮，运行“商品类别库”窗体，运行效果如图 5-99 所示，从图中可看出共有 10 条记录。

6）单击“添加记录”按钮，在“类别编号”和“类别名”字段对应的文本框中分别输入“L011”和“这是一条新记录”。单击“保存记录”按钮，打开“类别”表，此时可以看到已经新增了一条记录，如图 5-100 所示。

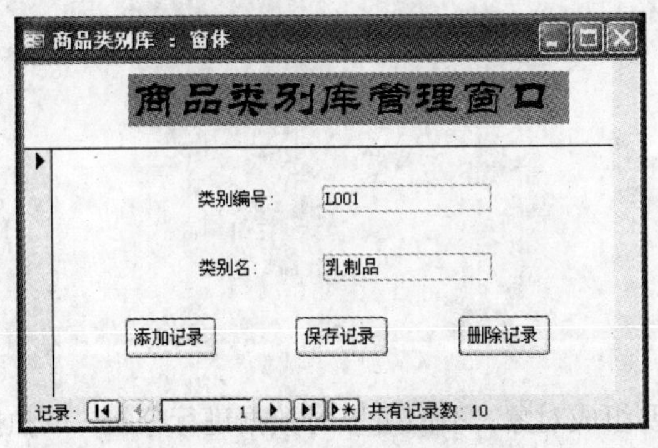

图 5-99 “商品类别库”窗体运行效果

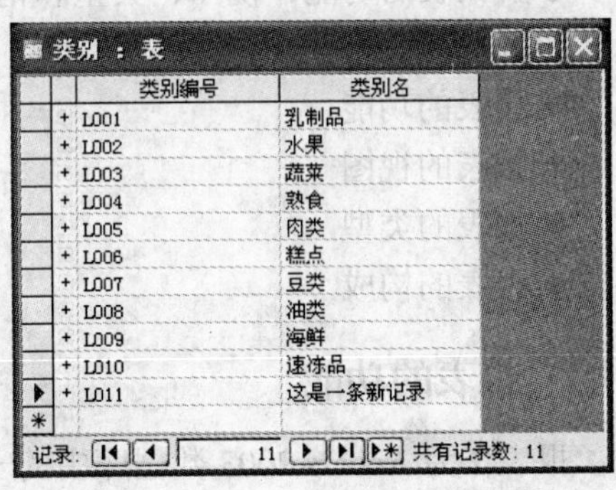
类别 : 表

类别编号	类别名
L001	乳制品
L002	水果
L003	蔬菜
L004	熟食
L005	肉类
L006	糕点
L007	豆类
L008	油类
L009	海鲜
L010	速冻品
L011	这是一条新记录

记录: 11 共有记录数: 11

图 5-100　添加新记录的表

第6章　报　表

报表是通过打印方式来展示数据的。报表需要具备较为完善的汇总与分析能力，这样才能体现出与其他数据库对象之间的差别。Access 2003 提供的报表功能可以有目的地输出数据，从而为用户提供一个有用的检索信息方法。用户可以通过控制报表上内容的大小和外观来按照所需方式显示信息。

6.1　报表概述

报表是 Access 2003 重要的数据库对象之一，主要用来显示经过汇总、分组的信息，并将其打印出来，以便被广泛地传阅和利用。

【学习目标】

了解报表的功能、视图、类型和构成。

【知识点】

- 报表的功能
- 报表的视图
- 报表的类型
- 报表的构成

6.1.1　报表的功能

报表作为 Access 2003 数据库中的一个重要组成对象，不但可以对数据进行分组，单独提供各项数据和执行计算，还具备了下列几项功能：

- 可以用图表和其他控件类型增强报表效果，美化报表的外观。
- 可以制成各种易于用户阅读和理解的格式。
- 可以利用图表和图形说明数据的含义。
- 可以在每页的页眉和页脚设置打印信息。

6.1.2　报表的视图

Access 2003 为报表的操作提供了 3 种视图模式，分别为设计视图、打印预览视图和版面预览视图。

- 设计视图：用于创建和修改报表设计、自定义对象、设置控件属性等。
- 打印预览视图：用于预览报表中页面信息的输出结果。
- 版面预览视图：用于查看报表的版面设置。

用户可以通过选择菜单栏中的“视图”菜单，从弹出的下拉菜单中选择“设计视图”、“打印预览”或“版面预览”命令切换视图模式。

6.1.3　报表的类型

Access 2003 提供的报表可分为：纵栏式报表、表格式报表、图表报表和标签报表 4 种基本类型。

1．纵栏式报表

纵栏式报表又称为窗体报表，通常是以垂直方式在每页的主体区域显示一个或多个记录，并且记录的字段标题和数据内容被放置在一起。纵栏式报表只可以用于查看数据，不能用来输入数据。

纵栏式报表的显示如图 6-1 所示。

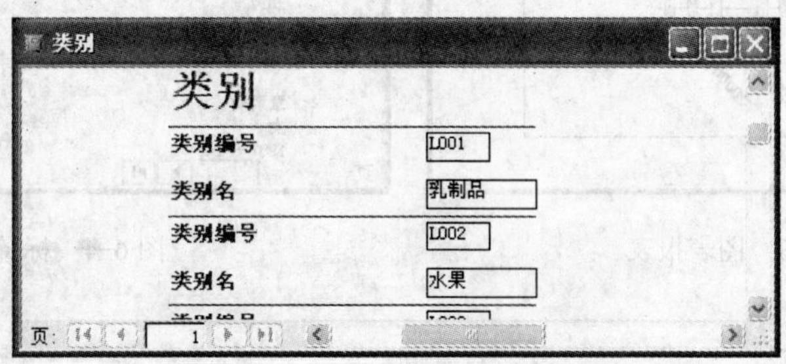

图 6-1　纵栏式报表

2．表格式报表

表格式报表又称为分组/汇总报表，是以整齐的行、列形式显示数据的，类似于用行和列显示数据的表格，通常一行显示一条记录，一页显示多条记录。表格式报表中的记录字段标题在页面页眉中显示。

用户可以在表格式报表中为字段设置分组，显示分组统计数据，还可以根据需要在报表中添加各种图片及备注文本。

表格式报表的显示如图 6-2 所示。

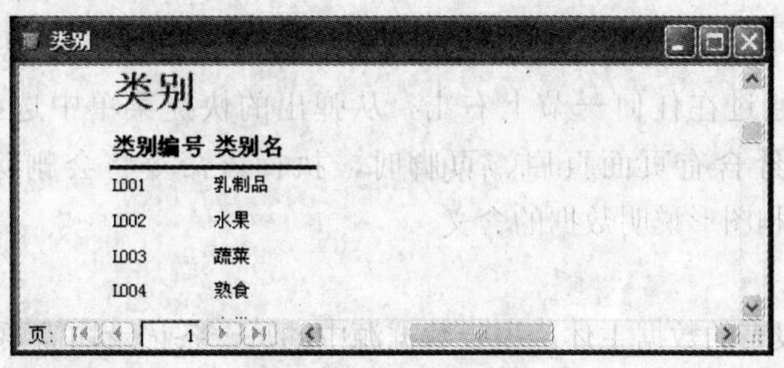

图 6-2　表格式报表

3．图表报表

在报表中使用图表可以更直观地显示数据之间的关系。Access 2003 提供了多种图形样式，包括折线图、柱形图、饼图、环形图、面积图、三维条型图等。

利用这些图形可以对数据进行统计，也可以显示并打印出图表，还可以美化报表，使信息更直观。

图表报表的显示如图 6-3 所示。

4．标签报表

标签报表是一种比较特殊的报表类型，它可以将数据表示成邮件标签形式。

特点：可大批量打印邮件标签。其打印预览效果如图 6-4 所示。

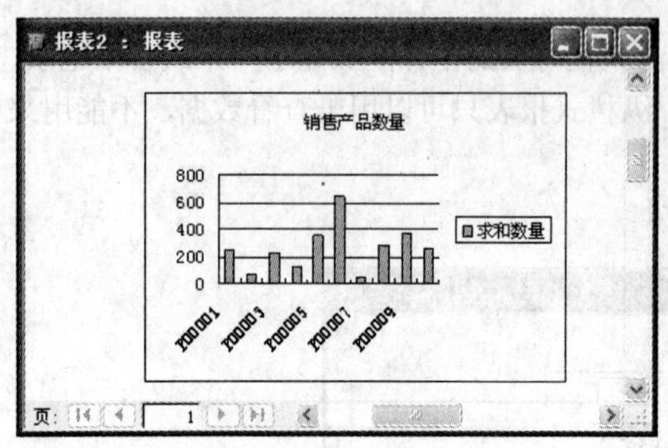

图 6-3　图表报表

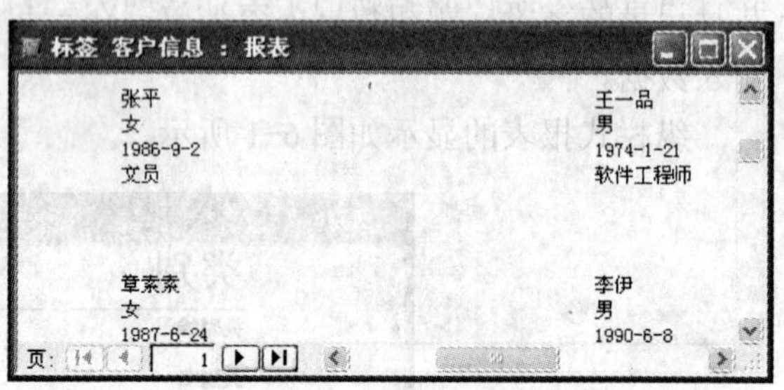

图 6-4　标签报表

6.1.4　报表的构成

在报表的设计视图中，可以将整个区域分为 5 个节，它们分别是报表页眉、页面页眉、主体、页面页脚和报表页脚。

1．报表页眉

报表页眉位于整个报表的顶端，一般以大字体显示报表的标题、图形和说明性文字。每个报表对象只有一个报表页眉，打印时只出现在整个报表第一页的顶端。

2．页面页眉

页面页眉中的文字或控件显示在每一报表页的上方。在表格式报表中，利用页眉来显示列标题等内容。

如果要向报表中添加页面页眉或页面页脚，可以通过选择“视图”|“页面页眉/页脚”命令，也可以通过在任何一节上右击，从弹出的快捷菜单中选择“页面页眉/页脚”命令。当报表中已经含有页面页眉、页脚时，执行该命令将会删除页面页眉、页脚及其中的组件。

3．主体

主体中包含了报表的数据主体。报表数据源中的每一条记录均需要通过文本框或其他控件绑定显示。如果遇到不需要主体的特殊报表，可以在其属性表中将主体的“高度”属性设置为“3cm”。

4．页面页脚

页面页脚显示在报表中每一页的最下方，一般用来显示页码或控制项的合计内容。页面页脚与页面页眉使用相同的命令来添加和删除。

5．报表页脚

一般用于对整个报表进行总体说明，可以显示报表的总计等内容。报表页脚是报表设计中的最后一个节，其显示在最后一页的页面页脚之前。

除了上面提到的 5 个基本节之外，还可以对分组报表建立多层次的“组页眉”和“组页脚”。一般可设置的层次为 3～6 层。

6．组页眉

“组页眉”用于在记录组的开头显示分组字段信息。要创建“组页眉”，可选择“视图”|“排序与分组”命令，打开“排序与分组”对话框，然后在“字段/表达式”列中选择作为分组的一个字段或表达式，并将“组页眉”属性设置为“是”，如图 6-5 所示。

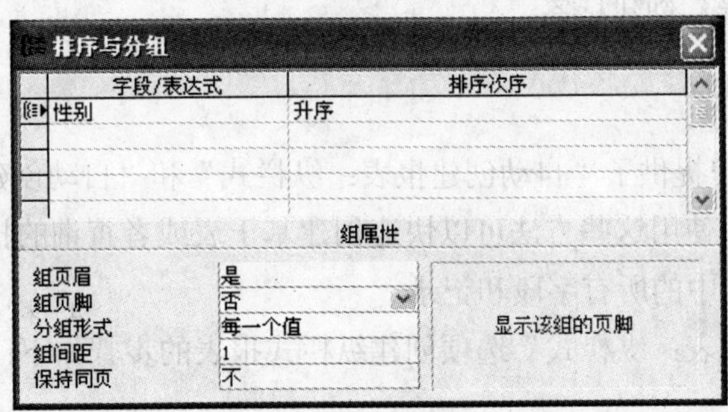

图 6-5　设置参数

7．组页脚

“组页脚”用于在记录组的结尾显示分组统计的数据信息。在实际操作中，“组页眉”和“组页脚”可以根据需要设置。要创建“组页脚”，可选择“视图”|“排序与分组”命令，然后在打开的“排序与分组”对话框中选择作为分组的一个字段或表达式，并将“组页脚”属性设置为“是”。

【总结与回顾】

本节首先介绍了报表的功能：可以对数据进行分组；单独提供各项数据和执行计算；可以用图表和其他控件类型增强报表效果，美化报表的外观；可以制成各种易于用户阅读和理解格式；可以利用图表和图形说明数据含义；可以在每页的页眉和页脚设置打印信息。接着介绍了报表的 3 种视图：设计视图、打印预览视图和版面预览视图。然后介绍了报表的 4 种类型：纵栏式报表、表格式报表、图表报表和标签报表。最后介绍了报表的构成：报表页眉、页面页眉、主体、页面页脚和报表页脚。

【复习思考题】

1．简述报表的功能。

2．简述报表的主要构成部分。

6.2　创建报表

和创建 Access 2003 中的其他数据库对象一样，报表也可以利用向导来创建。下面介绍几种使用向导创建报表的方法。

【学习目标】

掌握自动创建报表、使用“报表向导”创建报表、使用“图表向导”创建报表的方法和步骤，以及如何使用“标签向导”创建标签。

【知识点】

- 自动创建报表
- 使用“报表向导”创建报表
- 使用“图表向导”创建报表
- 使用“标签向导”创建标签

6.2.1 自动创建报表

Access 2003 为用户提供了“自动创建报表：纵栏式”和“自动创建报表：表格式”两种自动创建报表的方法。使用这些方法可以快速创建基于表或者查询的报表，并且所创建的报表能够显示基表或查询中的所有字段和记录。

使用“自动创建报表：纵栏式”选项创建纵栏式报表的步骤如下：

【任务实施】

1）单击数据库窗口对象栏中的“报表”按钮。

2）单击数据库窗口工具栏中的“新建”按钮，打开“新建报表”对话框。

3）在对话框中选择“自动创建报表：纵栏式”选项，在下方的下拉列表框中为报表选择一个数据表或查询，作为数据源，如图 6-6 所示。

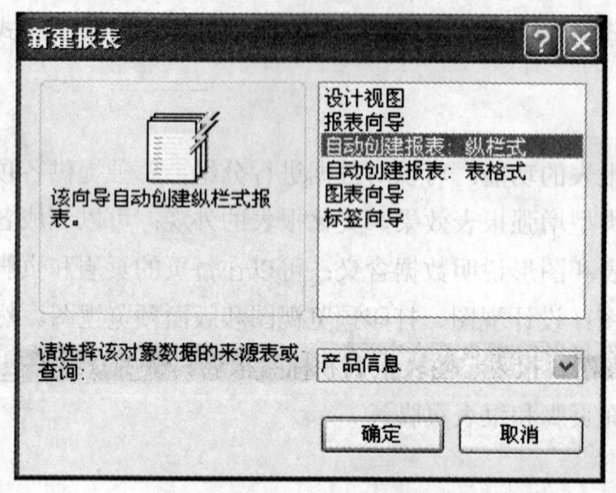

图 6-6 选择选项

4）单击“确定”按钮，系统将自动创建一个纵栏式报表，如图 6-7 所示。从图中可以看出，数据源的所有字段都显示在报表中，并且报表的页尾显示当前的时间和页码。

5）单击工具栏中的“保存”按钮，弹出“另存为”对话框，在“报表名称”文本框中输入报表的名称，如图 6-8 所示。然后单击“确定”按钮即可保存该报表。

如果需要修改报表，可以将数据库窗口切换到报表列表页面，右击报表，从弹出的快捷菜单中选择“设计视图”命令，从打开的设计视图中进行修改即可，如图 6-9 所示。

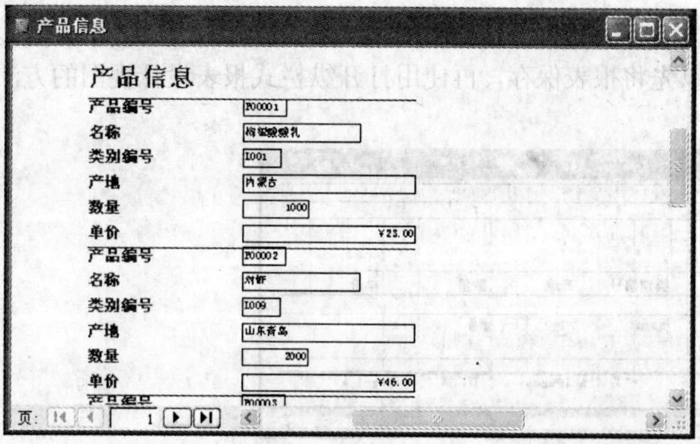

图 6-7　自动创建的纵栏式报表

图 6-8　输入报表名称

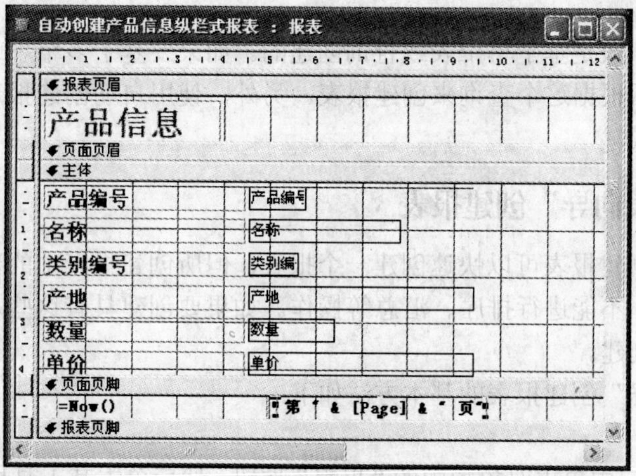

图 6-9　纵栏式报表的设计视图

按照上面的步骤，在“新建报表”对话框中选择“自动创建报表：表格式”选项，系统将会自动创建如图 6-10 所示的报表。从图中可以看出，数据源中的所有字段以表的布局显示在报表中。

图 6-10　自动创建表格式报表显示效果

如果对所创建的报表格式不满意，可以单击工具栏中的按钮，打开表格式报表的设计视图，如图 6-11 所示。用户也可以先将报表保存，再使用打开纵栏式报表设计视图的方法将其打开。

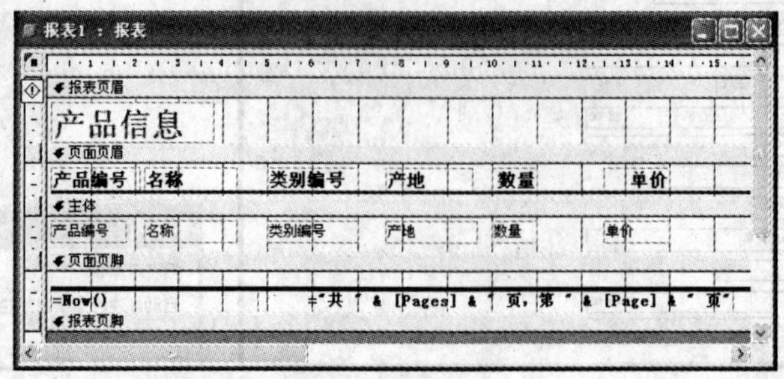

图 6-11 表格式报表的设计视图

【拓展知识】

自动创建报表一般是基于单个表或查询创建的。如果要基于多个表或查询创建，需要先创建一个查询，然后根据这个查询来创建报表。另外，使用自动创建报表创建的报表样式主要为纵栏式和表格式。

6.2.2 使用“报表向导”创建报表

虽然使用自动创建报表可以快速创建一个报表，但所创建报表中的数据只能按表或查询中记录的顺序显示，不能进行排序、汇总等操作。如果要创建具有这些功能的报表，可以使用“报表向导”来创建。

使用“报表向导”创建报表的基本方法如下：

【任务实施】

1）在数据库窗口中单击对象栏中的“报表”按钮，然后单击其工具栏中的“新建”按钮，打开“新建报表”对话框。

2）在“新建报表”对话框中，选择“报表向导”选项，从下方的下拉列表中选择所需的表或查询。

3）单击“确定”按钮，弹出“报表向导”的第一个对话框，如图 6-12 所示。从“可用字段”选项区域中选择字段，单击按钮，添加到“选定的字段”选项区域中。

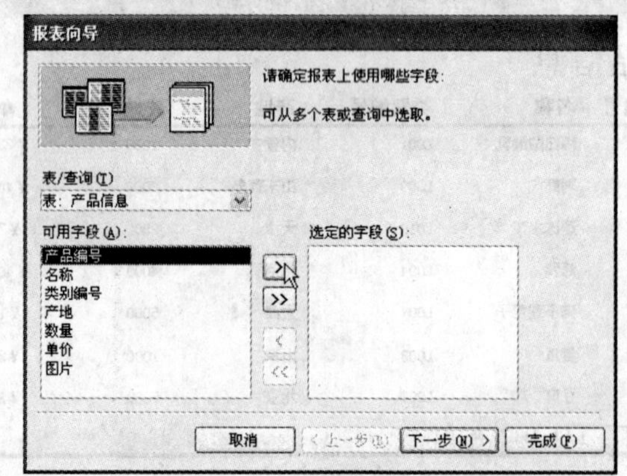

图 6-12 “报表向导”对话框

4）单击“下一步”按钮，打开“报表向导”的第二个对话框，按照系统提示选择作为分组的字段，单击>按钮，为报表设置分组级别，如图 6-13 所示。

单击对话框下方的“分组选项”按钮，将弹出“分组间隔”对话框，如图 6-14 所示。在该对话框中，可以为字段设置分组间隔，设置完成后单击“确定”按钮，返回到报表向导对话框。

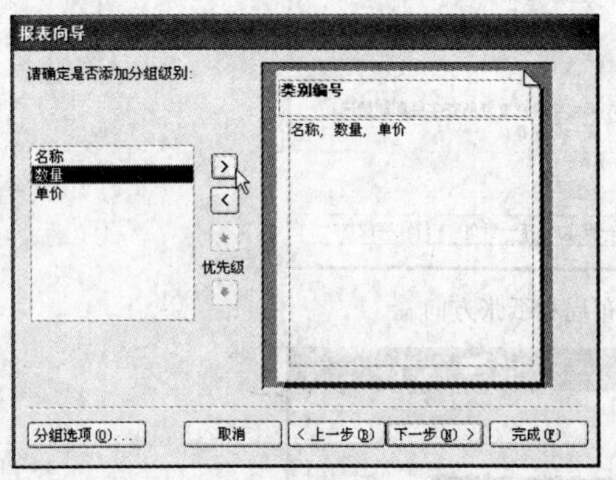

图 6-13　设置分组级别

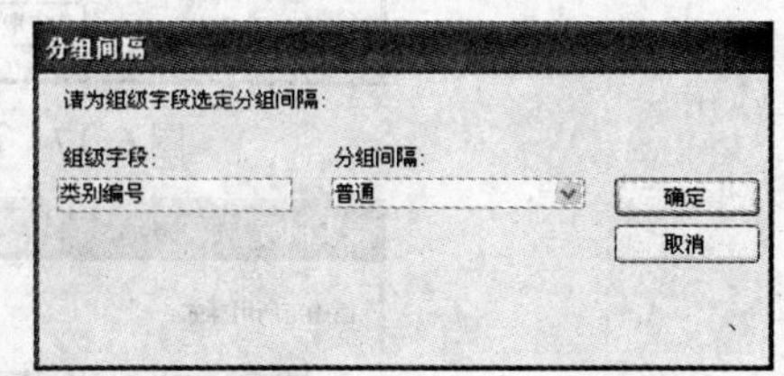

图 6-14 “分组间隔”对话框

5）单击“下一步”按钮，打开“报表向导”的下一个对话框，从中可以对报表的详细记录进行排序和汇总。设置的排序字段不能超过 4 个，可按“升序”或“降序”排列，如图 6-15 所示。

单击界面中的“汇总选项”按钮，可以打开“汇总选项”对话框，如图 6-16 所示。从中可以对数值型字段进行求值和汇总，设置完成后，单击“确定”按钮返回到报表向导对话框。

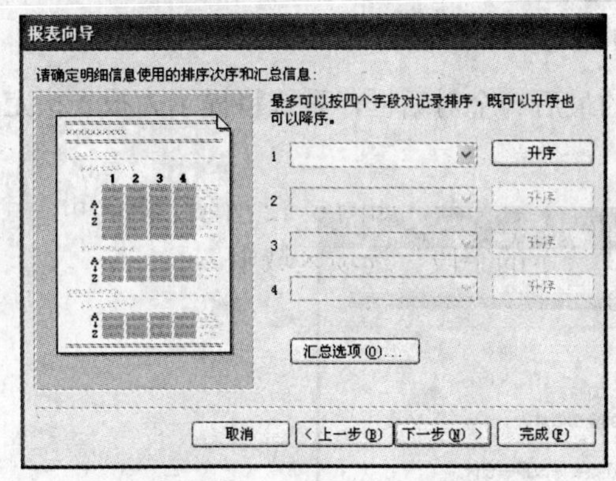

图 6-15　设置字段的排序方式

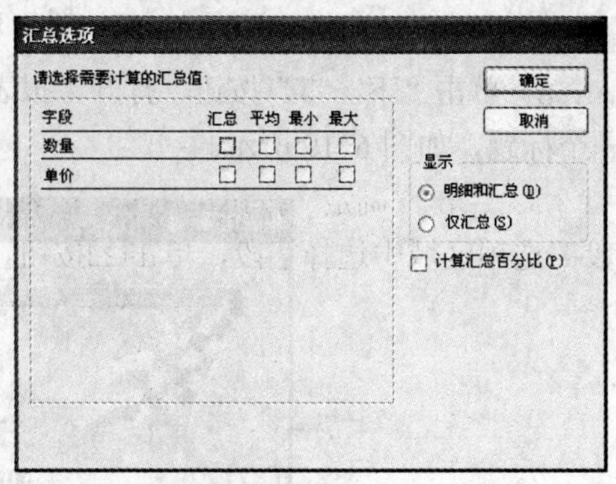

图 6-16 “汇总选项”对话框

6）单击“下一步”按钮，打开“报表向导”的下一个对话框，从中可以设置报表布局和纸张方向，如图 6-17 所示。

7）单击“下一步”按钮，弹出“报表向导”的下一个对话框，选择右侧选项区域中的任意一种样式，便可在左侧的预览框中查看效果，如图 6-18 所示。

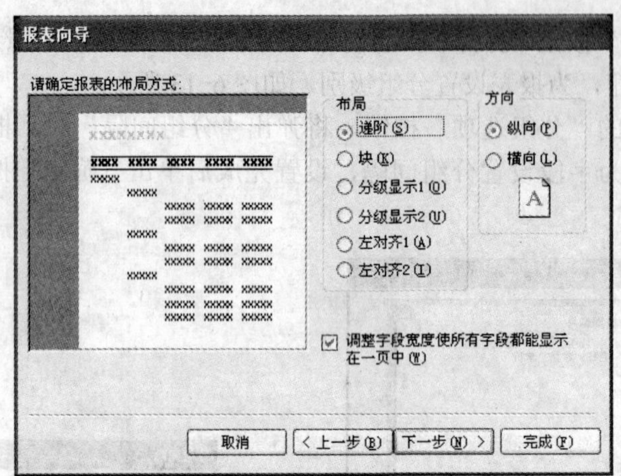

图 6-17　设置报表布局和纸张方向

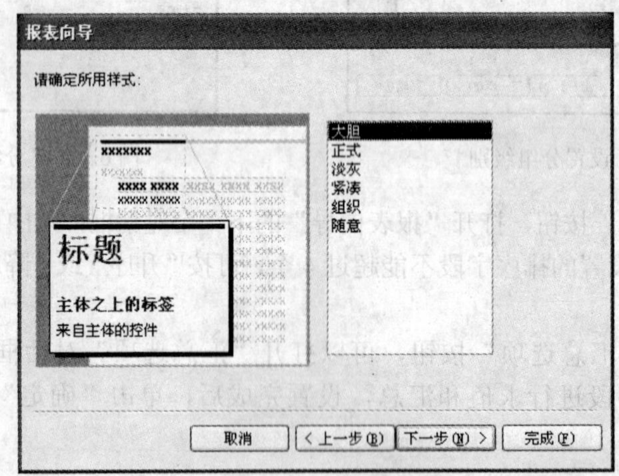

图 6-18　设置报表样式

8）单击“下一步”按钮，打开“报表向导”的最后一个对话框，系统将提示为报表指定一个标题，如图 6-19 所示。

图 6-19 为新建报表设置标题

在该对话框中，可以设置创建报表完成后的动作是预览报表，或修改报表设计。当选择“修改报表设计”单选按钮时，单击“完成”按钮，Access 2003 将启动向导创建表，并切换到报表的设计视图窗口，如图 6-20 所示。

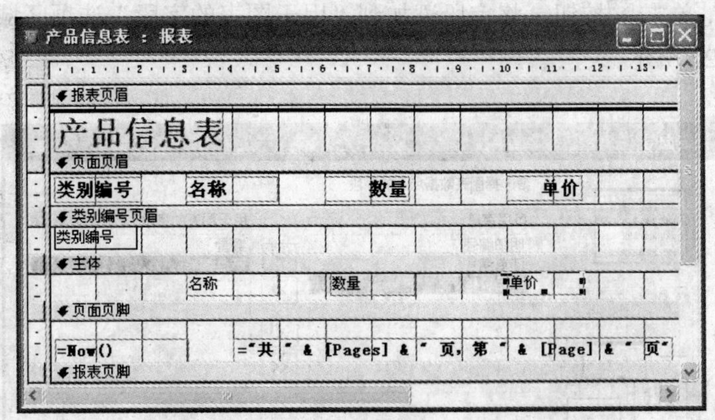

图 6-20　报表的设计视图

如果选择“预览报表”单选按钮，系统将根据设置生成报表的打印预览界面，如图 6-21 所示。

在报表的打印预览视图中，当光标变为放大和缩小的图标时，通过单击可以放大或缩小报表的内容以便与窗口匹配；通过拖动滚动条可以查看被窗口挡住的报表内容。

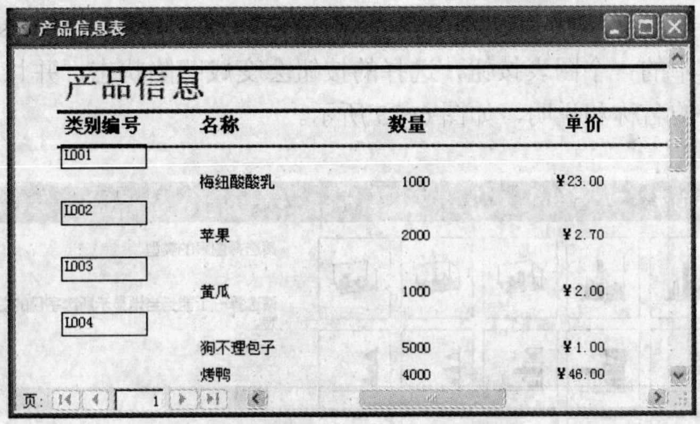

图 6-21　报表的打印预览视图

6.2.3　使用“图表向导”创建报表

使用“图表向导”可以快速生成图表报表。在报表中，常使用图表来直观地表示数据之间的关系。

使用“图表向导”创建报表的步骤如下：

【任务实施】

1）在数据库窗口中单击对象列表中的“报表”按钮，然后单击其工具栏中的“新建”按钮，打开“新建报表”对话框。

2）在“新建报表”对话框中选择“图表向导”选项，在“请选择该对象数据的来源表或查询”下拉列表中选择表或查询。

3）单击“确定”按钮，弹出“图表向导”对话框。在该对话框中，选择“可用字段”选项区域中的字段，单击按钮，将字段添加到“用于图表的字段”选项区域中，最多可以添加 6 个，如图 6-22 所示。

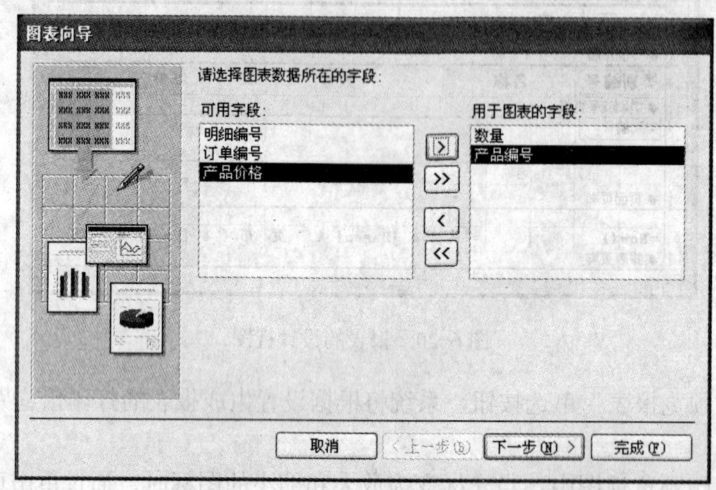

图 6-22　选择字段

4）单击“下一步”按钮，弹出“图表向导”的第二个对话框。Access 2003 提供了多种图表类型，单击其中的一个图表按钮，选择的按钮会变成凹陷状态，并且对话框的右下方会显示选择图表类型的名称和说明，如图 6-23 所示。

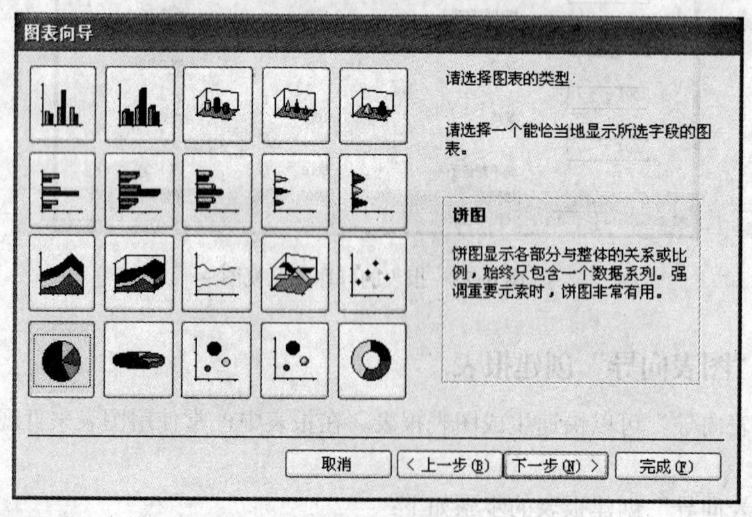

图 6-23　选择图表类型

5）单击“下一步”按钮，打开“图表向导”的下一个对话框，从中确定图表数据的布局方式，以及横坐标和纵坐标，如图 6-24 所示。

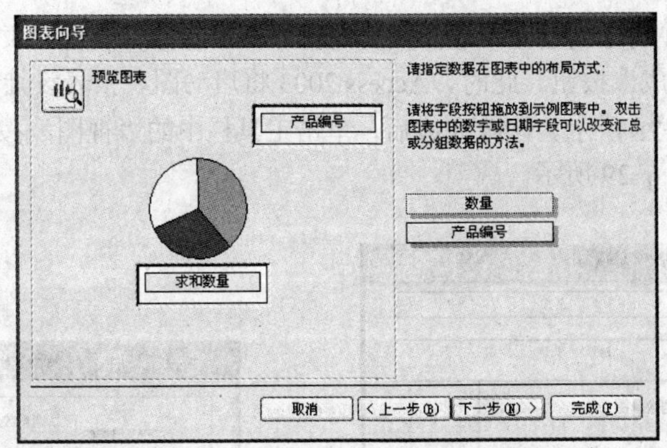

图 6-24　设置布局方式、横坐标和纵坐标

如果要更改字段的汇总方式，可以在“求和数量”上双击，系统会打开“汇总”对话框，如图 6-25 所示。在该对话框中选择相应的选项，然后单击“确定”按钮返回“图表向导”对话框即可。

如果要查看生成的图表效果，可以单击“预览图表”按钮，弹出“示例预览”对话框，如图 6-26 所示。在该对话框中，单击“关闭”按钮即可返回“图表向导”对话框。

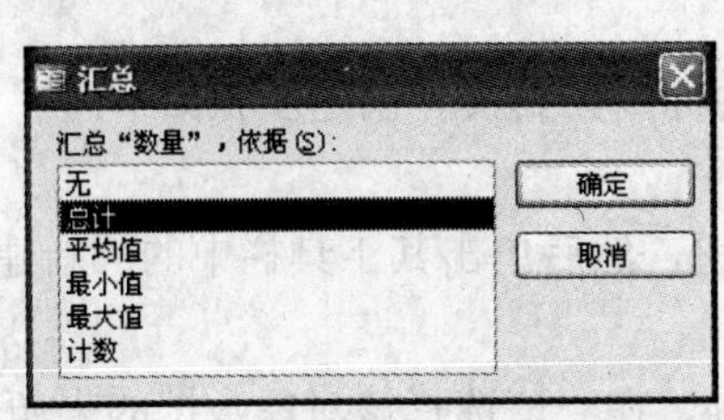

图 6-25　“汇总”　对话框

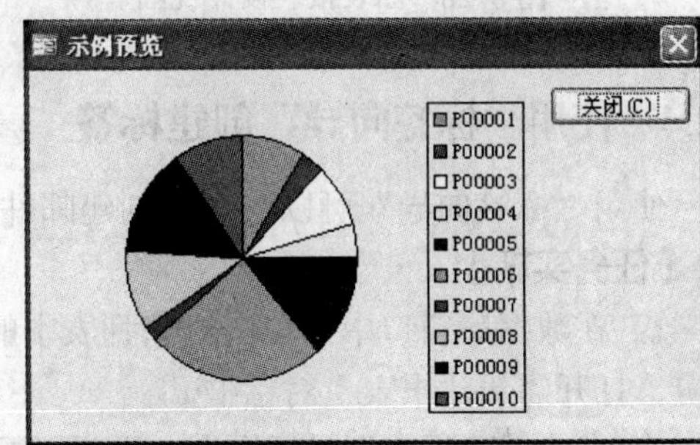

图 6-26　“示例预览”对话框

6）单击“下一步”按钮，在“图表向导”的最后一个对话框中为新建报表设置标题，并选择“是，显示图例。”单选按钮，如图 6-27 所示。

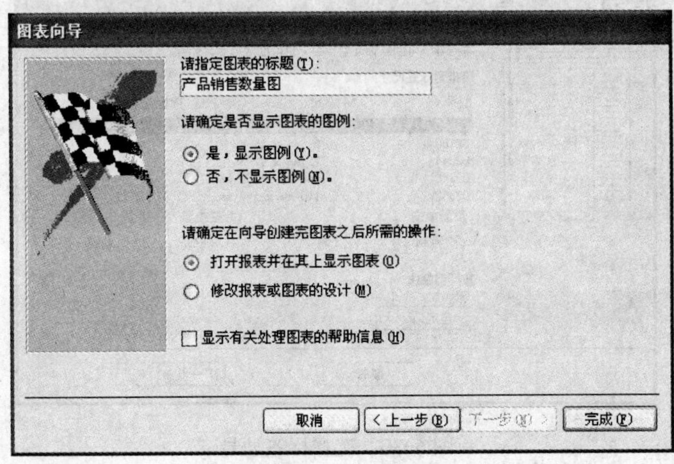

图 6-27　为报表设置标题并设置显示图例

7）在“请确定在向导创建完图表后所需的操作”中选择“修改报表或图表的设计”单选按钮，然后单击“完成”按钮。此时，Access 2003 将启动图表报表设计视图，从中可以对图表进行修改，如图 6-28 所示。修改完成后，单击工具栏中的“视图”按钮，切换到图表报表预览视图，如图 6-29 所示。

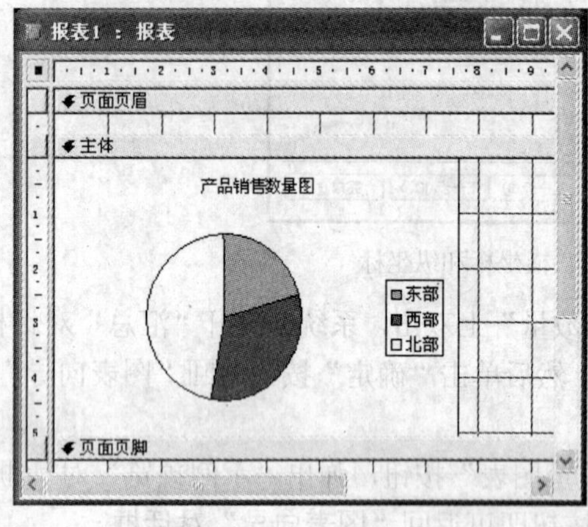

图 6-28　图表报表设计视图

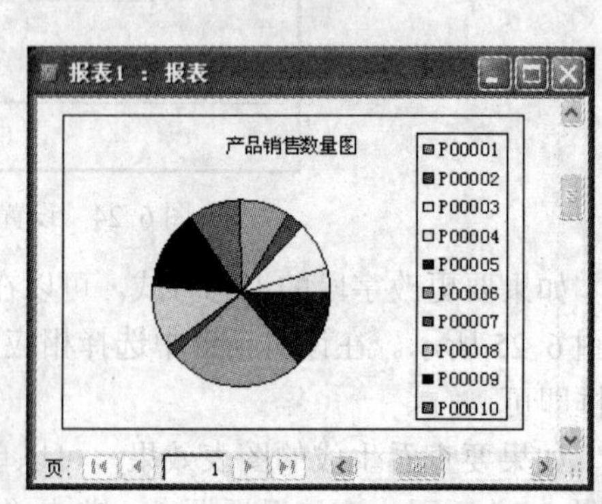

图 6-29　图表报表预览视图

6.2.4　使用“标签向导”创建标签

使用“标签向导”可以快速地创建邮件及其他类型的标签。其具体创建步骤如下：

【任务实施】

1）在数据库窗口中，单击对象列表中的“报表”按钮，然后单击其工具栏中的“新建”按钮，打开“新建报表”对话框。

2）在“新建报表”对话框中，选择“标签向导”选项，在“请选择该对象数据的来源表或查询”下拉列表中选择表或查询，然后单击“确定”按钮，打开“标签向导”对话框，选择所需的标签型号，然后单击“下一步”按钮，如图 6-30 所示。

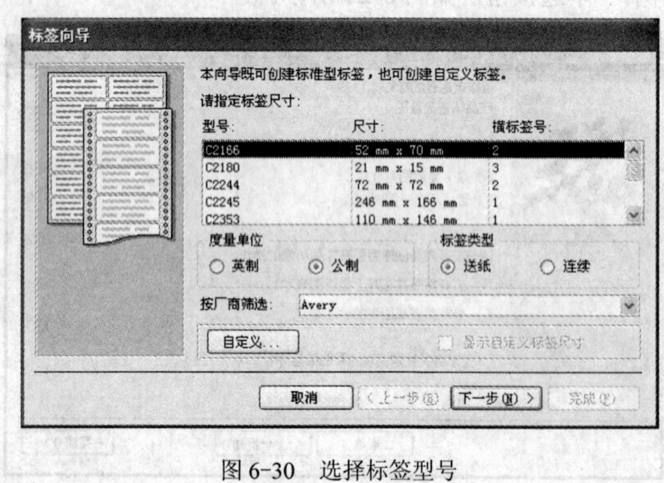

图 6-30　选择标签型号

3）此时，打开“标签向导”的第二个对话框，从中设置文本的字体样式，如图 6-31 所示。

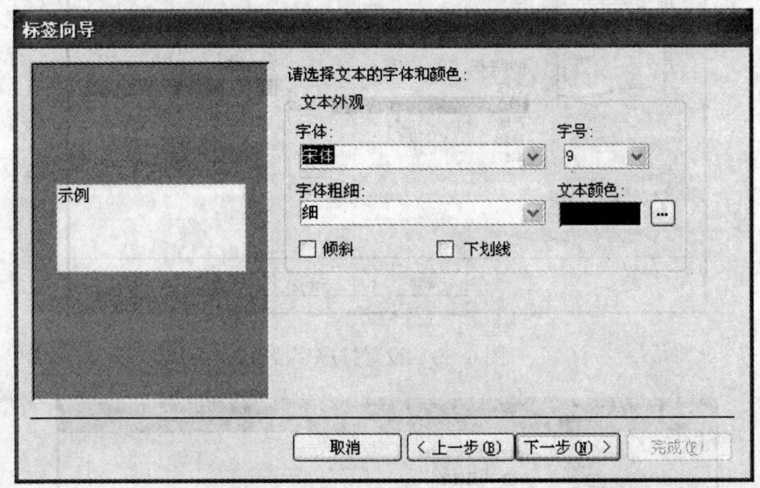

图 6-31　选择标签文本的字体和颜色

4）设置完毕后，单击“下一步”按钮，打开“标签向导”的下一个对话框，在“可用字段”选项区域中选择字段，也可以直接输入文本，添加完一个字段之后按〈Enter〉键，然后继续添加下一个字段。这样，在生成报表后，系统会在下一行显示另一个字段值。另外，也可以在大括号前面输入任何普通的字符，例如产地：{产地}，在预览报表时，这些普通的字符也将显示在标签报表上，如图 6-32 所示。

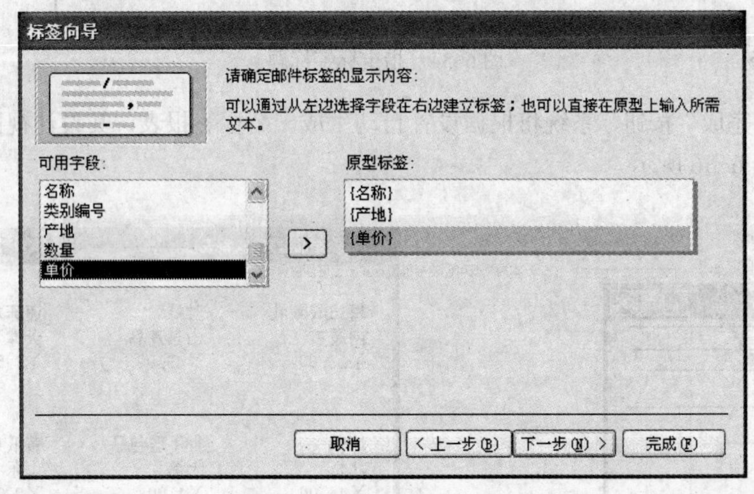

图 6-32　设置标签显示内容

5）设置完成后单击“下一步”按钮，打开“标签向导”的下一个对话框，从中可以根据需要设置标签排序所依据的字段，如图 6-33 所示。

6）单击“下一步”按钮，打开“标签向导”的最后一个对话框，从中设置此报表的名称，并选择“查看标签的打印预览”单选按钮，如图 6-34 所示。

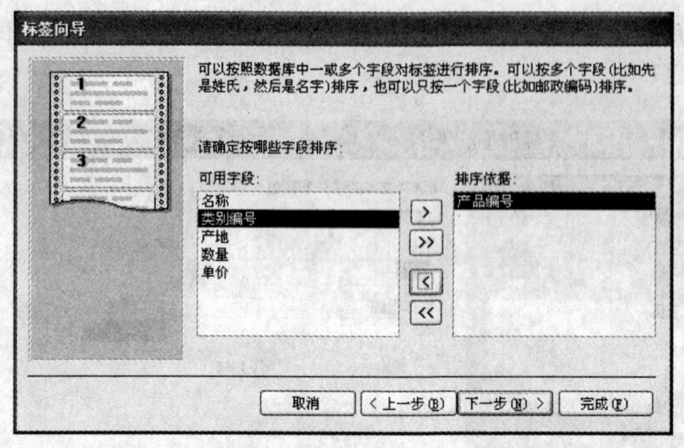

图 6-33 设置排序字段

图 6-34 指定标签标题

7）单击“完成”按钮，系统将根据设置自动生成一个标签报表，其设计视图和预览视图如图 6-35 和图 6-36 所示。

图 6-35 标签设计视图

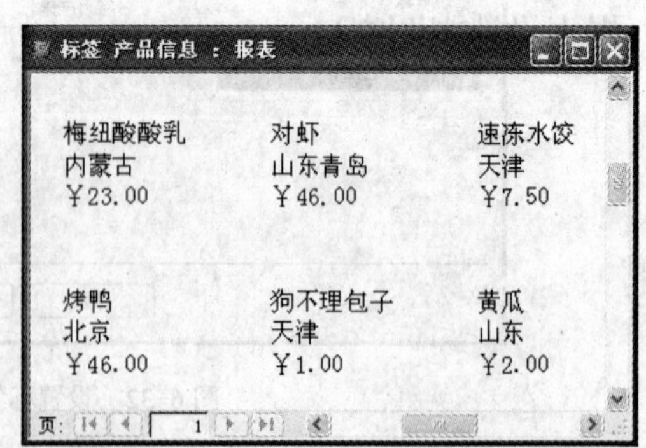

图 6-36 标签预览视图

【总结与回顾】

本节首先介绍了使用“自动创建报表：纵栏式”创建报表的方法和步骤，接着介绍了使用“报表向导”创建报表的详细方法和步骤，然后介绍了使用“图表向导”创建报表的详细方法和步骤，最后介绍了如何使用“标签向导”创建标签。

【复习思考题】

1．简述自动创建报表的方法及步骤。

2．简述使用“报表向导”创建报表的方法及步骤。

3．简述使用“图表向导”创建报表的方法及步骤。

4．简述如何使用“标签向导”创建标签。

6.3 设计报表

使用 Access 2003 提供的“报表向导”可以非常方便地创建报表，但使用该方法创建的报表形式有限，功能单一，很多时候不能满足用户的要求。这时就可以通过报表设计视图来创建和修改报表。

使用报表的设计视图可以创建具有各种总计、多个字段等比较复杂的报表，还可以定义报表的分组和排序、添加复杂表达式的非综合型控件数据源、在报表中添加子报表，以及为各种控件创建事件过程，例如圈阅数据、设置条件格式等。

【学习目标】

了解报表设计视图窗口的功能，掌握使用报表设计视图创建功能丰富报表的方法，掌握使用控件为报表添加标签、文本框的方法，掌握如何优化报表，从而制作出简洁、整齐并且突出数据易查阅的报表。

【知识点】

- 报表设计视图窗口
- 报表设计视图的使用
- 使用控件
- 优化报表

6.3.1 报表设计视图窗口

在数据库窗口中，选择“报表”对象，单击“新建”按钮，弹出“新建报表”对话框。选择“设计视图”选项，在“请选择该对象的来源表或查询”下拉列表中选择一个表或查询，然后单击“确定”按钮，打开一个空白的报表设计视图，如图 6-37 所示。报表分为 3 部分：页面页眉、主体和页面页脚。同时，还会弹出报表设计视图的工具箱（如图 6-38 所示）和一个字段列表窗口。

在报表的设计视图中，拖动“工具箱”中的按钮和字段列表窗口中的字段，可以向报表中添加各种控件和对象，并可以在“属性”对话框中对这些控件进行布局。

【拓展知识】

单击工具栏中的“工具箱”按钮或“字段列表”按钮，可以显示、隐藏工具箱或字段列表窗口。

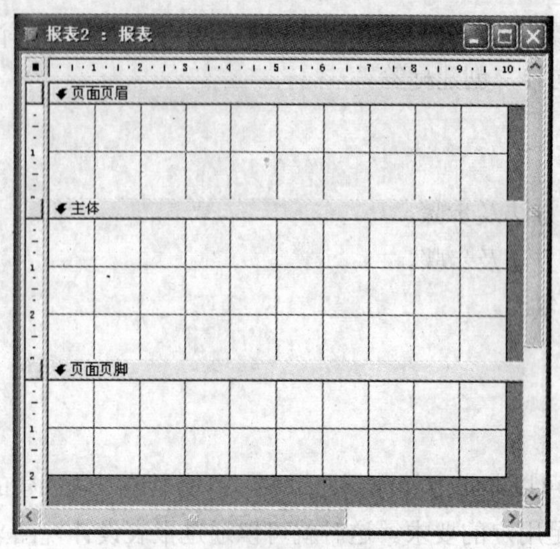

图 6-37　报表的设计视图窗口

图 6-38　工具箱

6.3.2　报表设计视图的使用

在报表中，不同的节存放不同作用和特性的信息。用户可以在设计视图中手动创建表，以满足需要。

下面将介绍如何在报表的设计视图中自定义报表。

1. 在报表中添加字段

在报表中添加字段的方法如下：

【任务实施】

1）选择字段列表窗口中的某个字段，然后按住鼠标左键，将选择的字段拖到设计视图中，这时光标呈小标签形状。

2）将字段拖到恰当的位置后，释放鼠标，系统将创建一个标签和文本框。标签中的内容为所选字段的标题，文本框数据源绑定用于显示字段的值，如图 6-39 所示。

如果要将标签拖动到“页面页眉”区域中，则需在选择的标签部分右击，从弹出的快捷菜单中选择“剪切”命令，然后将光标移到“页面页眉”的任意部分，在该区域中右击，从弹出的快捷菜单中选择“粘贴”命令，即可将标签粘贴到“页面页眉”区域中，然后调整其位置即可，如图 6-40 所示。

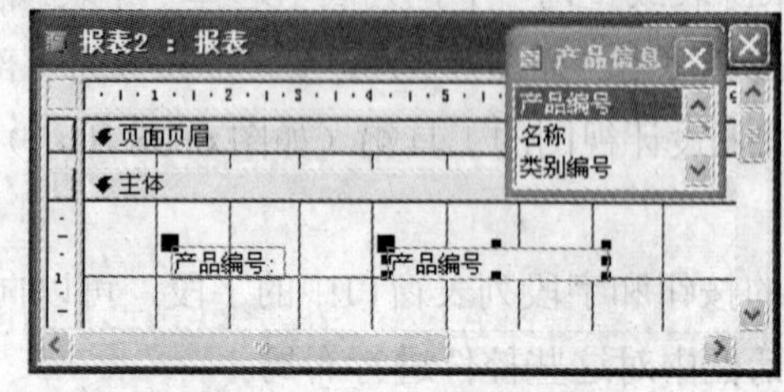

图 6-39　添加字段的效果

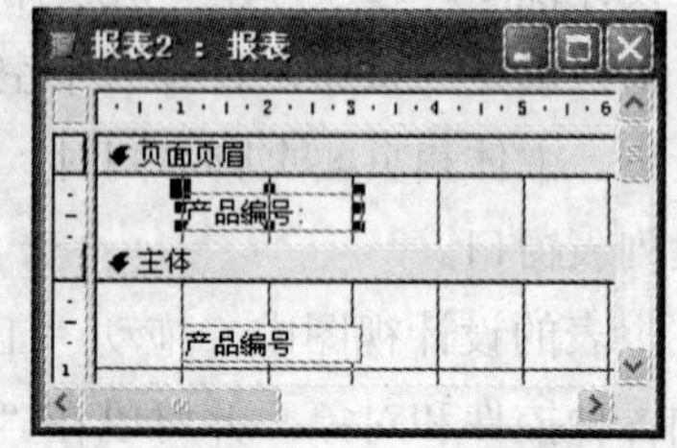

图 6-40　移动标签位置

2. 在报表中排序、分组

在报表中添加完字段后，可以按照某字段对报表中的内容进行排序和分组。在报表中排序、分组的方法如下：

【任务实施】

1）打开报表的设计视图，选择“视图”|“排序和分组”命令或单击工具栏中的“排序和分组”按钮，打开“排序与分组”对话框。

2）单击“字段/表达式”下方的单元格，从下拉列表中选择要进行排序的选项，在对话框的“组属性”区域中将显示一系列的分组属性，在其中设置相应的属性值即可。

3）单击“关闭”按钮，关闭对话框，相应的设置便会出现在设计视图区域内。单击工具栏中的“视图”按钮，打开当前报表的预览视图，系统会根据设置自动留出组与组之间的空白距离，如图 6-41 所示。

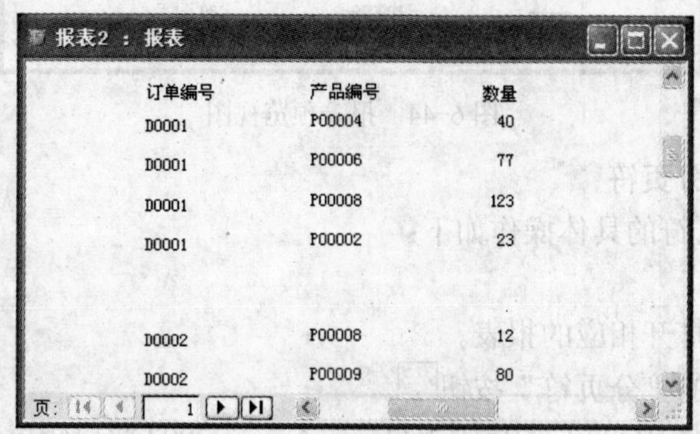

图 6-41　分组后的报表预览视图

3. 在报表中添加公式

用户可以按照分组结果在报表中添加公式，使报表能显示各组的计算结果。其具体的操作步骤如下：

【任务实施】

1）单击“工具箱”中的“文本框”控件按钮，将光标移到分组的页脚区域中，按住鼠标左键并拖动，然后释放鼠标，即可创建一个“文本框”控件，将其标签设置为“总计数量:”，在工具栏选择相应的选项设置显示格式。

2）选择“文本框”控件，单击工具栏中的“属性”按钮，打开“文本框”控件的属性对话框，切换到“数据”选项卡，在其“控件来源”文本框中输入公式，如图 6-42 所示。

3）设置完成后，关闭“属性”对话框，当前报表的设计视图如图 6-43 所示。

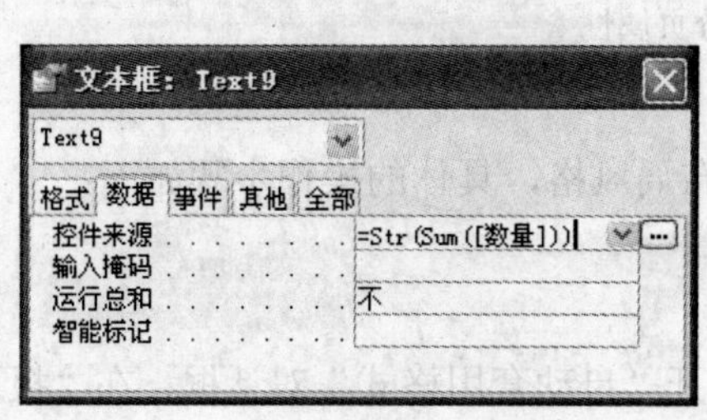

图 6-42　设置文本框属性

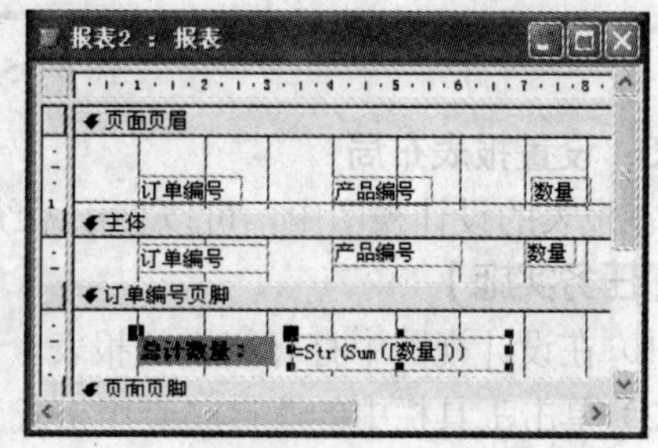

图 6-43　添加公式后的设计视图

4）单击工具栏中的“视图”按钮，即可显示添加汇总公式的报表预览视图，如图 6-44 所示。

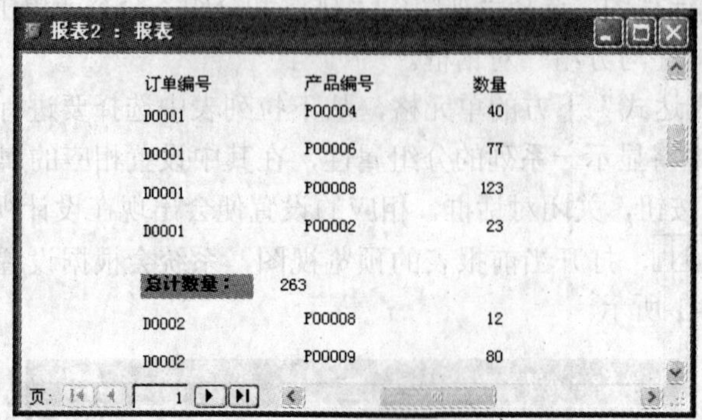

图 6-44 报表预览视图

4. 在报表中添加分页符

在报表中添加分页符的具体操作如下：

【任务实施】

1）在设计视图中打开相应的报表。

2）单击工具箱中的“分页符”按钮。

3）在报表中需要设置分页符的位置上单击，Access 2003 将以短虚线在报表左边界上进行标识。

4）如果需要将报表中的所有记录或记录组都在另一页显示，可以通过设置“组页眉”、“组页脚”或主体的“强制分页”属性来实现，如图 6-45 所示。

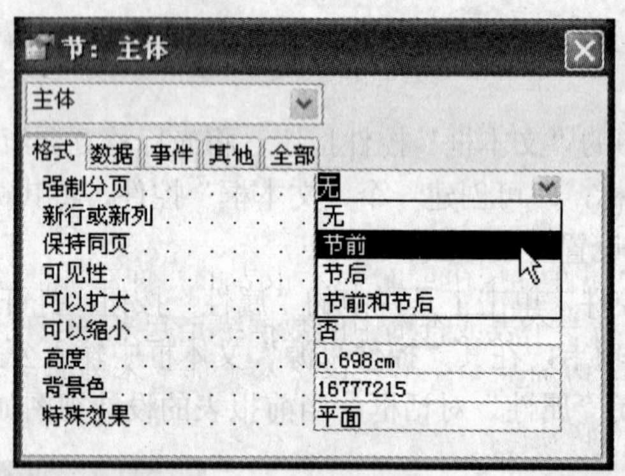

图 6-45 设置强制分页属性

5. 设置报表布局

在报表的设计视图中，可以使用系统预定义的布局风格，具体的操作步骤如下：

【任务实施】

1）在设计视图中打开相应的报表。

2）单击工具栏中的“自动套用格式”按钮，打开“自动套用格式”对话框，在“报表自动套用格式”选项区域中选择所需要的风格。如果要指定具体的字体、颜色和边框等属性，可以单击“选项”按钮，在对话框底部将显示“应用属性”选项区域，从中选择即可。

6. 在报表中添加页码

如果要为报表添加页码，可以在设计视图中选择“插入”|“页码”命令，打开“页码”对话框，如图 6-46 所示。在该对话框中，用户可以根据需要设置页码的“格式”、“位置”和“对齐方式”等选项。

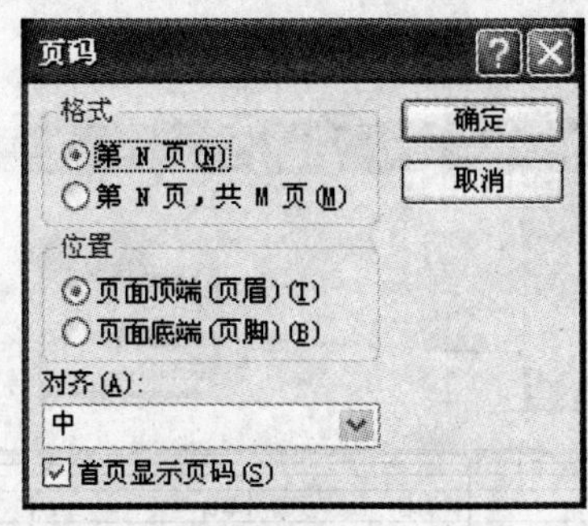

图 6-46 “页码”对话框

一般情况下，页码有以下几种对齐方式。

- 左：在页的左侧添加页码。
- 中：在页的中间添加页码。
- 右：在页的右侧添加页码。
- 内：奇数页添加在左侧，偶数页添加在右侧。
- 外：奇数页添加在右侧，偶数页添加在左侧。

7. 绑定数据源

一般情况下，不会为新创建的报表设计视图指定数据来源。对于绑定型控件，只有指定了数据来源才能进行数据绑定。

为新建的空白报表指定数据源的操作步骤如下：

【任务实施】

1）在“新建报表”对话框中选择“设计视图”选项，然后单击“确定”按钮，以建立空的报表。也可以双击对象右侧窗口中的“在设计视图中创建报表”选项，建立一个空白的报表。

2）单击工具栏中的“属性”按钮，显示报表的属性对话框。

3）如果要将空白报表与一个表或查询中的数据绑定起来，则在报表属性对话框的“数据”选项卡中打开“记录源”下拉列表，从中选择一个表或者查询即可。如果要将空白表与多个表或查询的数据绑定起来，必须单击“记录源”旁边的按钮，切换到查询生成器窗口，如图 6-47 所示。

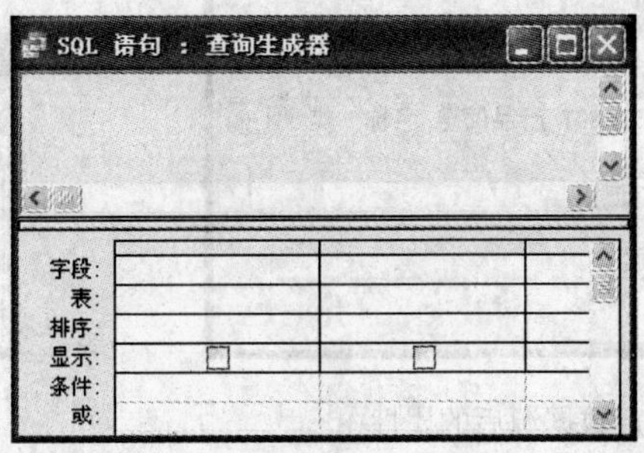

图 6-47 查询生成器窗口

4）Access 2003 在打开查询生成器的同时，还会打开“显示表”对话框。在“显示表”对话框中，双击包含所需字段的表或者查询，将其添加到“查询生成器”窗口中的“字段”行中，然后单击“关闭”按钮，关闭“显示表”对话框。

5）从“查询生成器”窗口中的“字段”行中，将所需要的字段拖动到设计网格中，如图 6-48 所示。

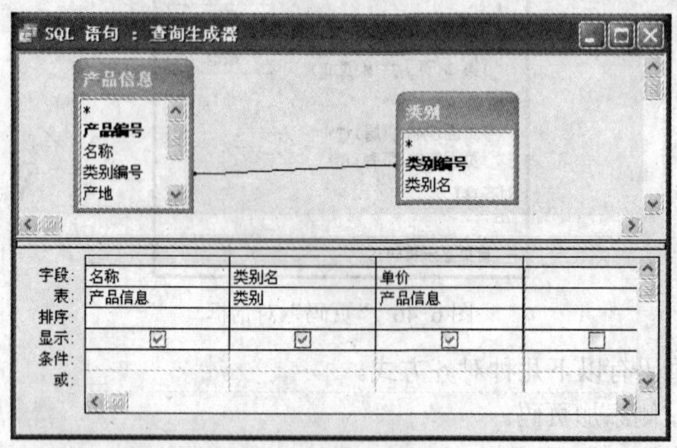

图 6-48　拖动字段到设计网格

6）单击“关闭”按钮，关闭“查询生成器”窗口。此时 Access 2003 会弹出提示框，询问用户是否保存对报表属性的修改，单击“是”按钮保存，如图 6-49 所示。

图 6-49　保存信息提示框

7）此时，报表属性对话框中的“记录源”属性显示出数据来源，如图 6-50 所示。

8）关闭属性对话框，返回到设计视图，会发现出现了如图 6-51 所示的字段列表对话框，拖动窗口的字段到报表“主体”节中便可创建报表。

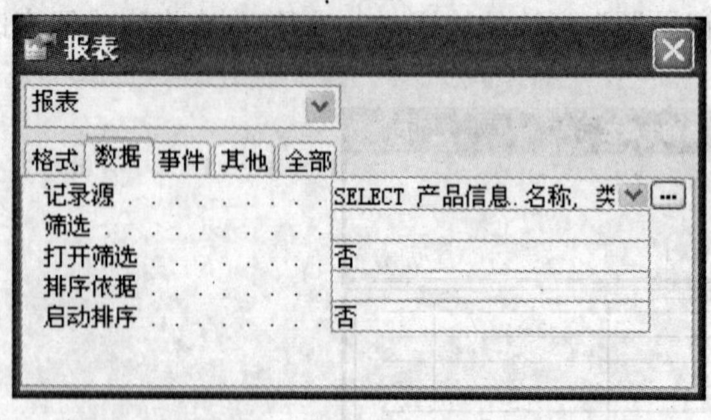

图 6-50　绑定数据源后的属性

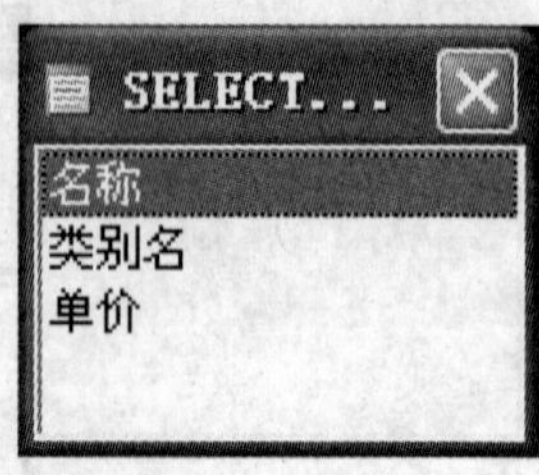

图 6-51　字段列表窗口

6.3.3 使用控件

使用控件可以显示说明性文字、计算汇总结果、操作程序执行，并且可装饰报表。在报表中添加的每个对象都是控件，例如标签、文本框、列表框、单选按钮等。

报表中的控件可分为绑定型、非绑定型、计算型 3 种。绑定控件与基表或者查询中的字段相关联，主要用于显示数据库中的字段值。计算型控件以表达式作为数据来源，表达式可以使用报表的基表或者查询字段中的数据，也可以使用报表上其他控件的数据。非绑定控件则没有数据来源，它可以显示说明性信息、线条、矩形及图像。

1．添加标签

标签可在报表中显示说明性文字，如表头、标题或简短的提示等。标签并不显示字段或者表达式的数值，它是非绑定型的控件，所以值不会发生变化。另外，标签还可以附加到其他控件上。

在报表中添加标签作为标题的操作步骤如下：

【任务实施】

1）在“设计”视图中打开一个报表。

2）选择“视图”|“工具箱”命令或单击工具栏中的“工具箱”按钮，打开“工具箱”。

3）单击工具箱中的“标签”按钮，然后在“报表页眉”中要放置标签的地方单击并拖动，释放鼠标，在标签中输入相应的文本，如图 6-52 所示。

图 6-52　给报表添加标签

【拓展知识】

如果要在标签中显示多行文本，可以在输入所有文本后调整标签的大小，也可以在每一行的结尾处通过按〈Ctrl+Enter〉组合键输入一个回车符，此时 Access 2003 将根据输入自动换行。标签的最大宽度取决于第一行文本的长度。如果要在标签中使用 And 符号（&），则需要输入“&&”作为连续符号。

2．添加文本框

“文本框”控件可以用来在报表上显示某个表、查询或者 SQL 语句中的数据。报表中的“文本框”控件分为 3 种类型：

- 绑定型
- 非绑定型
- 计算型

下面分别介绍这 3 种类型文本框的添加方法。

（1）创建绑定型文本框

在报表中添加绑定型文本框的操作步骤如下：

【任务实施】

1）在设计视图中打开相应的报表。

2）单击工具栏中的“字段列表”按钮，然后在弹出的字段列表窗口中选择一个或多个字段。如果“字段列表”按钮处于不可用或无效状态，说明还没有指定记录源，需要在属性对话框为报表设置相应的记录来源。

3）将字段列表中的字段拖动到报表中，Access 2003 将在报表中为所选的每一个字段添加一个文本框。每个文本框都与报表的基础数据库源中的某个字段绑定，每个文本框也都有一个默认的附加标签。

4）调整文本框的大小，使其大小适合要显示的数据。

（2）创建非绑定型文本框

非绑定型文本框可以用于接收用户所输入的数据，但非绑定型文本框中的数据不会被保存。

创建非绑定型文本框的步骤如下：

【任务实施】

1）在设计视图中打开相应的报表。

2）单击工具箱中的“文本框”按钮ab|。

3）在报表的任何位置单击，创建一个默认大小的文本框，也可以使用拖曳的方式创建一个所需大小的文本框，如图 6-53 所示。

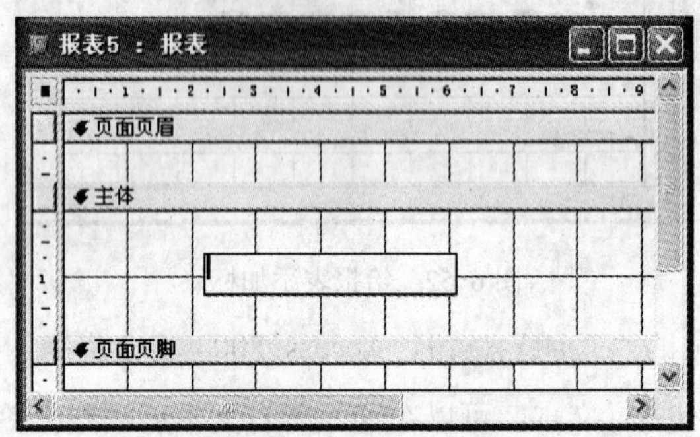

图 6-53　创建非绑定型文本框

（3）创建计算型文本框

计算型文本框是一种非绑定型文本框，可以在报表中显示数值的计算结果。

创建计算型文本框的操作步骤如下：

【任务实施】

1）在“设计”视图打开一个相应的报表。

2）单击工具箱中的“文本框”按钮ab|。

3）在报表上要放置控件的位置处单击并适当拖动鼠标。

4）双击其附加的“标签”控件，打开标签属性对话框，在“格式”选项卡中的“标题”属性栏中输入内容，如图 6-54 所示。设置完成后，关闭标签属性对话框。

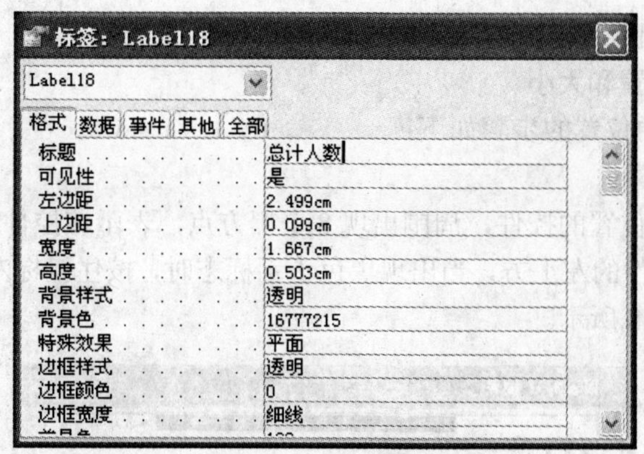

图 6-54　设置“标题”属性

5）双击“文本框”控件，打开文本框的属性对话框。在“数据”选项卡中的“控件来源”属性栏中输入表达式，如图 6-55 所示。也可以单击后面的按钮，在打开的“表达式生成器”对话框中创建字段间的关系，如图 6-56 所示。在“表达式生成器”对话框中指定字段间的关系后，单击“确定”按钮退出。

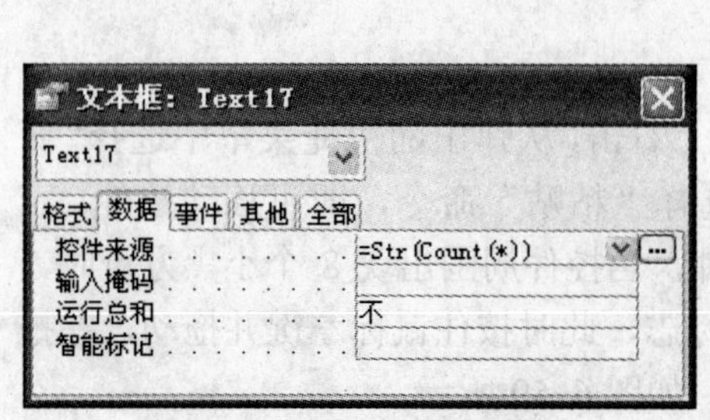

图 6-55　设置“控件来源”属性

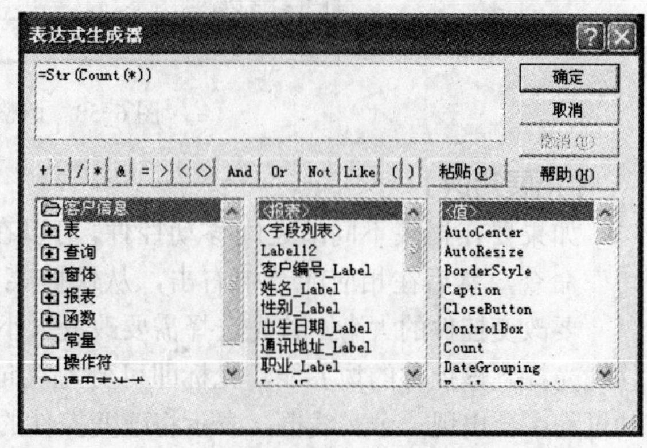

图 6-56　“表达式生成器”对话框

6）单击设计视图上的“关闭”按钮，Access 2003 将会提醒用户保存报表，如图 6-57 所示。

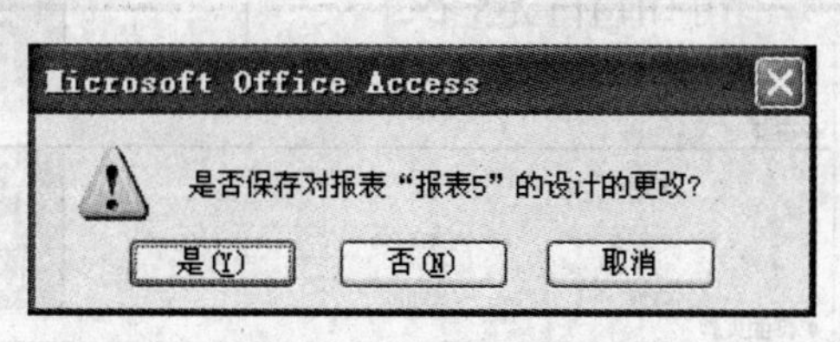

图 6-57　提示对话框

7）单击“是”按钮保存报表。

6.3.4　优化报表

报表是由大大小小的控件组合而成，要设计出一个简洁、整齐，并且突出数据的易查阅的报表，首先就要对组成报表的各类控件进行优化。

1．调整控件的位置和大小

调整控件在报表中位置的步骤如下：

【任务实施】

1）选择需要改变位置的控件，周围出现 8 个黑方点，表示该控件已被选中。

2）将光标移到控件的左上方，当出现黑色小手标志时，按住鼠标左键即可拖动该控件到预定的位置，如图 6-58 所示。

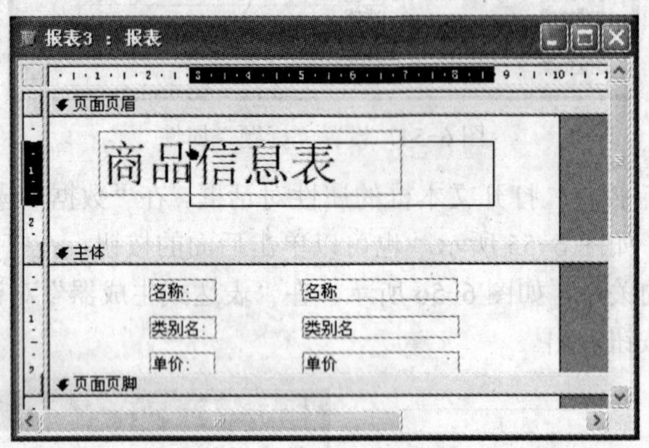

图 6-58 调整控件位置

【拓展知识】

如果要在报表不同节之间移动控件，可以在控件上右击，从弹出的快捷菜单中选择“剪切”命令，然后在相应的节中右击，从快捷菜单中选择“粘贴”命令，即可移动控件。

要改变控件的大小，首先选择需要改变大小的控件，当控件周围出现 8 个小黑方点时，移动光标到该控件的边界线，光标即可变为双向箭头标志，此时按住鼠标左键并拖动，在拖动过程中会出现一个实线框，表示将改变控件的大小，如图 6-59 所示。

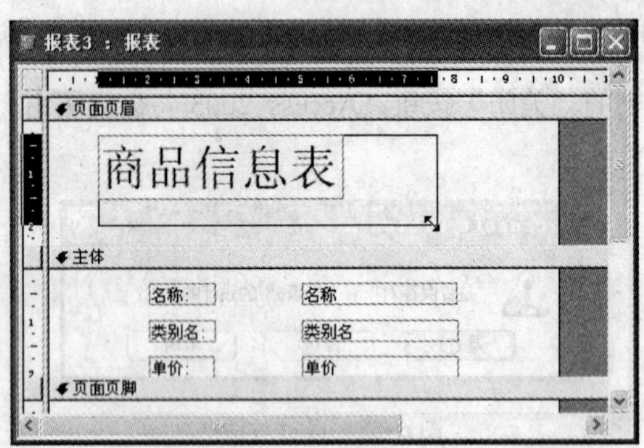

图 6-59 改变控件的大小

2．改变控件的外观

在报表设计视图中，可以修改控件的样式，设置控件文本的字体和颜色。例如，为控件添加边框和阴影，调整标题的字体大小和颜色，以达到美化报表的效果。

修改控件样式的操作步骤如下：

【任务实施】

1）在报表设计视图中，选择需要添加边框和阴影的控件。

2）单击工具栏中的“线条/边框颜色”按钮，从打开的面板中选择一种需要的边框颜色。

3）单击工具栏中的“线条/边框宽度”按钮，从打开的面板中选择一种边框宽度，如图 6-60 所示。

4）单击工具栏中的“特殊效果：平面”按钮，从打开的面板中为控件选择一种具有特殊效果的边框样式，如图 6-61 所示。

图 6-60 “线条/边框宽度”面板　　图 6-61 特殊效果面板

按照上面操作步骤，为标签控件设置红色边框和阴影，其效果如图 6-62 所示。

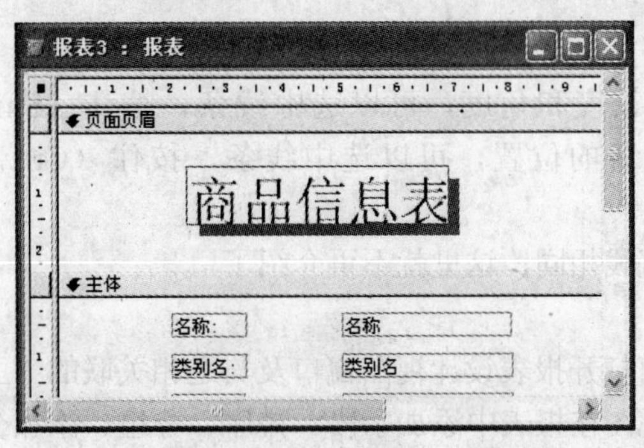

图 6-62 设置了边框和阴影的“标签”控件效果

要改变控件文本的字体和颜色，首先在设计视图中打开相应的报表，按住〈Ctrl〉键的同时逐个单击主体节中的“标签”控件，以选择这些标签控件。从“字号”下拉列表中选择需要的字号，选择“格式”|“大小”|“正好容纳”命令，调整所有标签的大小。

3．调整控件的对齐方式

在报表设计视图中，可以调整控件的对齐方式。首先选择要调节的控件，然后选择“格式”|“对齐”命令，从级联菜单中选择相应的命令，即可相对于窗口调整控件的对齐方式。用户还可以选择“格式”|“水平间距”命令和“格式”|“垂直间距”命令，调整控件在水平和垂直方向之间的间距。

4．添加线条到报表

在报表设计视图中，可以添加直线或矩形等图形以区分报表的节，使内容更清晰、明确。

在报表中绘制线条的操作步骤如下：

【任务实施】

1）在设计视图中打开相应的报表。

2）单击工具箱中的“直线”按钮⧅。

3）单击报表的任意位置，创建默认大小的线条。通过拖曳的方式可以创建任意大小的线条，如图 6-63 所示。单击工具栏中的“线条/边框宽度”按钮和“属性”按钮，可以分别调整线条样式和边框样式。

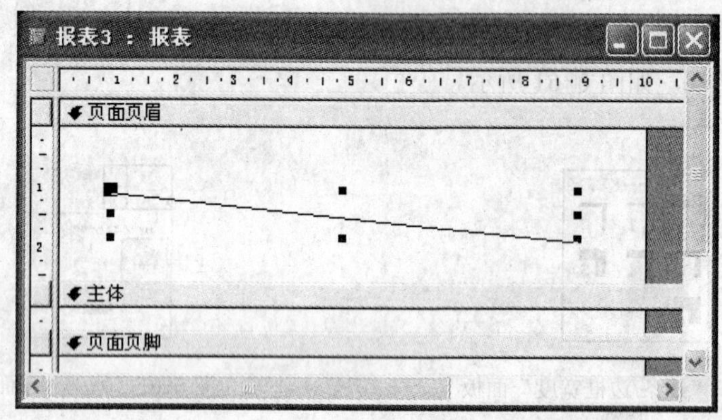

图 6-63　绘制直线线条

【拓展知识】

如果要微调线条的长度和角度，可以选中线条，按住〈Shift〉键和相应的方向键来调整。如果要微调线条的位置，可以选中线条，按住〈Ctrl〉键和相应的方向键调整即可。

绘制矩形的步骤和直线相同，这里就不再介绍了。

【总结与回顾】

本节首先介绍了如何打开报表设计视图窗口及与之相关联的“工具箱”的功能，接着介绍了如何使用报表设计视图在报表中添加字段、排序、分组、添加公式、添加分页符、设置报表布局、添加页码、绑定数据源等内容，以满足用户的需求，然后详细介绍了使用控件为报表添加标签和文本框的方法和步骤，最后介绍了如何通过调整控件的位置和大小、改变控件的外观、调整控件的对齐方式、如何添加线条到报表等方法，创建一个简洁、整齐，并且突出数据的、易查阅的报表。

【复习思考题】

1. 简述如何使用报表设计视图创建功能丰富的报表。
2. 简述使用控件为报表添加标签和文本框的方法和步骤。
3. 简述优化报表的方法和步骤。

6.4　创建子报表

子报表是指嵌在其他报表中的报表。在两个报表合并时，必须将一个作为主报表。主报表可以基于数据表、查询或 SQL 语句，也可以不基于任何对象。

主报表可以包含多个子报表，也可以包含多个子窗体，但一个主报表最多包含两级子报表或子窗体。在子报表中，也可以包含子报表或子窗体。

创建子报表的方法有两种：一种是在已有的报表中创建子报表；另外一种是通过将某个已有报表添加到其他已有报表中，以创建子报表。下面分别介绍两种方法。

【学习目标】

掌握在已有报表中创建子报表和将已有报表添加到其他已有报表中的方法，掌握建立主报表和子报表链接关系的方法。

【知识点】

- 在已有报表中创建子报表
- 将已有报表添加到其他已有报表中
- 建立主报表和子报表的链接关系

6.4.1 在已有报表中创建子报表

下面以在“类别”报表中创建一个“产品信息”子报表为例，介绍在已有报表中创建子报表的步骤。

【任务实施】

1）在设计视图中打开“类别”报表作为主报表。

2）单击工具箱中的“控件向导”按钮。

3）单击工具箱中的“子窗体/子报表”按钮。

4）在“主体”区域中需要放置子报表的位置单击，会弹出“子报表向导”对话框，如图 6-64 所示。

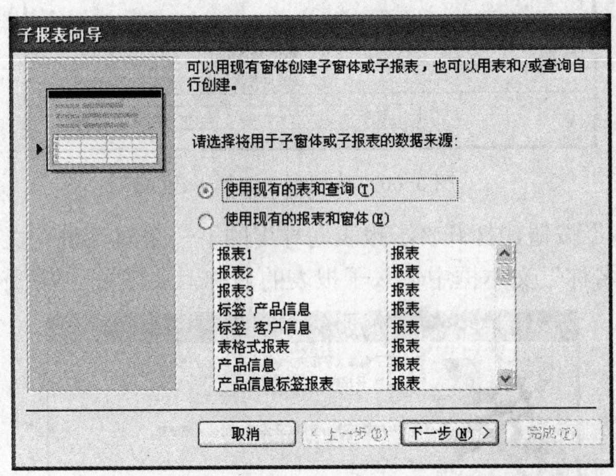

图 6-64 “子报表向导” 对话框

在这个对话框中，系统会要求选择子窗体或子报表的数据来源。用户可以使用现有的表或查询，也可以使用现有的报表或窗体。因为本例介绍的是在已有报表中创建子报表，所以选择“使用现有的表或查询”单选按钮。

5）单击“下一步”按钮，打开对话框，在“表/查询”下拉列表中选择“表: 产品信息”选项，并将所要显示的字段添加到“选定字段”选项区域中，如图 6-65 所示。

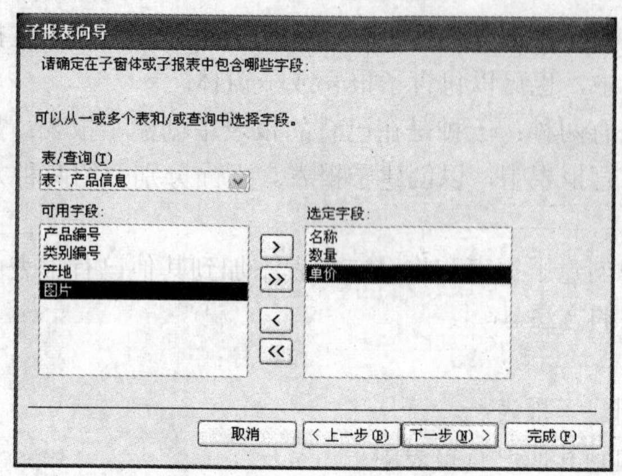

图 6-65　选择字段

6）单击“下一步”按钮，系统将要求确定是自行定义将主窗体链接到该子窗体的字段，还是从列表中选择字段。这里选择“从列表中选择”单选按钮，然后在列表中选择“对类别中的每个记录用类别编号显示产品信息”选项，如图 6-66 所示。

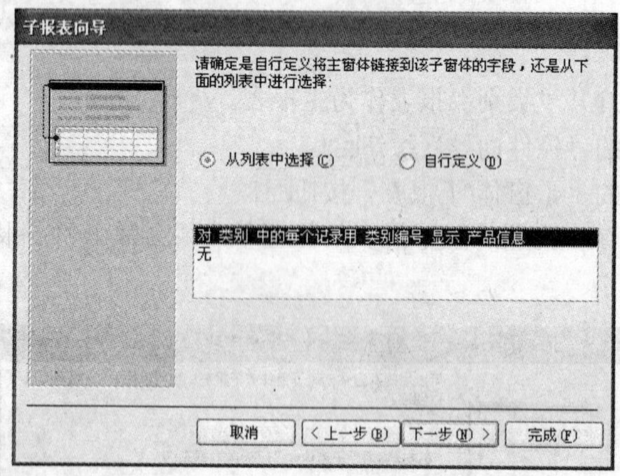

图 6-66　从列表中选择字段

7）单击“下一步”按钮，打开“子报表向导”的下一个对话框。在该对话框中的“请指定子窗体或子报表的名称”文本框中输入子报表的名称，如图 6-67 所示。

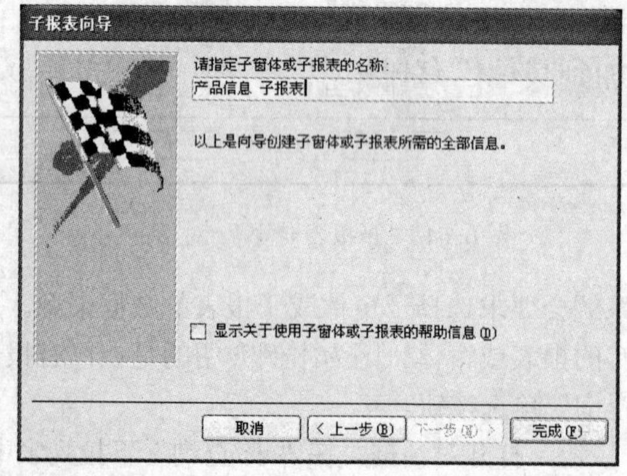

图 6-67　输入子报表名称

8）单击“完成”按钮，系统将显示报表的设计视图，可以看到在主报表的“主体”区域内生成了一个“产品信息 子报表”子报表，如图 6-68 所示。

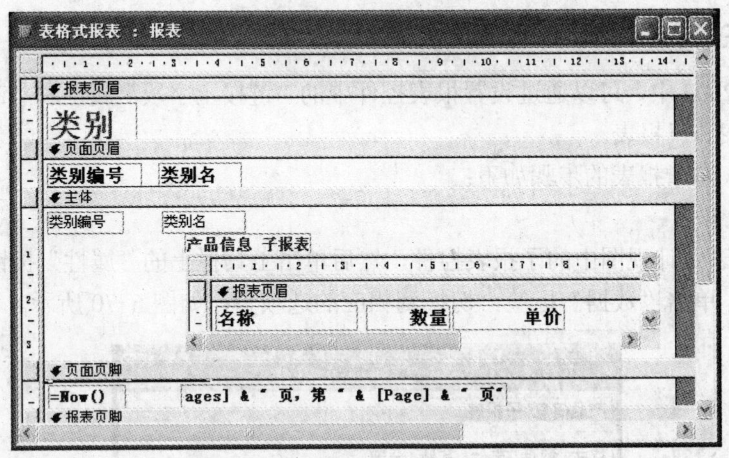

图 6-68　生成子报表的设计视图

单击工具栏上的“视图”按钮，切换到报表的预览视图，系统在每一种类别下方显示该类别所有商品的信息，如图 6-69 所示。

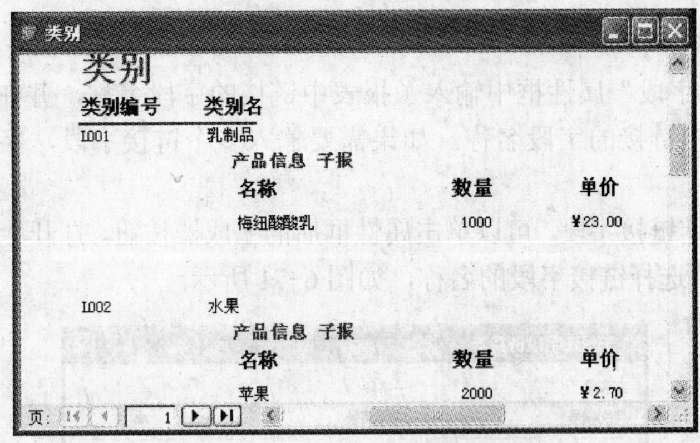

图 6-69　主报表与子报表预览视图

6.4.2　将已有报表添加到其他已有报表中

将已经存在的报表添加到其他已经存在报表中的步骤如下：

【任务实施】

1）在设计视图中打开一个已存在的报表。

2）单击工具箱中的“控件向导”按钮。

3）按〈F11〉键切换到数据库窗口。

4）将已存在的报表、查询或数据表从数据库窗口中拖动到主报表中需要显示子报表的节。用户也可以在“子报表向导”对话框，选择“使用现有的报表或窗体”单选按钮，然后从列表中选择已存在的报表或窗体即可。

5）此时，按照在已有报表中创建子报表的方法，就可以将报表添加到其他已有报表中了。

6.4.3 建立主报表和子报表的链接关系

在 Access 2003 中，可以通过设置报表控件中的“链接主字段”属性和“链接子字段”属性来链接主报表和子报表。

链接主报表和子报表的步骤如下：

【任务实施】

1）选择报表设计视图中的子报表控件，然后单击工具栏上的“属性”按钮，打开子报表的属性对话框，单击“数据”标签，切换到相应的选项卡，如图 6-70 所示。

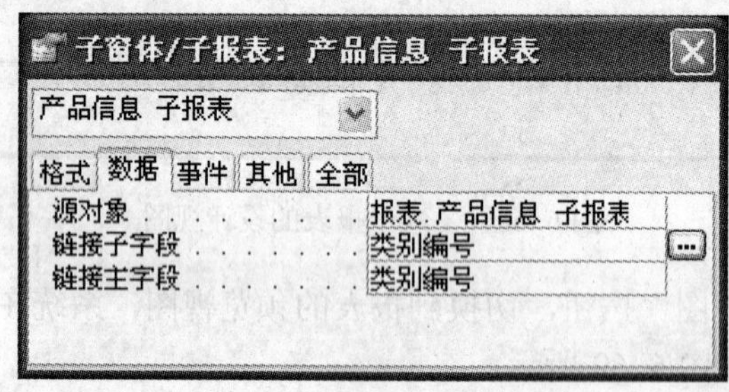

图 6-70 报表的属性对话框

2）在“链接子字段”属性框中输入子报表中链接的字段名称，并在“链接主字段”属性框中输入主报表中链接的字段名称。如果需要输入多个链接字段，字段名之间可以用分号分隔。

3）如果不能确定链接字段，可以单击属性框后的生成器按钮，打开“子报表字段链接器”对话框，在对话框中选择链接字段的名称，如图 6-71 所示。

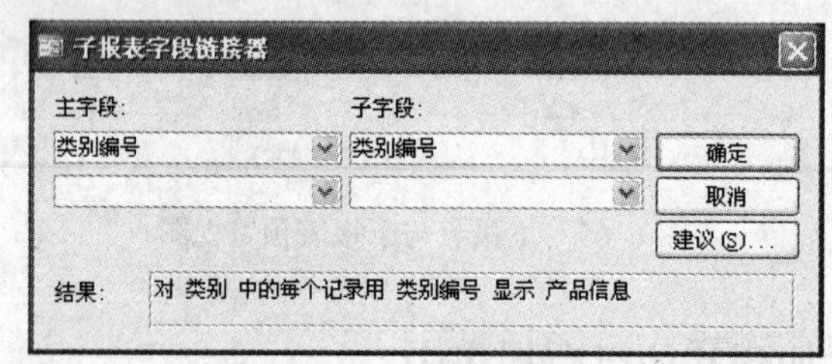

图 6-71 “子报表字段链接器”对话框

【总结与回顾】

本节首先介绍了创建子报表的两种方法，即在已有报表中创建子报表和将已有报表添加到其他已有报表中的方法和步骤，接着介绍了建立主报表和子报表链接关系的方法和步骤。

【拓展知识】

在插入与主报表数据相关的子报表时，子报表控件（“子窗体/子报表”控件：用于在窗体中显示子窗体或在报表中显示子报表的控件）必须与主报表相链接。该链接可以确保子报表中显示的记录与主报表中显示的记录保持正确的对应关系。

【复习思考题】

1．简述创建子报表的方法和步骤。

2．简述如何建立主报表和子报表的链接关系。

6.5 报表快照

Access 2003 提供了报表快照功能，使用户可以充分利用网络速度快、空间无限的优势，把报表及时地发布出去，从而实现信息的传递。

报表快照与报表的差别在于其存储的格式的不同。报表快照是一个扩展名为.snp 的文件，该文件包含了 Access 2003 报表页的高保真度副本，并且保留了报表的二维布局、图形及其他嵌入对象。用户可以通过快照浏览器（Snapshot Viewer）来查看报表快照。

【学习目标】

了解报表快照的概念，掌握建立和发布报表快照的方法。

【知识点】

- 建立报表快照
- 发布报表快照

6.5.1 建立报表快照

建立报表快照实际上就是将已有报表导出为快照格式，其步骤如下：

【任务实施】

1）在数据库窗口中右击要导出的报表，从弹出的快捷菜单中选择“导出”命令，打开“将报表‘表格式报表’导出为”对话框，如图 6-72 所示。

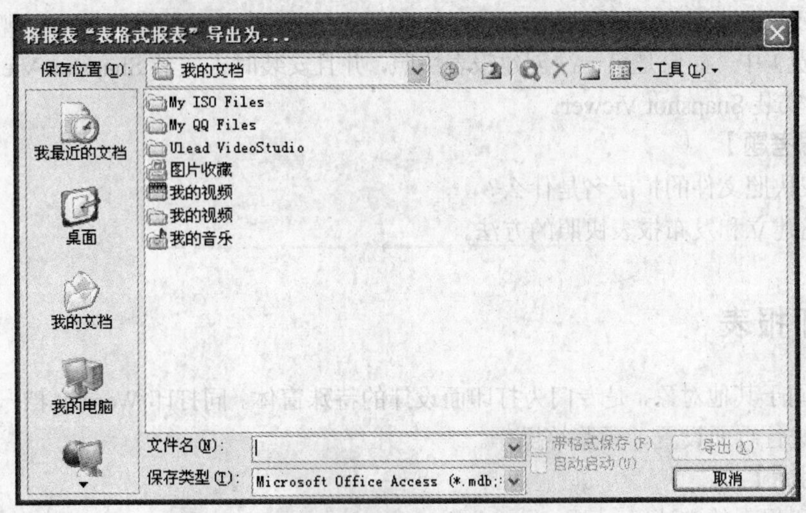

图 6-72 “将报表‘表格式报表’导出为”对话框

2）在“保存类型”下拉列表中选择快照格式选项，选择保存路径，输入文件名，然后单击“导出”按钮，即可生成报表快照。

6.5.2 发布报表快照

要将导出的报表快照发布到 Web 上，可按如下步骤进行操作：

【任务实施】

1）在数据库窗口中，单击“对象”栏中的“宏”按钮，然后单击工具栏中的“新建”按钮。

2）在宏设计视图的“操作”列中选择 OutputTo 宏操作，如图 6-73 所示。设置“对象类型”参数为“报表”，“对象名称”参数为所用报表名称，“输出格式”参数为“快照格式”，“输出文件”参数为 Web 服务器上的文件夹中的快照文件，“自动启动”参数为“否”。

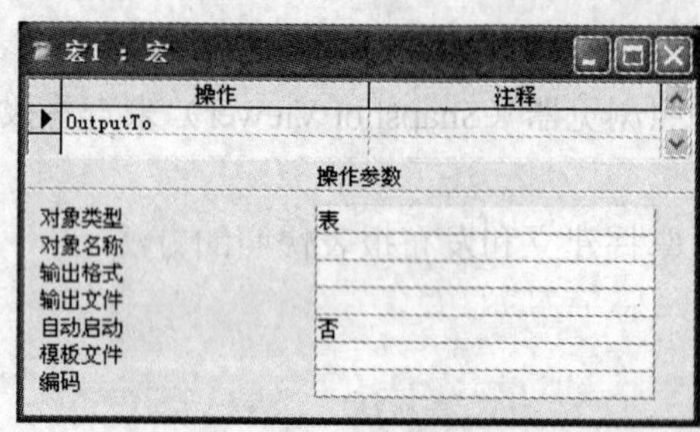

图 6-73　选择宏操作

3）用 HTML 的定位标记，在 Web 站点的主页上创建到每个报表的快照链接，例如：<A HREF="http://website 表格式报表.snp">Report</A>

【总结与回顾】

本节主要介绍了报表快照的概念及建立和发布报表快照的方法和步骤。

【拓展知识】

默认情况下，报表快照显示在 Snapshot Viewer（可以将 Snapshot Viewer 视为一种可移植的打印预览）中。如果是第一次创建报表快照，并且安装时未安装 Snapshot Viewer，Access 2003 将自动安装 Snapshot Viewer。

【复习思考题】

1．报表快照文件的扩展名是什么？

2．简述建立和发布报表快照的方法。

6.6 打印报表

报表不同于其他对象，是专门为打印而设计的特殊窗体。同打印 Word 文档一样，打印报表前也要先进行页面设置、预览等操作。

【学习目标】

掌握打印报表的方法。

【知识点】

- 页面设置

● 预览及打印

6.6.1 页面设置

对报表进行页面设置时，首先打开一个报表，选择“文件”|“页面设置”命令，打开“页面设置”对话框，如图 6-74 所示。单击“边距”标签，切换到该选项卡，从中设置纸张的 4 个边距（上、下、左、右）；单击“页”标签，切换到该选项卡，从中可以设置纸张大小、打印质量与纸张方向等；单击“列”标签，切换到该选项卡，从中可以设置列数、行间距、列间距等参数。

图 6-74 “页面设置”对话框

6.6.2 预览及打印

在报表对象的数据库窗口中双击报表，即可打开该报表的预览视图。报表预览视图窗口包含了其相关功能按钮，如图 6-75 所示。

图 6-75 预览功能按钮

“视图”按钮：可以在设计视图和预览视图中切换。

“打印”按钮：弹出“文件另存为”对话框并打印当前报表。

“显示比例”按钮：改变报表的显示比例。

“单页”、“双页”和“多页”按钮：设置同一窗口中显示报表的页数。

“显示比例”下拉列表框：改变预览报表的显示比例。

“关闭”按钮：关闭当前报表的预览视图。

“Office 链接”按钮：可连接到 Word 和 Excel 应用程序。

“数据库窗口”按钮：可切换到数据库窗口界面。

新对象按钮：可建立其他数据库对象，如表、查询等。

“Microsoft Office Access 帮助”按钮：可启动 Access 帮助系统。

【总结与回顾】

本节主要介绍了报表的页面设置及预览视图窗口中各按钮的功能。

【拓展知识】

页面设置选项不能用于宏。

Microsoft Access 可以保存窗体或报表页面设置选项的设置值，所以窗体或报表的页面设置选项只需设置一次。对于表、查询、数据访问页和模块，每次打印时都需要设置页面选项。

【复习思考题】

简述如何打印较为满意的报表。

6.7 综合实例

在订单管理系统中创建可以显示每一个详细信息订单的报表。

【学习目标】

通过实例巩固创建报表的方法。

【任务实施】

1）创建一个 SQL 查询，语句如下：

```
Select 订单信息.订单编号,客户信息.姓名
From 客户信息 Inner Join 订单信息 On 客户信息.客户编号=订单信息.客户编号;
```

该查询功能用于查询每个订单对应的客户姓名。以该查询为数据源，在设计视图中创建“客户订单信息表”报表，其预览效果如图 6-76 所示。

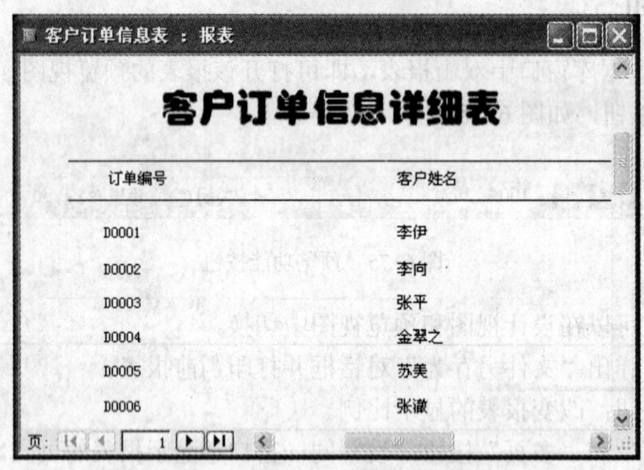

图 6-76 “客户订单信息”报表

2）创建一个 SQL 查询，语句如下：

```
Select 订单明细表.订单编号,产品信息.名称,类别.类别名,订单明细表.数量,产品信息.单价
From 类别 Inner Join(产品信息 Inner Join 订单明细表 On 产品信息.产品编号=订单明细表.产品编号)On 类别.类别编号=产品信息.类别编号;
```

该查询功能用于查询每个订单订购的产品信息。以该查询为数据源，在设计视图中创建“订购产品信息”报表，其预览效果如图 6-77 所示。

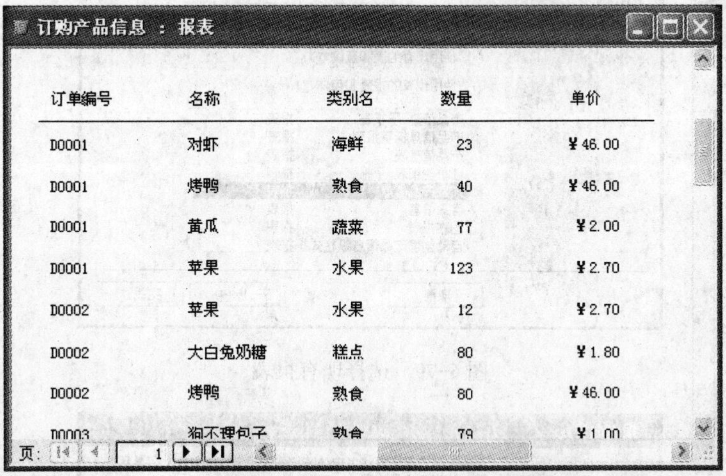

订购产品信息 : 报表

订单编号	名称	类别名	数量	单价
D0001	对虾	海鲜	23	￥46.00
D0001	烤鸭	熟食	40	￥46.00
D0001	黄瓜	蔬菜	77	￥2.00
D0001	苹果	水果	123	￥2.70
D0002	苹果	水果	12	￥2.70
D0002	大白兔奶糖	糕点	80	￥1.80
D0002	烤鸭	熟食	80	￥46.00
D0003	狗不理包子	熟食	79	￥1.00

页: 1

图 6-77 “订购产品信息”报表

3）打开“客户订单信息表”报表设计视图，如图 6-78 所示。

图 6-78 “客户订单信息表”报表设计视图

4）在工具箱中，单击“控件向导”按钮，单击“子窗体/子报表”按钮，然后在“主体”区域的任意位置单击，将弹出“子报表向导”对话框。

5）选择“使用现有的报表和窗体”单选按钮，然后在列表框中选择“订购产品信息”选项，如图 6-79 所示。

6）单击“下一步”按钮，按照提示选择报表的链接字段，如图 6-80 所示。

7）单击“完成”按钮，回到“客户订单信息表”设计视图，如图 6-81 所示。

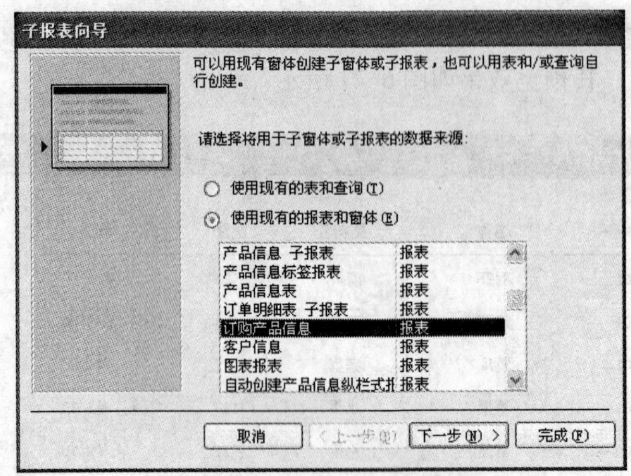

图 6-79　选择现有报表

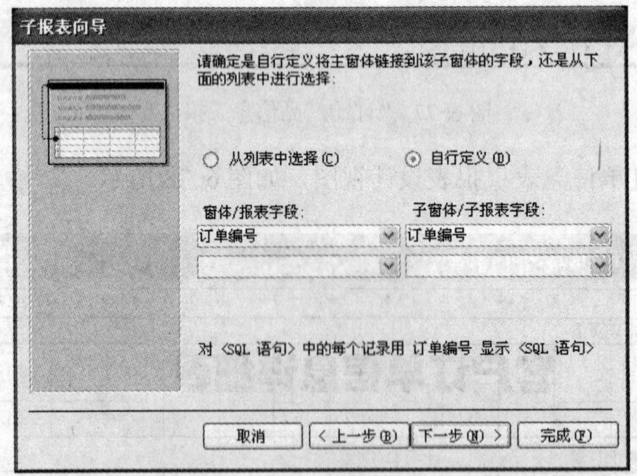

图 6-80　选择链接字段

图 6-81　添加子报表后的设计视图

8）单击工具栏中的“视图”按钮，打开打印预览窗口，预览效果如图 6-82 所示。

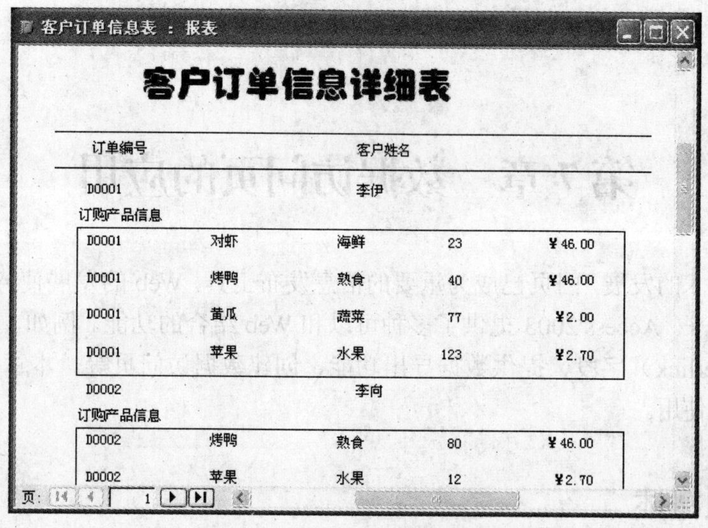

图 6-82 添加子报表后的预览视图

第7章　数据访问页的应用

随着网络技术的发展，网页已成为重要的信息发布工具，Web的发展使Access与Internet更紧密地结合起来。Access 2003提供了多种可以和Web结合的功能。例如，在数据表中添加"超链接"（Hyperlink）字段、提供数据导出功能、创建数据访问页等。本章将重点介绍数据访问页的创建和使用。

7.1　页对象概述

数据访问页对象是微软在Access 2000之后新增加的对象，类似于窗体对象。它能够为Internet用户提供一个通过IE浏览器访问Access数据库的操作界面。

【学习目标】

了解数据访问页的特点，掌握将Access对象导出为静态和动态网页方式的方法及步骤。

【知识点】

- 数据访问页的特点
- 将Access对象导出为静态网页
- 将Access对象导出为动态网页

7.1.1　数据访问页的特点

数据访问页不同于Access 2003数据库中的其他对象，其特点表现在如下几个方面：

- 存储方式的不同。它以一个单独的HTML格式文件存储于磁盘中，仅在Access数据库页对象界面中保留一个快捷方式。
- 调用方式的不同。不论是在数据库中打开快捷方式，还是通过Internet浏览器打开数据访问页，都会自动启动Microsoft Internet Explorer（IE 5.0以上版本）来显示数据访问页对象，并且不支持其他类型的浏览器。
- 设计方法的不同。数据访问页是采用可扩展标记语言（eXtensible Markup Language，XML）书写的文档。当使用IE 5.0浏览器打开时，将以文本流的形式下载，在本地形成Web页，因此还可以使用XML脚本程序编辑器设计数据访问页。

7.1.2　Access对象的导出

Access 2003为用户提供了3种Web页方式，分别是：静态Web页方式（HTML）、动态Web页方式（ASP）和数据访问页方式（DataAccessing Pages，DAP）。利用这3种方式，可以方便、快捷地在网络上发布信息。

1. 将Access对象导出为静态网页

静态Web页是指运用HTML语言来显示内容的Web页。这种静态Web页是与数据库脱离的，主要用于较少进行改动的网页。利用 Access 2003 提供的数据导出功能，可以将数据库中的表、查询、窗体和报表对象导出成 HTML 格式的文件。当用 IE 浏览器进行浏览时，表、查询和窗体这 3 个对象的导出文件将以数据表的形式进行显示，而报表将会以报表的形式进行显示。

下面以导出数据库中的“客户信息”表为例，介绍如何把数据库中的对象导出成 HTML 格式的文件。

【任务实施】

1）打开“订单管理系统”数据库文件。

2）进入表对象列表界面，选择“客户信息”表，然后选择“文件”|“导出”命令，打开导出命令的对话框，如图 7-1 所示。

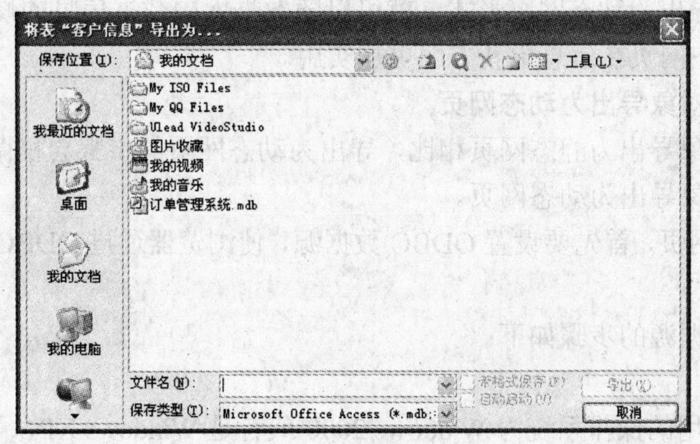

图 7-1　导出文件对话框

3）在该对话框中输入导出文件的名称，同时在“保存类型”下拉列表中选择“HTML 文档”选项，然后单击“导出”按钮，就可以将数据库中的表对象导出了。如图 7-2 所示为“客户信息”的静态网页。

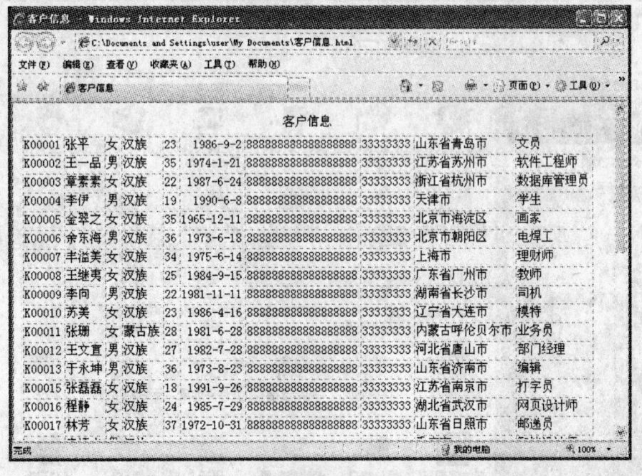

图 7-2　导出的静态网页

查询对象的导出方式和表相同，如果要导出的对象是窗体或报表，则会在输入文件名称、设置“保存类型”为“HTML 文件”、单击“导出”按钮之后，弹出一个“HTML 输出选项”对话框，如图 7-3 所示。在该对话框中，可以设置是否要应用文件模板及保存内容的编码方式。一般情况下，选择“默认编码方式”单选按钮。如果需要选择HTML模板，则单击“浏览”按钮，在打开的“将使用的HTML模版”对话框中选择模版即可。

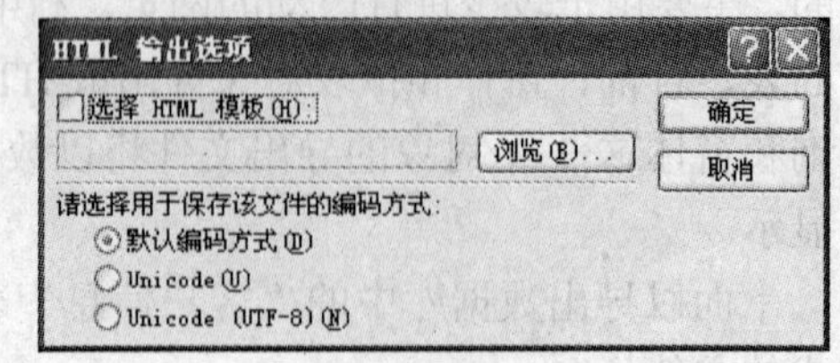

图 7-3 “HTML 输出选项”对话框

【拓展知识】

如果需要在网络上浏览静态网页，必须先将该静态网页发布到 Web 文件夹或者 Web 服务器上。当用户通过 Web 浏览器浏览网页时，浏览器只要从 Web 服务器中下载该静态网页就可以了。由于该网页是静态网页，无法及时随数据库中的数据更新。如果数据库中的数据信息有所变动，就必须重新导出文件，然后发布到服务器上，这样才能在 Web 浏览器中查看更新后的数据信息。如果导出为动态网页形式，就可以随数据库中数据信息的修改而及时地更新。比起静态网页，动态网页在信息更新方面更加实用。

2. 将 Access 对象导出为动态网页

与将 Access 对象导出为静态网页相比，导出为动态网页的步骤会稍微复杂些。现在来介绍如何将 Access 对象导出为动态网页。

要导出为动态网页，首先要设置 ODBC 数据源，使浏览器通过 ODBC 的接口和数据库进行连接。

设置 ODBC 数据源的步骤如下：

【任务实施】

1）如果当前使用的操作系统为 Windows 2000 或者是 Windows XP，可选择“开始”|“控制面板”|“管理工具”|“ODBC 数据源”命令，打开“ODBC 数据源管理器”对话框；如果使用的操作系统是 Windows 98，则可以在“开始”菜单中选择“设置”|“控制面板”命令，打开“控制面板”窗口，如图 7-4 所示。

图 7-4 “控制面板”窗口

2）在“控制面板”窗口中双击“管理工具”图标，打开“管理工具”窗口，如图 7-5 所示。

3）在“管理工具”窗口中，双击“数据源（ODBC）”图标，这时系统将打开“ODBC 数据源管理器”对话框，如图 7-6 所示。

图 7-5 “管理工具”窗口

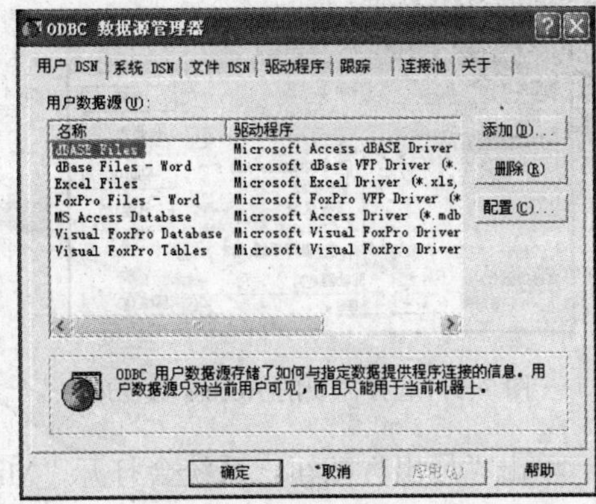

图 7-6 “ODBC 数据源管理器”对话框

4）切换到“用户 DSN”选项卡，单击“添加”按钮添加驱动程序，打开“创新数据源”对话框，从中选择数据源的驱动程序。这里由于要连接的数据源为 Access 数据库，故选择 Driver do Microsoft Access（.mdb）选项，如图 7-7 所示。

5）双击“Driver do Microsoft Access（.mdb）”选项，系统会弹出“ODBC Microsoft Access 安装”对话框，如图 7-8 所示。

图 7-7 添加 Access 驱动程序

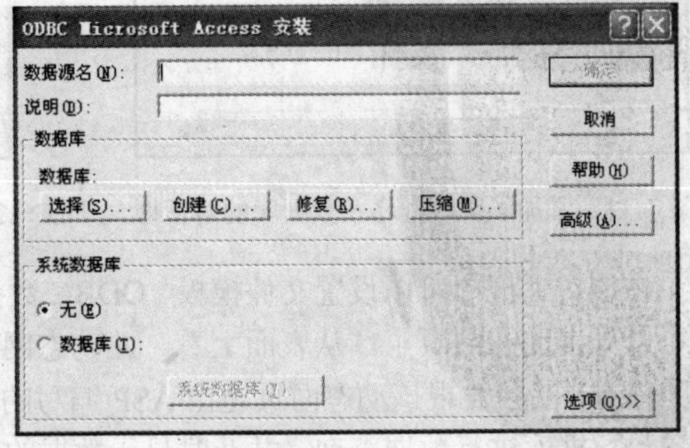

图 7-8 “ODBC Microsoft Access 安装”对话框

6）在对话框中输入数据源的名称，然后单击“选择”按钮，打开“选择数据库”对话框，在该对话框的“目录”选项区域中选择所需的数据库，如图 7-9 所示。单击“确定”按钮，返回到“ODBC Microsoft Access 安装”对话框，这时会发现“数据库”选项区域中出现了所选数据库的路径，如图 7-10 所示。

7）单击“确定”按钮，返回到“ODBC 数据源管理器”对话框。这时可以看到，在“用户数据源”选项区域中出现了所添加的 Access 驱动程序及其数据库，如图 7-11 所示。单击“确定”按钮，即可完成对 ODBC 数据源的设置。

在完成对 ODBC 数据源的设置之后，就可以将数据库中的对象导出为动态网页形式的文件了。和静态网页的导出方法相同，但在“导出”对话框中，将“保存类型”设置为 Microsoft Active

Server Pages（.asp）选项。

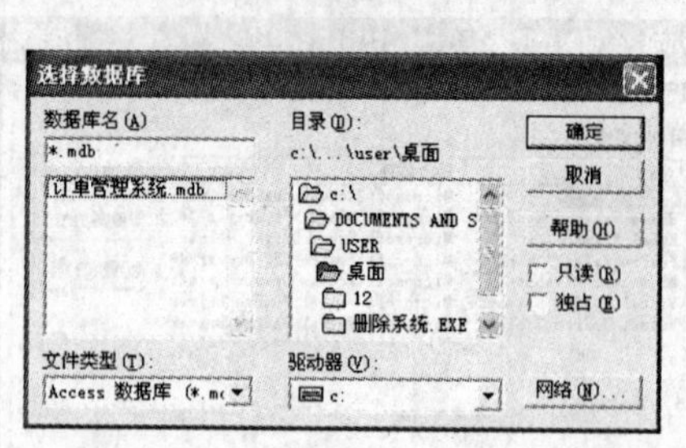

图 7-9　选择需要的 Access 数据库

图 7-10　显示了所选数据库路径

单击“导出”按钮，系统会打开“Microsoft Active Server Pages 输出选项”对话框，如图 7-12 所示。

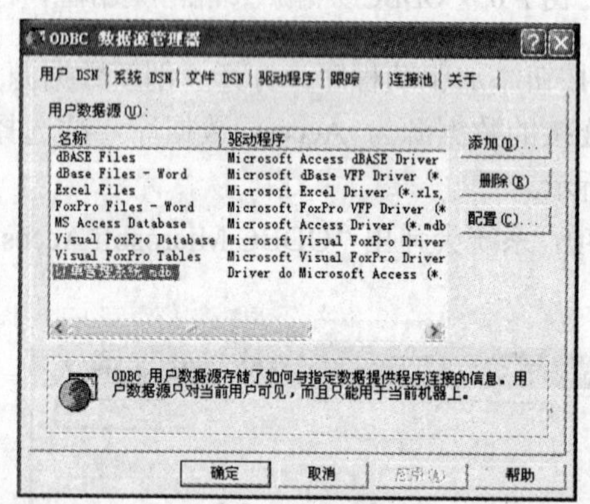

图 7-11　添加了驱动程序及数据库的对话框

图 7-12　“Microsoft Active Server Pages 输出选项”对话框

在该对话框中可以设置文件模板、ODBC 数据源和 Web 服务器，然后单击“确定”按钮，就可以导出动态网页了。从表面上看，此动态网页和静态网页没有区别，但当打开网页的原始文件时，就会发现该动态网页是由 ASP 编写的，每次浏览此网页时都会通过 ODBC 数据源向后台数据库进行数据查询，并及时显示数据的更新信息。

【总结与回顾】

本节首先介绍了数据访问页与 Access 2003 数据库中其他对象的区别：存储方式不同、调用方式不同和设计方法不同。接着介绍了 Access 2003 为用户提供了 3 种 Web 页方式：静态 Web 页方式（HTML）、动态 Web 页方式（ASP）和数据访问页方式（DataAccessing Pages，DAP），并详细介绍了将 Access 对象导出为静态 Web 页方式和动态 Web 页方式的方法和步骤。

【拓展知识】

数据访问页实际上未存储在 Access 文件中，而是以 HTML 文件的形式存储在本地文件系统、网络共享的文件夹或HTTP 服务器中（HTTP：在万维网上提交信息的 Internet 协议。采用该协议，输入 URL（或单击超链接）后，可以由 Web 服务器检索文字、图形、声音和其他数字信息）。因此，Microsoft Access 无法控制数据访问页文件的安全性。为了保护数据访问页，必须借助于HTML文件所在计算机的文件系统安全机制，对页面链接和HTML文件采取相应的安全措施。为了保护页面所访问的数据，必须对页面所链接的数据库采取相应的安全措施，也可以通过调整Microsoft Internet Explorer的安全设置，来防止未经授权的访问。

【复习思考题】

1．简要说明数据访问页不同于Access 2003数据库中其他对象的特点表现在哪几方面。

2．简述将Access对象导出为静态网页和动态网页的方法和步骤。

7.2 创建数据页

在Access 2003中，根据功能可以将数据访问页分为3类：交互报表页、数据入口页和数据分析页。

交互报表页可用于对存储在数据库中的数据进行合计运算和分组，并且对外发布数据；数据入口页可用于查看、编辑和添加记录；数据分析页可通过图表、电子表格等形式帮助用户分析数据。

数据访问页的创建方法与数据库中其他对象的创建方法相同。使用自动创建功能可以快速地创建对象；使用向导功能可以创建对象的初始模型；使用设计视图可以全面设计，并进一步完善对象。下面分别介绍使用各种方法创建数据访问页的步骤。

【学习目标】

掌握自动创建数据页、使用向导创建数据页和在设计视图中创建数据页的方法和步骤。

【知识点】

- 自动创建数据页
- 使用向导创建数据页
- 在设计视图中创建数据页

7.2.1 自动创建数据页

使用自动创建数据页功能，可以快速创建数据访问页对象。下面以数据表“产品信息”为数据源，使用自动创建数据页的方法，创建一个纵栏式数据访问页并将其保存，其具体操作步骤如下：

【任务实施】

1）打开“订单管理系统”数据库，单击数据库窗口“对象”列表中的“页”按钮，然后单击工具栏中的“新建”按钮，打开“新建数据访问页”对话框，如图7-13所示。

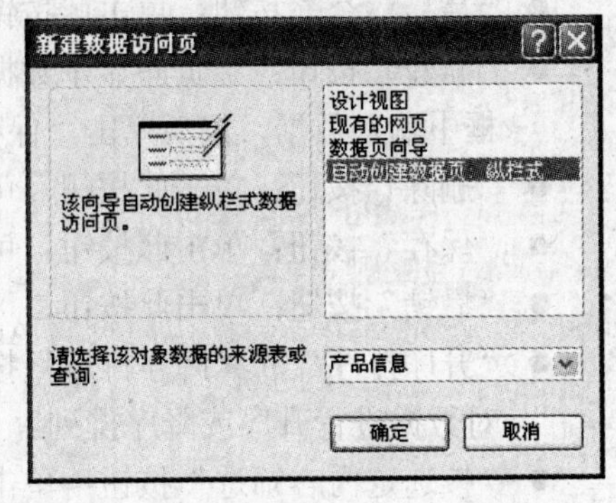

图7-13 “新建数据访问页”对话框

2）在该对话框中选择“自动创建数据页：纵栏式”选项，并在其下方的下拉列表中选择“产品信息”表作为数据访问页的数据源。

3）单击“确定”按钮，这时系统会打开一个自动创建的纵栏式数据访问页视图，将数据表中的所有产品信息显示出来，并在显示区下方显示出浏览记录的导航条，如图7-14所示。

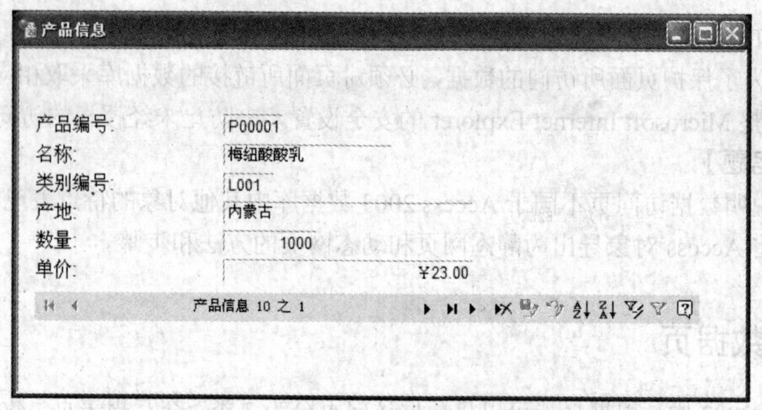

图 7-14　自动创建的数据访问页视图

系统会为创建的数据页对象自动添加记录浏览导航条，如图 7-15 所示。

产品信息 10 之 2

图 7-15　记录浏览导航条

在记录浏览导航条中，从左到右依次为“第一个”、“上一个”、提示文本、“下一个”、“最后一个”、“新建”、“删除”、“保存”、“撤销”、“升序排序”、“降序排序”、“按选定内容筛选”、“筛选切换按钮”和“帮助”按钮。其中，各部分的功能如下：

- “第一个”按钮：单击此按钮，将会在当前页中显示数据源中的第一条记录。
- “上一个”按钮：单击此按钮，将会显示当前记录的上一条记录。
- 提示文本：显示当前页对象相关的信息。例如，在图 7-15 中显示的提示文本为“产品信息 10 之 2”，其中“产品信息”为当前数据访问页的数据源名称；10 为数据源中所包含的记录总数；2 表示当前显示的是数据源中的第 2 条数据记录。
- “下一个”按钮：单击此按钮，页面中将显示当前记录的下一条记录。
- “最后一个”按钮：单击此按钮，当前页将显示数据源中的最后一条记录。
- “新建”按钮：当页面显示数据源中的最后一条记录时，单击此按钮，在相应的文本框中输入数据，然后单击“保存”按钮，可以向数据源中添加新记录。
- “删除”按钮：单击此按钮，可将当前记录删除。
- “保存”按钮：单击此按钮，可以对新建或修改的记录进行保存。
- “撤销”按钮：单击此按钮，可以恢复对记录所进行的最近一次修改。
- “升序排序”和“降序排序”按钮：单击此按钮，系统将以光标所在的字段为基准，对数据进行升序或降序排列。
- “按选定内容筛选”按钮：单击此按钮，系统将以光标所在的字段为条件，对数据源中的记录进行筛选。筛选后，当前页面只显示符合条件的记录。
- “筛选切换按钮”：单击此按钮，系统将放弃对记录的筛选显示，并显示数据源中所有的记录。
- “帮助”按钮：单击此按钮，将打开与数据访问页相关的帮助窗口。

4）创建完成之后，选择“文件”|“保存”命令，或直接单击工具栏中的“保存”按钮，将打开“另存为数据访问页”对话框，如图 7-16 所示。通过该对话框可以将页面保存起来，

以方便以后调用。

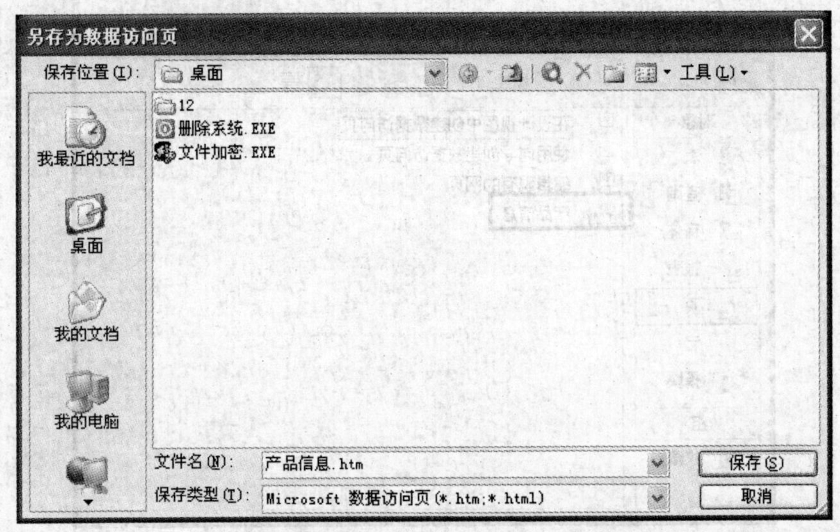

图 7-16 “另存为数据访问页”对话框

5）在该对话框中为文件指定一个保存路径，并在“文件名”文本框中输入新的文件名，然后单击“确定”按钮即可。如果是第一次保存数据访问页对象，则会弹出一个提示框，提示“该页的连接字符串指定了一个绝对路径。该页可能无法通过网路连接到数据上。若要通过网络连接，请编辑连接字符串，以指定一个网络（UNC）路径”，如图 7-17 所示。如果不再希望此对话框显示，可以选择“不再显示此警告”复选框，然后单击“确定”按钮即可。

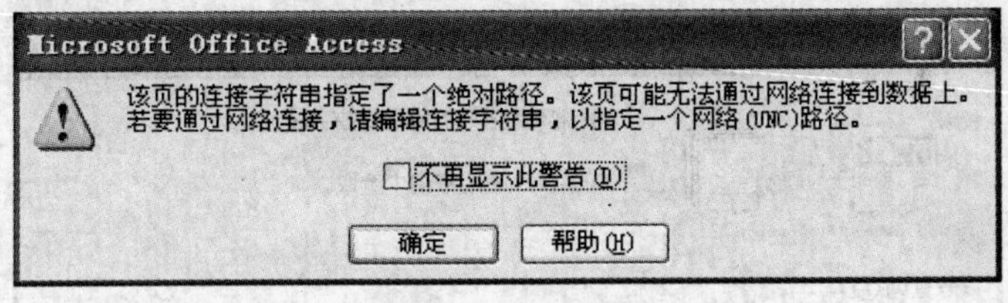

图 7-17 提示对话框

6）保存数据访问页之后，返回到数据库窗口中，可以看到有一个“产品信息”页的快捷方式图标，如图 7-18 所示。双击该图标可打开该页的页面视图，系统会自动从文件存储的磁盘中调用其内容并打开。

7.2.2 使用向导创建数据页

使用“数据页向导”可以非常有效地创建数据访问页。如果要在页面中显示来自多个表或查询中的数据，可以使用向导来创建数据访问页。其创建方法与创建窗体、报表类似。下面以“产品信息”表和“类别”表为数据源，介绍使用“数据页向导”创建基于多表的数据访问页对象的方法。

【任务实施】

1）在“订单管理系统”数据库窗口中，单击“对象”栏中的“页”按钮 页 ，然后单击工具栏中的“新建”按钮，打开“新建数据访问页”对话框。

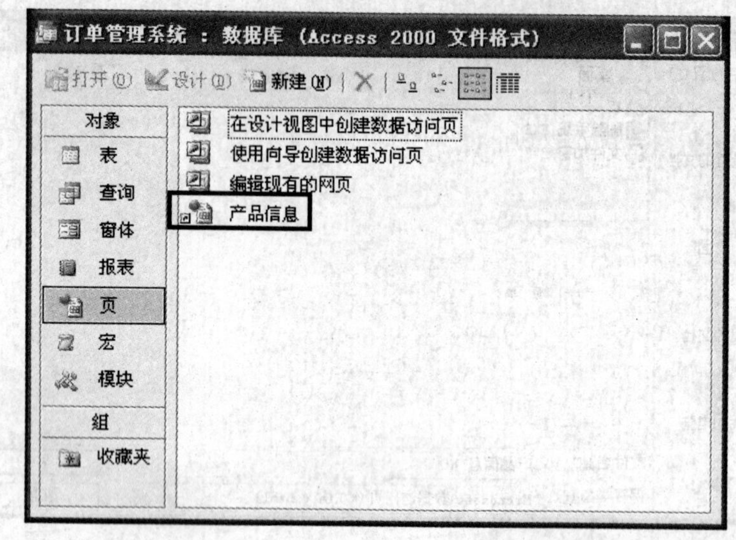

图 7-18　数据访问页的快捷方式

2）在对话框中选择“数据页向导”选项，单击“确定”按钮，打开“数据页向导”的第一个对话框。从“表/查询”下拉列表中选择“表：产品信息”选项，单击 >> 按钮，将“可用字段”选项区域中的全部字段添加到“选定的字段”选项区域中，然后从“表/查询”下拉列表中选择“表：类别”选项，将其“可用字段”全部添加到“选定的字段”选项区域中，如图 7-19 所示。

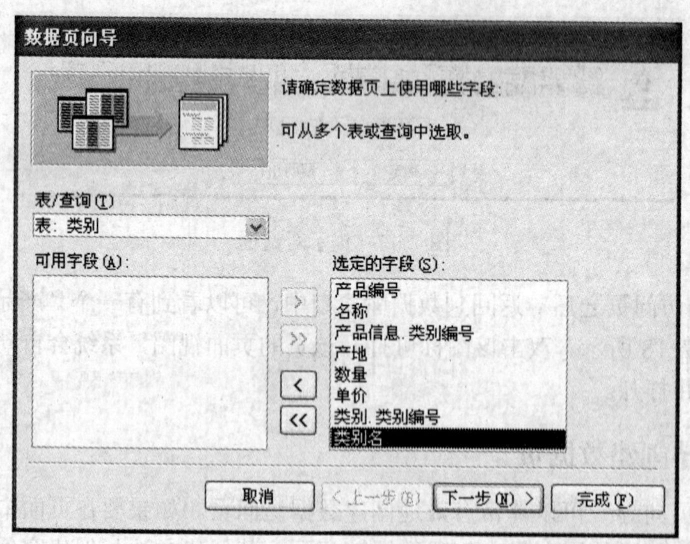

图 7-19　选择字段

【拓展知识】

在创建基于多表的数据访问页时，必须首先设置数据表之间的数据关系。

3）单击“下一步”按钮，系统将提示添加分组级别，选择“类别_类别编号”字段，单击按钮，添加分组级别，如图 7-20 所示。

当添加了分组级别后，该对话框下方的“分组选项”按钮将处于可用状态。单击该按钮，系统将弹出“分组间隔”对话框，如图 7-21 所示。在此对话框中，可以为“组级字段”设置组间隔。如果同时添加了两个以上的分组级别字段，“优先级”按钮将被激活，单击或按钮，即可设置分组字段的优先级别。

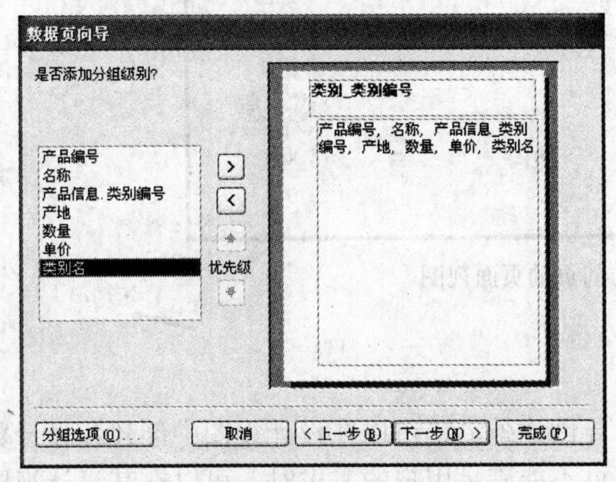

图 7-20　添加分组级别

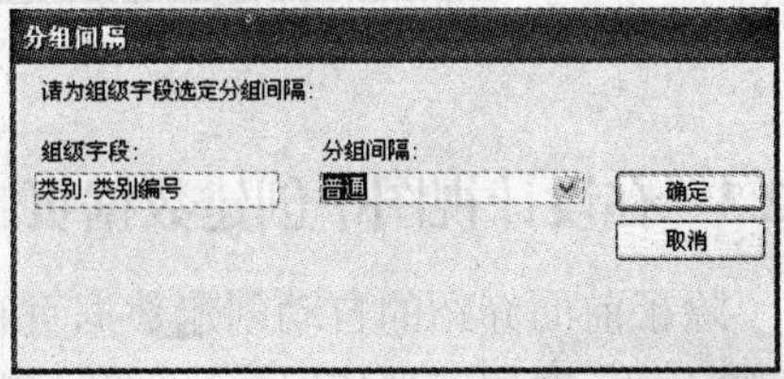

图 7-21 “分组间隔”对话框

4）单击“下一步”按钮，系统将打开确定记录所用的排序次序对话框。在第一个下拉列表中选择“产品信息_类别编号”字段后，单击其后的“升序”按钮，可以在升序和降序之间切换，如图 7-22 所示。如果同时选择多个字段进行排序，系统会按照先后顺序，先对第一个下拉列表中的字段进行排序，在此基础上再对第二个字段排序，依此类推。

5）单击“下一步”按钮，系统将提示为新创建的数据访问页指定标题，以及完成向导操作后，是打开数据页还是修改数据页的设计。这里在文本框中输入“产品信息页”作为数据访问页的标题，并选择“打开数据页”单选按钮，如图 7-23 所示。

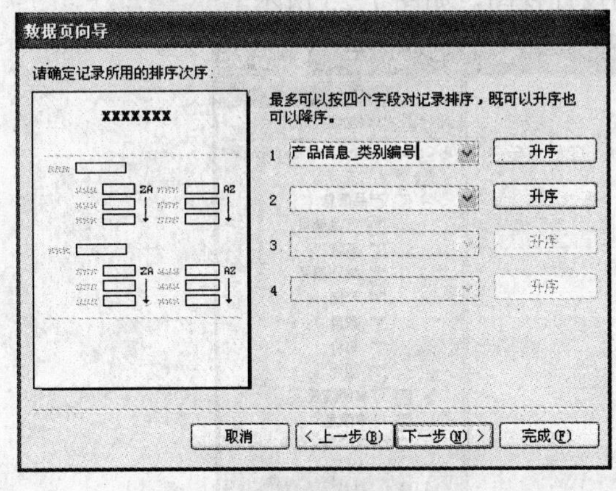

图 7-22　设置排序字段

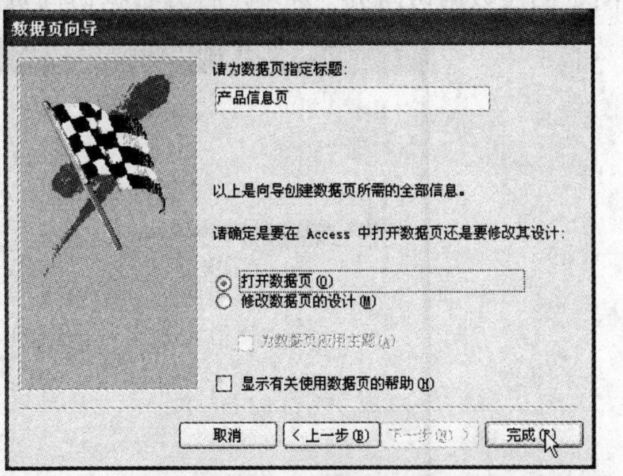

图 7-23　为数据页指定标题并设置完成向导之后的操作

6）单击“完成”按钮，系统将根据所进行的设计打开所创建数据访问页的页面视图，如图 7-24 所示。

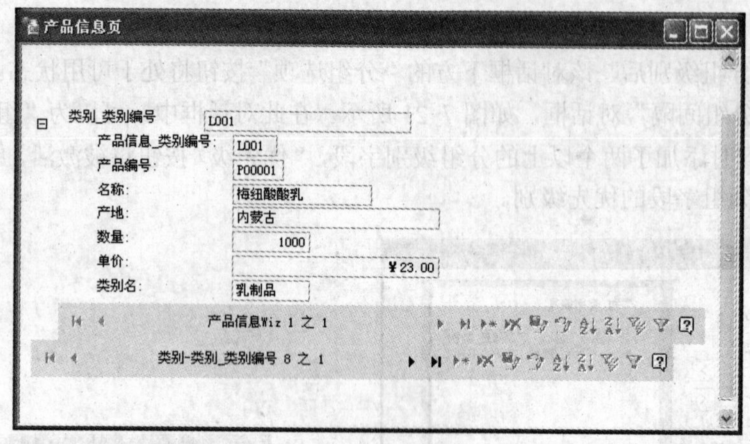

图 7-24 数据访问页的页面视图

7.2.3 在设计视图中创建数据页

除了前面介绍的自动创建数据页和使用向导创建外，还可以在设计视图中创建和设计数据访问页。例如，当使用向导创建的数据访问页不能满足用户的需求时，可以在其设计视图中对其进行修改。

1. 在设计视图中创建数据页

在设计视图中创建数据访问页的操作方法如下：

【任务实施】

1）单击数据库窗口“对象”列中的“页”按钮[页]，然后单击工具栏中的“新建”按钮，打开“新建数据访问页”对话框。

2）在对话框中选择“设计视图”选项，并在其下方的下拉列表中为所要创建的数据访问页选择一个表或查询，然后单击“确定”按钮，也可以直接双击数据库窗口中的“在设计视图中创建数据访问页”选项，打开数据访问页的设计视图，如图 7-25 所示。

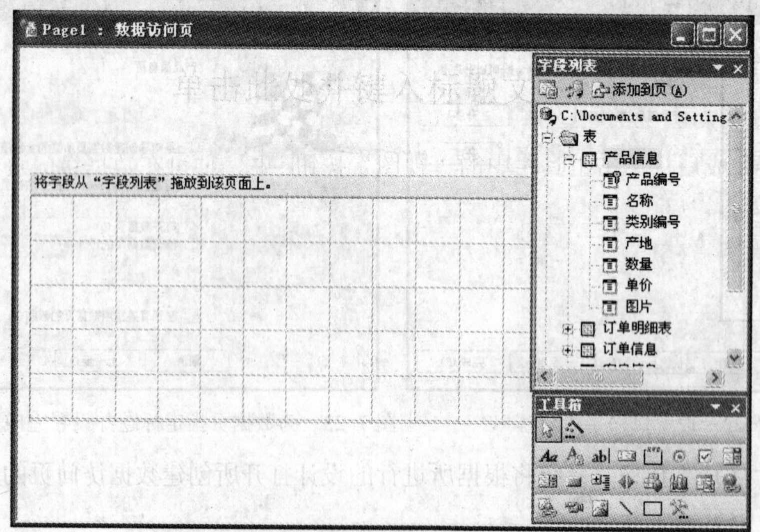

图 7-25 数据访问页的设计视图

该数据访问页的设计视图包括两部分：一部分是“单击此处并键入标题文字”的标题区，位于设计视图的顶部；另一部分是“将字段从‘字段列表’拖放到该页面上。”的数据显示区。此外，还可以看到同时打开的“字段列表”和“工具箱”对话框。如果这两个对话框没有同时显示出来，可以通过单击工具栏中的“字段列表”按钮和“工具箱”按钮打开。

3）单击设计视图中的“单击此处并键入标题文字”部分，当文字消失后输入“网店产品信息”作为标题的文字，然后在工具栏中设置文字的大小、颜色等。

4）设置完标题之后，在“字段列表”对话框中选择需要向数据显示区添加的字段，然后按住鼠标左键将其拖动到数据显示区中，这时指针变为小标签形状，将光标移至合适的位置后释放鼠标，系统会自动将该字段添加到数据显示区中，同时还将创建一个文本框，用于显示相应的记录。在数据显示区的下方，系统将自动为数据访问页添加一个具有导航功能的记录浏览导航条，如图 7-26 所示。

5）单击页眉后的三角形按钮，系统将弹出一个下拉菜单，此菜单包含“题注”、“页眉”、“页脚”、“记录浏览”和“组级属性”命令选项，如图 7-27 所示。选择“题注”、“页眉”、“页脚”和“记录浏览”命令，将在视图中显示或隐藏相关的节。

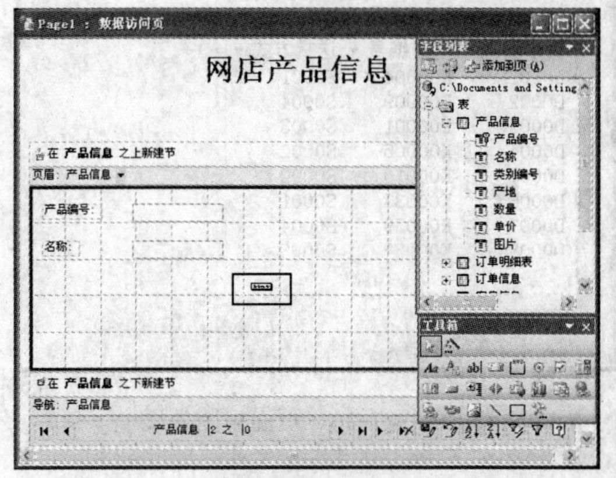

图 7-26　添加字段

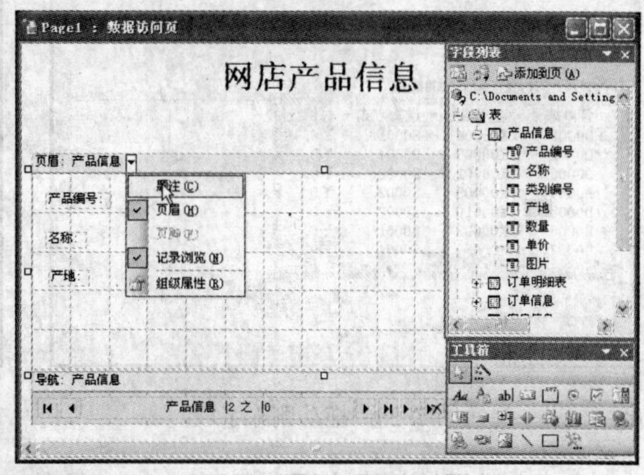

图 7-27　设计视图中的下拉菜单

6）将所需的字段从“字段列表”对话框中拖到设计视图的数据显示区，并调整各个控件的位置。调整完成后，单击工具栏中的“视图”按钮，便可在数据访问页的页面视图中查看其效果。

2. 使用版式向导

如果需要在设计视图中创建具有特殊功能的数据透视表或图表，或者创建具有纵栏式和列表式布局的页视图，可以使用 Access 提供的“版式向导”，其操作步骤如下：

【任务实施】

1）在数据库窗口中的“页”对象界面中，单击工具栏中的“新建”按钮，打开“新建数据访问页”对话框。

2）在对话框中选择“设计视图”选项，单击“确定”按钮，进入数据访问页的设计视图窗口中。同时，“字段列表”和“工具箱”对话框也将会打开。

3）单击“工具箱”中的“控件向导”按钮，然后选择“字段列表”对话框中所需的表或查询，此时“字段列表”对话框上方的“添加到页”按钮被激活。

4）单击“添加到页”按钮，系统将会打开“版式向导”对话框，如图 7-28 所示。

5）在该对话框的右侧列出了“纵栏式”、“列表式”、“数据透视表式”、“数据透视图式”和“Office 电子表式”5 种可供选择的版式。从中选择一种版式，此时该版式的效果预览图将会在对话框左侧的预览区域中显示。这里选择“数据透视表式”单选按钮，然后单击“确定”按钮，系统将会自动在设计视图中生成一个数据透视表控件。

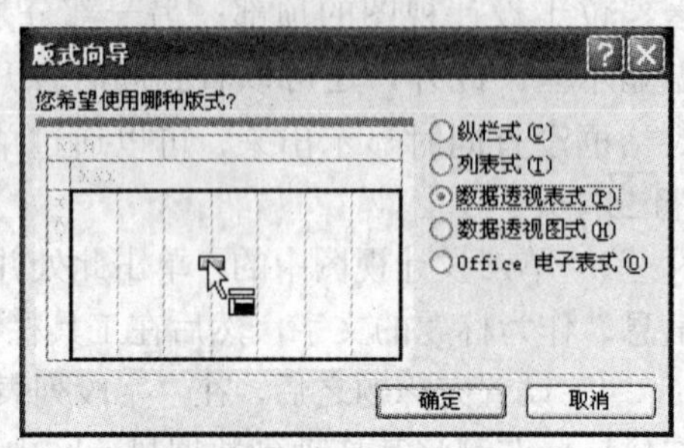

图 7-28 “版式向导”对话框

6）如果想要删除控件中的某个字段，可以先单击该字段名称，当整列记录出现蓝色背景时，按住鼠标左键将其拖出控件或直接按〈Delete〉键即可，如图 7-29 所示。

7）单击工具栏中的“视图”按钮，切换到数据访问页的页面视图，如图 7-30 所示。

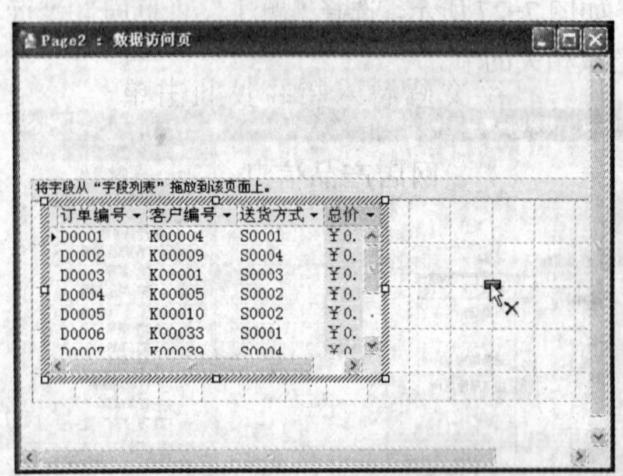

图 7-29 拖动删除字段

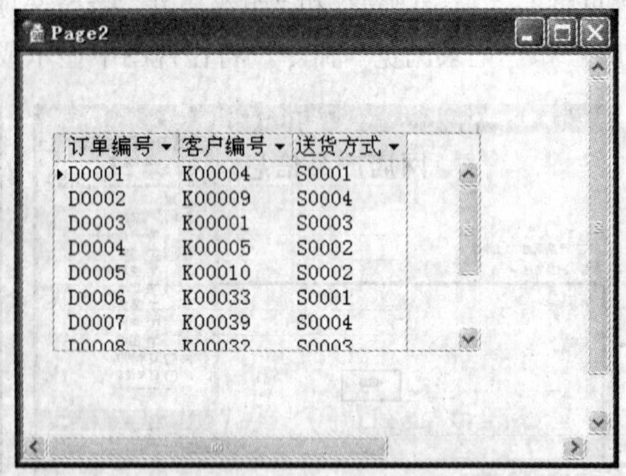

图 7-30 页面视图效果

3. 向数据访问页中添加 Office Web 控件

数据访问页设计视图为用户提供了多种 Office Web 控件按钮，下面以在数据访问页中插入 Office 数据透视表控件为例，介绍向数据访问页中添加 Office Web 控件的方法。

在数据访问页中，使用数据透视表列表可以方便地对数据透视表中的数据进行排序、筛选、自动计算和分类汇总等操作。向数据访问页中插入 Office 数据透视表控件的具体操作步骤如下：

【任务实施】

1）在设计视图中打开需要插入 Office 数据透视表控件的数据访问页。

2）将光标定位到要插入 Office 数据透视表的位置。

3）从菜单栏中选择“插入”|“Office 数据透视表”命令，或者单击工具箱中的“Office 数据透视表”按钮，然后在数据访问页中单击，即可将一个空白的数据透视表插入到数据访问页中，如图 7-31 所示。

4）如果需要将当前数据库的数据插入到数据透视表中，单击工具栏中的“字段列表”按钮，打开“字段列表”对话框，然后将表或查询中的字段添加到数据透视表中。

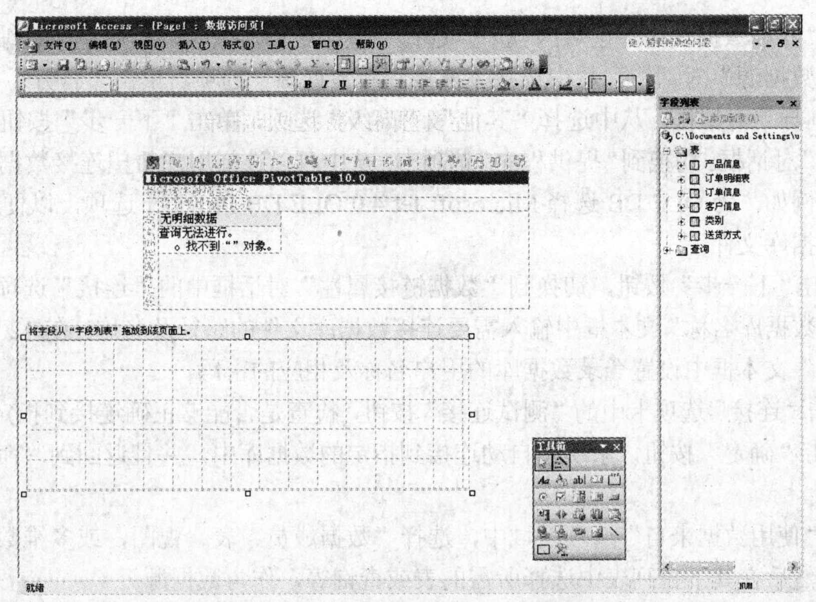

图 7-31　在数据访问页中插入 Office 数据透视表

在数据透视表的行区域、列区域、筛选区域及明细数据中，都可以对记录进行筛选操作，筛选时可以单击字段名称右侧的三角按钮，从弹出的下拉列表中选择筛选的条件。

在数据访问页中添加“Office 数据透视表”控件，不仅可以对当前数据库中的数据进行查看和分析，还可以对其他数据库中的数据进行查看和分析，其步骤如下：

【任务实施】

1）在设计视图中打开包含“数据透视表”控件的数据访问页。

2）在数据透视表工作区处右击，从弹出的快捷菜单中选择“命令和选项”命令，打开“命令和选项”对话框。单击该对话框中的“数据源”标签，切换到“数据源”选项卡，如图 7-32 所示。

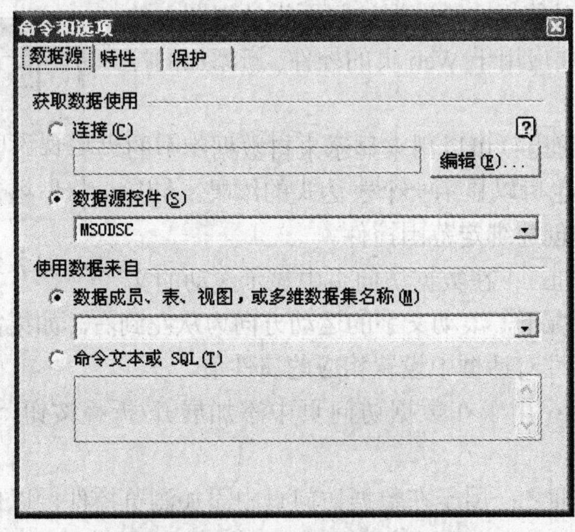

图 7-32　“命令和选项”对话框

3）在“获取数据使用”选项区域中，选择“连接”单选按钮，然后单击“编辑”按钮，打开“选取数据源”对话框。从中选择“连接到新数据源”选项，单击“打开”按钮，弹出“数据连接向导”对话框，从中选择“其他”|“高级”选项，单击“下一步”按钮，打开“数据链接属性”对话框。切换到“提供程序”选项卡，从中可以选择用户希望连接数据的OLE DB提供程序，例如，为OLE DB选择Microsoft Jet 4.0 OLE DB Provider选项，以便连接到本地计算机的数据库文件。

4）单击“下一步”按钮，切换到“数据链接属性”对话框中的“连接”选项卡。在“1.选择或输入数据库名称”文本框中输入需要连接数据库文件的路径及名称。在“2.输入登录数据库的信息”文本框中设置登录数据库的用户名称及相应的密码。

5）单击“连接”选项卡中的“测试连接”按钮，检查是否能够正确连接到指定的数据库。

6）单击“确定”按钮，系统将自动连接到指定的数据库中，并且返回到“命令和选项”对话框中。

7）在“使用数据来自”选项区域中，选择“数据成员、表、视图，或多维数据集名称”单选按钮，然后在其下拉列表中选择所需的表或查询等，作为数据源。

8）返回到设计视图中，单击数据透视表工具栏中的“字段列表”按钮，打开指定数据库中的字段列表。将所需字段添加数据透视表的相应区域中，即可完成对数据透视表的设计。

【总结与回顾】

本节首先介绍了自动创建数据页和使用向导创建数据页的详细方法和步骤，接着介绍了在设计视图中创建数据页的详细方法和步骤，并介绍了如何在设计视图中通过使用“版式向导”和向数据访问页中添加Office Web控件来完善数据页，最后以实例的形式详细介绍了在数据访问页中添加“Office数据透视表”控件的方法和步骤。

【拓展知识】

在设计视图中创建数据访问页，需要先在工具箱中单击相应的控件按钮，然后将光标移动到设计视图中，单击并拖出适当的范围释放即可。

数据访问页设计视图中的工具箱如图7-33所示。

与数据库中的其他对象相比，数据访问页设计视图中的工具箱又添加了一些主要应用于Web页的控件。新添加的控件工具及其功能如下：

图7-33 “工具箱”对话框

- “绑定范围”按钮：可以用来显示来自数据库中的某个字段数据，也可以显示一个表达式的结果。在窗体或报表中不能创建绑定范围控件。
- “滚动文字”按钮：在数据访问页中显示滚动的文字信息。默认情况下，滚动文字的运动方向为从左到右。如果需要为文字设置运动方式，可以在其属性对话框中设置相应的属性值。
- “展开”按钮：用于在数据访问页中添加展开/折叠按钮，以便显示或隐藏分组记录。
- “记录浏览”按钮：用于在数据访问页中添加浏览控件，以便添加、移动、删除和查找记录。
- “Office数据透视表”按钮：向数据访问页中插入Microsoft Office数据透视表，以便分析数据。

- “Office 图表”按钮：可用于向数据访问页中插入二维图表。
- “Office 电子表格”按钮：可以向数据访问页中添加电子表格控件，该控件具有与 Microsoft Excel 相同的功能。
- “超链接”按钮：可以在数据访问页上添加超链接。
- “图像超链接”按钮：用于在数据访问页中添加一个可以链接到磁盘或其他位置的 Web 页图像。
- “影片”按钮：用于向数据访问页中添加影片控件。用户可以设置是在打开该数据访问页时放映，还是当指针移到影片控件时放映。

【复习思考题】

1. 简述自动创建数据页的方法及步骤。
2. 简述使用向导创建数据页的方法及步骤。
3. 简述在设计视图中创建数据页的方法及步骤。

7.3 设置数据访问页

完成对数据访问页的创建后，可以根据需要对数据访问页进行一系列相应的设置。

【学习目标】

掌握如何设置数据访问页的属性、如何删除数据访问页和如何查看 HTML 源文件。

【知识点】

- 设置数据访问页的属性
- 删除数据访问页
- 查看 HTML 源文件

7.3.1 设置数据访问页的属性

数据访问页对象与数据库中的其他对象一样，具有一系列的属性。Access 2003 数据库还为其提供了改变其效果的主题样式，以方便改变已创建的数据访问页主题。

1. 文档属性描述

在设计视图中打开某一数据访问页，选择“文件”|“数据库属性”命令，打开页属性对话框，如图 7-34 所示。

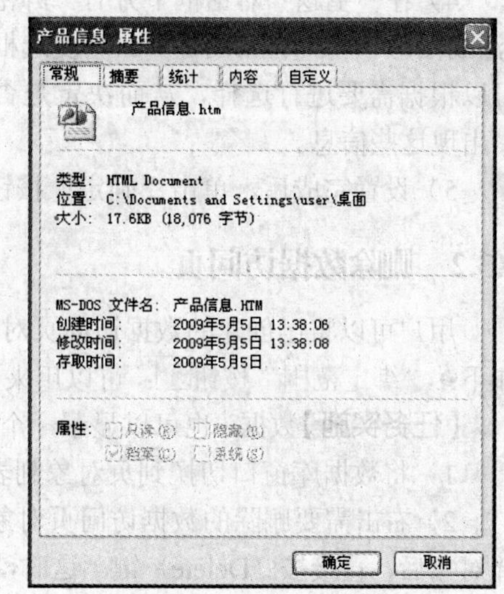

图 7-34 页属性对话框

在该属性对话框中包含“常规”、“摘要”、“统计”、“内容”和“自定义”5 个属性选项卡。每个选项卡中包含的内容如下：

- “常规”选项卡。显示了文件的“类型”、“位置”、“大小”、“创建时间”、“修改时间”和“存取时间”等一系列只读信息。这些信息与文件在资源管理器中所显示的内容相同。

● “摘要”选项卡。在 Access 2003 数据库中，摘要信息可以更好地标识数据访问页。其选项卡中的“超链接基础”选项可用于创建基础的超级链接路径，并将此路径附加到相关 HyperlinkAddress 的属性设置值起始处。

● “统计”选项卡。此选项卡中显示了当前数据访问页的“创建时间”、“最后一次的修改时间”、“上次保存者”、“修订次数”和“编辑时间总计”等信息。

● “内容”选项卡。在其“文档内容”选项区域中包含了此文件的标题及链接字符串。

● “自定义”选项卡。在此选项卡中输入的数据将变成 Documents 集合中 UserDefined Document 对象的属性。

2．设置页主题

Access 2003 数据库为数据访问页提供了一系列的主题样式设计，选择其中的某种主题，可以改变数据访问页的整体效果。

设计数据访问页主题的具体操作如下：

【任务实施】

1）在设计视图中打开要进行设置的数据访问页对象。

2）选择“格式”|“主题”命令，打开“主题”对话框，如图 7-35 所示。

3）在“主题”对话框的“请选择主题”选项区域中，可以选择所需要的主题选项，相应的效果样式将会在右侧的预览区域中显示。

4）在“主题”对话框下方有“鲜艳颜色”、“活动图形”和“背景图像”3 个复选框。用户可以根据需要进行选择，从而决定是否在主题中出现这些信息。

5）设置完成后，单击“确定”按钮即可。

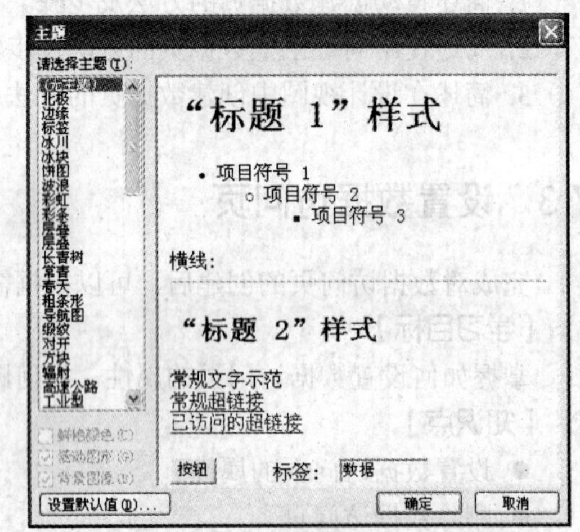

图 7-35 “主题”对话框

7.3.2 删除数据访问页

用户可以将已创建的数据访问页对象从 Access 2003 数据库窗口中删除，具体的操作方法如下：

【任务实施】

1）将数据库窗口切换到页对象列表界面。

2）右击需要删除的数据访问页对象，从弹出的快捷菜单中选择“删除”命令，也可以选择对象后，直接按〈Delete〉键。这时，系统会弹出一个提示框，提示用户是同时删除链接和页文件还是只删除链接，如图 7-36 所示。该对话框还包含 3 个按钮，其功能分别如下：

● “删除链接和文件”按钮：在删除 Access 2003 数据库窗口中数据访问页的快捷方式图标时，还会将存储在磁盘中的该数据访问页源文件删除。

● “只删除链接”按钮：只删除 Access 2003 数据库窗口中数据访问页的快捷方式图标，不会将存储在磁盘中的该数据访问页删除。当需要使用该数据访问页时，可以到保存的文件中对该文件进行调用。

● “取消”按钮：单击该按钮，可放弃对该数据访问页进行的删除操作。

如果删除了该数据访问页对象，将无法通过“编辑”|“撤销”命令进行恢复。

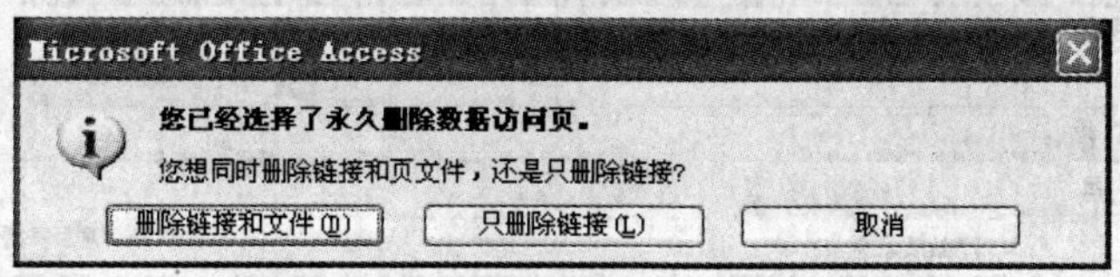

图 7-36　删除数据页提示框

7.3.3　查看 HTML 源文件

网页的组成元素是 HTML 标记语言，而数据访问页属于网页，因此数据访问页也是由 HTML 标记语言组成的。

要查看数据访问页的 HTML 源文件，可以执行如下步骤：

【任务实施】

1）在设计视图中打开某一数据访问页，选择“视图”|“HTML 源文件”命令，将会显示该数据访问页的 HTML 代码文件，如图 7-37 所示。

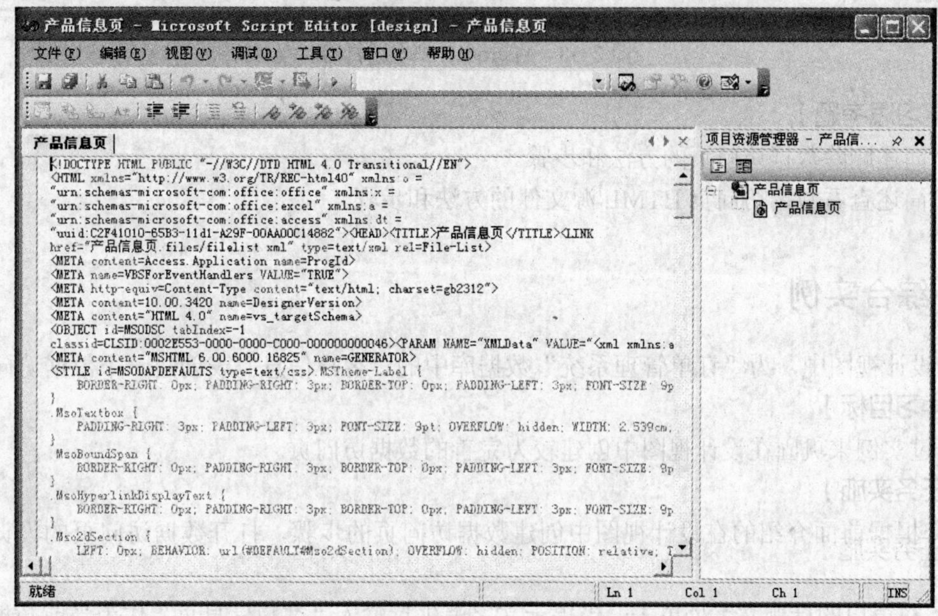

图 7-37　HTML 源文件

2）右击数据访问页设计窗口中的任意控件，从弹出的快捷菜单中选择“Microsoft 脚本编辑器”命令，系统将打开该数据访问页的脚本编辑器，如图 7-38 所示。与 HTML 源文件相比，此编辑界面增加了工具箱等。

【总结与回顾】

本节首先介绍了如何设置数据访问页的属性及数据访问页属性对话框中各选项卡包含的内容，并详细介绍了如何设置数据访问页的主题。接着介绍了删除数据访问页的方法和步骤。

最后详细介绍了查看数据访问页 HTML 源文件的方法和步骤。

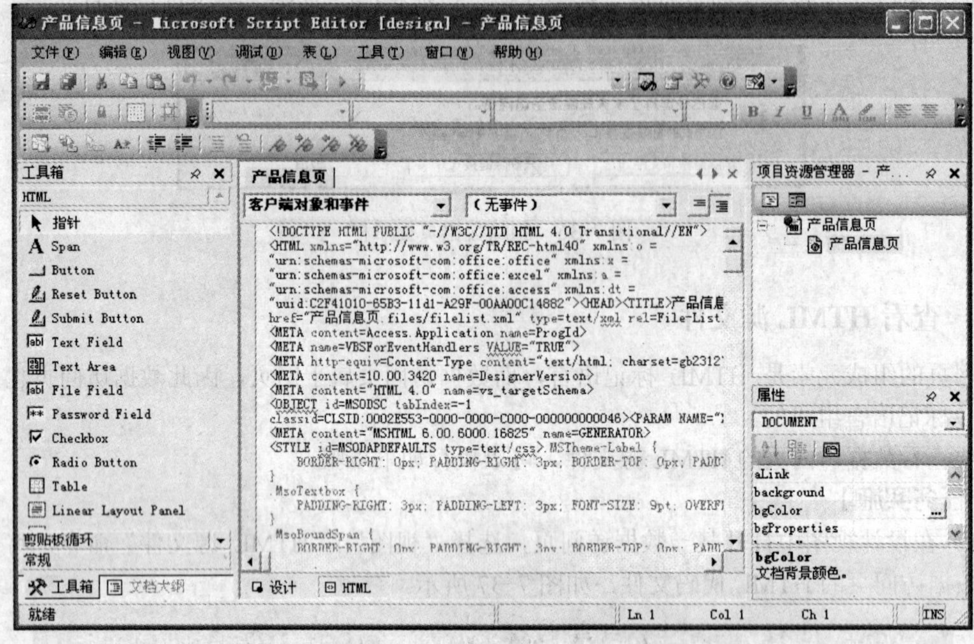

图 7-38　Microsoft 脚本编辑器

【复习思考题】

1. 简述删除数据访问页的方法和步骤。
2. 简述查看数据访问页 HTML 源文件的方法和步骤。

7.4　综合实例

在设计视图中，为“订单管理系统”数据库中的“客户信息”表创建一个数据访问页。

【学习目标】

通过实例来巩固在设计视图中创建较为完善的数据访问页。

【任务实施】

1）根据前面介绍的在设计视图中创建数据访问页的步骤，打开数据访问页的设计视图窗口。

2）在窗口的标题文字处单击，当提示文字消失后输入“客户信息页”作为当前数据页的标题。然后在“字段列表”对话框中选择“客户信息”表中相应的字段，并将其拖放到数据访问页的设计区域。

3）拖放字段完成后，对生成的“标签”控件和“文本框”控件进行适当的调整，其效果如图 7-39 所示。

4）设计数据访问页的主题。选择“格式”|“主题”命令，打开“主题”对话框，在“请选择主题”选项区域中选择“技术”选项，然后选择其下方的“鲜艳颜色”和“背景图像”复选框，如图 7-40 所示。

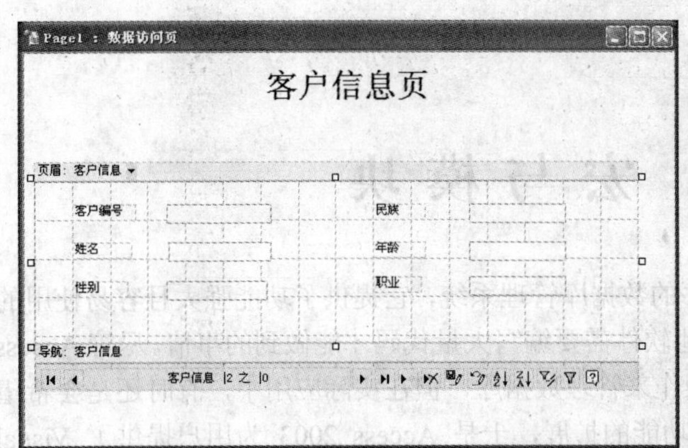

图 7-39 调整控件后的效果

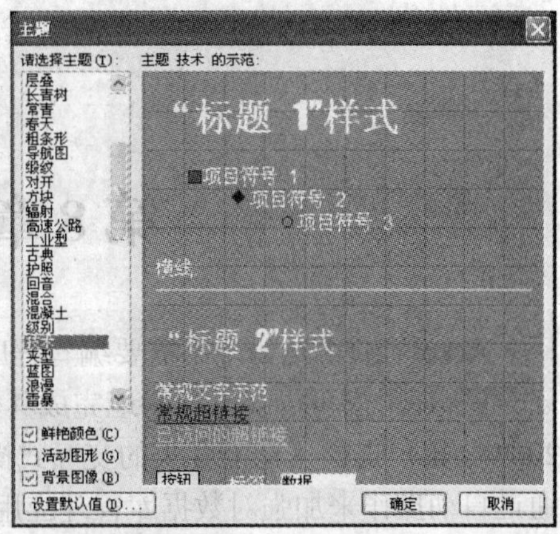

图 7-40 选择主题样式并设置其他选项

5）单击工具栏中的“视图”按钮，从弹出下拉列表中的选择“页面视图”选项，打开当前数据访问页的页面视图，如图 7-41 所示。

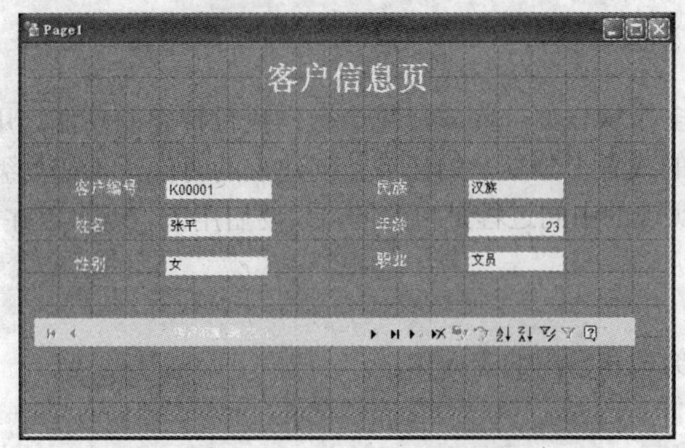

图 7-41 “客户信息页”页面视图

6）单击工具栏中的“视图”按钮，从弹出的下拉列表中选择“网页预览”选项。此时，系统弹出提示框，提示是否需要在预览前保存该数据访问页，如图 7-42 所示。单击“是”按钮，将其保存为“客户信息.htm”后，便可预览其网页显示效果。

图 7-42 保存提示框

第8章 宏与模块

Access 2003 是一个不需要编写程序的数据库管理系统，它提供了功能强大且容易使用的宏对象。使用宏可以非常容易地完成其他软件需要编写大量代码才能做到的事情。尽管 Access 2003 为用户提供了功能强大的交互式操作来管理数据库，但在实际应用中，有时还是会希望通过自动操作来加强对数据库管理应用功能的扩展，于是 Access 2003 为用户提供了 Visual Basic for Application（VBA），VBA 具有与 Visual Basic 相同的语言功能。

本章将介绍有关宏和模块的知识，包括宏的基本概念、宏的创建与执行的基本方法及模块和 VBA 的使用。

8.1 宏的概述

宏是由一个或者多个操作集合而成，每个操作执行特定的功能。用户可以通过创建宏来自动执行某一项重复的或者十分复杂的任务。创建宏的时候，不需要编程，只需定义几个简单的宏操作即可。宏实现的中间过程是自动的，只要启用宏，就可以在 Access 2003 中执行这些操作。

【学习目标】

了解宏的概念、类型和常用的宏操作。

【知识点】

- 宏简介
- 宏类型
- 常用的宏操作

8.1.1 宏简介

宏是一个或多个操作命令的集合。Access 2003 共为用户提供了 53 种基本宏操作命令，在使用中很少单独使用某个基本宏命令，而是将这些基本命令相互组合，排成一组，形成具有不同功能的“宏组”操作。这些“宏组”可以通过对“窗体”控件的某个事件进行操作来实现，也可以在数据库的运行过程中自动实现。

宏的操作窗口跟表的设计视图类似，如图 8-1 所示。“宏名”列可用于为宏定义名称；“条件”列用于设置宏的条件表达式；“操作”列类似于表设计视图中的数据类型，其下拉列表框中有宏命令选项，当选择某一宏命令选项后，宏窗口下半部分就会显示相应的操作参数供用户设置；“注释”列跟表设计视图中的“说明”列作用一致，即注释该宏操作。

宏窗口的工具栏如图 8-2 所示，其各按钮的功能如下。

“宏名”按钮：在窗口中显示/隐藏“宏名”列。

“条件”按钮：在窗口中显示/隐藏“条件”列。

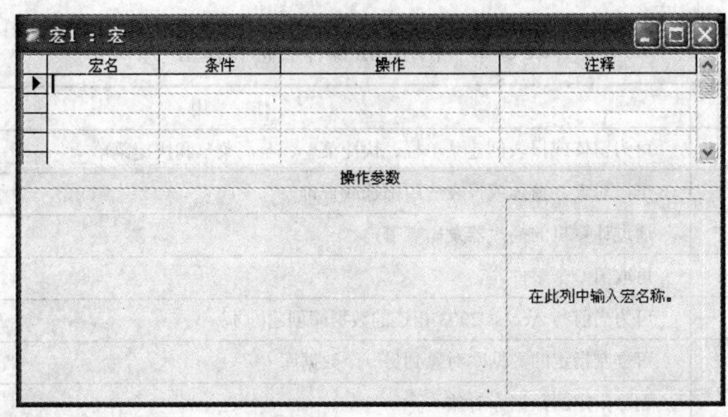

图 8-1　宏窗口

图 8-2　宏工具栏

"插入行"按钮：在当前行的前面添加一个空白行。

"删除行"按钮：可删除当前行。

"运行"按钮：可运行宏。

"单步"按钮：可一次运行一条宏命令。

"生成器"按钮：可帮助用户设置宏。

8.1.2　宏类型

在 Access 2003 中，宏可以分为 3 种类型：操作序列宏、宏组和条件宏。它们具有各自不同的功能和特点。

1．操作序列宏

操作序列宏是最基本的宏类型。它结构简单，一般只包含按顺序排列的各种操作命令。操作序列宏在使用时会按照从上到下的顺序执行各个操作命令。

2．宏组

宏组就是在一个宏名中存放多个宏。如果存在多个宏，可以将相关的宏分到不同的宏组中，以便于数据库管理。

在宏组中，可以为每个宏指定名称。在执行宏组中的宏时，Access 2003 会按顺序执行"宏名"列对应的宏所设置的操作及其后面"宏名"列为空的宏操作。

3．条件操作宏

条件操作宏是指带有条件表达式的宏。在运行这类宏之前，要先进行条件判断，如果条件满足，则执行当前行的宏操作命令；如果条件不满足，则不执行当前行的宏操作命令，而对下一行的条件进行判断。在宏的设计窗口中，条件表达式只对处于同一行的操作命令有约束，对其他行的操作命令没有约束。

宏的条件一般使用逻辑表达式来描述，表达式的真假决定是否执行宏操作命令。

Access 2003 为用户提供了多种基本的宏操作，如表 8-1 所示列出了常用的宏操作名称和作用。

表 8-1　常用的宏操作名称和作用

宏操作名称	作　用
AddMenu	可为窗体或报表创建菜单栏、快捷菜单、全局菜单和快捷菜单
ApplyFilter	可以对表、窗体或报表应用筛选或查询
Beep	通过计算机的扬声器发出嘟嘟声
CancelEvent	可取消一个事件
CopyDatabaseFile	可为当前与 Access 2003 相连的数据库创建副本
CopyObject	可复制指定的数据库对象到另一个数据库
DeleteCopy	删除指定的数据库对象
Close	关闭指定的 Microsoft Access 窗口。如果没有指定窗口，则关闭当前活动窗口
Echo	可指定是否打开回响
FindNext	查找下一个记录，可反复查找
FindRecord	查找属于 FindRecord 参数指定准则的第一个数据实例
GoToControl	把光标移到打开的窗体、报表对象中指定控件上
GoToRecord	可以使打开的表、窗体或查询结果集中的记录变为当前记录
Maximize	放大活动窗口，使其充满 Access 2003 的主窗口。该操作可以使用户尽可能多地看到活动窗口中的对象
Minimize	将活动窗口缩小为 Access 2003 主窗口底部的一个小标题图标
MsgBox	打开一个包含警告信息或其他信息的消息框
OpenForm	打开一个指定的窗体，并选择窗体数据的输入方式及打开窗体的视图方式
OpenReport	打开一个指定的报表，并选择打开报表的视图方式
OpenQuery	打开选择查询或交叉表查询，并选择打开查询的视图方式
OpenTable	打开表
PrintOut	打印当前数据库中的活动对象，如打印数据表、报表、窗体等
Quit	关闭 Access 2003 数据库。Quit 还可以指定在退出 Access 2003 之前是否保存数据库对象
RepaintObject	更新指定的数据库对象。如果没有指定数据库对象，则更新当前的活动数据库对象。更新的内容为对象中的所有控件
Restore	将处于最大化或最小化的窗口恢复为原来的大小
RunMacro	运行指定的宏
ShowToolbar	显示/隐藏默认或自定义的工具栏
SetValue	设置窗体、报表等对象中字段、控件的属性值
StopAllMacros	停止运行所有的宏
StopMacro	停止正在运行的宏
TransferDatabase	导入其他格式的数据库，或反方向导出 Access 2003 表到其他格式的数据库中
Transfer-Spreadsheet	导入电子表格格式的文件，或反方向导出 Access 2003 表到其他格式的电子表格中
TransferText	导入一般的文字文件，或反方向导出 Access 2003 表到文字文件中

【总结与回顾】

本节首先介绍了宏的基本概念和宏的 3 种类型：操作序列宏、宏组和条件操作宏，并介绍了这 3 种类型的概念，接着以表格的形式介绍了 Access 2003 中常用的宏操作名称及作用。

【复习思考题】

1. 简述宏的概念。

2. 简述宏的类型及其功能和特点。

8.2 创建及编辑宏

宏与数据库中其他对象的创建方法不同，它不能通过向导创建，只能在设计视图中直接创建。本节将介绍创建及编辑宏的方法。

【学习目标】

掌握创建单个宏、条件宏、宏组及编辑宏的方法。

【知识点】

- 创建单个宏
- 创建条件宏
- 创建宏组
- 编辑宏

8.2.1 创建单个宏

单个宏是最基本的宏，一般用于执行某个特定的操作。其创建的基本方法如下：

【任务实施】

1）在数据库窗口中，单击“对象”栏中的“宏”按钮，然后单击工具栏中的“新建”按钮，打开宏设计视图，如图 8-3 所示。宏设计视图上部分由“操作”和“注释”两列构成。如果要显示“宏名”或“条件”列，可以单击工具栏中“宏名”按钮或“条件”按钮。

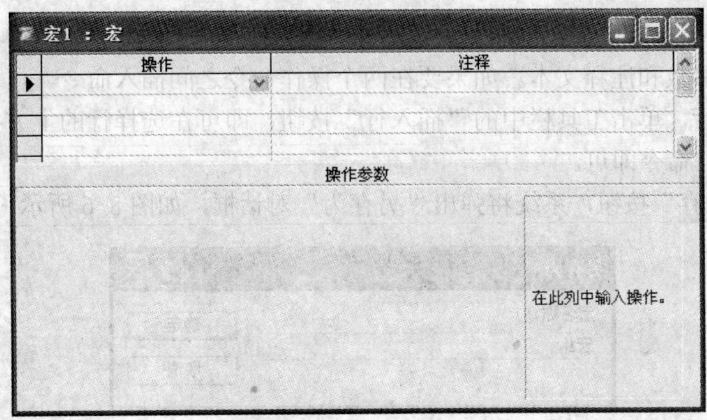

图 8-3 宏的设计视图

2）单击“操作”列单元格中的下拉按钮，在弹出的下拉列表中包含了所有可添加到宏中的宏操作命令，如图 8-4 所示。选择所需的宏操作命令选项，即可将该命令添加到单元格中；单击同一行的注释单元格，即可为该命令添加注释文本（注释文本不是必填的，但可以使用户更易于理解和维护宏）。

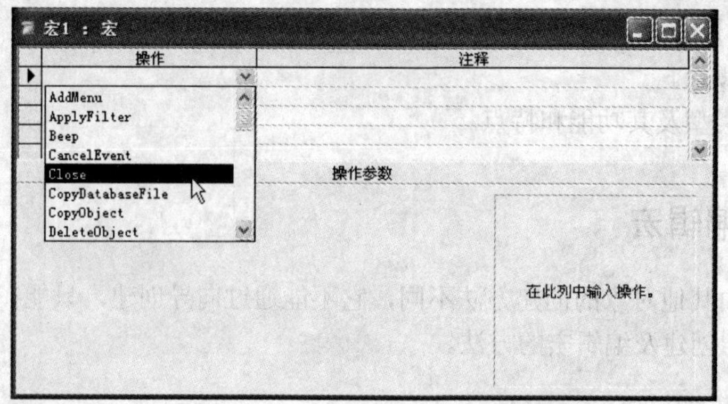

图 8-4　宏操作命令

3）当在“操作”列中添加了一个宏操作命令后，宏设计视图窗口下方的“操作参数”选项区域就会显示该命令的参数选项和功能说明，从中可以按照需要设置宏操作命令的参数值，如图 8-5 所示。

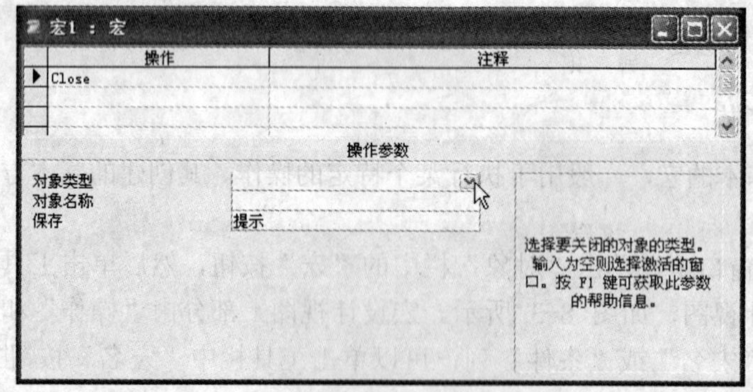

图 8-5　设置当前命令的参数值

4）如果需要添加多个宏操作命令，可在“操作”列中从上到下依次向单元格中添加，并设置操作命令的参数和注释文本。如果要在两个操作命令之间插入命令，可以选择需要插入操作行后的操作行，单击工具栏中的“插入行”按钮，即可在选择行的上方插入新行，然后在新行中添加操作命令即可。

5）单击“保存”按钮，系统将弹出“另存为”对话框，如图 8-6 所示。

图 8-6 “另存为”对话框

8.2.2　创建条件宏

条件宏是指带有条件表达式的宏。在创建条件宏时，需要在设计视图中添加“条件”列，如图 8-7 所示。在“条件”列中可以设置条件，运行宏时，只有满足条件，相应单元格中的操作命令才能执行。

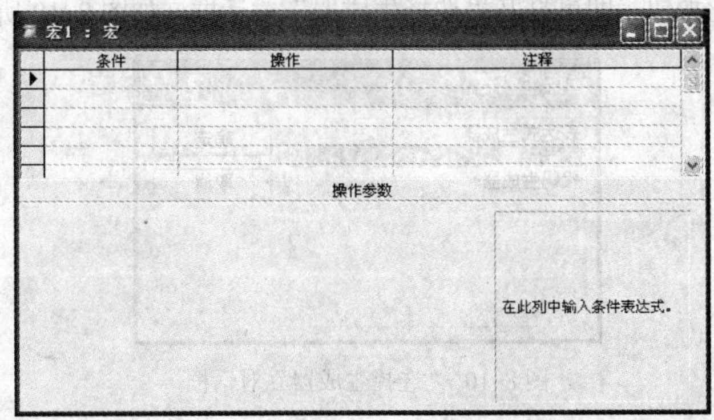

图 8-7　添加了“条件”列的宏设计视图

下面创建一个条件宏，用于判断用户是否输入空值，创建步骤如下：

【任务实施】

1）在窗体设计视图中创建一个名称为“输入记录”的窗体，将其“文本框”控件分别命名为 text2、text4；将“输入记录”命令按钮控件命名为 Command1，其预览视图如图 8-8 所示。

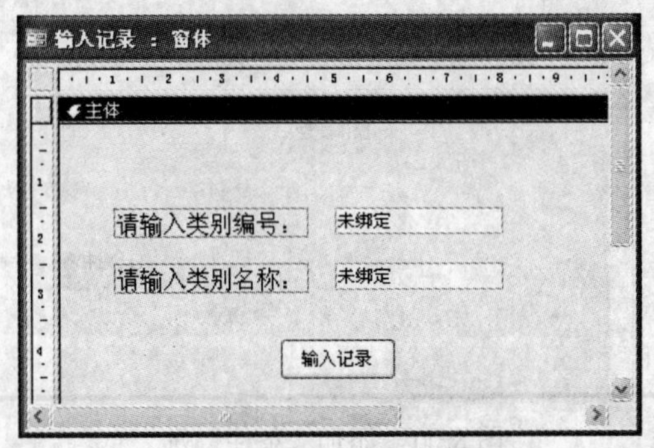

图 8-8　窗体预览视图

2）在窗体设计视图中选择“输入记录”命令按钮控件，然后单击工具栏中的“属性”按钮，打开“命令按钮：Command1”对话框。在该属性对话框中，单击“事件”标签，切换到“事件”选项卡，如图 8-9 所示。

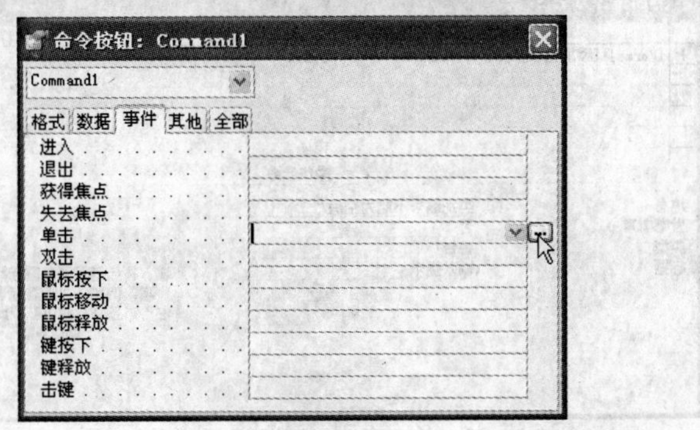

图 8-9　命令按钮属性对话框

3）在“事件”选项卡中，将光标移到“单击”事件后的单元格中，这时该单元格后就会出现按钮。单击此按钮，即可打开“选择生成器”对话框，如图 8-10 所示。

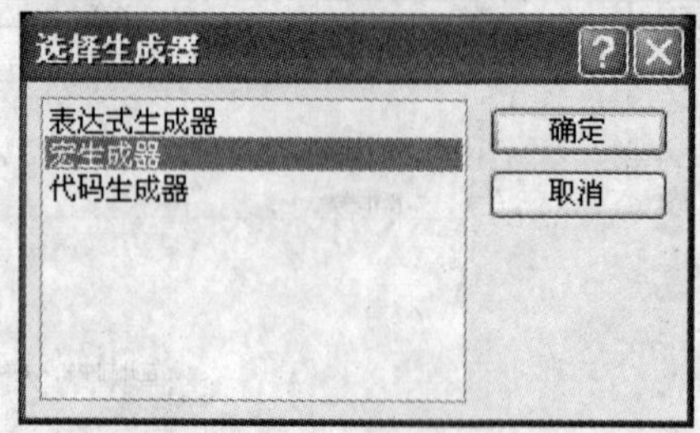

图 8-10 “选择生成器”对话框

4）选择“选择生成器”对话框中的“宏生成器”选项，单击“确定”按钮，系统将弹出“另存为”对话框和宏窗口。在“另存为”对话框中输入“判断是否为空”，然后单击“确定”按钮，关闭对话框，可以看到宏设计视图的窗口标题栏中显示“判断是否为空：宏”。单击工具栏中的“条件”按钮，在当前的宏设计窗口中添加“条件”列，如图 8-11 所示。

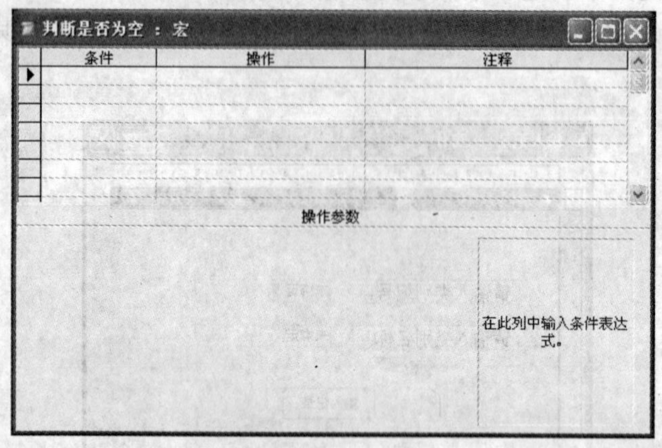

图 8-11 添加“条件”列

5）在“条件”列下方的第一个单元格中输入“[Forms]![添加记录]![Text2] Is Null”，该条件的功能是判断在 text2 中输入的类别编号是否为空。在其对应的“操作”列中选择 MsgBox 命令，其相关设置如图 8-12 所示。

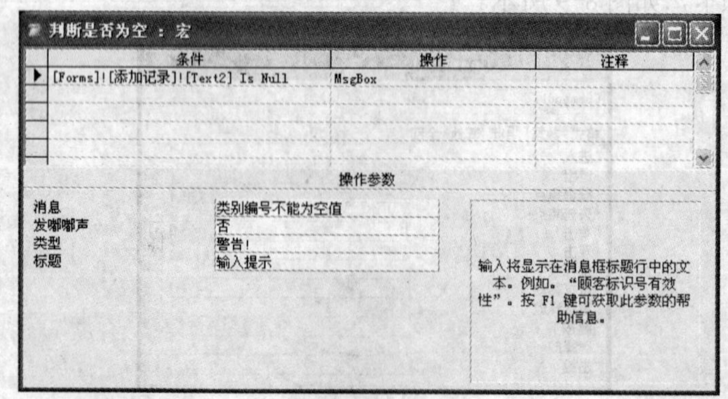

图 8-12 设置参数

【拓展知识】

在宏对象中，若要引用其他窗体或报表中的控件，在控件名称前应加上集合的名称，再加上控件所属的窗体或报表的名称。例如，引用窗体中某个控件的语法格式为：[Forms]![窗体名]![控件名]。

6）在“条件”列下方的第二个单元格中输入“...”，在其对应的“操作”列中选择 CancelEvent 命令。其意义是，当“条件”列中的条件为真时，取消此事件，如图 8-13 所示。

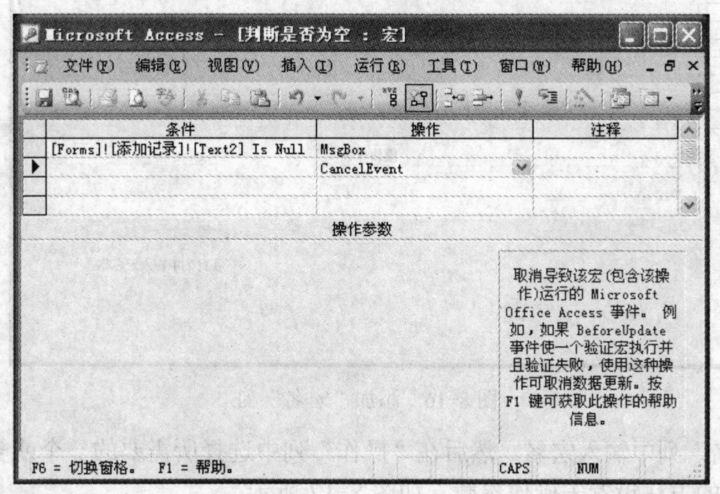

图 8-13　设置宏参数

7）设置完成后，单击工具栏中的“保存”按钮保存宏对象，然后关闭宏设计视图窗口，返回属性对话框，可以看到“单击”事件单元格中自动添加了“类别编号不能为空值”文本。关闭属性对话框，返回窗体设计视图窗口，单击工具栏中的“视图”按钮，打开窗体的预览视图，如图 8-14 所示。

8）在“请输入类别编号”文本框中不输入任何值的情况下，单击“输入记录”按钮，系统会弹出一个“输入提示”消息对话框，显示“类别编号不能为空值”，如图 8-15 所示。

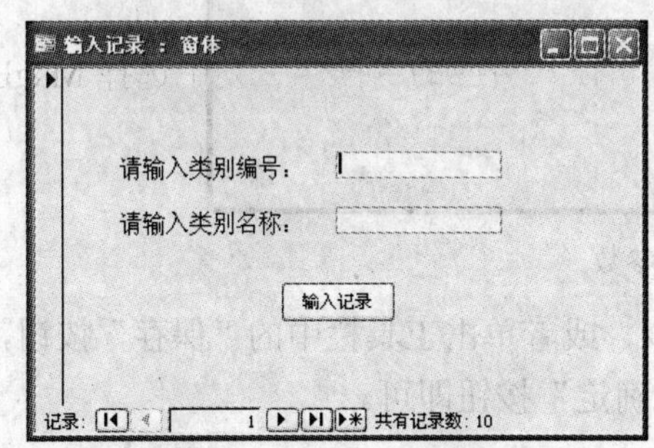

图 8-14　窗体的预览视图

图 8-15　宏消息提示对话框

8.2.3　创建宏组

如果需要多个宏共同完成某项任务，则可以将相关的宏设置成一个宏组，使用户避免单独管理这些宏的麻烦。

其方法和建立宏一样，步骤如下：

【任务实施】

1）在“宏”对象下，单击“新建”按钮，新建一个宏窗口，单击工具栏中的“宏名”按钮，出现了“宏名”列，如图 8-16 所示。

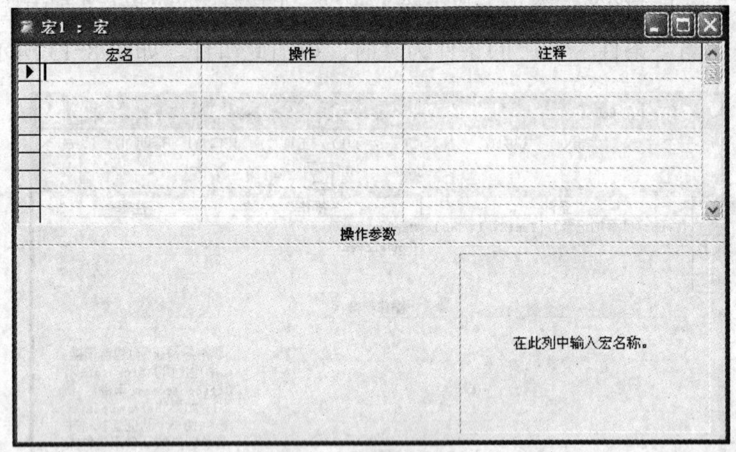

图 8-16　添加“宏名”列

2）在“宏名”列中输入宏名，然后在“操作”列中选择所需要的一个或多个宏操作，再根据前面所介绍的方法设置宏操作参数，如图 8-17 所示。

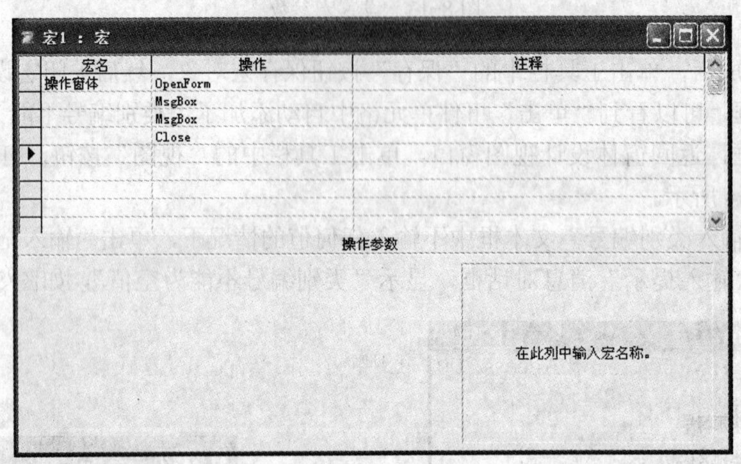

图 8-17　设置参数

3）设置完成后，选择“文件”|“另存为”命令，或者单击工具栏中的“保存”按钮，弹出“另存为”对话框，输入要保存的宏名，单击“确定”按钮即可。

8.2.4　编辑宏

创建完成宏后，有时还需要对宏进行修改，例如进行添加、删除等操作，以执行不同的任务。

双击数据库窗口中需要编辑的宏名时，只是执行宏，并不会进入宏的编辑窗口。如果要编辑宏，需要选择编辑的宏，然后单击“设计”按钮，如图 8-18 所示。用户也可以右击需要编辑的宏，从快捷菜单中选择“设计视图”命令，此时可以在打开的宏设计视图对宏进行编辑修改。

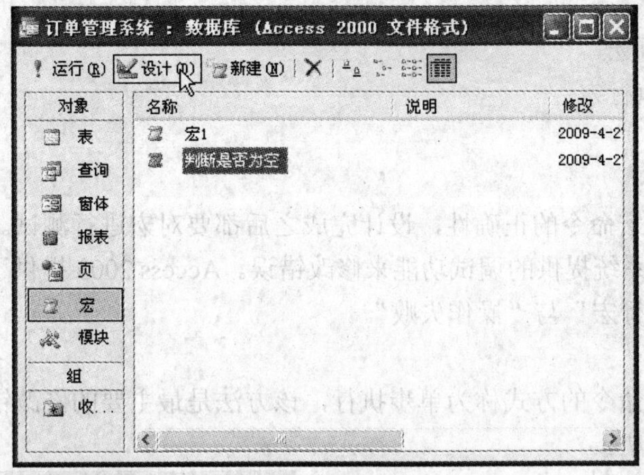

图 8-18 进入宏编辑

编辑完成后，单击工具栏中的“保存”按钮即可。

【总结与回顾】

本节首先介绍了单个宏、条件宏、宏组的功能及特点，并详细介绍了这几种宏的创建方法和步骤，接着介绍了编辑宏的方法。

【拓展知识】

运行宏组时，Microsoft Access 2003 会从第一个操作开始，执行每个宏，直至遇到 StopMacro 命令、其他宏组名或已完成所有操作。

保存宏组时，指定的名称是宏组的名称，也是显示在数据库窗口中的宏和宏组列表的名称。当引用宏组中的宏时，应使用下面的语法

宏组名.宏名

例如，“钮扣.产品”将引用“钮扣”宏组中的“产品”宏。在宏列表（如 RunMacro 命令的“宏名”参数列表）中，Microsoft Access 2003 将用“钮扣.产品”的方式显示“产品”宏。

【复习思考题】

1. 简要说明单个宏、条件宏、宏组的功能及创建方法。
2. 简述编辑宏的方法。

8.3 调试与执行宏

编辑完宏之后，可以通过运行宏来检查创建的宏是否符合设计要求。运行宏可以执行宏中的操作命令，形成一定的程序。运行宏的方式有很多种，可以直接执行宏，也可以触发窗体、报表或控件中的事件来执行，还可以从另一个宏中运行。

【学习目标】

掌握如何调试宏，掌握执行宏的 3 种方法：直接执行、从控件中执行、从其他宏中执行。

【知识点】

- 调试宏
- 直接执行宏
- 从控件中执行宏
- 从其他宏中执行宏

8.3.1 调试宏

为了保证所设计宏命令的正确性，设计完成之后都要对宏进行测试。如果所测试的宏存在错误，则需要依靠系统提供的调试功能来修改错误。Access 2003 提供了两种修改错误的工具，分别是“单步执行宏”与“操作失败”。

1. 单步执行宏

一次运行一个宏命令的方式称为单步执行，该方法是最主要的修改错误的方法。下面简要介绍单步执行的方法。

【任务实施】

1）在设计视图中打开一个宏文件，单击工具栏中的“单步”按钮或者选择“运行”|“单步”命令。

2）单击工具栏中的“运行”按钮或者选择“运行”|“运行”命令，系统将自动弹出“单步执行宏”对话框，并在对话框中显示每一步的结果信息，如图 8-19 所示。例如，单步执行名称为“判断是否为空”的宏。

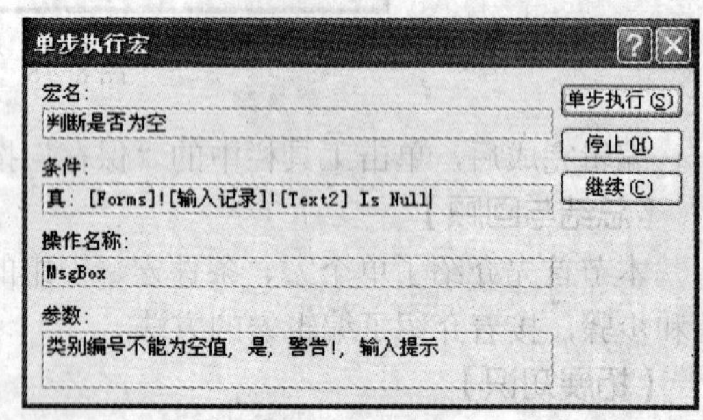

图 8-19 “单步执行宏”对话框

3）在对话框中，单击“单步执行”按钮，将显示执行下一条宏的指令结果；单击“停止”按钮，则放弃对宏命令的操作并关闭“单步执行宏”对话框；单击“继续”按钮，则关闭“单步执行宏”对话框并继续运行未执行完的宏命令。

2. 操作失败

这是另外一种修改错误的方式，在运行宏发生错误时，系统会自动停止动作，同时弹出警告框，如图 8-20 所示。

单击“确定”按钮，系统将进入“操作失败”对话框，如图 8-21 所示。

图 8-20 警告框

图 8-21 “操作失败”对话框

8.3.2 执行宏

执行宏最主要的目的是控制对象，将宏与窗体或报表中的某个控件连接起来，就可以完成操作某些对象的任务。宏的运行方式很多，下面介绍几种运行宏的常用方法。

1．直接执行宏

如果需要直接执行宏，可以通过以下几个方法来实现。

- 在宏的设计视图中，直接单击工具栏中的“运行”按钮[!]即可。
- 在宏窗口中选择需要运行的宏，然后单击工具栏中的“运行”按钮[! 运行(R)]。
- 在宏窗口中双击需要执行的宏。
- 如果需要在 Access 2003 中的其他地方执行宏，可以在“工具”菜单中的“宏”选项中选择“执行宏”命令，然后在“执行宏”对话框中选择需要运行的宏，如图 8-22 所示。

【拓展知识】

如果执行的是宏组中的宏，除了上述几种方法外，还可以使用下面的语法来引用宏：

宏组名．宏名。

图 8-22 “执行宏”对话框

2．从控件中执行宏

如果需要在某窗体或报表的控件中执行宏，只需要在“设计”视图中单击相应的控件，在其属性对话框中选择对应的事件，然后在下拉列表中选择当前数据库中的宏，将宏连接到某一个命令按钮上，当单击这个命令按钮的时候，就可以执行该宏。

3．从其他宏中运行宏

如果在宏或 Visual Basic 中添加了 RunMacro 操作，则运行宏或 Visual Basic 时，将会打开并执行一个指定的宏。

【总结与回顾】

本节首先简要介绍了调试宏的两种方法：单步执行宏和操作失败，还介绍了这两种方法的概念和操作步骤。接着介绍了几种执行宏的常用方法：直接执行宏、从控件中执行宏和从其他宏中执行宏。

【拓展知识】

在宏运行过程中，可以按〈Ctrl+Break〉组合键暂停宏的执行，然后以单步运行宏。

【复习思考题】

1．简述调试宏的方法及步骤。

2．简述执行宏的方法及步骤。

8.4 宏应用

使用宏可以提高数据库的使用效率，简化数据库的操作。本节将通过一个实例，让用户了解如何创建和使用宏。

【学习目标】

掌握如何将 Access 2003 中的宏对象转换成 Visual Basic 代码，掌握宏命令在实际操作中的应用。

【知识点】

- 将宏对象转换成 Visual Basic 代码
- 在实例中应用宏

8.4.1 转换宏

Access 2003 数据库向用户提供了将宏对象转换成 Visual Basic 代码的功能，使得宏对象不仅可以在 Access 2003 中运行，转换后的代码还可以在应用程序中使用，从而增强了宏对象的通用性。

这里以创建的“判断是否为空”宏对象为例，介绍在 Access 2003 中将宏对象转换成 Visual Basic 代码的操作步骤。

【任务实施】

1）切换数据库窗口到宏对象界面，选择要转换的宏对象文件。

2）选择“工具”|“宏”命令，从弹出的级联菜单中选择“将宏转换为 Visual Basic 代码”命令，系统将弹出转换宏对话框，如图 8-23 所示。

3）转换宏对话框中有两个选项，选择“给生成的函数加入错误处理”复选框，转换后的代码将包含异常处理的代码；选择“包含宏注释”复选框，转换后的代码将包含代码注释。同时选择两个复选框，然后单击“转换”按钮，系统将打开 Visual Basic 应用程序环境，自动对选择的宏进行转换，转换完毕后将弹出对话框提示已经转换完毕，如图 8-24 所示。

图 8-23 “转换宏”对话框

图 8-24 提示对话框

4）单击“确定”按钮，在 Visual Basic 环境中打开该对象的代码编辑窗口，从中可以查看或编辑转换过来的代码，如图 8-25 所示。

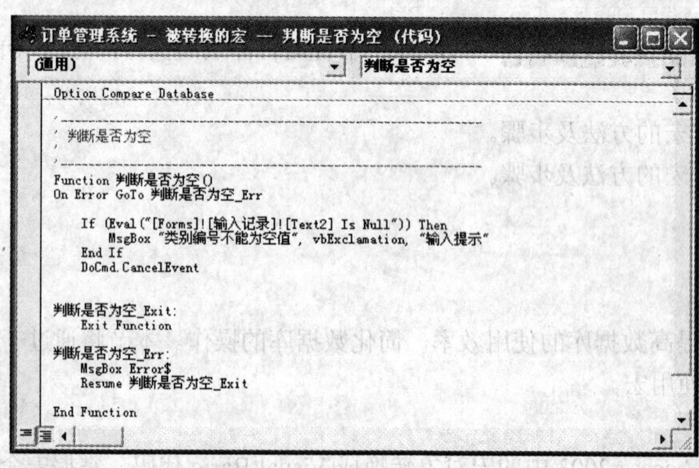

图 8-25 Visual Basic 环境中的代码

5）关闭此窗口，单击数据库窗口中的“模块”按钮，切换到“模块”对象界面，便可以看到一个名称为“被转换的宏 — 判断是否为空”的模块对象，如图 8-26 所示。

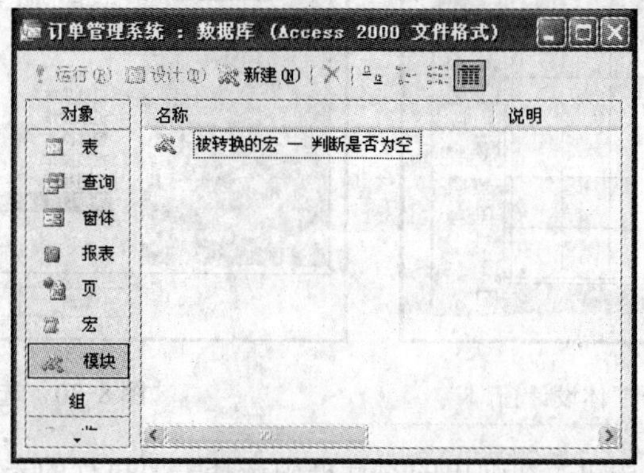

图 8-26 模块对象

8.4.2 在实例中应用宏

【引导总结】

在订单管理系统中创建一个宏组，可以在窗体中打开、关闭“客户信息”报表，并且当打开“客户信息”报表后，系统会自动判断报表中是否有数据。如果报表中无任何数据记录时，弹出提示框提示用户。

【任务实施】

1）以“客户信息”表为数据源，创建一个“客户信息报表”报表，其设计视图如图 8-27 所示。

2）根据前面介绍的宏组创建步骤，创建一个名称为“客户信息管理”的宏组，如图 8-28 所示。

图 8-27 “客户信息报表”报表设计视图

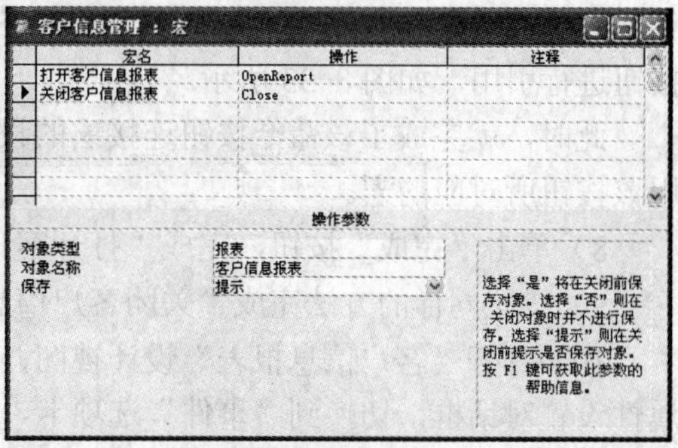

图 8-28 “客户信息管理”的宏组设计窗口

3）创建一个“调用按钮”窗体，设计窗口如图 8-29 所示。

4）单击“控件向导”按钮，然后单击“命令按钮”按钮，在适当的位置添加一个命令按钮，弹出“命令按钮向导”对话框。在该对话框中的“类别”选项区域选择“杂项”选项，在“操作”选项区域选择“运行宏”选项，如图 8-30 所示。

图 8-29 “调用按钮”窗体设计窗口

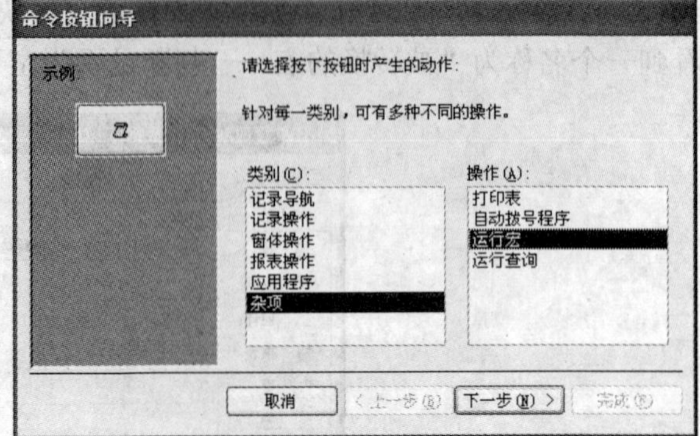

图 8-30 选择按钮动作

5）单击“下一步”按钮，在弹出的对话框中选择需要执行的宏，如图 8-31 所示。

6）然后单击“下一步”按钮，在弹出的对话框中选择在该按钮上显示文字还是图片。如果显示图片，Access 2003 允许插入其他图片作为按钮显示，如图 8-32 所示。

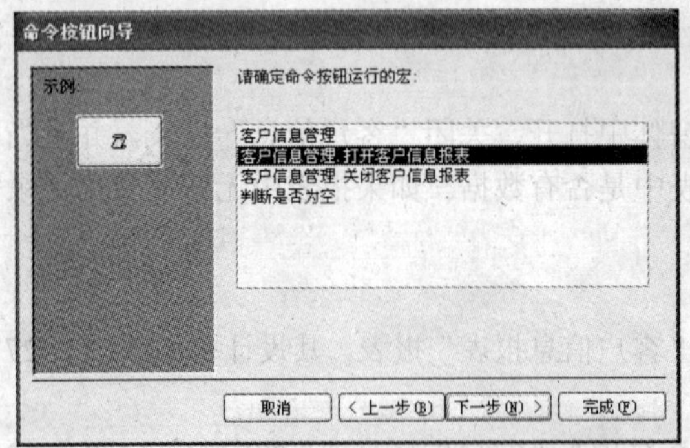

图 8-31 选择命令按钮运行的宏

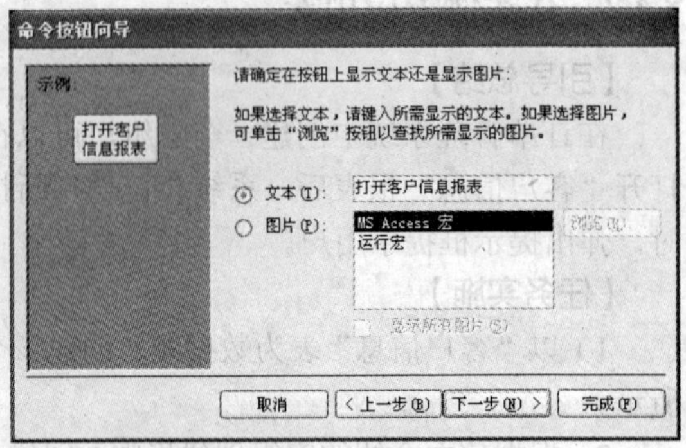

图 8-32 设置按钮显示文本

7）然后单击“下一步”按钮，在弹出的对话框中指定该按钮名称，该名称便于以后对该按钮进行引用，如图 8-33 所示。

此时，就完成了该命令按钮连接宏的设置，用户可以通过在控件中单击该命令按钮来启用该按钮所对应的宏。

8）单击“完成”按钮，完成“打开客户信息报表”按钮的设计，如图 8-34 所示。

9）按照同样的方法完成“关闭客户信息报表”按钮的设计，如图 8-35 所示。

10）打开“客户信息报表”设计视图，单击工具栏中的“属性”按钮，打开该报表的属性设置对话框，切换到“事件”选项卡，如图 8-36 所示。

11）将光标置于“无数据” 单元格中，然后单击其右侧的省略号按钮，打开“选择生成器”对话框，选择“宏生成器”选项，如图 8-37 所示。

12）单击“确定”按钮，系统将打开“另存为”对话框和宏设计视图窗口。在“另存为”对话框中输入“判断报表记录”，然后单击“确定”按钮；在宏设计视图窗口中的“操作”列中选择 MsgBox 命令，然后设置其他参数，如图 8-38 所示。

13）单击工具栏中的“保存”按钮保存该宏，然后关闭宏设计视图窗口。

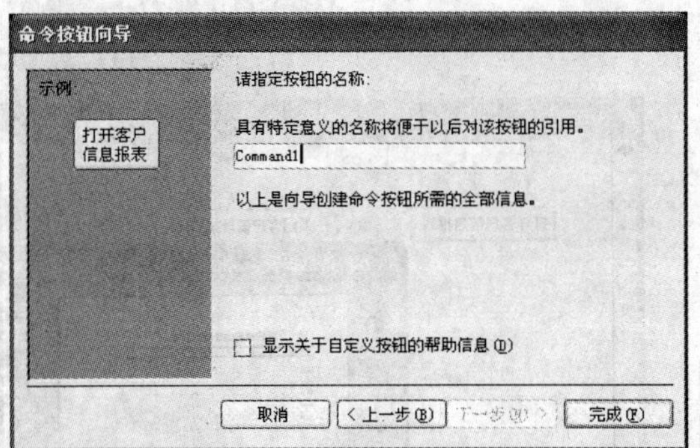

图 8-33　设置按钮名称

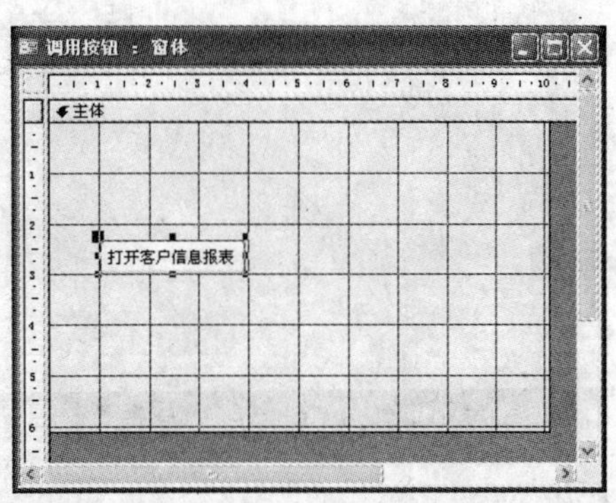

图 8-34　完成“打开客户信息报表”按钮的设计

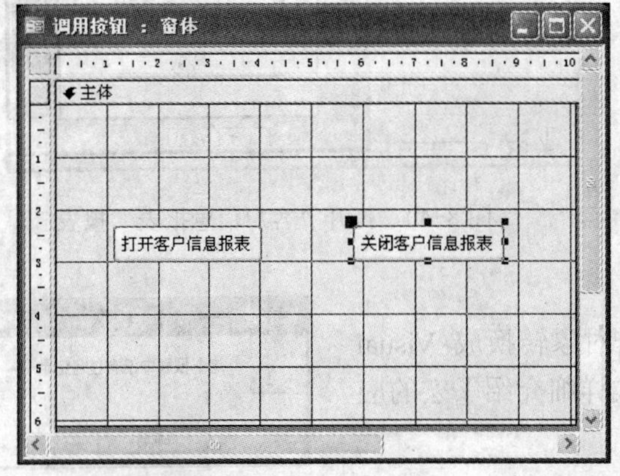

图 8-35　完成“关闭客户信息报表”按钮的设计

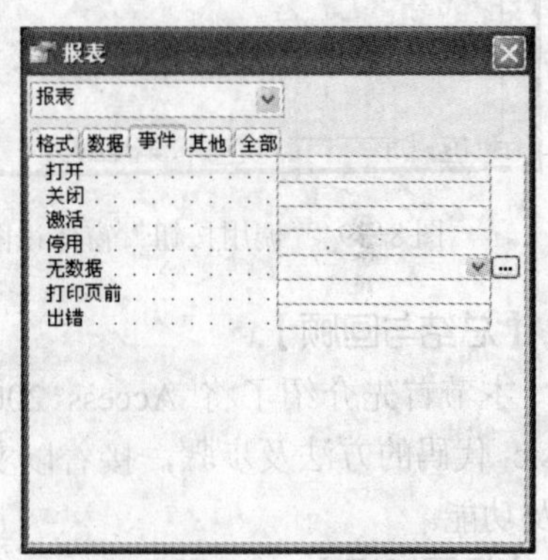

图 8-36　“报表”属性对话框

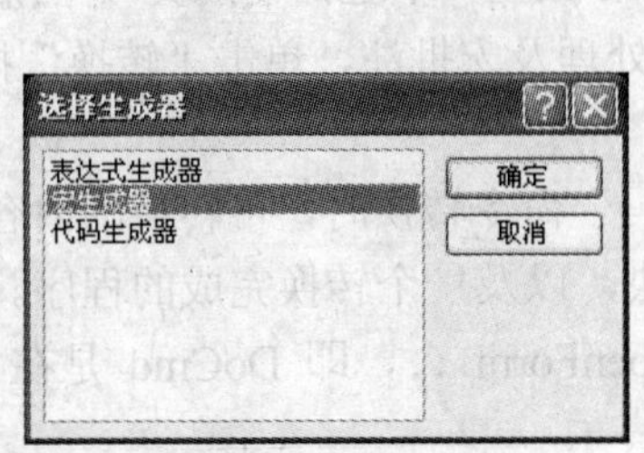

图 8-37　选择“宏生成器”选项

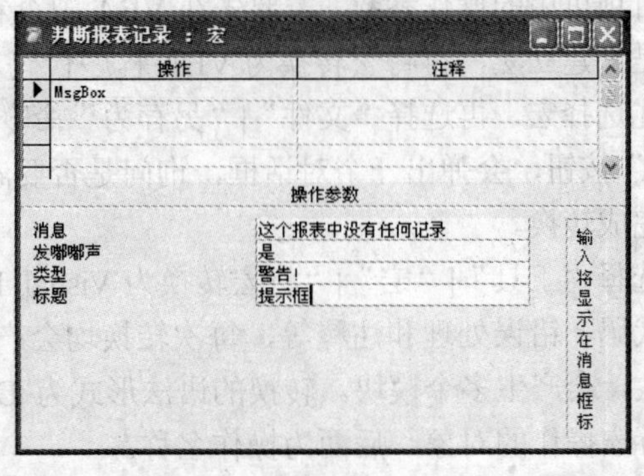

图 8-38　设置操作参数

14）将数据库窗口切换到“窗体”对象界面中，双击“调用按钮”窗体，打开该窗体的窗体视图，如图 8-39 所示。

15）单击“打开客户信息报表”按钮，即可打开“客户信息报表”报表，如图 8-40 所示。单击“关闭学生成绩表”按钮，即可关闭该报表。

16）当报表数据源表中的数据为空时，将触发该报表的“无数据”事件，系统将自动调用“判断报表记录”宏对象，并弹出一个警告对话框，提示“这个报表中没有任何记录”，如

图 8-41 所示。

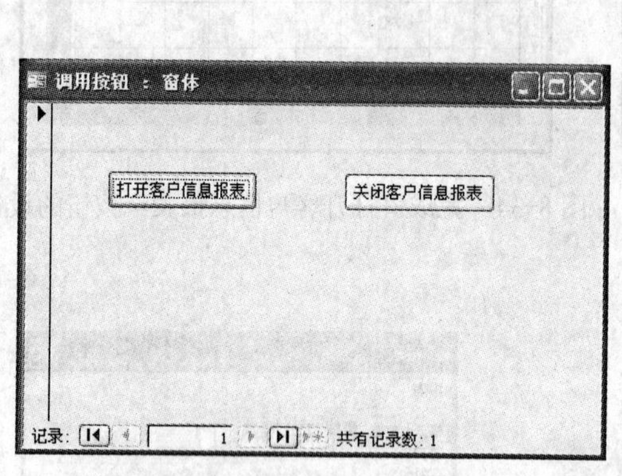

图 8-39 “调用按钮”窗体视图

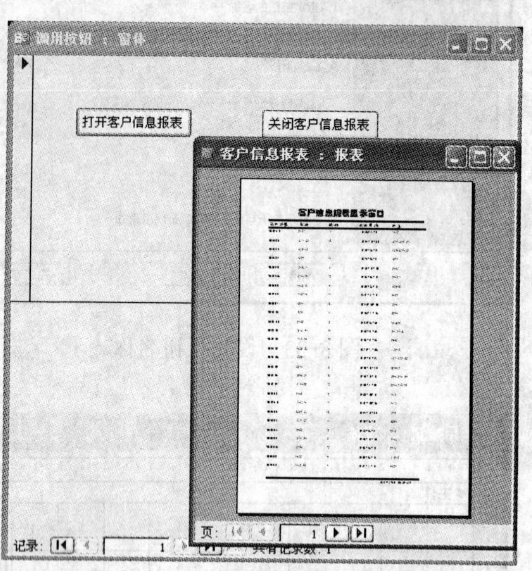

图 8-40 打开“客户信息报表”报表

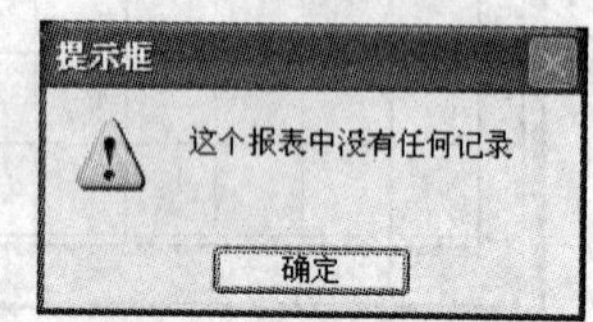

图 8-41 警告提示框

【总结与回顾】

本节首先介绍了将 Access 2003 中的宏对象转换成 Visual Basic 代码的方法及步骤，接着以实例的形式详细介绍了宏的应用及功能。

【拓展知识】

有些宏操作的 VBA 表示法颇为复杂，如 RunCommand 操作有数百项可用的操作参数。需要先在 VBA 中查看帮助说明，才可以选择合适的操作。较快的方法是先建立宏，再将宏转换为 VBA 程序代码。

先选择宏，再选择“文件”|“另存为”命令，在“保存类型”中选择“模块”，然后单击“确定”按钮，会弹出一个对话框，询问是否要添加错误处理及宏批注，单击“转换”按钮，即可完成转换。

选择“工具”|“宏”|“将宏转换为 Visual Basic 代码”命令转换时，可转换的内容包括程序代码、错误处理和注释等，每次转换均会产生新模块，以及一个转换完成的程序。若转换多次，会产生多个模块。转换的语法形式为 DoCmd.OpenForm…，即 DoCmd 是在 VBA 中执行宏操作的对象，后面为操作名称。

【复习思考题】

简述将 Access 2003 中的宏对象转换成 Visual Basic 代码的方法及步骤。

8.5 模块和 VBA

虽然宏对象的功能强大且容易使用，但它的运行速度较慢，不能直接运行 Windows 程序，尤其是对数据进行特殊分析时，不能自定义一些函数。由于宏的这些局限性，Access 2003 数据库引入“模块”对象来设计数据库的一些特殊功能。“模块”是通过 VBA 语言来实现的。使用 VBA 编写程序，再将这些程序编译成拥有特定功能的“模块”，以便在 Access 2003 中调用。

VB 是微软公司推出的可视化 Basic 语言，用它来编程非常简单。VBA 继承了 VB 的许多语法，可以像编写 VB 程序那样来编写 VBA 程序。同时，VBA 为 Access 2003 提供了无模式用户窗体及支持附加的 ActiveX 控件等功能。如果用户需要使用 Access 2003 来完成一个功能较完善的桌面数据库系统，就应该掌握 VBA。本节将介绍 VBA 的相关知识。

【学习目标】

了解 VBA 的开发环境、程序调试的方法、程序设计基础及如何保证 VBA 的代码安全。

【知识点】

- VBA 的开发环境
- VBA 程序调试
- VBA 程序设计基础
- VBA 的代码安全

8.5.1 VBA 的开发环境

VBA 开发环境分为主窗口、模块代码、工程资源管理器和模块属性部分，如图 8-42 所示。

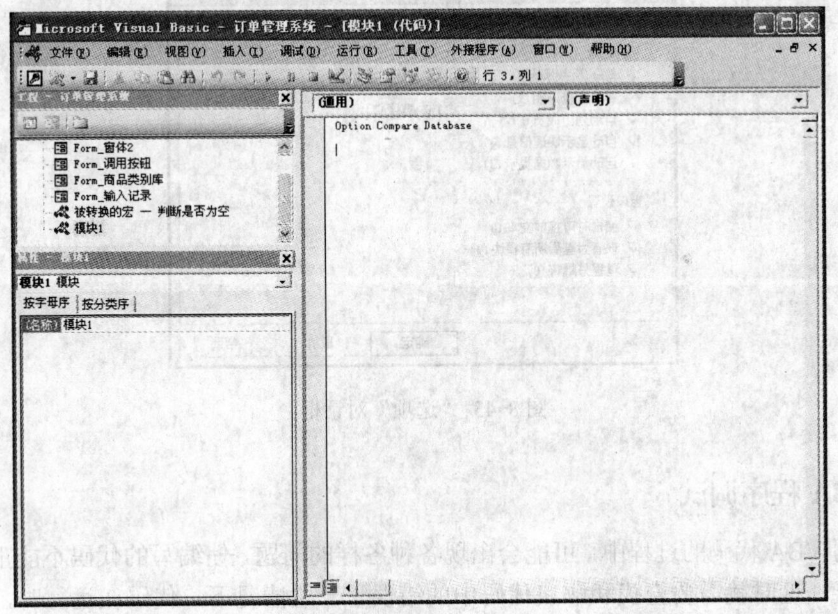

图 8-42 VBA 开发环境

模块代码窗口用来输入和显示模块内部的程序代码；工程资源管理器窗口用来显示该数据库中的所有模块；模块属性窗口用来显示当前选择“模块”所具有的各种属性。例如，选择工程资源管理器窗口中的一个模块选项时，就会在模块代码窗口中显示出相应模块的 VBA 程序代码，模块属性窗口中则显示了当前选定的模块属性。

在为控件事件编写代码时，应该启动 VBA 开发环境。Access 2003 为用户提供了如下几种启动的方式：

● 选择“工具”|“宏”|“Visual Basic 编辑器”命令。
● 在数据库窗口中单击“模块”按钮，然后单击“新建”按钮。
● 在数据库窗口的“模块”对象界面中，双击要查看或编辑的某模块文件即可。
● 按〈Alt+F11〉组合键。
● 在设计视图中打开窗体或报表对象，然后单击工具栏中的“代码”按钮，即可打开该窗体或报表的模块代码。
● 在设计视图中打开窗体或报表对象，然后右击需要编写代码的控件，从弹出的快捷菜单中选择“事件生成器”命令。

在 Access 2003 中，编写 VBA 代码的工具是 Visual Basic 编辑器。在该编辑器中，“代码窗口”是默认显示的，“本地窗口”、“立即窗口”和“监视窗口”可以在开发环境窗口中的“视图”菜单打开。

在该环境下，可以通过选择“工具”|“选项”命令，打开“选项”对话框以定制操作模块方式，如图 8-43 所示。例如，当选择对话框中的“自动列出成员”复选框，在编辑 VBA 代码时，系统会自动显示一个包含所有符合当前语句环境属性或方法的信息列表，为编程提供方便。

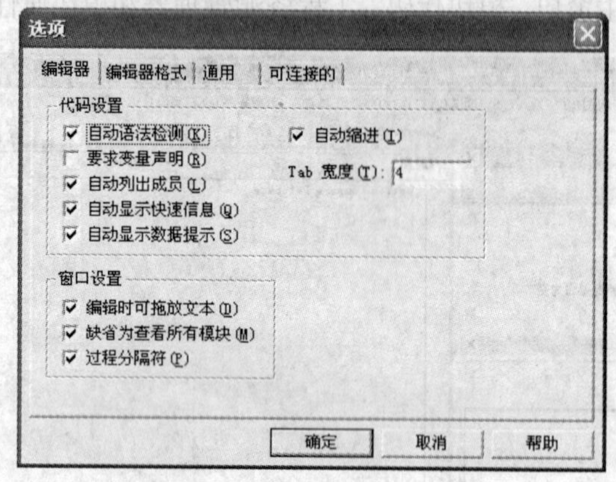

图 8-43 “选项”对话框

8.5.2 VBA 程序调试

在编写 VBA 代码的过程中，可能会出现各种各样的问题，使编写的代码不能正确地实现所需的功能，这时就需要查找和解决代码中的错误。一般情况下，代码在运行时，可能会产生 3 种类型的错误。

● 编译错误：代码结果错误。如语句匹配错误、语法拼写错误等。
● 运行错误：应用程序运行时发生的错误。如除零等。
● 逻辑错误：在编译和运行时，没有按照预期执行。

针对这些可能出现的错误，下面介绍两种调试程序的方法。

1．逐步调试

在 Visual Basic 编辑环境下，可通过设置断点或单步执行来实现逐步调试程序的目的。设置断点就是使程序在运行的过程中，遇到断点便暂停下来。设置断点的步骤如下。

【任务实施】

1）在 Visual Basic 编辑器中，将插入点移到某一条要插入断点的语句行中。

2）选择菜单栏中的“切换断点”命令，即可将该语句设置为断点。

如果程序执行时遇到断点，可以选择菜单栏中的“运行子过程/用户窗体”命令，使程序继续运行下面的语句。如果想要清除断点，可以将插入点移到设置了断点的行中，然后选择菜单栏中的“切换断点”命令，即可清除该断点。

另外，通过单步执行代码可以发现错误所在的位置。如果要单步执行每一行代码，则可选择“调试”菜单中的“逐语句”命令；如果要将被调用的过程作为一个单元运行，则可选择“调试”菜单中的“逐过程”命令；如果要运行完当前过程中的剩余代码，然后返回调用前一个过程中的下一行代码，则可选择“调试”菜单中的“跳出”命令。

2. 监视代码的运行

在调试程序的过程中，可以通过“监视窗口”对调试中的程序进行跟踪，这种方法主要用来判断程序的逻辑错误。

【任务实施】

选择“调试”|“添加监视”命令，打开“添加监视”对话框，如图 8-44 所示。

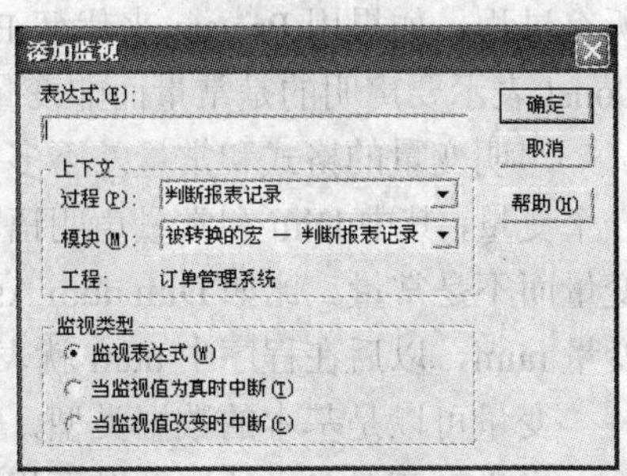

图 8-44 “添加监视”对话框

在该对话框的“表达式”文本框中输入需要的表达式，该表达式可以是变量、属性或调用的函数；在“上下文”选项区域中设置表达式的范围；在“监视类型”选项区域中设置系统对表达式的反应。设置完后，单击“确定”按钮，即可打开“监视窗口”，从中可以将相应表达式的状态反映出来，如图 8-45 所示。

另外，如果在“代码窗口”中选择了表达式，选择“调试”|“快速监视”命令，系统会弹出一个“快速监视”对话框，如图 8-46 所示。

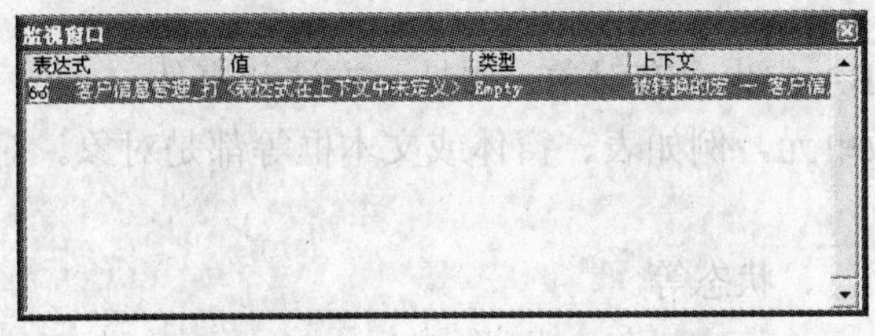

图 8-45 监视窗口

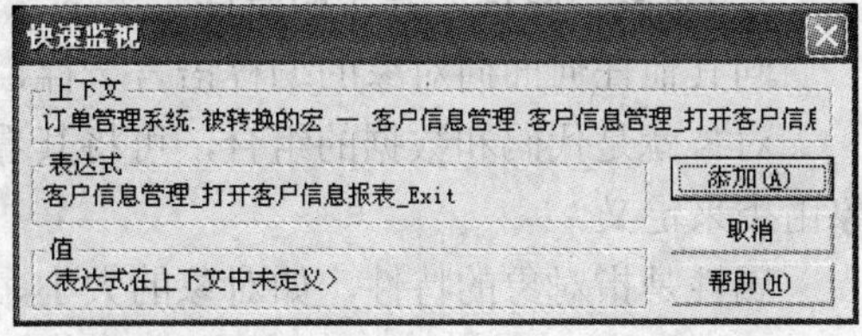

图 8-46 “快速监视”对话框

8.5.3 VBA 程序设计基础

一般说来，一个程序是由常量、变量、运算符、语句、函数、对象、方法、属性和事件等基本要素组成的。

1. 常量和变量

常量就是程序中的固定数值，不能用来修改或赋值的量。一般情况下，常量来源于系统内部定义或用户自定义，例如，vbOK 是系统内部定义的。

变量和数学中的变量基本上是一样的。它是一个数据，但可以随时改变它的数值。变量和常量是对应的，变量的值可以在程序运行过程中变化，而常量的值却是不变的。

变量或常量的作用域决定了是被一个过程或一个模块中的所有过程知道，还是被数据库中的所有过程知道。所创建的变量或常量可以被数据库中所有过程使用的，其作用域为公共作用域；所创建的变量或常量只应用于一个模块中的过程或只应用于单个过程的，其作用域称为私有作用域。

在计算机中，变量和常量在使用之前都必须先进行声明，否则会被作为非法的字符处理。声明常量和变量就是将常量和变量通知给程序，便于在以后的应用中识别。VBA 中有几种声明变量和常量的方法。首先可以用“Public Const 常量名=常量表达式”来声明一个常量，例如“Public const PI = 3.1415926”，这个语句定义了一个常用圆周率值的常量，当使用圆周率的时候就可以使用 PI 代替了。其中，Public 用于表示这个常量的作用范围是整个数据库的所有过程，如果用 Private 来代替 Public，则这个常量只能在当前定义的这个模块中使用了。Const 表示要声明的是常量而非变量。

声明变量的格式和常量差不多，通常用“Dim 变量 As 数据类型或变量类型”语句来声明一个变量，其中 Dim 和常量声明语句中的 Const 作用类似，它告诉 Access 2003 现在声明的是变量而不是常量。比如 Dim num As Integer 就是告诉 Access 2003 现在声明了一个整数类型的变量 num，以后在程序中 num 就表示一个变量，而不再是普通的字符了。

变量可以是基本的数据类型，也可以是其他应用程序的对象类型。

定义时变量名必须遵循以下规则：

- 变量名以字母开头，可以包含字母、数字和下划线。
- 不能使用关键字作为变量名。
- 最长不超过 255 个字符。
- 在使用时，必须保证同一个变量的名称一致。

变量在程序中可以被赋予新的值。num=3 语句就是一个赋值语句，此时变量 num 就有了一个值 3。如果接下来又有一个相似的语句 num=5，则变量 num 的值就会变成 5 了。

2．对象、属性、方法和事件

同其他任何面向对象的编程语言一样，VBA 中也含有对象、属性、方法和事件。

对象就是代码和数据的组合，可将其看做单元，例如表、窗体或文本框等都是对象。对象由类来定义。

属性是指对象的特性，如对象的大小、颜色、状态等。

方法是指对象执行的动作，如刷新等。

事件是一种特定的操作，可以在某个对象上发生或对某个对象发生，例如单击或者按下某个按键从而为某一对象上发生的事件添加自定义的事件响应。

3．函数和子程序

函数可分为内部函数和外部函数。例如，Abs、Sin 是内部函数，可以直接被调用，而外部函数需要在使用之前声明。

子程序和函数很相似，都可以接收参数，但函数可以返回单一的数值，子程序则不能。另外，程序可以从 Access 2003 中任何地方执行一个函数，包括查询中的表达式和宏中；但只能从一个函数、子程序或作为一个窗体或报表中的一个事件过程来执行子程序。

如表 8-2 所示为常用的内部函数、指令索引。

表 8-2　常用函数、指令索引表

索引	函数指令	描　述	索引	函数指令	描　述
A	Abs	求绝对值	E	Erase	重新初始化数组
	ActiveForm	得到焦点的表单	F	Fix	去除小数
	App	得知程序信息		FileAttr	文件开启模式
	Asc	求字符的内码		FileLen	文件长度
	ActiveControl	得到焦点的对象		Format	数据格式化输出
	Array	指定数组		FileCopyTo	复制文件
	AppActivate	激活执行中的应用程序		FileDateTime	文件存档日期
	AscB	求字符的 ASCII		FreeFile	空的文件编号
B	Beep	发出预设的警示声	G	GetAllSetting	得到所有系统登录的信息
C	Call	调用子程序		GetAttr	得知文件属性
	Choose	从参数列表中选择某个值	H	Hex	将数值转成十六进制数表示的字符串
	CDate	数据转成时间		Hour	得知日期变量内是几时
	CDec	数据转成十进制数	I	If. Then. Else	判断结构
	ChDrive	改变目前磁盘缓冲的磁盘		InStr	寻找字符串里的字符串
	ChrB	由 ASCII 求得一个字符		Int	取整数
	CInt	数据转成 Integer		IMEStatus	得知 IME 输入法状态
	Command	读出程序的参数		InStrB	寻找字符串里的 ASCII
	CurDir	得知目前路径缓冲的路径	K	Kill	删除文件
	Calendar	选择月历	L	LBound	得知数组最小起始范围
	CDbl	数值转成双精度浮点数		Left	截取字符串左边几个字
	ChDir	改变目前路径缓冲的路径		LenB	得知变量占用记忆体几个 Byte
	Chr	由内码求得一个字符		Log	求对数值
	CLng	数据转成 Long 型		LTrim	移除字符串最左边的空白字符
	Const	定义常数		LCase	字符串转小写
	CSng	数值转成单精度浮点数		Len	得知字符串的字数
	CVar	数值转成可变变量		LoadPicture	载入图形
D	DeleteSetting	删除系统登录内的数据		LSet	字符串向左对齐
	Date	得到目前计算机的时间	M	Month	得知日期变量内是几月
	DateAdd	日期加法得日期		Mid	截取字符串里某些字符串
	DatePart	日期部分资讯		MkDir	建立新的数据目录
	DateValue	数字转日期		Minute	得知日期变量内是几分
	Dir	得知目前路径内的文件名	N	Name As	更改文件名
	DateDiff	日期相减得数值		Now	得知目前计算机的日期与时间
	DateSerial	字符串转日期	P	PopupMenu	跳出菜单
	Day	得知日期变量内是几号		Print	打印数据
E	End	结束程序	R	Randomize	随机数初始化声明
	Error	错误代码信息		Rnd	得到一个随机数
	Exp	得到自然对数		RTrim	去除字符串最右边的空白字符
	Environ	取得环境变量的数据		RGB	设定颜色（255×255×255 色）

（续）

索引	函数指令	描　述	索引	函数指令	描　述
R	RmDir	移除数据目录	T	Tab	列出 n 个制表符
	RSet	字符串向右对齐		Timer	得知今天计算机的总秒数
S	SavePicture	存储图形		TimeValue	数字转时间
	Second	得知日期变量内是几秒		TypeName	得知变量类别的名称
	Sgn	得知是正数还是负数 v		Time	得知、设定计算机的时间
	Sin	得知 Sin		Time$	得知、设定时间字符串
	Str	数值转字符串		TimeSerial	字符串转时间
	StrConv	改变字符串型态		Trim	去除字符串首尾的空白字符
	String	设定一个重复的字符串	U	UBound	得知数组的最值
	Screen	得知屏幕简易资讯		UCase	字符串转大写
	SetAttr	设定文件属性	V	Val	将字符串转成数字
	Shell	执行外部程序		VarType	得知变量的类型
	Space	填入数个空白字符	W	WeekDay	得知日期变量内是星期几
	Sqr	求平方根	Y	Year	得知日期变量内是几年
	StrComp	比较字符串			

上面介绍的是 VBA 的基本语法，这些都是 VBA 最基本的编程语法。如果用户想进一步了解有关 VBA 的知识，可以参考相关的书籍，在这里就不再赘述了。

8.5.4 VBA 的代码安全

对 VBA 进行代码保护，可以防止其他人查看或更改 VBA 代码。保护 VBA 代码的方法有两种：设置密码和生成 MDE 文件。

1. 设置密码

为 VBA 代码设置密码的方法如下：

【任务实施】

1）打开需要保护的 VBA 代码项目文件或数据库文件。选择“工具”|“宏”|“Visual Basic 编辑器”命令，进入该文件的 VBA 编辑环境。

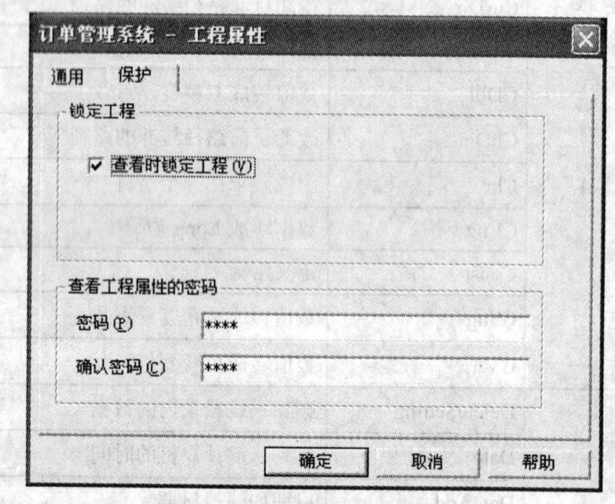

图 8-47　设置参数

2）在编辑环境中，选择“工具”|“dbq 属性”命令，打开工程属性对话框。切换到“保护”选项卡，选择“查看时锁定工程”复选框，然后在“密码”和“确认密码”文本框中输入相同的密码，如图 8-47 所示。

3）单击“确定”按钮，即可完成密码设置。当再次打开项目代码时，系统会弹出一个对话框，要求输入密码，如图 8-48 所示。

图 8-48　输入密码提示框

2. 生成 MDE 文件

MDE 文件是经过编译压缩的数据库文件。将数据库保存为 MDE 文件后，其中的 Visual Basic 代码仍然可以运行，只是不能查看或编译，并且数据库也会相应变小，从而提高数据库的性能。生成 MDE 文件的步骤如下：

【任务实施】

1）关闭所有打开的数据库文件，然后选择“工具”|“数据库实用工具”|“生成 MDE 文件”命令，如图 8-49 所示。

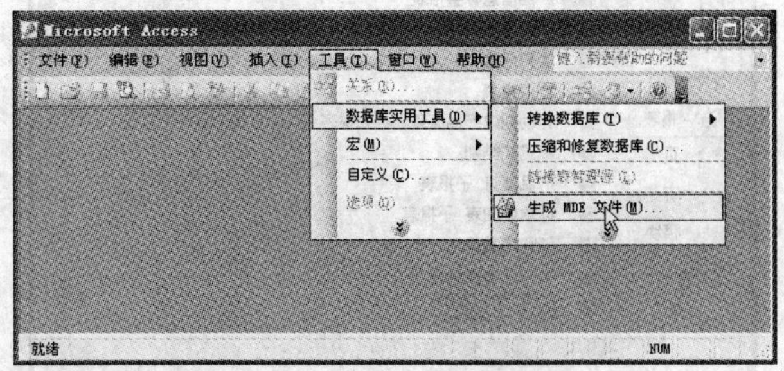

图 8-49　选择命令

2）这时，打开“保存数据库为 MDE”对话框，如图 8-50 所示。在对话框中，选择要保存为 MDE 文件的 Access 2003 数据库，然后单击“生成”按钮。

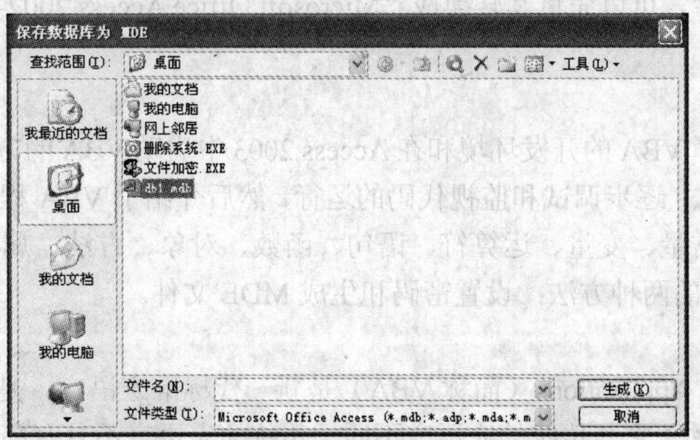

图 8-50　“保存数据库为 MDE”对话框

3）在弹出的“将 MDE 保存为”对话框中，为数据库指定名称和文件夹，如图 8-51 所示。

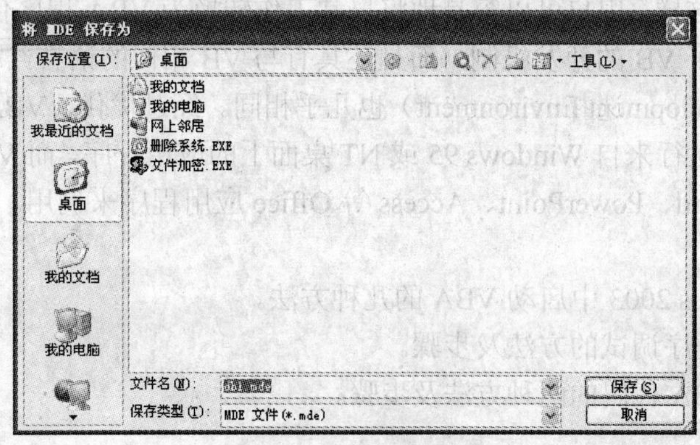

图 8-51　设置参数

4）生成 MDE 文件之后，可以直接双击将其打开，在该文件格式下，窗体、报表和模块的设计及新建按钮被取消，如图 8-52 所示。

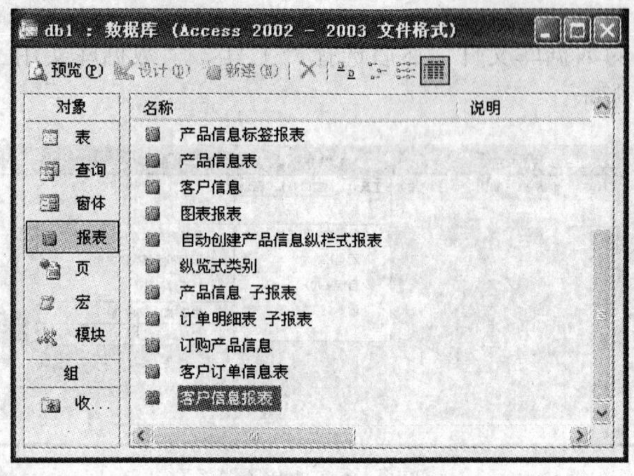

图 8-52　生成 MDE 格式后的数据库

Microsoft Office Access 2000 文件格式的数据库无法直接创建 Microsoft Office Access ADE 或 MDE 数据库，可以先将其转换成“Microsoft Office Access 2002-2003”文件格式，然后生成 MDE 文件。

【总结与回顾】

本节首先介绍了 VBA 的开发环境和在 Access 2003 中启动 VBA 的方法，接着介绍了 VBA 程序调试的两种方法：逐步调试和监视代码的运行，然后介绍了 VBA 程序设计的基础和程序组成的基本要素：常量、变量、运算符、语句、函数、对象、方法、属性和事件等，最后介绍了保护 VBA 代码的两种方法：设置密码和生成 MDE 文件。

【拓展知识】

Visual Basic for Applications（简称 VBA）是新一代标准宏语言，是基于 Visual Basic for Windows 发展而来的。它与传统的宏语言不同，传统的宏语言不具有高级语言的特征，没有面向对象程序设计的概念和方法。而 VBA 提供了面向对象的程序设计方法，提供了相当完整的程序设计语言。VBA 易于学习掌握，可以使用宏记录器记录用户的各种操作，并将其转换为 VBA 程序代码。这样，用户可以容易地将日常工作转换为 VBA 程序代码，使工作自动化。

VBA 不但继承了 VB 的开发机制，而且还具有与 VB 相似的语言结构，其集成开发环境 IDE（Intergrated Development Environment）也几乎相同。经过优化，VBA 专门用于 Office 的各应用程序。VB 可运行来自 Windows 95 或 NT 桌面上的应用程序，而 VBA 的项目（Project）仅可以由 Excel、Word、PowerPoint、Access 等 Office 应用程序来调用。

【复习思考题】

1．简述在 Access 2003 中启动 VBA 的几种方法。

2．简述 VBA 程序调试的方法及步骤。

3．简述保护 VBA 代码的两种方法及步骤。

第 9 章　数据库的管理与安全

数据库的主要职能是管理数据，随着计算机网络技术的不断发展，数据库网络化必将成为数据库发展的趋势，由此产生的数据安全问题数据库数据的丢失及数据库被非法用户入侵也就成了困扰数据库管理员的一个难题。

本章将针对 Access 2003 的安全功能进行介绍，首先介绍如何压缩、修复、备份、恢复及共享数据库，接着介绍 Access 2003 如何与其他应用程序进行数据交换，并且还将介绍数据库的安全性能优化问题。

9.1　数据库的压缩与备份

在应用数据库时，可能会因为各种原因导致数据库发生异常，如数据损坏或数据丢失，这时就需要维护人员定期对数据库进行压缩和修复，并及时为数据库建立备份文件。

【学习目标】

掌握如何压缩、修复、备份、恢复数据库，了解如何共享数据库。

【知识点】

- 数据库的压缩与修复
- 数据库的备份与恢复
- 数据库的共享

9.1.1　数据库的压缩与修复

由于不断地对数据库中的数据进行添加和删除操作，可能会导致数据库中出现大量碎片，使数据库的使用效率下降，因此有必要定期对数据库进行压缩和修复操作。

压缩就是制作文件副本并重新组织文件在磁盘上的存储方式，以增加磁盘的有效空间。在 Access 2003 中，压缩数据库文件不需要转换文件的格式。在压缩和修复 Access 2003 数据库时，用户必须具备数据库的“打开/运行”和“以独占方式打开”权限。在不同情况下，对数据库进行压缩和修复方法如下：

1．压缩当前数据库

如果要对当前打开的数据库进行压缩操作，可以直接选择“工具”菜单中的“数据库实用工具”命令，从弹出的级联菜单中选择“压缩和修复数据库”命令，Access 将自动对当前数据库进行压缩。压缩后的文件将比原始文件小得多。

2．压缩未打开的数据库

可以按照下列步骤对当前尚未打开的数据库进行压缩：

【任务实施】

1）关闭所有打开的 Access 2003 数据库文件。

2）在 Access 2003 系统窗口中，选择“工具”|“数据库实用工具”|“压缩和修复数据库”命令，打开“压缩数据库来源”对话框，如图 9-1 所示。

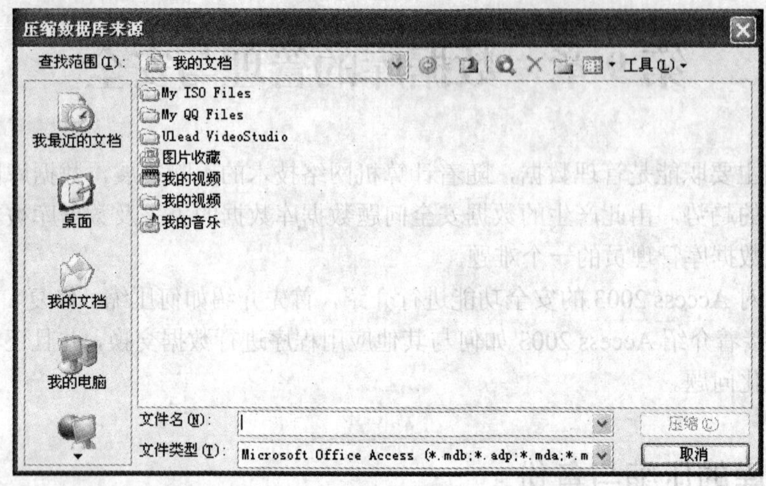

图 9-1 “压缩数据库来源”对话框

3）在“压缩数据库来源”对话框中，选择要进行压缩的数据库文件，然后单击“压缩”按钮，系统将对选择的数据库文件进行检查，检查无误后弹出“将数据库压缩为”对话框，如图 9-2 所示。

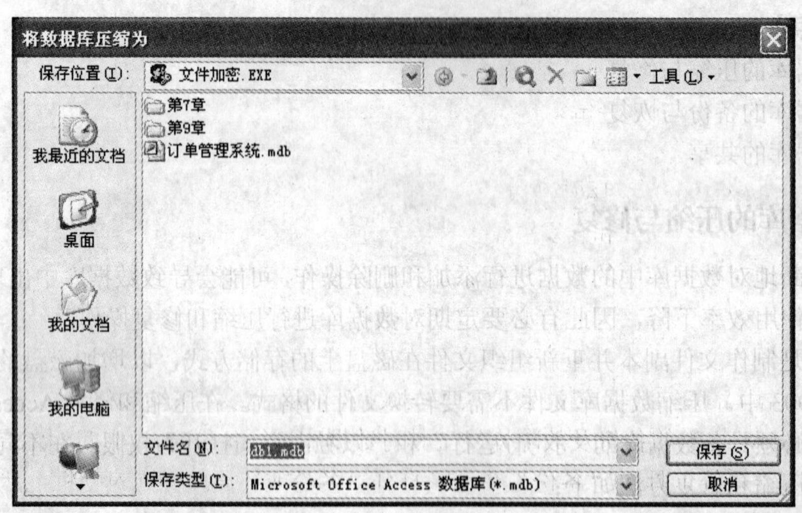

图 9-2 “将数据库压缩为”对话框

4）在“将数据库压缩为”对话框中，为压缩数据库设置文件名称、驱动器及将保存的文件夹。如果使用之前的数据库文件名称、驱动器和存储文件夹，Access 2003 将以压缩后的版本替换原始的数据库文件。

5）单击“保存”按钮，即可完成对数据库的压缩和修复。

【拓展知识】

按〈Ctrl+Break〉组合键或〈Esc〉键可以中止压缩和修复操作。

3．关闭数据库时自动压缩

Access 2003 为用户提供的“关闭时压缩”功能可以在每次关闭数据库文件时自动压缩数据库，尽可能减小磁盘空间的占用率，使用户不必每次关闭数据库时手动进行压缩。

【任务实施】

如果要启用 Access 2003 的“关闭时压缩”功能，可以先打开一个 Access 2003 数据库文件，选择“工具”|“选项”命令，打开“选项”对话框，切换到“常规”选项卡并选择“关闭时压缩”复选框，如图 9-3 所示。设置完成后，单击“确定”按钮即可。

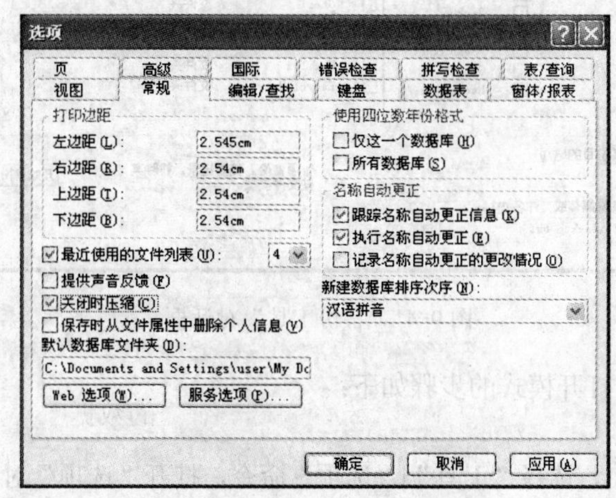

图 9-3 “选项”对话框

4．修复数据库

当打开、压缩、加密或解密数据库时，Access 2003 都将检测该文件是否损坏。如果已经损坏，Access 2003 会提示用户，并提供修复选项，建议用户修复已经被损坏的数据库。单击“是”按钮，Access 2003 会自动检测并将损坏的数据库文件恢复到原来的状态。

在 Access 2003 中，压缩和修复集成到了一个过程。在使用时，可以直接选择“工具”|“数据库实用工具”|“压缩和修复数据库”命令。

9.1.2 数据库的备份与恢复

在使用数据库的过程中，可能会丢失一些数据，因此需要经常对数据库文件进行备份。

使用 Window 提供的备份及故障恢复工具对数据库进行备份时，可以选择“开始”|“程序”|“附件”|“系统工具”|“备份”命令，打开“备份或还原向导”对话框，然后单击“高级模式”链接，打开 Window 系统的“备份工具”对话框，如图 9-4 所示。切换到“备份” 选项卡，可以对选择的文件或文件夹进行备份；切换到“还原和管理媒体”选项卡，可以根据备份时的信息设置还原文件。

另外，如果直接复制一个数据库文件，可以选择“工具”|“数据库使用工具”|“备份数据库”命令，完成对数据库的备份操作。

9.1.3 数据库的共享

在使用数据库时，可以根据需要将其设置成以共享方式或以独占方式打开。如果数据库被设置以共享方式打开，则可以在多用户环境下实现数据的共享。

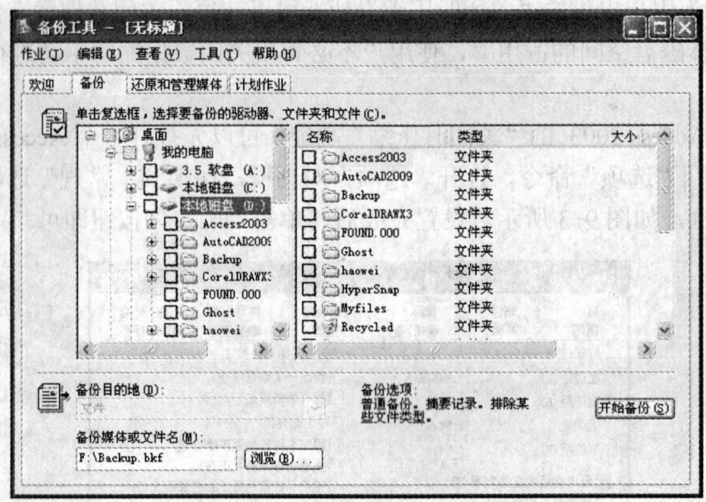

图 9-4 “备份工具”对话框

为数据库设置默认打开模式的步骤如下：

【任务实施】

1）打开数据库窗口，选择“工具”|“选项”命令，打开“选项”对话框，切换到“高级”选项卡，如图 9-5 所示。

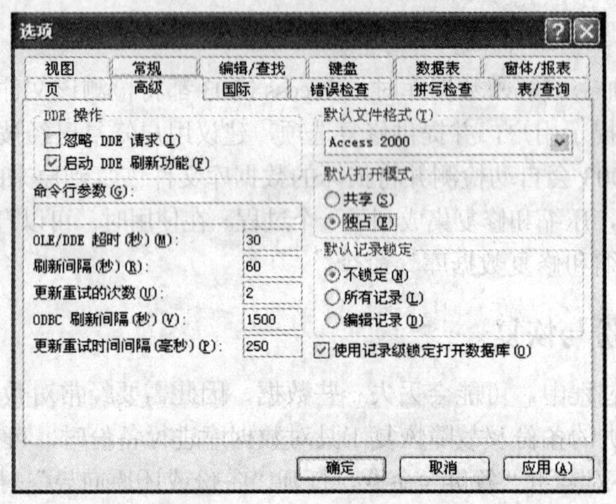

图 9-5 “高级”选项卡

2）在“默认打开模式”选项区域，如果选择“共享”单选按钮，则允许多个用户同时打开；如果选择“独占”单选按钮，则该用户对数据库拥有唯一的访问权。

3）设置完成后，单击“确定”按钮即可。

【总结与回顾】

本节首先介绍了数据库的压缩与修复，即如何压缩当前和未打开的数据库，并介绍了关闭数据库时如何自动压缩和修复数据库。接着介绍了数据库的备份与恢复，以及数据库共享的方法。

【拓展知识】

在默认的情况下，备份的数据库名称为原来的数据库名称加上计算机系统当天的日期，例如原来的数据库名称为 09-10-01，而备份时的计算机系统日期为 2009/10/20，则备份的数据库名称为 09-10-01_2009-10-20。

【复习思考题】

1. 简述压缩与修复数据库的方法及步骤。

2. 如何对数据库进行备份及恢复？

3. 简要说明如何共享数据库。

9.2 与 Word 进行数据交换

Access 2003 作为微软 Office 2003 系列软件的成员之一，不仅具有强大的数据管理功能，还可以将其信息通过 Word 应用程序合并与发布。

【学习目标】

掌握 Access 2003 与 Word 2003 进行数据交换的步骤。

【知识点】

- 用 Word 2003 合并
- 用 Word 2003 发布

9.2.1 用 Word 2003 合并

使用 Access 2003 中的“Microsoft Word 邮件合并向导”可以将表或查询中的数据合并到 Word 文档中，以创建一个新的文档（如电子邮件、套用信函、信封、传真文档等）。

【引导总结】

例如，在“订单管理系统”数据库中，以“客户信息”表中的“姓名”字段为数据源，创建一个商场活动信函文档，然后分发给每位客户。

使用“Microsoft Word 邮件合并向导”的操作步骤如下：

【任务实施】

1）打开“订单管理系统”数据库，选择“表”对象列表界面中的“客户信息”表。

2）选择“工具”|“Office 链接”|“用 Microsoft Office Word 合并”命令，打开“Microsoft Word 邮件合并向导”对话框，如图 9-6 所示。如果已经创建好了 Word 文档，可以选择“将数据链接到现有的 Microsoft Word 文档”单选按钮。这里选择“创建新文档并将数据与其链接”单选按钮，然后按照向导提示创建一个新的文档。

3）单击“确定”按钮，系统将自动启动 Word 应用程序。在 Word 窗口中可以看到一个新增的邮件合并工具栏，如图 9-7 所示。

邮件合并工具栏中的常用按钮功能如下：

- 设置文档类型：通过单击可打开“主文档类型”对话框，从中可以选择文档的类型，如信函等。
- 打开数据源：通过单击可打开“选取数据源”对话框，从中可以选择数据的来源。

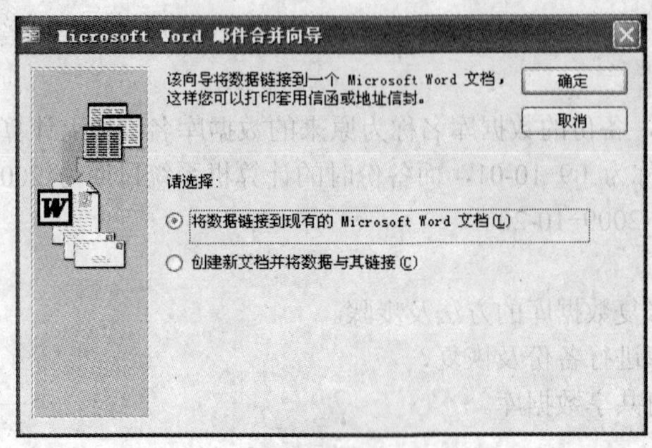

图 9-6 “Microsoft Word 邮件合并向导”对话框

图 9-7 邮件合并工具栏

- 收件人：通过单击可打开“邮件合并收件人”对话框，从中可以选择该邮件的收件人。
- 插入域：通过单击可打开“插入合并域”对话框，从中可以选择表或查询中要合并的字段。
- 插入 Word 域：插入 Word 提供的字段。
- 查看合并数据：根据所选的记录显示主文档的合并信息。
- 合并到新文档：合并文档，并将结果单独存放于一个新文档中。
- 合并到打印机：合并文档，并打印其结果。
- 合并到电子邮件：打开“合并到电子邮件”对话框，可以从中为当前邮件合并设置选项。

4）在 Word 窗口中套用信函格式输入一段文字，以创建一个新的文档，如图 9-8 所示。

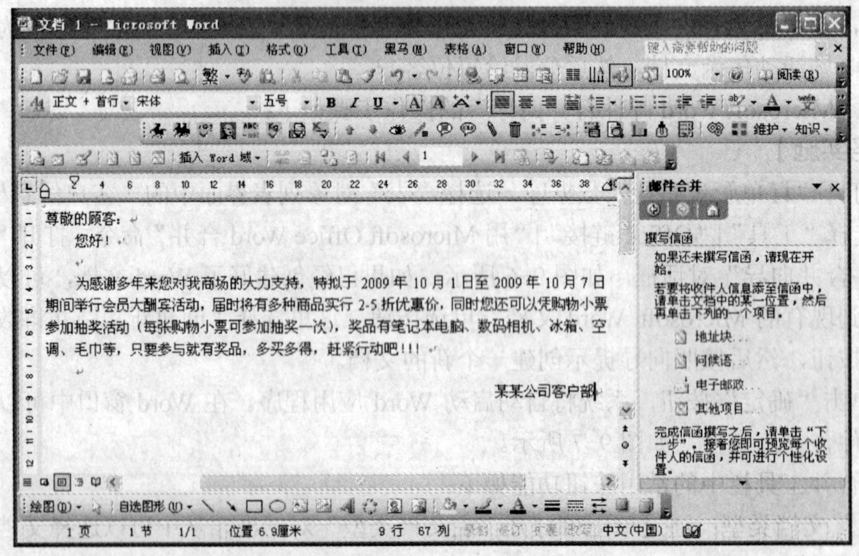

图 9-8 新创建的文档

5）将光标置于文档内要插入“姓名”字段的位置，例如，“尊敬的”文字后。然后单击邮件合并工具栏的“插入域”按钮，打开 “插入合并域”对话框，该对话框中将显示“客户信息”表的字段，如图 9-9 所示。

6）选择“姓名”字段，单击“插入”按钮，这时会发现插入的“姓名”字段被“《》”括起。“《》”不是普通的书名号，它是域的标志，在合并后的文档中不能显示出来。

7）单击邮件合并工具栏中的“合并到新文档”按钮，打开“合并到新文档”对话框，如图 9-10 所示。

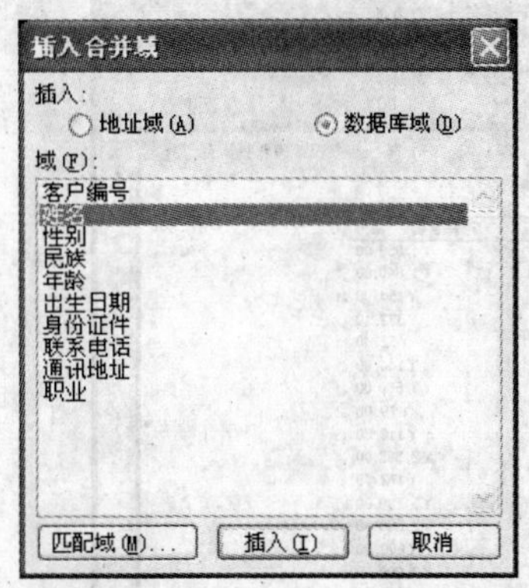

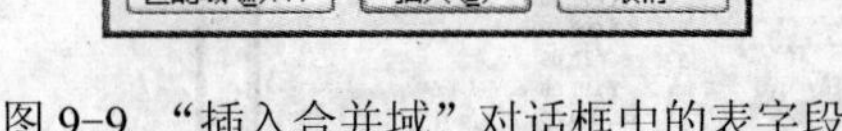

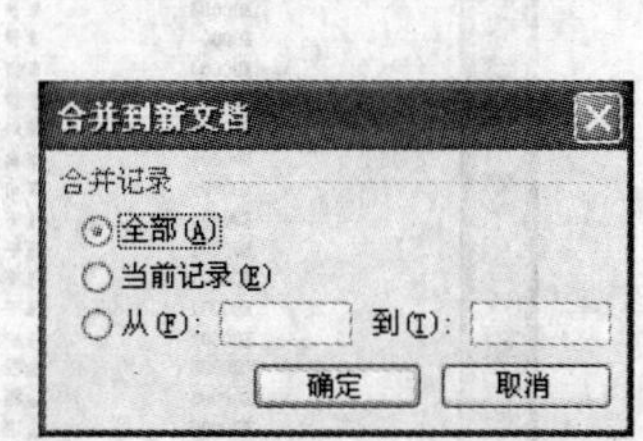

图 9-9 “插入合并域”对话框中的表字段

图 9-10 “合并到新文档”对话框

其中，“合并到新文档”对话框中的各个选项作用如下：

- “全部”单选按钮：将显示数据表中所有记录合并后的文档。
- “当前记录”单选按钮：将显示数据表中第一条记录合并后的文档。
- “从（）到（）”单选按钮：将显示数据表中一定范围内的记录合并后的文档。

8）选择“合并到新文档”对话框中的“全部”单选按钮，然后单击“确定”按钮，打开如图 9-11 所示文档。单击“保存”按钮，将当前的套用记录存放到一个单独的新文档中。如果需要打印，则可以单击“合并到打印机”按钮，将套用信函输出到打印机。

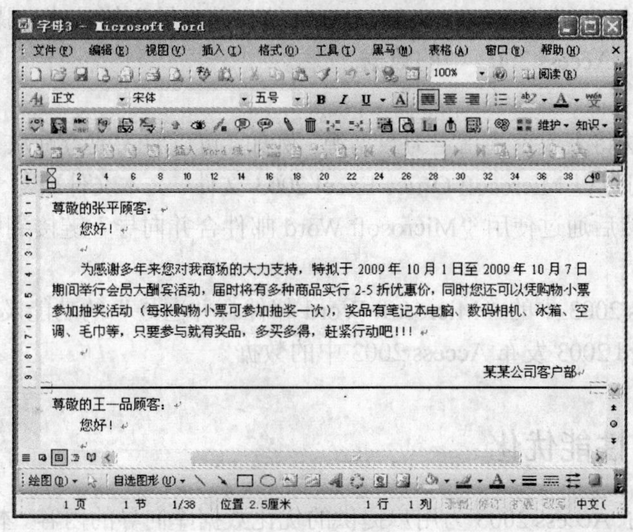

图 9-11 显示表中全部记录的文档

9.2.2 用 Word 2003 发布

使用 Access 2003 中的“用 Microsoft Office Word 发布”命令，可以将选择的数据加载到 Word 中，并以 RTF 格式保存文件。其具体实现步骤如下：

1）在数据库窗口中选择需要使用 Word 发布的数据库对象，如表、查询等。

2）选择“工具”|“Office 链接”|“用 Microsoft Office Word 发布”命令，系统将自动启动 Word，并将数据库对象中的数据发布到 Word 文档中，如图 9-12 所示。

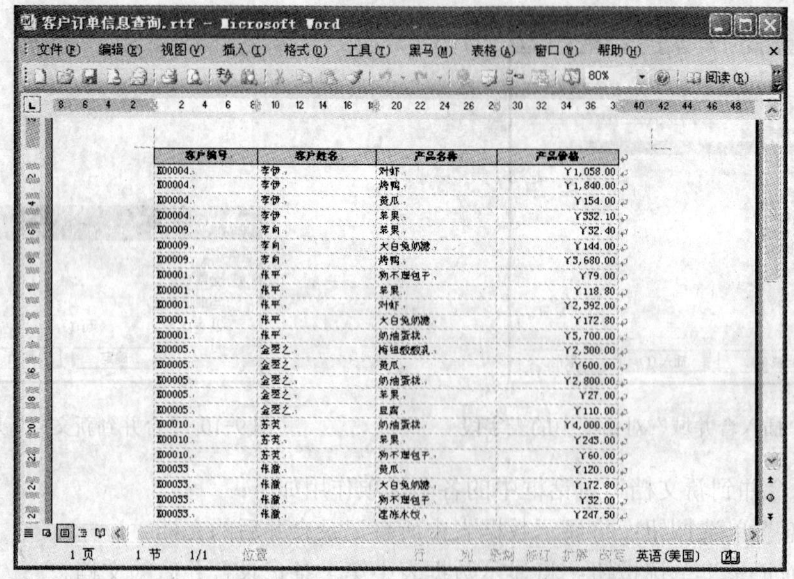

图 9-12 将 Access 2003 中的对象发布到 Word 中

【总结与回顾】

本节首先介绍了使用 Access 2003 中的“Microsoft Word 邮件合并向导”功能将表或查询中的数据合并到 Word 文档中，以创建一个新的文档（如电子邮件、套用信函、信封、传真文档等），并以实例详细介绍了“Microsoft Word 邮件合并向导”的具体步骤。接着又介绍了如何用 Word 2003 发布 Access 2003 中的数据。

【拓展知识】

可以用其他方法将表或查询指定为数据源。例如，可以将表或查询从 Access 2003 导出到 ODBC 数据库，也可以以 Microsoft Office Excel 2003 文件、文本文件或与 Word 兼容的其他任何文件格式导出，然后通过使用“Microsoft Word 邮件合并向导”链接到所导出的文件。

【复习思考题】

1. 简述 Access 2003 中的“Microsoft Word 邮件合并向导”的功能及操作方法。

2. 如何用 Word 2003 发布 Access 2003 中的数据？

9.3 数据库的性能优化

前面已经介绍了 Access 2003 为用户提供的优化数据库向导的内容。本节将介绍使用分析器优化数据库的方法，下面将分别对分析器中的表分析器和性能分析器进行介绍。

【学习目标】

掌握数据库性能优化的两种方法，即表分析器和性能分析器。

【知识点】

- 使用表分析器优化数据库
- 使用性能分析器优化数据库

9.3.1 使用表分析器优化数据库

Access 2003 中的表分析器可以帮助用户检查数据分布，提出相应的优化建议。下面介绍使用表分析器的步骤：

【任务实施】

1）在数据库窗口中选择“工具”|“分析”|“表”命令，可以打开“表分析器向导”对话框，如图 9-13 所示。

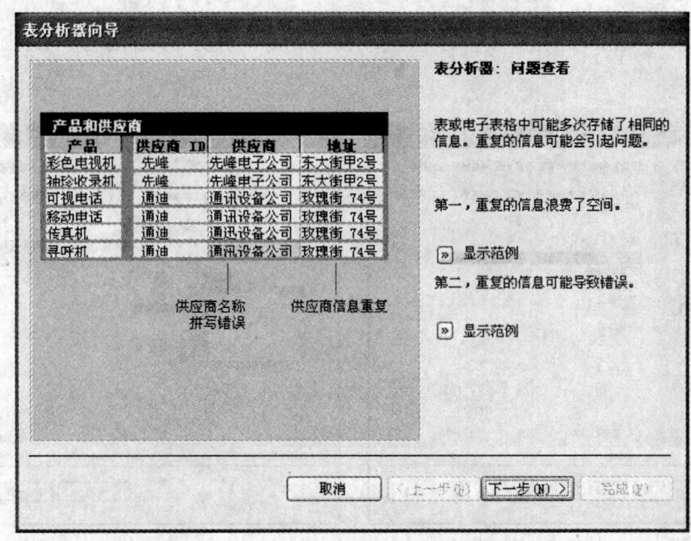

图 9-13 “表分析器向导”对话框

在该对话框中，列出了两种可能出现的数据冗余情况：第一种是重复的信息浪费了空间；第二种是重复的信息可能导致错误。同时，Access 2003 还给出了范例。单击“显示范例”前的按钮»，可以显示相应的范例。例如，选择“重复的信息浪费了空间”范例，则弹出“浪费空间”提示框，如图 9-14 所示。

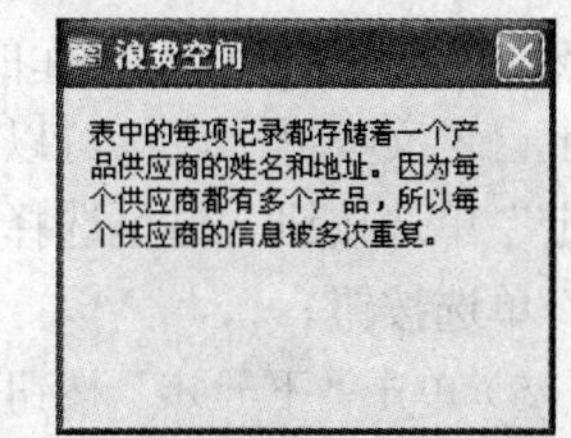

图 9-14 “浪费空间”提示框

2）单击“下一步”按钮，打开的对话框，同图 9-13 所显示的对话框一样，该对话框也列出了表分析器解决问题的范例，如图 9-15 所示。例如，选择“可以同时处理来自不同表的信息”范例，则会弹出“将信息放在一起”提示框，如图 9-16 所示。

3）单击“下一步”按钮，打开如图 9-17 所示的对话框。在该对话框中，系统将会把数据库中的所有表列出，然后要求用户指定含有重复值的表。

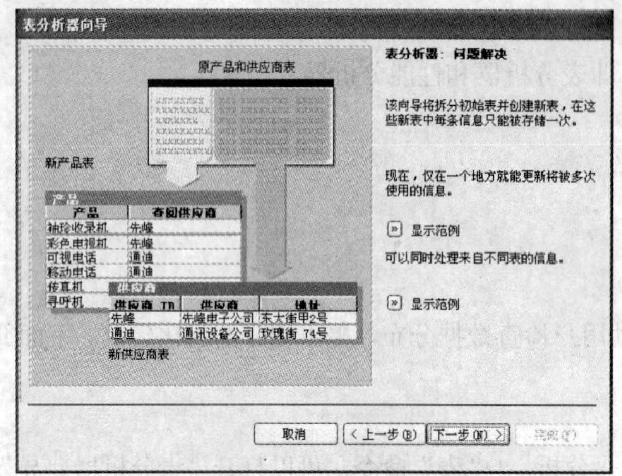

图 9-15 分析表

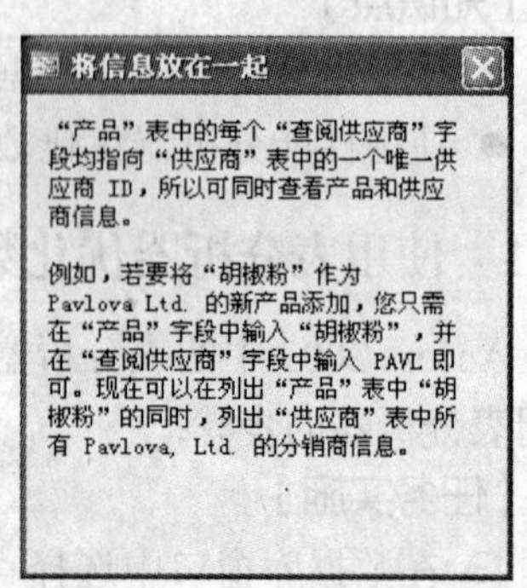

图 9-16 “将信息放在一起”提示框

4）选择一个表，然后单击“下一步”按钮，打开“表分析器向导”的下一个对话框，如图 9-18 所示。

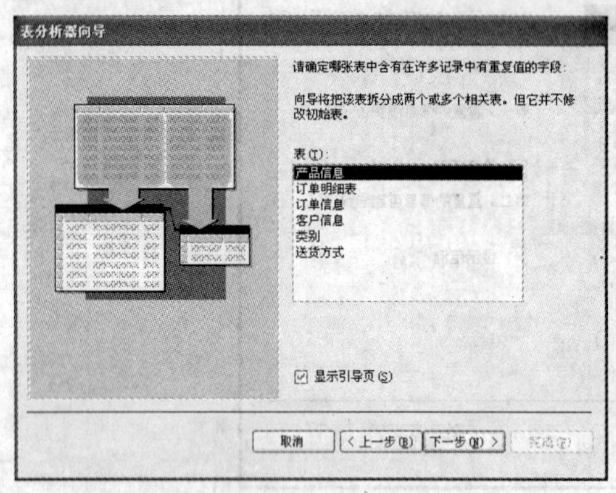

图 9-17 显示当前数据表

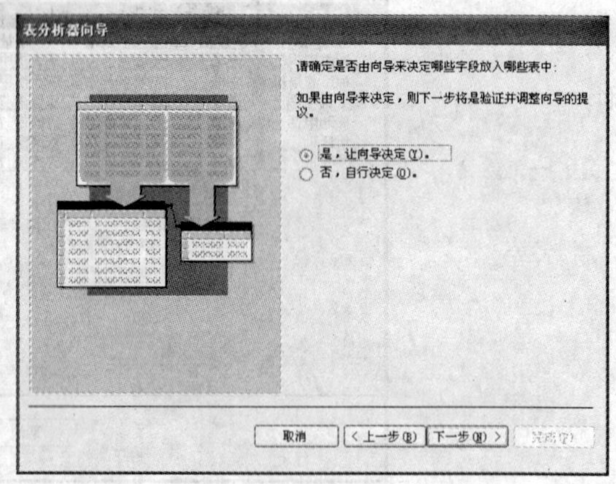

图 9-18 选择是否使用向导

该对话框为用户提供了两种选择：一种是让向导决定；另一种是自行决定。建议初学者选择“是，让向导决定”单选按钮；如果熟悉 Access 2003 数据库的使用，同时又希望自己定义数据字段，可以选择“否，自行决定”单选按钮。这里选择“是，让向导决定”单选按钮。

5）单击“下一步”按钮，打开如图 9-19 所示的对话框。

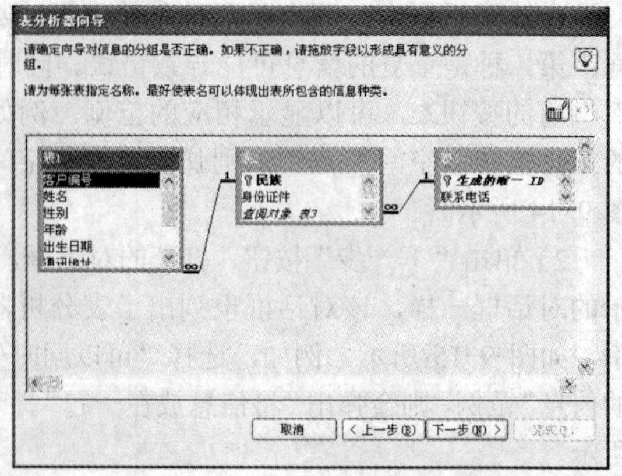

图 9-19 查看分组

在该对话框中可以看出，“客户信息”表中的“民族”、“身份证件”和“联系电话”字段重复了多次。表分析器对表中的字段进行了重组，并建议建立表与表之间的链接。

单击要进行重命名表的列表框标题栏，然后单击向导对话框右上角的“重命名表”按钮，将弹出如图 9-20 所示的对话框，可以在这个对话框中输入新表名。如果想撤销对表的重命名，单击在“重命名表”按钮后的“撤销”按钮即可。

6）单击“下一步”按钮，如果没有为任何表重命名，系统将会弹出警告信息，如图 9-21 所示。否则将会打开如图 9-22 所示的对话框。在该对话框中，单击“提示”按钮，将弹出为表设置主键的相关内容；单击“设置唯一标识符”按钮，会将该表中选择的字段作为主键；单击“加入生成关键字”按钮，将为选择的表添加一个字段作为主键；单击“撤销”按钮，将撤销上一步操作。

图 9-20　重命名对话框

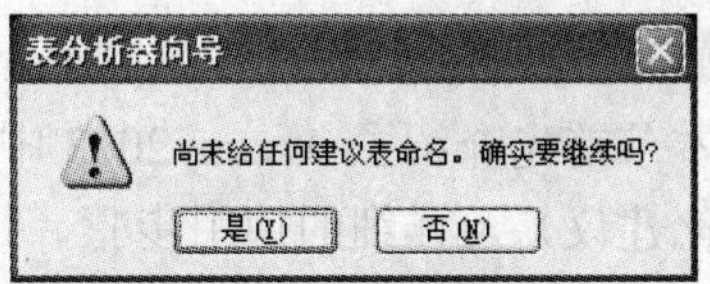

图 9-21　警告信息

7）为表确认主关键字字段之后，单击“下一步”按钮，打开“表分析器向导”的最后一个对话框，如图 9-23 所示。在该对话框中，向导建议创建一个新的查询。选择“是，创建查询。”单选按钮，系统将根据所进行的设计为新表创建一个选择查询；选择“否，不创建查询。”单选按钮，并单击“完成”按钮，就完成了利用表分析器对数据库的优化。

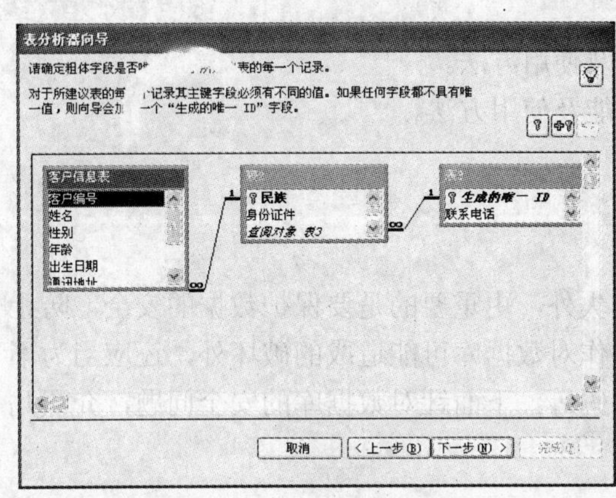

图 9-22　确认主键字段

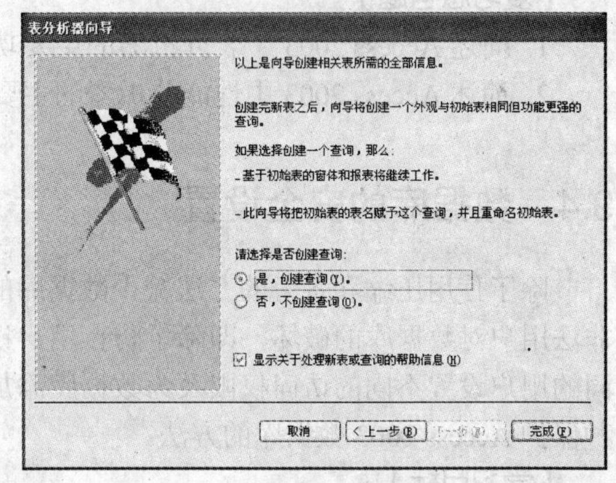

图 9-23　分析完成对话框

9.3.2　使用性能分析器优化数据库

使用性能分析器可以查看数据库中的任何对象，同时提出改善性能的建议。选择“工具”|“分析”|“性能”命令，可以打开数据库的“性能分析器”对话框，如图 9-24 所示。

该性能分析器以选项卡的形式列出了数据库中的对象，包括表、查询、窗体、报表、宏、模块、当前数据库和全部对象类型。如果想要使用性能分析器对某个对象进行分析，可以选择该对象对应的复选框，然后单击“确定”按钮即可。例如，选择“产品信息”复选框，然后单击“确定”按钮。如果性能分析器认为该对象没有需要优化的地方，就会弹出如图 9-25

所示的提示框，否则将会弹出优化对话框显示对象的分析结果和改进意见。

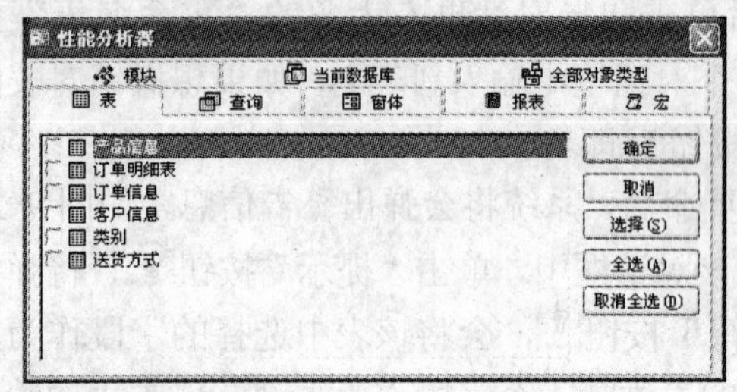

图 9-24 “性能分析器”对话框

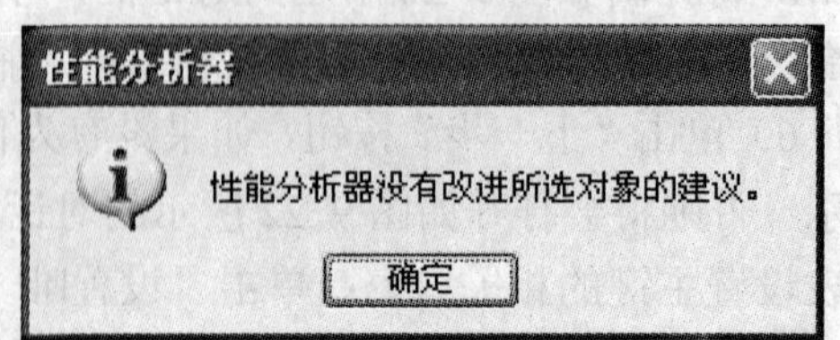

图 9-25 不需要优化的提示框

【总结与回顾】

本节首先介绍了 Access 2003 中表分析器的主要功能（帮助用户检查数据分布，提出相应的优化建议）及详细的使用步骤，接着又介绍了性能分析器的主要功能（可以查看数据库中的任何对象，同时提出改善性能的建议）和使用步骤。

【拓展知识】

Microsoft Access 2003 并不能有效地释放已分配的、但被删除的对象空间，这意味着即使删除了一个对象，而这个对象仍然在数据库中占据空间。压缩数据库将迫使 Microsoft Access 2003 真正删除这些对象并回收其占据的空间，从而使数据库尽量小，但却更有效，所以经常压缩程序代码，也可以起到对数据库优化的作用。

【复习思考题】

1. 简述 Access 2003 中表分析器的主要功能及使用方法。
2. 简述 Access 2003 中性能分析器的主要功能及使用方法。

9.4 数据库的安全设置

除了使用压缩和备份的方法减少数据库的损失外，更重要的是要保护数据的安全，防止非法用户对数据库的破坏，即除了防止用户误操作对数据库可能造成的破坏外，还应当为不同的用户设置不同的访问权限及为数据库添加密码等。下面针对数据库的安全问题，介绍几种保护 Access 2003 数据库的方法。

【学习目标】

掌握保护 Access 2003 数据库的几种方法，了解 Access 2003 的用户级安全机制、加密/解密数据库、设置数据库密码、隐藏数据库对象、使用启动选项和将 MDB 文件转换为 MDE 文件等。

【知识点】

- Access 2003 的用户级安全机制
- 加密/解密数据库
- 设置数据库密码
- 隐藏数据库对象
- 使用“启动”选项

● 将 MDB 文件转换为 MDE 文件

9.4.1 Access 2003 的用户级安全机制

用户级安全机制提供了最严格的访问限制，能够建立对数据库最敏感的数据和对象的不同访问级别。

1．建立工作组信息文件

Access 2003 利用 Microsoft Jet 数据库引擎来存储和检索数据库中的对象。Jet 数据库引擎使用基于工作组的安全模型（也称为用户级安全机制）来判断哪些用户可以打开数据库，并保护数据库中对象的安全。其中，工作组被存储在工作组信息文件中。

在用户级安全机制中，Access 2003 系统为不同级别的用户设置了不同的权限，用户只能在其允许的权限范围内进行操作。在 Access 2003 数据库中，可以为用户设置的权限如下：

● 管理员：对数据中的对象及其数据拥有完全的访问权限，并可设置数据库密码，更改启动属性。
● 打开/运行：打开数据库、窗体、报表或宏。
● 以独占方式打开：以独占访问打开数据库。
● 读取设计：在设计视图中查看数据库对象。
● 修改设计：对数据库中的表、查询、窗体、报表或宏的设计进行查看、修改或删除。
● 读取数据：查看表和查询中的数据。
● 更新数据：查看和修改表、查询中数据，但不可插入数据。
● 插入数据：可查看或向表、查询中插入数据，但不可修改或删除数据。
● 删除数据：可查看或删除表、查询中的数据，但不可更新或插入数据。

管理人员可以创建自己的 Access 工作组信息文件来赋予用户不同的权限，防止非法用户操作数据库，确保了数据库的安全。

创建工作组信息文件的方法如下：

【任务实施】

1）打开 Access 2003 程序，选择“工具”|“安全”|“工作组管理员”命令，打开“工作组管理员”对话框。

2）单击对话框中的“创建”按钮，打开“工作组所有者信息”对话框，如图 9-26 所示。在该对话框中，可以输入相应的名称、组织和工作组 ID（由最多不超过 20 个字符的数字或字母组成，作为该文件组信息文件的唯一标识）。

3）单击“确定”按钮，打开“工作组信息文件”对话框，如图 9-27 所示。在“工作组”文本框中输入该文件具体的保存路径，也可以通过单击“浏览”按钮指定文件的位置。

4）单击“确定”按钮，系统将打开“确认工作组信息”对话框，该对话框显示了所创建工作组信息文件的信息。如果需要修改，则单击“更改”按钮；如果信息正确，则单击“确定”按钮即可，如图 9-28 所示。

2．修改和删除工作组信息

修改和删除工作组信息的方法如下：

【任务实施】

1）打开需要设置安全性的数据库，选择“工具”|“安全”|“用户与组账户”命令，打

开“用户与组账户”对话框，如图 9-29 所示。该对话框包含了 3 个选项卡，分别用来设置用户、组及登录密码。

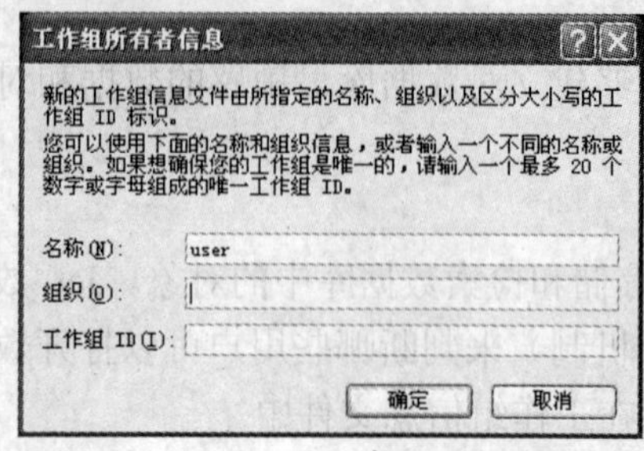

图 9-26 “工作组所有者信息”对话框

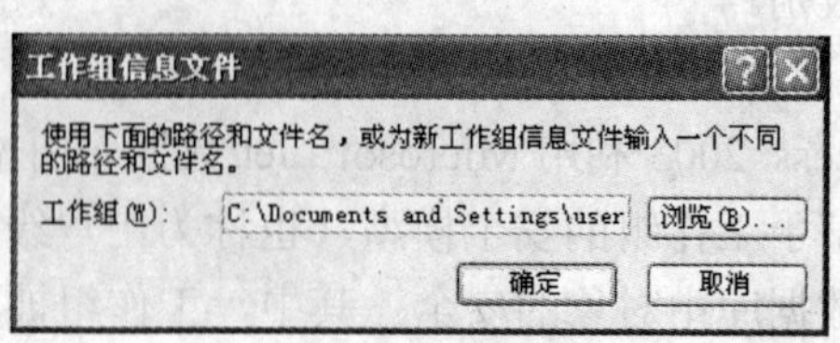

图 9-27 “工作组信息文件”对话框

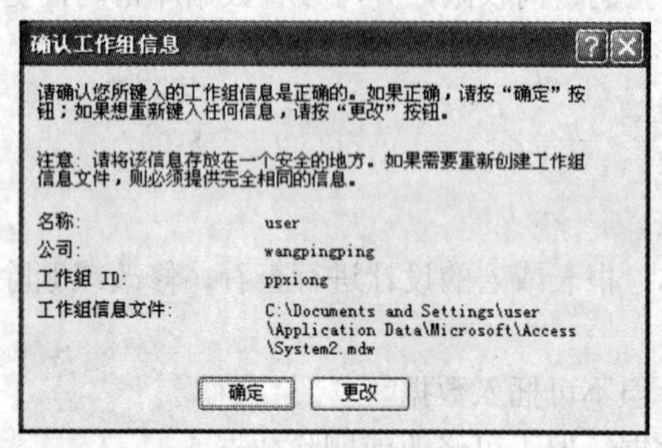

图 9-28 “确认工作组信息”对话框

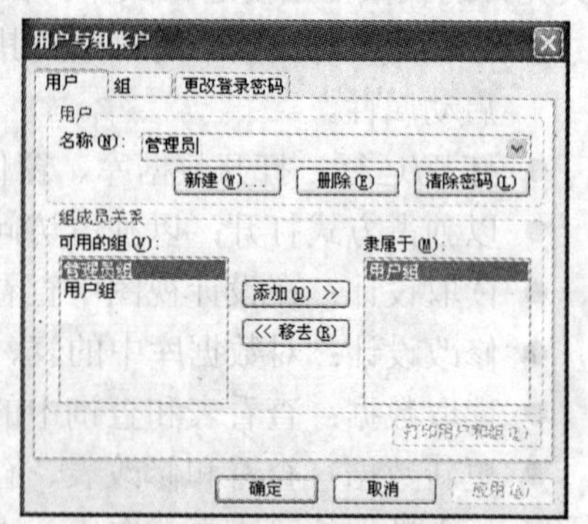

图 9-29 “用户与组账户”对话框

2）在“用户”选项卡中，如果需要建立一个新用户并设置登录密码，可以单击“新建”按钮，打开如图 9-30 所示的对话框。在“名称”文本框中为用户设置登录名称，然后在“个人 ID”文本框中输入个人标识号。个人标识号必须由 4～20 位的数字或者字符组成。在重新创建账号时，必须使用相同的名称和个人标识号。

另外，管理员还可以针对数据库中不同的对象，为用户或组设定其权限范围。用户可以先以管理员的身份进入数据库，选择“工具”|“安全”|“用户与组权限”命令，打开“用户与组权限”对话框，如图 9-31 所示。

在该对话框的“权限”选项卡中，可以设置相应对象的权限，也可以为组账号设置权限；切换到“更改所有者”选项卡，可以为当前对象选择所有者。

3. 使用向导创建用户组安全机制

使用“设置安全机制向导”可以帮助用户快速地完成对 Access 2003 数据库安全机制的设置，即可以创建自己的用户组，并为组中的各用户设置权限，也可为数据库中创建的表、查询、窗体、报表或宏设置 Access 指派的默认权限。

下面使用“设置安全机制向导”来设置用户组安全机制，其步骤如下：

【任务实施】

1）打开需要设置安全性的数据库，选择“工具”|“安全”|“设置安全机制向导”命令，打开“设置安全机制向导”对话框，如图 9-32 所示。

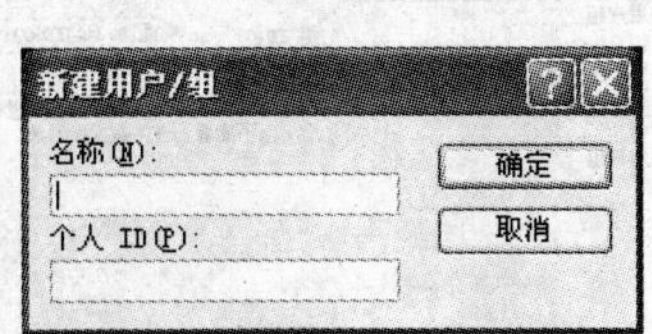

图 9-30 “新建用户/组”的对话框

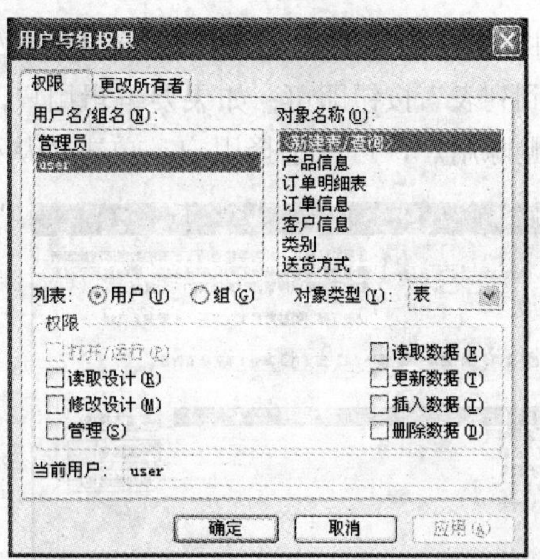

图 9-31 “用户与组权限”对话框

2）选择“新建工作组信息文件”单选按钮，然后单击“下一步”按钮，在打开的对话框中，可以为工作组信息文件设置新的文件名称和工作组 ID（WID），也可以使用系统默认值，如图 9-33 所示。在相应的文本框中输入姓名和单位，这些信息是可选的，建议填入基本信息。选中“创建快捷方式，打开设置了增强安全机制的数据库”单选按钮。

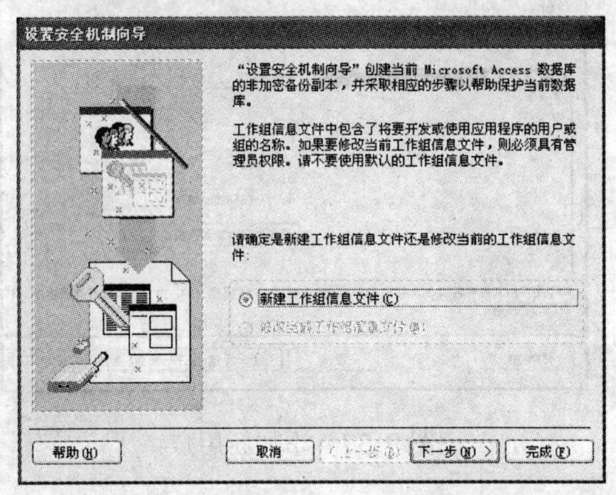

图 9-32 “设置安全机制向导”对话框

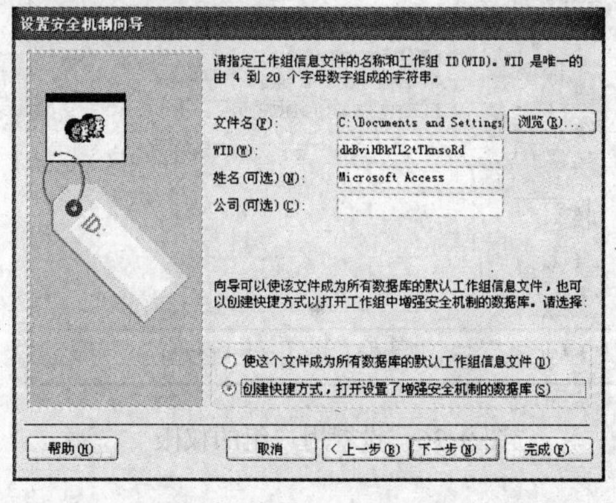

图 9-33 设置工作组的信息

3）单击“下一步”按钮，在打开的对话框，选择需要对其设置安全机制的对象。默认情况下，向导将为数据库中所有的对象设置安全机制，如图 9-34 所示。

4）单击“下一步”按钮，在打开的对话框中，列出了可供选择的具有特定权限的安全组。选择组，便可以在“组权限”区域中查看这些组的相关权限列表，如图 9-35 所示。这里建议使用组来管理用户的访问权限，而不是赋予每个用户特定的权限。

5）选择工作组信息文件所包含的工作组，然后单击“下一步”按钮，在打开的该对话框中，系统将询问是否为用户设置权限，如图 9-36 所示。如果选择“是，是要授予用户组一些权限。”单选按钮，则所有 Access 成员都将拥有这些用户组权限，所以最好限制该组的权限，或者保留默认设置，也就是不为用户组分配任何权限。

6）单击“下一步”按钮，可以打开对话框。这时，系统将要求向工作组信息文件中添加用户，并为每个用户设置密码和唯一的个人 ID（PID），如图 9-37 所示。如果要添加新用户，可以选择“<添加新用户>”选项，在其右侧输入用户名、密码及用户 ID，然后单击“将该用户添加到列表”按钮即可；如果要编辑用户，可以选择相应的用户名称，然后修改信息即可；如果要删除用户，可以选择用户，单击“从列表中删除用户”按钮即可。

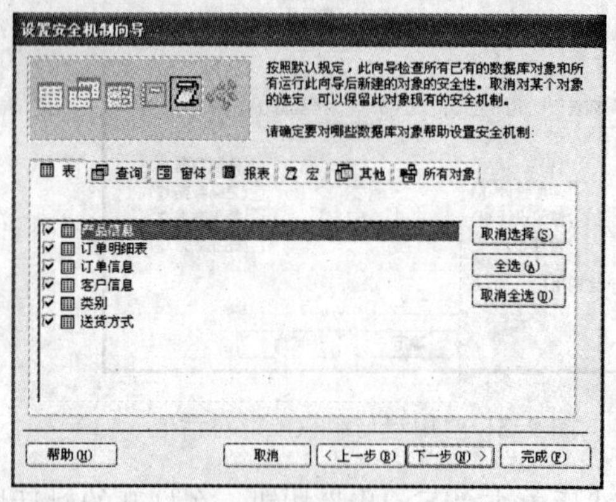

图 9-34　选择需要设置安全机制的对象

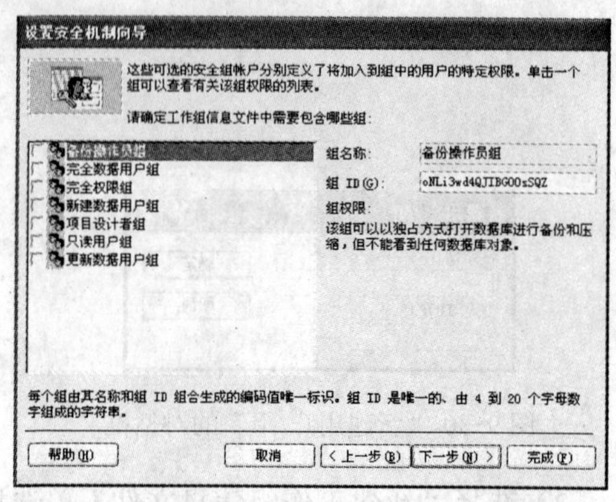

图 9-35　确定工作组信息文件中包含的组

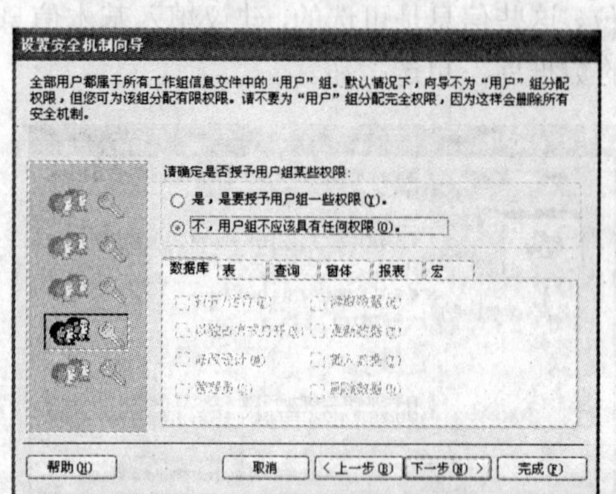

图 9-36　设置用户组的权限

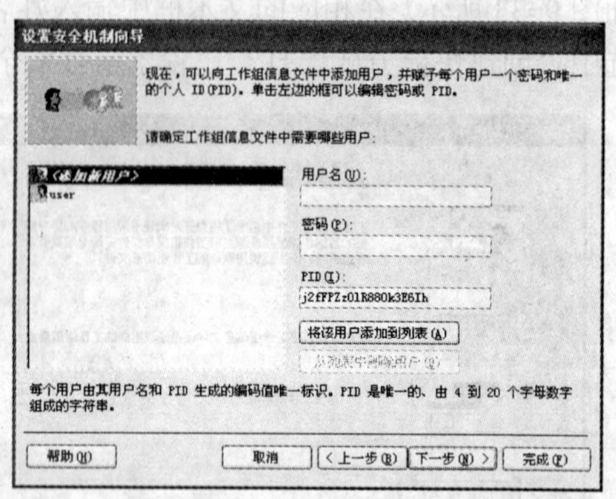

图 9-37　添加新用户

7）单击“下一步”按钮，在打开的对话框中，可以将添加的新用户分配给所属的组，如图 9-38 所示。一个组中可以包含若干用户，一个用户可以同时属于不同的组。

8）设置完成后，单击“下一步”按钮，进入“设置安全机制向导”的最后一个对话框。在该对话框中，将要求为不具有安全设置的数据库备份指定一个名称，如图 9-39 所示。

9）单击“完成”按钮，完成安全机制的设置。这时向导将会打开一个显示安全向导机制设置信息的报表，如图 9-40 所示。这些信息对于以后重建工作组是非常重要的，因此需要妥善保管。

根据向导创建完成之后，系统将会在桌面为这个数据库建立一个快捷方式，并将原数据保护起来。用户可以双击该快捷方式，弹出的“登录”对话框如图 9-41 所示，从中输入名称、密码后，才能进入数据库，并且不同的用户将获得不同的数据库操作权限。

9.4.2　其他常用的数据库安全措施

除了使用用户级安全机制外，还可以利用加密/解密数据库、设置数据库密码、隐藏数据库对象、使用启动选项或将 MDB 文件转换为 MDE 文件等方法保护数据库。

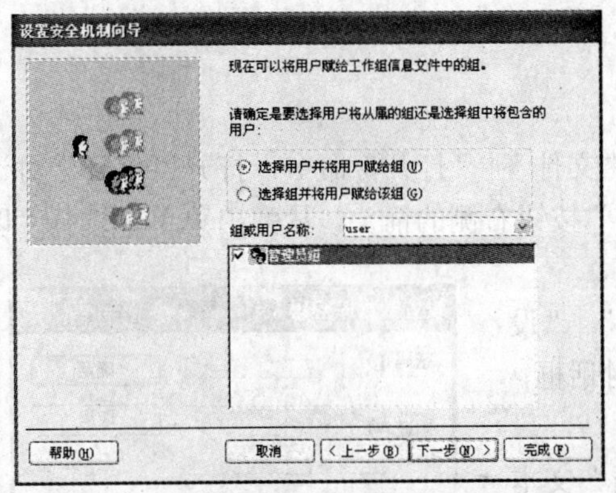

图 9-38　向工作组信息文件中的组添加用户

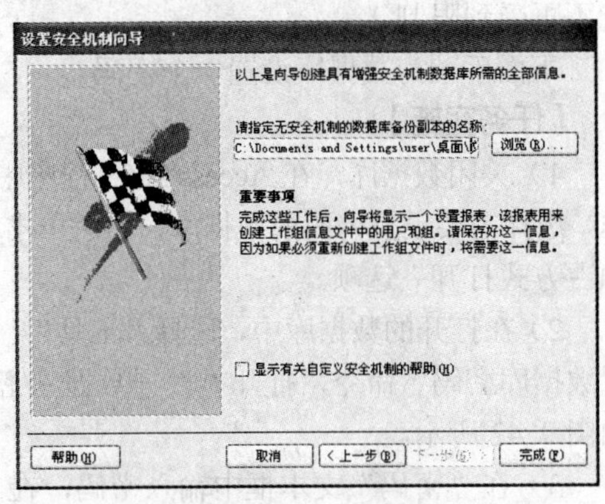

图 9-39　为备份数据库指定名称

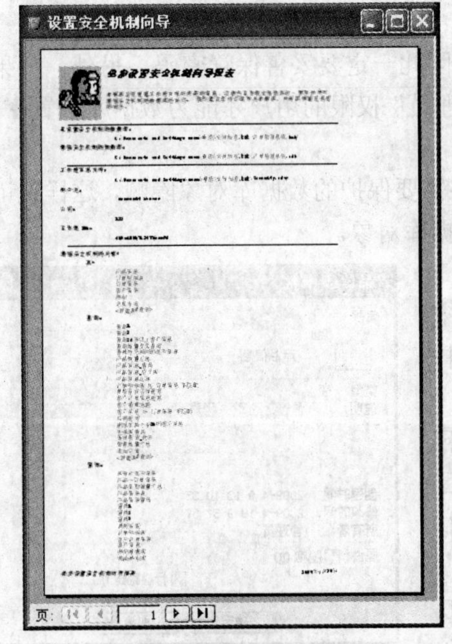

图 9-40　安全机制信息报表

图 9-41　“登录”对话框

1．加密/解密技术

对数据库进行加密是最简单，也是安全性最低的保护方法。对数据库加密就是将数据库文件压缩，使其无法通过某些实用程序（如字处理器）解读这些文件。数据库解密是数据库加密的逆过程。

“编码/解码数据库”命令位于“工具”菜单的“安全”级联菜单中。对数据库进行加密/解密操作时，必须保证拥有管理员权限且能够以独占方式打开数据库。

2．设置数据库密码

另一种保护数据库的方法是在数据库上设置密码，要求用户每次在访问数据库时都要输入密码。这种方法是安全的，因为 Microsoft Access 2003 会对该密码进行加密，使用户很难通过其他办法获得密码。但是这种办法不能为用户或组分配权限，因此一旦使用者掌握了密码，就不再受到限制。

下面手动为数据库设置一个密码。

【任务实施】

1）关闭数据库，在 Access 2003 程序中选择“文件”|“打开”命令，打开“打开”对话框，选择需要设置密码的数据库，然后单击“打开”按钮右侧的箭头，从弹出菜单中选择“以独占方式打开”选项。

2）在打开的数据库中，选择“工具”|“安全”|“设置数据库密码”命令，打开“设置数据库密码”对话框，如图 9-42 所示。

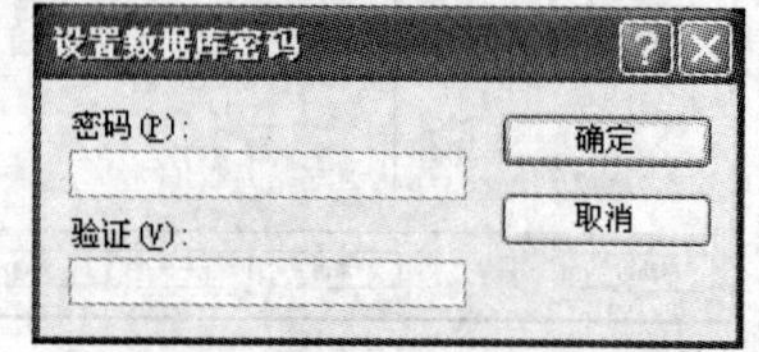

图 9-42 “设置数据库密码”对话框

3）在“密码”文本框中输入密码，在“验证”文本框中重新输入一遍密码，然后单击“确定”按钮。设置完成之后，以后每次打开数据库时会出现一个对话框要求输入密码。

如果将密码忘记或丢失，将不能打开数据库，因此一定要妥善保管密码。另外，如果数据库已经应用了用户安全机制，那么只有拥有“管理员”权限的用户才能为数据库设置密码。

3. 隐藏数据库对象

Access 2003 提供的隐藏数据库对象功能可以将需要保护的数据库对象隐藏，这样就可以避免其他用户对其进行访问。下面介绍如何隐藏数据库对象。

【任务实施】

1）在数据库窗口中选择需要保护的数据库对象，如表、查询等，然后右击该表，在弹出的快捷菜单中选择“属性”命令。

2）这时系统将打开属性对话框。在该对话框下方的“属性”选项区域中选择“隐藏”复选框，然后单击“确定”按钮，就可以使该表不在数据库窗口中出现了，如图 9-43 所示。

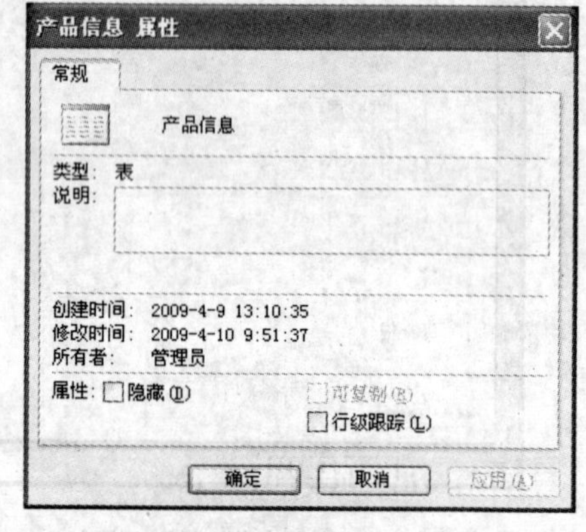

图 9-43 设置隐藏属性

如果想要恢复对该对象的隐藏，可以选择“工具”|“选项”命令，打开“选项”对话框，切换到“视图”选项卡，如图 9-44 所示。在该选项卡中，选择“隐藏对象”复选框，然后单击“应用”或者“确定”按钮。这时，刚才设置隐藏的数据库对象就会以虚图标的形式出现在数据库窗口中，且不能够被打开。如果要取消对数据库对象的隐藏，需要右击这个虚图标，再次打开属性对话框，取消选择“隐藏”复选框即可。

4. 使用“启动”选项

通过隐藏数据库对象的方法来防止其他用户对数据库对象的访问，这种方法的安全级别特别低。用户可以简单地显示出隐藏的对象，通过对“启动”选项进行设置来达到这个目的，选择“工具”|“启动”命令，打开“启动”对话框，如图 9-45 所示。在该对话框中，用户可以通过指定窗体、菜单，甚至是标题和图标，从而对缺乏相应技术的应用程序用户隐藏这些对象。

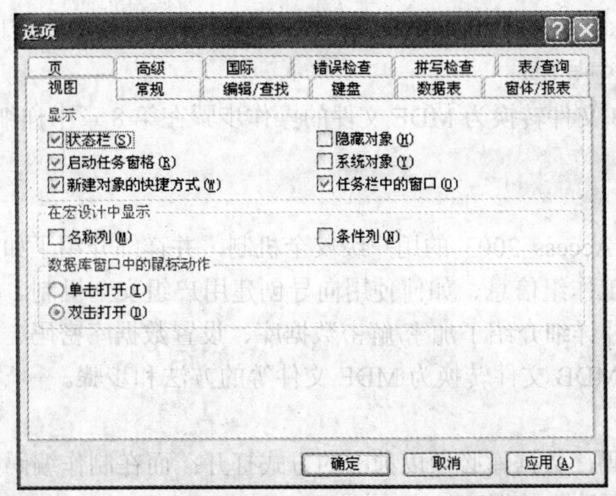

图 9-44 “视图”选项卡

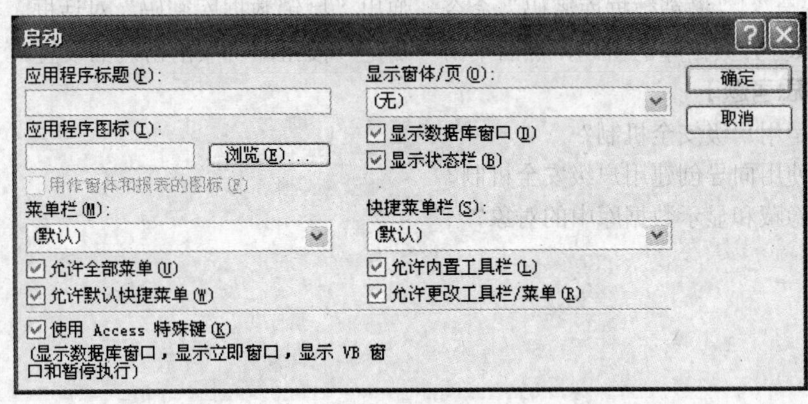

图 9-45 “启动”对话框

【拓展知识】

在“启动”对话框中，取消选择“显示数据库窗口”复选框，然后单击“确定”按钮后，当再次打开数据库时，就不再显示数据库窗口了。

另外，用户可参阅 Access 2003 帮助中的“关于启动选项”，了解如何从“启动”对话框设置启动选项的详细信息；也可参阅 Visual Basic 编辑器的设置启动选项和编码中的选项的信息，了解如何通过编程设置“启动”选项的详细信息。

5. 使用 MDE 文件

将数据库中的 MDB 文件转换为 MDE 文件，可以避免非法访问，完全保护 Access 2003 中的代码。在转换的时候，Access 2003 将编译所有模块，删除所有可编辑的源代码，然后压缩目标数据库，但原始的 MDB 文件不会受到影响。新数据库中的 VBA 代码仍然可以运行，但不能查看或编辑。

将 Access 2003 数据库保存为 MDE 文件可以防止以下操作：

● 在设计视图中查看、修改、创建窗体、报表或模块。

● 添加、删除或更改对对象库或数据库的引用。

- 导入/导出窗体、报表或模块。而表、查询、数据访问页和宏可以导入非 MDE 数据库，也可以从中导出。

将数据库的 MDB 文件转换为 MDE 文件的操作步骤在第 8 章中详细介绍过，这里不再进行阐述。

【总结与回顾】

本节首先介绍了 Access 2003 的用户级安全机制，并详细介绍了如何建立工作组信息文件、如何修改和删除工作组信息、如何使用向导创建用户组安全机制。接着介绍了其他常用的数据库安全措施，并详细介绍了加密/解密数据库、设置数据库密码、隐藏数据库对象、使用“启动”选项和将 MDB 文件转换为 MDE 文件等的方法和步骤。

【拓展知识】

要设置数据库密码，数据库必须以独占的方式打开；而在制作编码数据库前，首先要设置安全性密码，否则无法为数据库加密。

如果要取消数据库的密码设置，只要将数据库以独占的方式打开，然后从菜单栏中选择“工具”|“安全”|“撤销数据库密码”命令，弹出“撤销数据库密码”对话框，在“密码”文本框中输入打开数据库的密码，然后单击“确定”按钮即可取消密码的设置。

【复习与思考题】

1. 什么是用户级安全机制?
2. 怎样使用向导创建用户级安全机制?
3. 如何隐藏和显示数据库中的对象?

参 考 文 献

[1] 神龙工作室．新编 Access 2003 数据库管理入门与提高[M]．北京：人民邮电出版社，2006.

[2] 启明工作室．Access 2003 数据库管理基础与提高[M]．北京：人民邮电出版社，2006.

[3] 章立民．Access 2003 高手攻略[M]．北京：中国铁道出版社，2004.

[4] 段雪丽，邵芬红，史迎春．数据库原理及应用（Access 2003）[M]．北京：人民邮电出版社，2010.

[5] 章立民．Access 2003：用 150 个范例学查询[M]．北京：电子工业出版社，2006.

[6] 郑小玲．Access 2003 中文版实用教程/Microsoft Office 办公自动化[M]．北京：清华大学出版社，2004.

[7] 郭晔，王浩鸣，张天宇．数据库技术与 Access 应用[M]．北京：人民邮电出版社，2009.